"十四五"职业教育国家规划教材

"十二五"职业教育国家规划教材
经全国职业教育教材审定委员会审定

修订版

普通高等教育"十一五"国家级规划教材

机械工业出版社精品教材

# 机械设计基础

## 第 5 版

主　编　胡家秀
副主编　谈向群　徐钢涛　陈　峰　吕伟文
参　编　龚晓群　孙艳敏　叶红朝
主　审　陈廷雨

机械工业出版社

本书是在第 4 版的基础上,为强调素质教育融入思政要素、丰富教学资源、完善立体化教材表现形式而进行修订的,本次修订全部采用现行的国家标准。

全书仍维持原有教材的知识系统性,主要章节包括概论、常用机构、常用机械传动、联接、轴系零部件、创新思维与创造技法等内容,针对不同的读者需求,将一些选学内容(例如:机械装置的润滑与密封、弹簧)嵌入到相关章节的二维码资源中。各章配有适量的例题和习题,并附有必要的数据和资料供查阅。与本书配套的《简明机械零件设计实用手册》(机工版),备有比较详尽的设计数据资料,并附有"机械设计基础课程设计指导",可作为课程设计的指导书。

本书的 100 个二维码和配套的自测题库可用于学生自学自检,同时配有多媒体素材丰富的电子教案和习题参考答案。凡使用本书作为教材的教师可登录机械工业出版社教育服务网(http://www.cmpedu.com)注册后免费下载。咨询电话:010-88379375。

## 图书在版编目(CIP)数据

机械设计基础/胡家秀主编. —5 版. —北京:机械工业出版社,2024.2(2025.8 重印)

"十四五"职业教育国家规划教材 "十二五"职业教育国家规划教材:修订版 普通高等教育"十一五"国家级规划教材:修订版

ISBN 978-7-111-74292-0

Ⅰ.①机… Ⅱ.①胡… Ⅲ.①机械设计-高等职业教育-教材 Ⅳ.①TH122

中国国家版本馆 CIP 数据核字(2023)第 223228 号

机械工业出版社(北京市百万庄大街 22 号 邮政编码 100037)
策划编辑:王英杰　　责任编辑:王英杰
责任校对:闫玥红　　封面设计:张　静
责任印制:单爱军
河北鑫兆源印刷有限公司印刷
2025 年 8 月第 5 版第 9 次印刷
184mm×260mm・17.75 印张・438 千字
标准书号:ISBN 978-7-111-74292-0
定价:55.00 元

电话服务　　　　　　　　　网络服务
客服电话:010-88361066　　机　工　官　网:www.cmpbook.com
　　　　　010-88379833　　机　工　官　博:weibo.com/cmp1952
　　　　　010-68326294　　金　书　网:www.golden-book.com
封底无防伪标均为盗版　　　机工教育服务网:www.cmpedu.com

# 关于"十四五"职业教育
# 国家规划教材的出版说明

为贯彻落实《中共中央关于认真学习宣传贯彻党的二十大精神的决定》《习近平新时代中国特色社会主义思想进课程教材指南》《职业院校教材管理办法》等文件精神，机械工业出版社与教材编写团队一道，认真执行思政内容进教材、进课堂、进头脑要求，尊重教育规律，遵循学科特点，对教材内容进行了更新，着力落实以下要求：

1. 提升教材铸魂育人功能，培育、践行社会主义核心价值观，教育引导学生树立共产主义远大理想和中国特色社会主义共同理想，坚定"四个自信"，厚植爱国主义情怀，把爱国情、强国志、报国行自觉融入建设社会主义现代化强国、实现中华民族伟大复兴的奋斗之中。同时，弘扬中华优秀传统文化，深入开展宪法法治教育。

2. 注重科学思维方法训练和科学伦理教育，培养学生探索未知、追求真理、勇攀科学高峰的责任感和使命感；强化学生工程伦理教育，培养学生精益求精的大国工匠精神，激发学生科技报国的家国情怀和使命担当。加快构建中国特色哲学社会科学学科体系、学术体系、话语体系。帮助学生了解相关专业和行业领域的国家战略、法律法规和相关政策，引导学生深入社会实践、关注现实问题，培育学生经世济民、诚信服务、德法兼修的职业素养。

3. 教育引导学生深刻理解并自觉实践各行业的职业精神、职业规范，增强职业责任感，培养遵纪守法、爱岗敬业、无私奉献、诚实守信、公道办事、开拓创新的职业品格和行为习惯。

在此基础上，及时更新教材知识内容，体现产业发展的新技术、新工艺、新规范、新标准。加强教材数字化建设，丰富配套资源，形成可听、可视、可练、可互动的融媒体教材。

教材建设需要各方的共同努力，也欢迎相关教材使用院校的师生及时反馈意见和建议，我们将认真组织力量进行研究，在后续重印及再版时吸纳改进，不断推动高质量教材出版。

机械工业出版社

# 前言

　　时代在进步，职业教育教材作为育人的基础建设，理应紧跟职业教育的新形势。高等职业教育是培养高素质技能型人才的主力军，党的二十大报告中提出高等职业教育要在现在和将来，努力培养一大批素质高、专业技术全面、技能熟练的大国工匠、高技能人才，要为推动新一轮科技革命和产业变革深入发展提供上手快、有持久发展能力的技术储备人才。高等职业教育要在知识育人、技能育人的同时，大力推进爱国主义教育，用社会主义核心价值观铸魂育人。

　　"机械设计基础"课程是机械类和近机械类专业学生从通识教育进入专业教育的重要桥梁，是培养学生机械专业基础能力和工程意识的重要专业技术课程。在本课程中，工程基础能力训练和创新意识培养至为关键。

　　由浙江机电职业技术学院胡家秀主编的《机械设计基础》教材承蒙广大高职院校师生厚爱，曾获普通高等教育"十五""十一五"国家级规划教材，教育部职业教育与成人教育司成立后，又被评为"十二五""十四五"职业教育国家规划教材。至2023年8月，教材发行量已逾26万册，受到高职院校广大师生的欢迎，是机械工业出版社的畅销的教材之一。"十四五"期间，教材编写团队将踔厉奋发、踵事增华，一步一个脚印地提高教材质量，丰富教学资源，努力打造精品教材。

　　本着与时俱进指导思想，进行了教材第5版的修订。参加本次修订的除署名的编者外，长春机械研究院总工程师范辉、南京东星复合材料制品有限公司高级工程师张海生两位专家也从企业岗位用人标准的角度，对本书的修订提出了很多宝贵的意见和建议，我们都予以采纳。

　　本次修订在结构上做了一些调整：本着适度减少篇幅、保持知识系统的原则，把部分选学内容嵌入到相关章节的"知识延伸"中去；增加了一些我国科学家对世界机械科技发展做出贡献的闪光点，以提高我们科学创新的自信；进一步优化教材动画和视频教学资源，配置了习题参考答案，和电子课件一并可以在机械工业出版社教育服务网中下载，以便于教师施教，学生自学。考虑全国各院校选用本教材的多样性需要，本书中带"○"或"⊙"的章节，近机械类和非机类专业可以不讲，带"⊙"的章节则为机械类专业择需选用的内容；自测题与习题中带"＊"的为选做题。

　　教学相长，教无定法。我们将在不断充实线上线下教学资源、促进教学互动等方面持续努力。期待广大师生提出宝贵意见。

编　者

# 目录

前言

## 第一章 概论 ........ 1
第一节 中国机械发展简史 ........ 1
第二节 本课程研究的对象、内容 ........ 3
第三节 机械零件设计的基本准则及一般设计步骤 ........ 4
第四节 机械零件常用金属材料和钢热处理常识 ........ 8
自测题 ........ 13

## 第二章 平面机构的运动简图及自由度 ........ 15
第一节 运动副及其分类 ........ 15
第二节 平面机构的运动简图 ........ 17
第三节 平面机构的自由度 ........ 19
自测题与习题 ........ 23

## 第三章 平面连杆机构 ........ 29
第一节 概述 ........ 29
第二节 平面四杆机构的基本形式及其演化 ........ 29
第三节 平面四杆机构存在曲柄的条件和几个基本概念 ........ 34
第四节 平面四杆机构的运动设计 ........ 38
⊙知识延伸——实验法和解析法设计四杆机构 ........ 41
自测题与习题 ........ 41

## 第四章 凸轮机构 ........ 45
第一节 概述 ........ 45
第二节 凸轮机构工作过程及从动件常用运动规律 ........ 49
第三节 图解法设计盘形凸轮轮廓曲线 ........ 52
⊙知识延伸——解析法设计凸轮轮廓曲线 ........ 56
第四节 凸轮机构设计中的几个问题 ........ 56
第五节 凸轮常用材料和结构 ........ 59
自测题与习题 ........ 62

## 第五章 其他常用机构 ........ 66
第一节 概述 ........ 66
第二节 螺旋机构 ........ 66
第三节 棘轮机构 ........ 71
第四节 槽轮机构 ........ 74
第五节 不完全齿轮机构 ........ 75
⊙知识延伸——广义机构 ........ 76
自测题与习题 ........ 76

## 第六章 平行轴齿轮传动 ........ 79
第一节 概述 ........ 79
第二节 渐开线的形成原理、基本性质和参数方程 ........ 80
第三节 渐开线齿轮的参数及几何尺寸 ........ 82
第四节 渐开线齿轮的啮合传动 ........ 89
⊙第五节 渐开线齿轮的切齿原理 ........ 93
⊙第六节 根切现象、最少齿数及变位齿轮 ........ 94
第七节 齿轮传动的失效形式与设计准则 ........ 98
第八节 齿轮常用材料及热处理 ........ 99
第九节 齿轮传动精度简介 ........ 101
第十节 渐开线直齿圆柱齿轮传动的设计计算 ........ 102
第十一节 渐开线斜齿圆柱齿轮传动 ........ 113
自测题与习题 ........ 122

## 第七章 非平行轴齿轮传动 ........ 127
第一节 概述 ........ 127
第二节 直齿锥齿轮传动 ........ 127
⊙第三节 交错轴斜齿轮传动 ........ 132
第四节 齿轮的结构设计 ........ 134
自测题与习题 ........ 136

## 第八章 蜗杆传动 ........ 138
第一节 概述 ........ 138
第二节 蜗杆传动的主要参数和几何尺寸 ........ 141
第三节 蜗杆传动的失效形式、材料和精度 ........ 144
⊙第四节 蜗杆传动的强度计算 ........ 146

⊙知识延伸——蜗杆传动的效率、润滑与
　　　　　　　热平衡计算 …………… 148
　　第五节　蜗杆和蜗轮的结构 …………… 148
　　自测题与习题 ………………………… 151

## 第九章　轮系 ………………………… 153
　　第一节　概述 …………………………… 153
　　第二节　定轴轮系传动比的计算 ……… 155
　　第三节　行星轮系传动比的计算 ……… 157
　　⊙知识延伸——混合轮系传动比的计算 …… 161
　　第四节　轮系的功用 …………………… 161
　　⊙知识延伸——K-H-V型行星轮系简介 …… 163
　　自测题与习题 ………………………… 163

## 第十章　带传动与链传动 …………… 166
　　第一节　概述 …………………………… 166
　　第二节　带传动的类型、特点及其应用 …… 167
　　第三节　普通V带与V带轮 …………… 168
　　第四节　带传动的受力分析和应力分析 …… 172
　　⊙第五节　带传动的弹性滑动及其传动比　174
　　⊙第六节　普通V带传动的失效形式与计算
　　　　　　　准则 …………………… 174
　　⊙第七节　普通V带传动的参数选择和设计
　　　　　　　计算方法 ………………… 181
　　第八节　V带传动的张紧、安装和维护 …… 186
　　第九节　链传动的类型、特点及其应用 …… 187
　　第十节　链传动的运动不均匀性 ……… 188
　　第十一节　滚子链传动的结构和标准 ……… 189
　　⊙知识延伸——滚子链传动的失效形式与
　　　　　　　设计准则 ……………… 193
　　自测题与习题 ………………………… 193

## 第十一章　联接 ………………………… 196
　　第一节　概述 …………………………… 196
　　第二节　螺纹联接 ……………………… 197
　　第三节　键和花键联接 ………………… 205
　　第四节　销联接 ………………………… 209
　　第五节　其他常用联接 ………………… 210

　　⊙知识延伸——弹簧联接 ……………… 213
　　自测题与习题 ………………………… 213

## 第十二章　轴 …………………………… 217
　　第一节　概述 …………………………… 217
　　第二节　轴的结构设计 ………………… 220
　　⊙第三节　轴的强度计算 ……………… 223
　　自测题与习题 ………………………… 230

## 第十三章　轴承 ………………………… 233
　　第一节　概述 …………………………… 233
　　第二节　非液体摩擦滑动轴承的主要类型、
　　　　　　结构和材料 ………………… 234
　　⊙第三节　非液体摩擦滑动轴承的设计
　　　　　　　计算 ………………………… 238
　　第四节　液体摩擦滑动轴承简介 ……… 239
　　第五节　滚动轴承的结构、类型和代号 …… 240
　　第六节　滚动轴承类型的选择 ………… 246
　　第七节　滚动轴承的组合设计 ………… 246
　　⊙知识延伸——滚动轴承的失效形式、
　　　　　　　寿命计算和静强度计算 …… 251
　　⊙第八节　带座轴承简介 ……………… 251
　　自测题与习题 ………………………… 252
　　⊙知识延伸——机械装置的润滑与密封 …… 255

## 第十四章　联轴器、离合器与制动器 …… 256
　　第一节　概述 …………………………… 256
　　第二节　联轴器 ………………………… 257
　　第三节　离合器 ………………………… 261
　　第四节　制动器 ………………………… 263
　　自测题与习题 ………………………… 264

## 第十五章　创新思维与创造技法 ……… 266
　　第一节　概述 …………………………… 266
　　第二节　创新者的素质 ………………… 267
　　第三节　创造技法简介 ………………… 269
　　自测题与习题 ………………………… 274

## 自测题标准答案 ………………………… 275
## 参考文献 ………………………………… 277

# 第一章

# 概 论

> **教学要求**
>
> ● **知识要素**
> 1. 中国机械发展简史。
> 2. 机械构成要素。
> 3. 机械设计学科的主要内容与机械零件设计流程。
>
> ● **学习重点与难点**
> 1. 理解"中国制造2025"与中华民族伟大复兴的因果关系,增强民族自信心。
> 2. 熟悉机械设计基础的一些基本概念,了解机械零件设计的一般步骤。

## 第一节 中国机械发展简史

中国五千年文明史是一部创造史,它铸就了灿烂的精神文化和卓越的工程文明,成为推动世界物质文明和精神文明的关键驱动力。机械工程技术是一切工程技术的基础。中国的机械工程技术历史悠久,成就辉煌。

早在商代,人们已发明了桔槔(图1-1)用来汲水灌溉,桔槔的结构相当于杠杆。汉朝张衡发明的天文仪器候风地动仪,如图1-2所示。

三国蜀相诸葛亮北伐时为运粮巧妙设计了木牛流马,解决了崎岖山路运送粮草的大问题。此发明经久失传,后人据理推测其相当于近世的独轮车,但资料记载其机构相当精妙。

北宋时期的机械发展达到了相当的高度,北宋名相苏颂发明的水运仪象台(图1-3),被誉为继中国的四大发明(造纸术、印刷术、指南针、火药)外的第五大发明。

图1-1 商代发明的桔槔汲水

中国古代在世界机械技术发展史上有许多足以自傲的成就与地位,但自从蒸汽机问世引发的第一次工业革命使西方的制造业突飞猛进,迅速拉开了中国与发达国家的差距,加上战乱和灾难,解放前的旧中国的工业基础极其薄弱,很多产品的前缀都会有个"洋"字。新中国成立以后,在共产党领导下人民当家做主,积极性

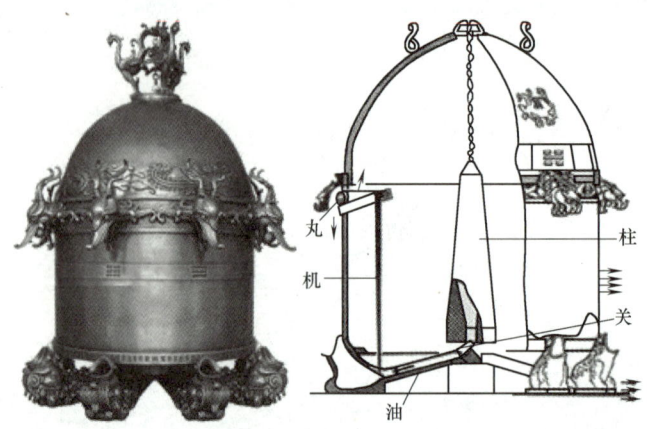

图 1-2 汉朝张衡发明的候风地动仪

与创造性被充分激发出来,加上科学决策,通过十二个"五年计划/规划",到 2015 年,我国已经拥有 39 个工业大类,191 个中类,525 个小类的产业门类,成为全世界唯一拥有联合国产业分类中全部工业门类的国家。装备制造领域发展日新月异,尤其是改革开放 40 余年,中国制造取得了长足的进步,众多中国制造成就成为中国的骄傲。下面寥举数例以证中国制造发展的今日辉煌:例 1,大国重器——国产盾构机(图 1-4);例 2,大国重器——亚洲最大重型自航绞吸机"天鲲号"(图 1-5);例 3,大国重器——"空间站"(图 1-6);例 4,大国骄傲——水陆两栖飞机"鲲龙-600"试飞成功(图 1-7)。同学们可以扫码学习,一睹究竟。

图 1-3 苏颂发明的水运仪象台

图 1-4 大国重器——国产盾构机

图 1-5 大国重器——亚洲最大重型自航绞吸机"天鲲号"

图 1-6 大国重器——"空间站"

图 1-7 大国骄傲——水陆两栖飞机"鲲龙-600"

## 第二节　本课程研究的对象、内容

人类社会的经济活动始终面临着三个基本问题：一是生产什么与生产多少；二是如何生产；三是为谁生产。问题一、三属于经济管理科学范畴，问题二则与技术科学密切相关。在工业生产中，机械工程科学是最基本的技术科学之一，其中，机械设计学科又是机械工程科学的主要基础，由此可见工程技术人员掌握必要的机械设计知识的重要性。

"机械设计基础"是一门培养学生具有一定机械设计能力的技术基础课程。

本课程研究的对象是机械。

什么是机械？机械是机器和机构的统称。

在生产实践和日常生活中，广泛地使用着各种机器，常见的如自行车、汽车、洗衣机、电动机和电梯等。机器的作用是实现能量转换或完成有用的机械功，以减轻或代替人的劳动。随着生产和科技的发展，机器的种类、形式、功能将越来越多。

从研究分析机器的工作原理、运动特点和设计新机器的角度看，机器可视为若干机构的组合。如图 1-8 所示的单缸内燃机，它由机架（气缸体）1、曲柄 2、连杆 3、活塞 4、进气阀 5、排气阀 6、推杆 7、凸轮 8 和齿轮 9、10 组成。当燃气推动活塞 4 做往复移动时，通过连杆 3 使曲柄 2 做连续转动，从而将燃气的压力能转换为曲柄的机械能。齿轮、凸轮和推杆的作用是按一定的运动规律按时开闭阀门，以吸入燃气和排出废气。这种内燃机可视为下列三种机构的组合：①曲柄滑块机构，它由活塞 4、连杆 3、曲柄 2 和机架 1 构成，作用是将活塞的往复移动转换为曲柄的连续转动；②齿轮机构，由齿轮 9、10 和机架 1 构成，作用是改变转速的大小和转动的方向；③凸轮机构，由凸轮 8、推杆 7 和机架 1 构成，作用是将凸轮的连续转动转变为推杆的往复移动。

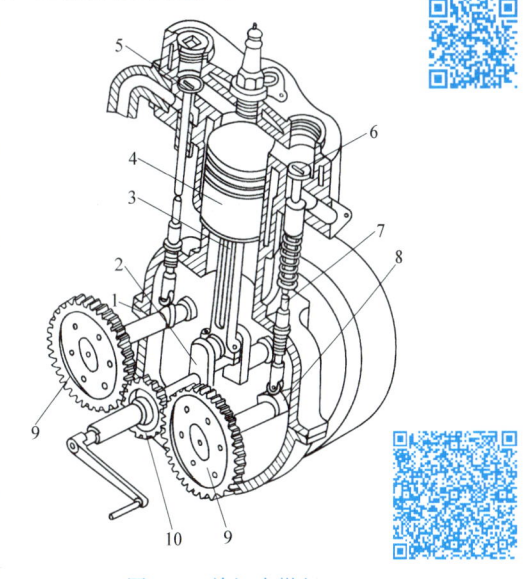

图 1-8　单缸内燃机

由上述机构分析可知，机构在机器中的作用是传递运动和力，实现运动形式或速度的变化。机构必须满足两点要求：首先，它是若干构件的组合；其次，这些构件均具有确定的相对运动。

所谓构件，是指机构的基本运动单元，它可以是单一的零件，也可以是几个零件连接而成的运动单元。如图 1-8 中的内燃机连杆，就是由图 1-9 所示的连杆体 1、连杆盖 5、螺栓 2、螺母 3、开口销 4、轴瓦 6 和轴套 7 这些零件构成的一个构件；又如图 1-10 中的齿轮-凸轮轴，则是由凸轮轴 1、齿轮 2、键 3、轴端挡圈 4 和螺钉 5 这些零件构成的。显然，零件是制造的基本单元。

各种机械中经常使用的机构称为常用机构，如平面连杆机构、凸轮机构、齿轮机构和间歇运动机构等。

各种机械中普遍使用的零件称为通用零件，如轴承、销、螺钉和弹簧等。只在某一类型

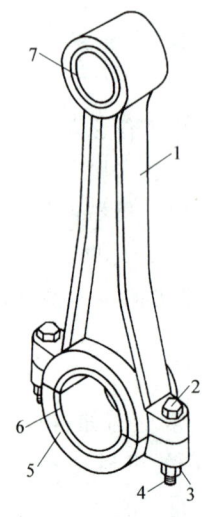
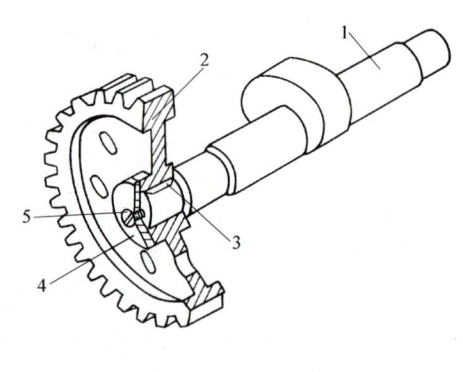

图 1-9　内燃机连杆　　　　　　　　　图 1-10　齿轮-凸轮轴

机械中使用的零件称为专用零件,如汽轮机的叶片、内燃机的活塞等。

本课程作为机械设计的基础,主要介绍机械中常用机构和通用零件的工作原理、运动特性、结构特点、使用维护以及标准和规范。这些内容是机械设计的基本内容,在各种机械设计中是普遍适用的。从庞然大物般的万吨水压机到袖珍机械式手表,从航天器中的高精度仪表到精度要求较低的简单机器,它们所用的同类机构和零件,虽然尺寸大小、具体结构形状、工作条件等有很大差异,但其工作原理、运动特点、设计计算的基本理论和方法是类同的。

## 第三节　机械零件设计的基本准则及一般设计步骤

### 一、机械零件设计的基本准则

机械零件由于某种原因而丧失正常工作能力,称为失效。

机械零件常见失效形式基本有两类。一类是永久丧失工作能力的破坏性失效,如断裂、塑性变形、过度磨损、胶合等,常见于如齿轮类的刚性件啮合传动中;另一类是当影响因素消失后还可以恢复工作能力的暂时性失效,如超过规定的弹性变形、打滑（带传动）、由于接近系统共振频率等原因引起的强烈振动等。

归纳起来,这些失效主要是由于强度、刚度、耐磨性、振动稳定性等不满足工作要求引起的。因此,根据失效原因制订的设计准则,是防止失效和进行设计计算的依据。

**1. 强度**

机械零件的强度可分为体积强度和表面强度两种。

(1) 体积强度　零件的体积强度不足,会产生断裂或过大的塑性变形,体积强度就是指抵抗这两种失效的能力。设计计算时应使零件危险截面上的最大正应力 $\sigma$、切应力 $\tau$ 不超过材料的许用正应力 $[\sigma]$、许用切应力 $[\tau]$,或使危险截面上的安全系数 $S_\sigma$、$S_\tau$ 不小于许用安全系数 $[S_\sigma]$、$[S_\tau]$,即

$$\left.\begin{array}{l}\sigma \leqslant [\sigma] \quad [\sigma] = \dfrac{\sigma_{\lim}}{[S_\sigma]} \\[2ex] \tau \leqslant [\tau] \quad [\tau] = \dfrac{\tau_{\lim}}{[S_\tau]}\end{array}\right\} \quad (1\text{-}1)$$

或

$$\left.\begin{array}{l}S_\sigma = \dfrac{\sigma_{\lim}}{\sigma} \geqslant [S_\sigma] \\[2ex] S_\tau = \dfrac{\tau_{\lim}}{\tau} \geqslant [S_\tau]\end{array}\right\} \quad (1\text{-}2)$$

式中，$[S_\sigma]$、$[S_\tau]$ 分别为正应力和切应力的许用安全系数；$\sigma_{\lim}$、$\tau_{\lim}$ 分别为极限正应力和极限切应力（MPa）。

极限应力 $\sigma_{\lim}$、$\tau_{\lim}$ 应根据零件材料性质及所受应力类型进行如下选择：

1）在静应力下工作并用塑性材料制成的零件，其失效为塑性变形，应按不发生塑性变形的强度条件计算，故常以材料的屈服强度 $\sigma_s$、$\tau_s$ 作为极限应力 $\sigma_{\lim}$、$\tau_{\lim}$。

2）在静应力下工作并用脆性材料制成的零件，其失效形式将是断裂，应按不发生断裂的强度条件计算，故常以材料的强度极限 $\sigma_b$、$\tau_b$ 作为极限应力 $\sigma_{\lim}$、$\tau_{\lim}$。

3）在变应力下工作的零件，无论是用塑性材料还是用脆性材料制成的零件，其失效均为疲劳断裂，应按不发生疲劳断裂的强度条件计算，故常以材料的疲劳极限作为极限应力 $\sigma_{\lim}$、$\tau_{\lim}$。同时应考虑零件尺寸、表面几何形状引起的应力集中对疲劳强度的影响。

（2）表面强度　零件表面强度不足，会发生表面损伤。

表面强度可分为表面挤压强度和表面接触强度两种。

面接触的两零件，受载后接触面间产生挤压应力，应力分布在接触面不太深的表层，挤压应力过大的零件表面被压溃。设计计算时应使零件的最大挤压应力不超过材料的许用挤压应力。

以点或线接触的两零件，受载后由于零件表面的弹性变形而使点或线变形为微小的接触面，微小接触面上的局部应力称为接触应力，其最大值用 $\sigma_H$ 表示，图 1-11 所示为一对轮齿表面的接触应力。实际上，大多数运转零件的接触应力都是一种变应力，由于接触应力的反复作用会使零件表面的金属呈小片状脱落下来而形成一些小凹坑，这种现象称为疲劳点蚀。

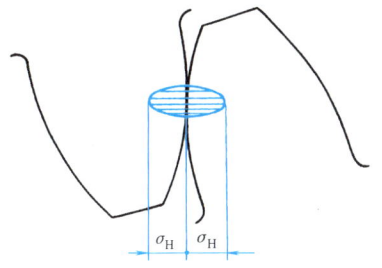

图 1-11　齿面的接触应力

零件表面发生疲劳点蚀后，减小了接触面积，损伤了零件的光滑表面，因而降低了承载能力，并引起振动和噪声。

设计时应按不发生疲劳点蚀为强度计算条件。使零件表面上的最大接触应力 $\sigma_H$ 不超过材料的许用接触应力 $[\sigma_H]$，即

$$\sigma_H \leqslant [\sigma_H] \quad [\sigma_H] = \dfrac{\sigma_{H\lim}}{[S_H]} \quad (1\text{-}3)$$

式中，$\sigma_H$ 为零件表面的最大接触应力（MPa）；$[\sigma_H]$ 为许用接触应力（MPa）；$\sigma_{H\lim}$ 为材

料的接触疲劳极限（MPa）；$[S_H]$ 为接触应力的许用安全系数。

有关齿轮接触应力的设计计算将在第六章中进一步叙述。

### 2. 刚度

刚度是指零件在载荷作用下抵抗弹性变形的能力。如果零件的刚度不足，产生过大的弹性变形，会影响机器的正常工作（如机床主轴刚度不足，会影响零件的加工精度），对这类零件应进行刚度计算。计算时须使零件在载荷作用下产生的最大弹性变形量不超过许用变形量，即

$$\left.\begin{aligned} y &\leqslant [y] \\ \theta &\leqslant [\theta] \\ \phi &\leqslant [\phi] \end{aligned}\right\} \tag{1-4}$$

式中，$y$、$[y]$ 分别为零件的变形量和许用变形量；$\theta$、$[\theta]$ 分别为零件的转角和许用转角；$\phi$ 和 $[\phi]$ 分别为零件的扭角和许用扭角。

### 3. 耐磨性

耐磨性是指在载荷作用下相对运动的两零件表面抵抗磨损的能力。零件过度磨损会使形状和尺寸改变，配合间隙增大，精度降低，产生冲击振动，从而失效。设计时应使零件在预期使用寿命内的磨损量不超过允许范围。

耐磨性计算目前尚无公认的计算方法。一般通过限制工作面的单位压力和相对滑动速度，选择合适的材料及热处理方法，对工作面进行良好的润滑以及提高零件表面硬度和表面质量等，均能有效提高耐磨性。

对于效率低、发热量大的传动（如蜗杆传动），如果散热不良，零件温度将上升过高，致使零件局部表面熔融而引起胶合，因此还应进行散热计算，使其正常工作时的温度不超过允许限度。

### 4. 振动稳定性

当机器中某零件的固有频率 $f$ 和周期性强迫振动频率 $f_p$ 相等或成整数倍时，零件振幅就会急剧增大而产生共振，从而使零件工作性能失常，甚至引起破坏。所谓振动稳定性，就是为防止共振，设计时避免使零件的固有频率和强迫振动频率相等或成整数倍。

前述各项虽均影响着机械零件的工作能力，但设计计算时并不一定要逐项计算，而是根据零件的主要失效形式，按其相应的计算准则确定主要参数，再对关注的项目进行校核。

## 二、机械零件的疲劳强度

### 1. 应力的类型和特点

机械零件受载时，应力状态可用最大应力 $\sigma_{max}$、最小应力 $\sigma_{min}$ 或用平均应力 $\sigma_m$、应力幅 $\sigma_a$ 及应力循环特性 $r$ 五个参数中任意两个来表示，如图 1-12 所示。其关系式为

$$\left.\begin{aligned} \sigma_{max} &= \sigma_m + \sigma_a \\ \sigma_{min} &= \sigma_m - \sigma_a \end{aligned}\right\} \tag{1-5}$$

$$\left.\begin{aligned} \sigma_m &= \frac{\sigma_{max} + \sigma_{min}}{2} \\ \sigma_a &= \frac{\sigma_{max} - \sigma_{min}}{2} \end{aligned}\right\} \tag{1-6}$$

$$r = \frac{\sigma_{\min}}{\sigma_{\max}} \tag{1-7}$$

作用在机械零件上的应力，一般可分为静应力和变应力两种。静应力是不随时间变化的应力，变应力是随时间变化的应力。

大多数机械零件是在变应力状态下工作的，最常见的是随时间做周期性变化的循环应力。其中，参数不随时间变化的循环应力称为稳定循环应力，如图 1-12a 所示；参数随时间变化的循环应力称为不稳定循环应力，如图 1-12b 所示。

稳定循环应力中，当 $r=-1$ 时，表明 $\sigma_{\max}=-\sigma_{\min}$，这种应力称为对称循环应力，如图 1-12c 所示；当 $r\neq\pm1$ 时，表明 $|\sigma_{\max}|\neq|\sigma_{\min}|$，这种应力称为非对称循环应力，如图 1-12d 所示；当 $r=0$ 时，表明 $\sigma_{\min}=0$，这种应力称为脉动应力，如图 1-12e 所示；当 $r=+1$ 时，表明 $\sigma_{\max}=\sigma_{\min}$，即为静应力，如图 1-12f 所示。

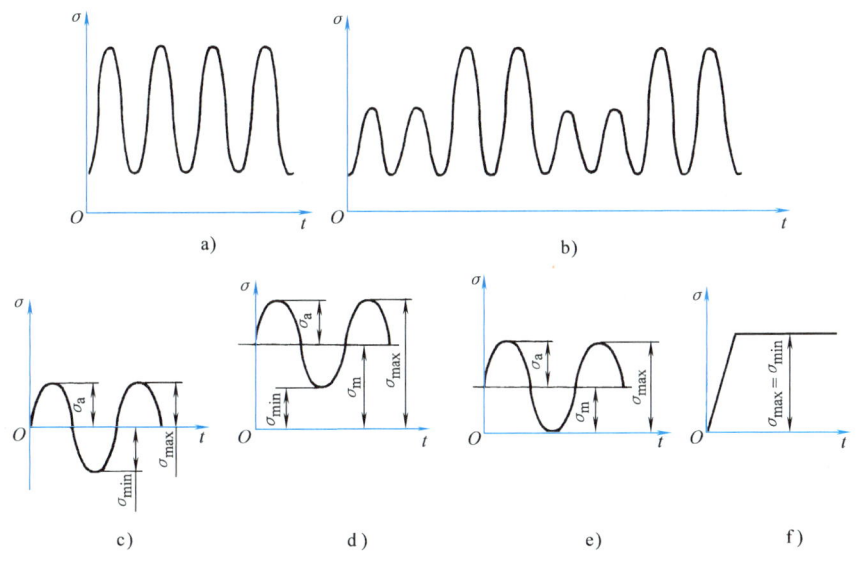

图 1-12 应力的类型

### 2. 疲劳断裂的特征和疲劳曲线

疲劳断裂是材料在变应力作用下，在一处或多处产生局部永久性累积损伤，经一定循环次数后，产生裂纹或突然发生断裂的过程。疲劳断裂与静应力下的过载断裂比较，有如下特征：

1) 疲劳断裂过程可分为两个阶段，首先在零件表面应力较大处产生初始裂纹，然后裂纹尖端在切应力反复作用下发生塑性变形，使裂纹扩展，造成零件实际的抗弯截面积减小。当裂纹扩展至一定程度时，发生突然断裂。

2) 疲劳断裂的断面明显分成两个区域，即表面光滑的疲劳发展区和表面粗糙的脆性断裂区，如图 1-13 所示。

3) 不论塑性材料还是脆性材料制成的零件，疲劳断裂均为脆性突然断裂。

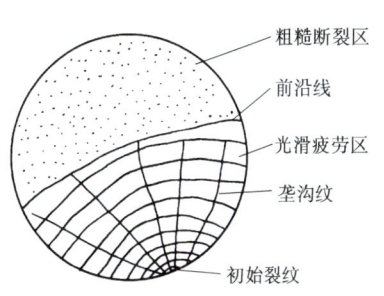

图 1-13 金属材料疲劳断口

4）疲劳强度比同样材料的屈服强度低，疲劳强度的大小与应力循环特性有关。

常规疲劳强度设计是指应用无初始裂纹的标准试件进行疲劳试验，得到材料的疲劳强度及疲劳曲线，再考虑零件尺寸、表面状态及几何形状引起的应力集中等因素对疲劳强度的影响，进行疲劳强度设计。

疲劳强度是指试件经过一定的应力循环次数 $N$ 后，不发生疲劳破坏的最大应力，常用 $\sigma_{rN}$ 表示。表示循环次数 $N$ 与疲劳强度 $\sigma_{rN}$ 关系的曲线，称为疲劳曲线，如图 1-14 所示。

疲劳曲线可分为两个区域：

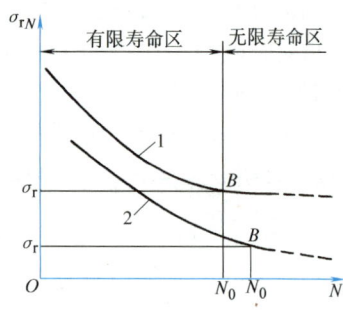

图 1-14　疲劳曲线

1）无限寿命区。当 $N \geq N_0$ 时，试件的疲劳强度不再随应力循环次数 $N$ 的增加而降低，如图 1-14 中曲线 1（塑性材料）的水平部分，大部分中、低碳钢属此类曲线。$N_0$ 称为循环基数，对应于循环基数 $N_0$ 的疲劳极限用 $\sigma_r$ 表示。对称循环的疲劳极限用 $\sigma_{-1}$、$\tau_{-1}$ 表示；脉动循环的疲劳极限用 $\sigma_0$、$\tau_0$ 表示。按疲劳曲线水平部分进行的设计计算，称为无限寿命设计。当要求零件在无限长的使用期间工作而不发生疲劳破坏时，可将其工作应力限制在疲劳极限 $\sigma_r$ 以下，就可得到理论上的无限寿命。

有色金属和高强度合金钢的疲劳曲线没有无限寿命区，如图 1-14 的曲线 2（脆性材料）所示。

2）有限寿命区。当 $N < N_0$ 时，试件的疲劳极限随应力循环次数 $N$ 的增加而降低，如图 1-14 的曲线 1（塑性材料）所示的斜线部分。按疲劳曲线斜线部分进行的设计计算，称为有限寿命设计。为充分利用材料，减轻重量，在确保使用寿命的条件下，常采用超过材料疲劳极限 $\sigma_r$ 的工作应力来进行疲劳强度设计，这种方法在航空、汽车行业中得到广泛应用。

### 三、机械零件设计的一般步骤

1）根据零件的使用要求（功率、转速等），选择零件的类型及结构型式。
2）根据机器的工作条件，分析零件的工作情况，确定作用在零件上的载荷。
3）根据零件的工作条件（包括对零件的特殊要求，如耐高温、耐腐蚀等），综合考虑材料的性能、供应情况和经济性等因素，合理选择零件的材料。
4）分析零件的主要失效形式，按照相应的设计准则，确定零件的基本尺寸。
5）根据工艺性及标准化的要求，设计零件的结构及其尺寸。
6）绘制零件工作图，拟订技术要求。

在实际工作中，也可以采用与上述相逆的方法进行设计，即先参照已有实物或图样，用经验数据或类比法初步设计出零件的结构尺寸，然后再按有关准则进行校核。

## 第四节　机械零件常用金属材料和钢热处理常识

### 一、机械零件常用材料

机械零件常用材料有非合金钢（旧称碳素钢）、合金钢、铸铁、有色金属、非金属材料及各种复合材料。其中，非合金钢和铸铁应用最为广泛。

常用材料的分类和应用举例见表1-1。

表1-1 机械零件常用材料的分类和应用举例

| 材　料　分　类 | | | 应用举例或说明 |
|---|---|---|---|
| 钢 | 非合金钢 | 低碳钢（碳的质量分数≤0.25%） | 铆钉、螺钉、连杆、渗碳零件等 |
| | | 中碳钢（碳的质量分数>0.25%~0.60%） | 齿轮、轴、蜗杆、丝杠、联接件等 |
| | | 高碳钢（碳的质量分数≥0.60%） | 弹簧、工具、模具等 |
| | 合金钢 | 低合金钢（合金元素总质量分数≤5%） | 较重要的钢结构和构件、渗碳零件、压力容器等 |
| | | 中合金钢（合金元素总质量分数>5%~10%） | 飞机构件、热镦锻模具、冲头等 |
| | | 高合金钢（合金元素总质量分数>10%） | 航空工业蜂窝结构、液体火箭壳体、核动力装置、弹簧等 |
| 铸钢 | 一般铸钢 | 普通碳素铸钢 | 机座、箱壳、阀体、曲轴、大齿轮、棘轮等 |
| | | 低合金铸钢 | 容器、水轮机叶片、水压机工作缸、齿轮、曲轴等 |
| | 特殊用途铸钢 | | 耐蚀、耐热、无磁、电工零件、水轮机叶片、模具等 |
| 铸铁 | 灰铸铁（HT） | 低牌号（HT100、HT150） | 对力学性能无一定要求的零件，如盖、底座、手轮、机床床身等 |
| | | 高牌号（HT200~HT350） | 承受中等静载的零件，如机身、底座、泵壳、齿轮、联轴器、飞轮、带轮等 |
| | 可锻铸铁（KT） | 铁素体型 | 承受低、中、高动载荷和静载荷的零件，如差速器壳体、犁刀、扳手、支座、弯头等 |
| | | 珠光体型 | 要求强度和耐磨性较高的零件，如曲轴、凸轮轴、齿轮、活塞环、轴套、犁刀等 |
| | 球墨铸铁（QT） | 铁素体型<br>珠光体型 | 与可锻铸铁基本相同 |
| | | 特殊性能铸铁 | 耐热、耐磨、耐蚀等场合 |
| 铜合金 | 铸造铜合金 | 铸造黄铜 | 轴瓦、衬套、阀体、船舶零件、耐蚀零件、管接头等 |
| | | 铸造青铜 | 轴瓦、蜗轮、丝杠螺母、叶轮、管配件等 |
| | 变形铜合金 | 黄铜 | 管、销、铆钉、螺母、垫圈、小弹簧、电器零件、耐蚀零件、减摩零件等 |
| | | 青铜 | 弹簧、轴瓦、蜗轮、螺母、耐磨零件等 |
| 轴承合金（巴氏合金） | 锡基轴承合金 | | 轴承衬，其摩擦因数低、减摩性、抗烧伤性、磨合性、耐蚀性、韧度、导热性均良好 |
| | 铅基轴承合金 | | 强度、韧度和耐蚀性稍差，但价格较低 |
| 塑料 | 热塑性塑料（如聚乙烯、有机玻璃、尼龙等）<br>热固性塑料（如酚醛塑料、氨基塑料等） | | 一般结构零件，减摩、耐磨零件，传动件，耐腐蚀件，绝缘件，密封件，透明件等 |
| 橡胶 | 通用橡胶<br>特种橡胶 | | 密封件，减振、防振件，传动带，运输带和软管，绝缘材料，轮胎，胶辊，化工衬里等 |

## 二、材料的选择原则

合理选择材料是机械设计中的重要环节。选择材料首先必须保证零件在使用过程中具有良好的工作能力，然后还要考虑其加工工艺性和经济性。分述如下：

(1) 满足使用性能要求　使用性能是保证零件完成规定功能的必要条件。使用性能是指零件在使用条件下，材料应具有的力学性能、物理性能以及化学性能。对机械零件而言，最重要的是力学性能。

零件的使用条件包括三方面：受力状况（如载荷类型、大小、形式及特点等）、环境状况（如温度特性、环境介质等）、特殊要求（如导电性、导热性、热膨胀等）。

1) 零件的受力状况。当零件（如螺栓、杆件等）受拉伸或剪切这类分布均匀的静应力时，应选用组织均匀的材料，按塑性和强度性能选材；载荷较大时，可选屈服强度 $\sigma_s$ 或抗拉强度 $\sigma_b$ 较高的材料。

当零件（如轴类零件等）受弯曲、扭转这类分布不均匀的静应力时，按综合力学性能选材，应保证最大应力部位有足够的强度。常选用易通过热处理等方法提高强度及表面硬度的材料（如调质钢等）。

当零件（如齿轮等）承受有较大接触应力时，可选用易进行表面强化的材料（如渗碳钢、渗氮钢等）。

当零件受变应力时，应选用疲劳强度较高的材料，常用能通过热处理等手段提高疲劳强度的材料。

对刚度要求较高的零件，宜选用弹性模量大的材料，同时还应考虑结构、形状、尺寸对刚度的影响。

2) 零件的环境状况及特殊要求。根据零件的工作环境及特殊要求不同，除对材料的力学性能提出要求外，还应对材料的物理性能及化学性能提出要求。如当零件在滑动摩擦条件下工作时，应选用耐磨性、减摩性好的材料，故滑动轴承常选用轴承合金、锡青铜等材料。

在高温下工作的零件，常选用耐热好的材料，如内燃机排气阀门可选用耐热钢，气缸盖则选用导热性好、比热容大的铸造铝合金。

在腐蚀介质中工作的零件，应选用耐蚀性好的材料。

(2) 具有良好的加工工艺性　将零件坯件材料加工成形有许多方法，主要有热加工和切削加工两大类。不同材料的加工工艺性不同。

1) 热加工工艺性能。热加工工艺性能主要指铸造性能、可锻性、焊接性能和热处理性能。表 1-2 为常用金属材料热加工工艺性能比较。

表 1-2　常用金属材料热加工工艺性能比较

| 热加工工艺性能 | 常用金属材料热加工性能比较 | 备　注 |
| --- | --- | --- |
| 铸造性能 | 铸造性能较好的金属铸造性能排序：铸造铝合金、铜合金、铸铁、铸钢 | 铸铁中，灰铸铁铸造性能最好 |
| 可锻性 | 碳素结构钢中可锻性从高到低排序：低碳钢、中碳钢、高碳钢<br>合金钢：低合金钢的可锻性近于中碳钢，高碳合金钢的可锻性较差<br>铝合金的塑性较差，可锻性不是很好<br>铜合金的可锻性较好 | 含碳量及含合金元素越高的材料，其可锻性相对越差 |

(续)

| 热加工工艺性能 | 常用金属材料热加工性能比较 | 备注 |
| --- | --- | --- |
| 焊接性能 | 低碳钢和碳的质量分数低于0.18%的合金钢有较好的焊接性能<br>碳的质量分数大于0.45%的碳钢和碳的质量分数大于0.35%的合金钢焊接性能较差<br>铜合金和铝合金的焊接性能较差,灰铸铁的焊接性能更差 | 含碳量及含合金元素越高的材料,焊接性能越差 |
| 热处理性能 | 金属材料中,钢的热处理性能较好,合金钢的热处理性能比碳素结构钢好;铝合金的热处理要求严格;铜合金只有很少几种可通过热处理方法强化 | 选材时要综合考虑淬硬性、淬透性、变形开裂倾向性、回火脆性等性能要求 |

2）切削加工性能。金属的切削加工性能一般用刀具寿命为 60min 时的切削速度 $v_{60}$ 来表示。$v_{60}$ 越高，则金属的切削性能越好。如以 $\sigma_b = 600\text{MPa}$ 的 45 钢的 $v_{60}$ 为标准，记作 $(v_{60})_f$，其他材料的 $v_{60}$ 与 $(v_{60})_f$ 的比值称为相对加工性，用 $k_v$ 表示。$k_v$ 值越大，金属切削加工性能越好。表 1-3 为常用金属切削加工性能的比较。

表 1-3　常用金属切削加工性能的比较

| 等级 | 切削加工性能 | $k_v$ | 代表性材料 |
| --- | --- | --- | --- |
| 1 | 很容易加工 | 8～20 | 铝、镁合金 |
| 2 | 易加工 | 2.5～3.0 | 易切削钢 |
| 3 | 易加工 | 1.6～2.5 | 30 钢正火 |
| 4 | 一般 | 1.0～1.5 | 45 钢 |
| 5 | 一般 | 0.7～0.9 | 45 钢（轧材）、20Cr13 调质 |
| 6 | 难加工 | 0.5～0.65 | 65Mn 调质、易切削不锈钢 |
| 7 | 难加工 | 0.15～0.5 | W18Cr4V |
| 8 | 难加工 | 0.04～0.14 | 耐热合金、钴合金 |

(3) 经济性要求　选择材料要综合考虑经济性。

1）材料价格。材料价格在产品总成本中占较大比重，一般占产品价格的 30%～70%。如果能用价格较低的材料满足工艺及使用要求，就不用价格高的材料。

2）提高材料的利用率。如用精铸、模锻、冷拉毛坯，可以减少切削加工对材料的浪费。

3）零件的加工和维修费用等要尽量低。

4）采用组合结构。如蜗轮齿圈可采用减摩性好的贵重金属，而其他部分采用廉价的材料。

5）材料的合理代用。对生产批量大的零件，要考虑我国资源状况，材料来源要丰富；尽量避免采用我国稀缺而需进口的材料；尽量用高强度铸铁代替钢，用热处理方法等强化的非合金钢代替合金钢。

### 三、钢热处理常识

在现代机械制造中，许多重要零件（如机床的主轴、齿轮，发动机的连杆、曲轴等）大都使用钢材制造，而且一般都要进行热处理。通过热处理可以改变钢材内部的组织结构，从而改善其力学性能。因此,钢的热处理对于充分发挥材料的潜力、提高产品质量、延长机械的使用寿命等,均具有非常重要的作用。

所谓钢的热处理,就是将钢在固态范围内加热到一定温度后,保温一段时间,再以一定的速度冷却的工艺过程(见图1-15)。钢的常用热处理方法包括退火、正火、淬火、回火以及渗碳等。

(1) 退火  退火是将零件加热到一定温度,保温一段时间后,随炉冷却到室温的处理过程。退火能使金属晶粒细化,组织均匀,可以消除零件的内应力,降低硬度,提高塑性,使零件便于加工。

(2) 正火  正火又称正常化处理,其工艺过程与退火相似,不同之处是将零件置于空气中冷却。正火与退火的作用相同,但由于零件在空气中冷却速度较快,故可以提高钢的硬度与强度。

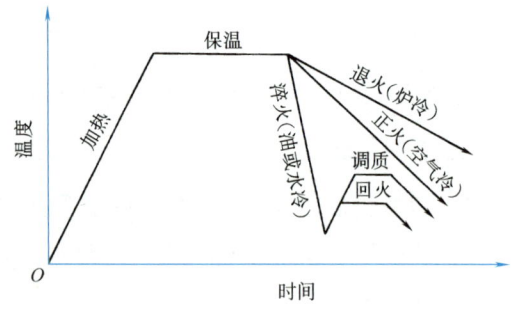

图1-15  钢的热处理示意图

(3) 淬火  淬火是把零件加热到一定温度,保温一段时间后,将零件放入水(油或水基盐碱溶液)中急剧冷却的处理过程。淬火可以大大提高钢的硬度,但会使材料的韧性降低,同时产生很大的内应力,使零件有严重变形和开裂的危险。因此,淬火后必须及时进行回火处理。

(4) 回火  回火是将经过淬火的零件重新加热到一定温度(低于淬火温度),保温一段时间后,置于空气或油中冷却至室温的处理过程。回火不但可以消除零件淬火时产生的内应力,而且可以提高材料的综合力学性能,以满足零件的设计要求。

回火后材料的具体性能与回火的温度密切相关,回火根据温度的不同,通常分为低温回火、中温回火和高温回火三种。

1) 低温回火(150~250℃)。可得到很高的硬度和耐磨性,主要用于各种切削工具、滚动轴承等零件。

2) 中温回火(350~500℃)。可得到很高的弹性,主要用于各种弹簧等。

3) 高温回火(500~650℃)。通常把淬火后经高温回火的双重处理称为调质。调质可使零件获得较高的强度与较好的塑性和韧性,即获得良好的综合力学性能。调质处理广泛用于齿轮、轴、蜗杆等零件。适用于这种处理的钢,称为调质钢。调质钢大都是碳的质量分数为0.35%~0.5%的中碳钢和中碳合金钢。

(5) 表面淬火  表面淬火是以很快的速度将零件表面迅速加热到淬火温度(零件内部温度还很低),然后迅速冷却的热处理过程。表面淬火可使零件的表面具有很高的硬度和耐磨性,而心部由于尚未被加热淬火,故仍保持材料原有的塑性和韧性。这种零件具有较高的抗冲击能力,因此,表面淬火广泛用于齿轮、轴等零件。

(6) 渗碳  渗碳是化学热处理的一种。化学热处理是实现钢表面强化的重要手段,把零件置于含有某种化学元素的介质中进行加热、保温,使化学元素的活性原子向零件表层扩散,从而改变钢材表面的化学成分和组织,获得与心部不同的表面性能。

根据扩散元素的不同,化学热处理分渗碳、渗氮和液体碳氮共渗等几种。其中,应用较多的是渗碳。渗碳零件常用材料为低碳钢和低碳合金钢。零件经过渗碳，表层碳的含量增加，再经淬火和回火，零件表面达到很高的硬度和耐磨性，而心部又具有很好的塑性和韧性。渗碳常用于齿轮、凸轮、摩擦片等零件。

## 自 测 题

1-1 机器与机构的主要区别是（　　）。
  A. 机器的运动较复杂
  B. 机器的结构较复杂
  C. 机器能完成有用的机械功或机械能
  D. 机器能变换运动形式

1-2 下列五种实物：①车床；②游标卡尺；③洗衣机；④齿轮减速器；⑤机械式钟表，其中（　　）是机器。
  A. ①和②　　　B. ①和③　　　C. ①、②和③　　　D. ④和⑤

1-3 下列实物：①台虎钳；②百分表；③水泵；④台钻；⑤牛头刨床工作台升降装置，其中（　　）是机构。
  A. ①、②和③　　　　　　　　B. ①、②和④
  C. ①、②、③和④　　　　　　D. ③、④和⑤

1-4 下列实物：①螺钉；②起重吊钩；③螺母；④键；⑤缝纫机脚踏板，其中（　　）属于通用零件。
  A. ①、②和⑤　B. ①、②和④　C. ①、③和④　D. ①、④和⑤

1-5 由于接触应力的反复作用，零件表面的金属呈小片状脱落下来而形成一些小凹坑，这种现象称为点蚀。点蚀是（　　）。
  A. 疲劳破坏，属于体积强度
  B. 表面强度中的一种失效形式，属暂时性失效
  C. 表面挤压应力过大时零件表面被压溃的破坏形式，其设计准则又称接触强度
  D. 接触应力变化造成的疲劳破坏，无法修复使用

1-6 刚度是零件在载荷作用下抵抗（　　）的能力。
  A. 塑性变形　　B. 弹性变形　　C. 过载断裂　　D. 过载变形

1-7 脆性突然断裂必定发生在（　　）。
  A. 脆性材料制成的零件　　　　B. 过载情况下的脆性材料制成的零件
  C. 变应力下的塑性材料制成的零件　D. 所有塑性与脆性材料制成的零件

1-8 含碳量及含合金元素越高的材料，其（　　）。
  A. 焊接性越好，可锻性相对较差
  B. 焊接性越差，可锻性相对越好
  C. 焊接与可锻性越差
  D. 焊接与可锻性越好

1-9  淬火是把零件加热到一定温度，保温一段时间后，将零件放入（　　）中急剧冷却的处理过程。

  A. 水    B. 油    C. 水基盐碱溶液    D. 任何冷却液

1-10  调质包含（　　）。

  A. 低温回火       B. 中温回火

  C. 高温回火       D. 区别于回火的钢热处理形式

# 第二章

# 平面机构的运动简图及自由度

> **教学要求**
>
> ● 知识要素
> 1. 运动副及分类，平面机构组成。
> 2. 约束与自由度，平面机构自由度计算公式。
> 3. 自由度计算中的特殊规则。
> 4. 平面机构具有确定运动的条件。
>
> ● 能力要求
> 1. 能运用公式计算平面机构的自由度，并判断平面机构的运动确定性。
> 2. 能识别平面机构的复合铰链、局部自由度和常见虚约束环节，并合理处置。
>
> ● 学习重点与难点
> 1. 平面机构自由度的计算。
> 2. 平面机构自由度计算中应注意的问题。
>
> ● 技能要求
> 绘制简单机械的机构运动简图。

## 第一节 运动副及其分类

机械一般由若干常用机构组成。若组成机构的所有构件都在同一平面或平行平面中运动，则称该机构为平面机构。若组成机构的某些构件的运动是非平行平面的空间运动，则称该机构为空间机构。构件之间是靠运动副进行联接的，因此，研究机构首先要认识运动副。由于平面机构是研究所有机构的基础，故本章主要研究平面机构的运动。

### 一、运动副的概念

由于机构是具有确定相对运动的构件组合，因此，构件间应以一定的方式进行连接。两构件间直接接触，并能产生一定相对运动的连接称为运动副。机械中的轴与轴承、活塞与气缸、车轮与钢轨、一对轮齿间的啮合等形成的连接，都构成了运动副。

### 二、运动副的分类

两构件只能在同一平面相对运动的运动副称为平面运动副。

两构件之间一般通过点、线、面来实现接触。按两构件间的接触特性，平面运动副类型通常可分为低副和高副。

#### 1. 低副

两构件间呈面接触的运动副称为低副。根据构成低副两构件间相对运动的特点，它又可分为转动副和移动副。

转动副是两构件只能做相对转动的运动副。图 2-1a、b 所示轴承与轴颈的连接、铰链连接等，都组成转动副。

移动副是两构件只能沿某一轴线相对移动的运动副，如图 2-1c、d 所示。

#### 2. 高副

两构件间呈点、线接触的运动副称为高副，如图 2-2 所示的车轮与钢轨、凸轮与从动件、轮齿啮合等均分别组成了高副。

此外，常用的运动副还有图 2-3a 所示的球面副（球面铰链），图 2-3b 所示的螺旋副，它们都是空间运动副。

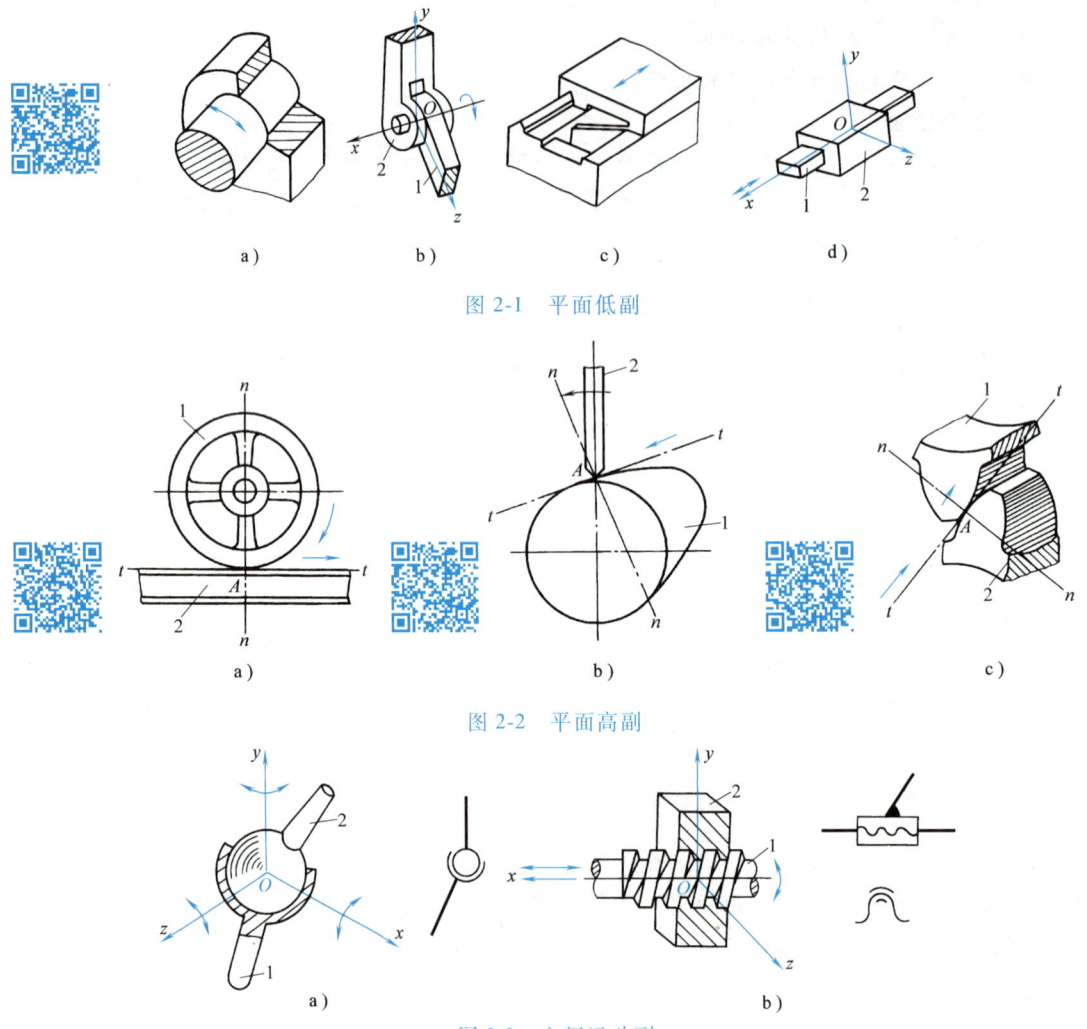

图 2-1　平面低副

图 2-2　平面高副

图 2-3　空间运动副
a）球面副　b）螺旋副

## 第二节 平面机构的运动简图

### 一、机构运动简图的概念

在研究机构运动特性时，为使问题简化，可不考虑构件和运动副的实际结构，只考虑与运动有关的构件数目、运动副类型及相对位置。用简单线条和规定的符号表示构件和运动副，并按一定的比例确定运动副的相对位置及与运动有关的尺寸，这种表明机构的组成和各构件间真实运动关系的简单图形，称为机构运动简图。

只要求定性地表示机构的组成及运动原理而不严格按比例绘制的机构运动简图，称为机构示意图。

### 二、平面机构运动简图的绘制

为了绘制机构运动简图，首先要把机构的构造和运动情况分析清楚，要明确三类构件：固定件（又称机架）——机构中支承活动构件的构件，任何一个机构中必定有，也只能有一个构件作为机架；原动件——机构中作用有驱动力或已知运动规律的构件，一般与机架相连；从动件——机构中除原动件以外的所有活动构件。其次，还需弄清该机构由多少个构件组成，各构件间组成何种运动副，然后按规定的符号和一定的比例尺绘图。

具体可按以下步骤进行：

1）分析机构的组成，确定机架、原动件和从动件。

2）由原动件开始，依次分析构件间的相对运动形式，确定运动副的类型和数目。

3）选择适当的视图平面和原动件位置，以便清楚地表达各构件间的运动关系。平面机构通常选择与构件运动平行的平面作为投影面。

4）选择适当的比例尺 $\mu_l = \dfrac{构件实际尺寸}{构件图样尺寸}$（单位：m/mm 或 mm/mm），按照各运动副间的距离和相对位置，以规定的线条和符号绘图。

常用构件和运动副的简图符号见表 2-1，一些常用机构的表示符号将在后续相应章节中逐步引入。

表 2-1 机构运动简图（摘自 GB/T 4460—2013）

| 名 称 | | 简 图 符 号 | 名 称 | 简 图 符 号 |
|---|---|---|---|---|
| 构件 | 轴、杆 | | 平面低副 转动副 | 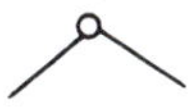 |
| | 三元素构件 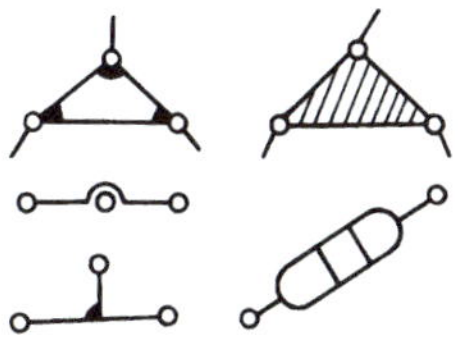 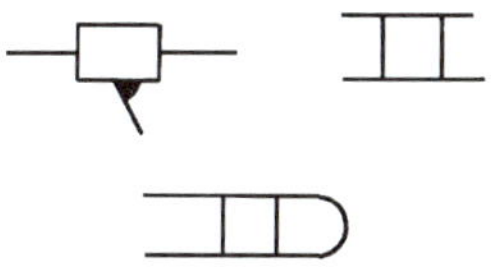 | | | |
| | 构件的永久连接 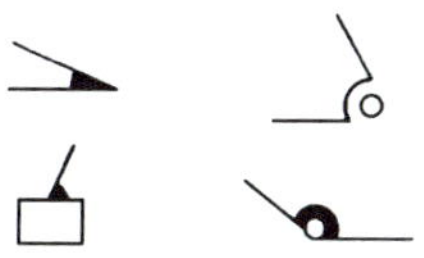 | | 移动副 | |

(续)

| 名　称 | | 简图符号 | 名　称 | | 简图符号 |
|---|---|---|---|---|---|
| 机架 | 机架 | | 平面高副 | 齿轮副 外啮合 | |
| | 机架是转动副的一部分 | | | 齿轮副 内啮合 | |
| | 机架是移动副的一部分 | | | 凸轮副 | |

**例 2-1**　绘制图 2-4a 所示的颚式破碎机主体机构的运动简图。

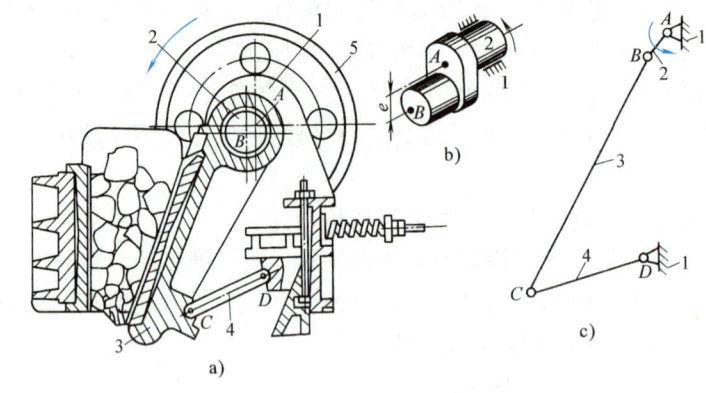

图 2-4　颚式破碎机主体机构

**解**　1）由图可知，颚式破碎机主体机构由机架 1、偏心轴 2（图 2-4b 所示）、动颚 3、肘板 4 组成。机构运动由带轮 5 输入，而带轮 5 与偏心轴 2 固连成一体（属同一构件），绕 A 轴线转动，故偏心轴 2 为原动件。动颚 3 通过肘板 4 与机架相连，并在偏心轴 2 带动下做平面运动，将矿石打碎，故动颚和肘板为从动件。

2）偏心轴 2 与机架 1、偏心轴 2 与动颚 3、动颚 3 与肘板 4、肘板 4 与机架 1 均构成转动副，其转动中心分别为 A、B、C、D。

3）选择构件的运动平面为视图平面，图 2-4c 所示机构运动瞬时位置为原动件位置。

4）根据实际机构尺寸及图样大小选定比例尺 $\mu_l$。根据已知运动尺寸 $L_{AB}$、$L_{BC}$、$L_{CD}$、$L_{DA}$ 依次确定各转动副 B、D、C 的位置，画上代表转动副的符号，并用线段连接 A、B、C、D。用数字标注构件号，并在构件 2 上标注表示原动件运动方向的箭头，如图 2-4c 所示。

**例 2-2**　绘制图 2-5a 所示牛头刨床主体运动机构的机构示意图。

**解**　1）牛头刨床主体运动机构由齿轮 1、2，滑块 3，导杆 4，摇块 5，刨头 6 及床身 7 组成。齿轮 1 为原动件，床身 7 为机架，其余 5 个活动构件为从动件。

# 第二章 平面机构的运动简图及自由度

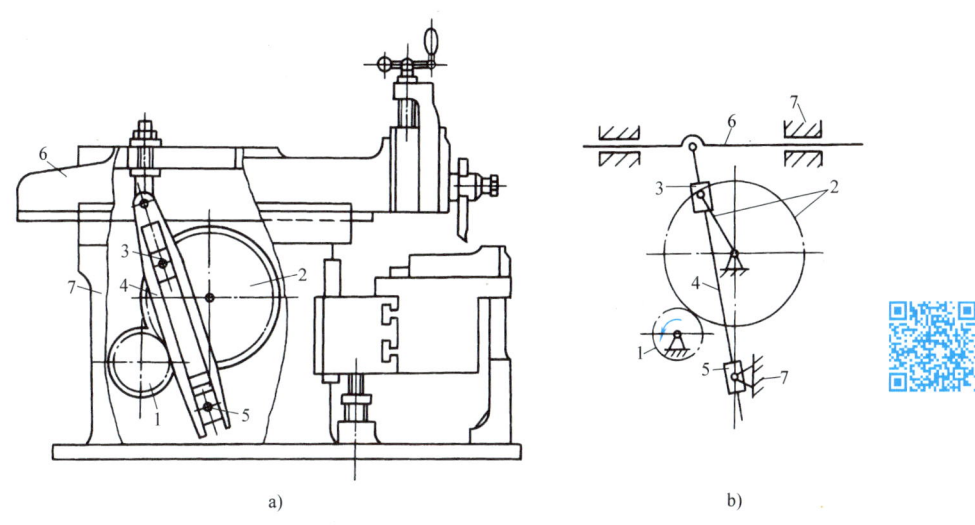

图 2-5 牛头刨床主体运动机构

2）齿轮 1、2 组成齿轮副，小齿轮 1 与机架 7 组成转动副，大齿轮 2 与机架 7、滑块 3 分别组成转动副；导杆 4 与滑块 3、摇块 5 分别组成移动副，而与刨头 6 组成转动副；摇块 5 与机架 7 组成转动副；刨头 6 与机架 7 组成移动副。即本机构共有一个齿轮副、五个转动副和三个移动副。

3）选择恰当的瞬时运动位置，如图 2-5b 所示，按规定符号画出齿轮副、转动副、移动副及机架，并标注构件号及表示原动件运动方向的箭头。

## 第三节 平面机构的自由度

为了使所设计的机构能够运动并具有运动的确定性，必须研究机构的自由度和机构具有运动确定性的条件。

### 一、平面机构的自由度计算

#### 1. 自由度

做平面运动的构件相对于指定参考系所具有的独立运动的数目，称为构件的自由度。任一做平面运动的自由构件有三个独立的运动，如图 2-6 所示 $xOy$ 坐标系中，构件具有沿 $x$ 轴和 $y$ 轴的移动，以及绕任一垂直于 $xOy$ 平面的轴线 $A$ 的转动，因此做平面运动的自由构件有三个自由度。

#### 2. 约束

当两构件组成运动副后，它们之间的某些相对运动受到限制，这种对于相对运动所加的限制称为约束。每加一个约束，自由构件便失去一个自由度，运动副的约束数目和约束特点，取决于运动副的形式。

如图 2-1 所示，当两构件组成平面转动副时，两构件间便只具有一个独立的相对转动；当两构件组成平面移动副时，两构

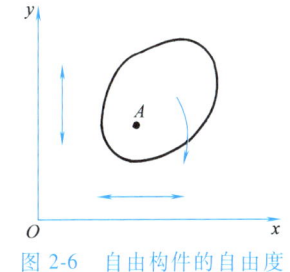

图 2-6 自由构件的自由度

件间便只具有一个独立的相对移动。因此，平面低副实际引入两个约束，保留了一个自由度。

如图 2-2 所示，两构件组成高副时，在接触处公法线 $n$—$n$ 方向的移动受到约束，保留了沿公切线 $t$—$t$ 方向的移动和绕接触点 $A$ 的转动。因此，平面高副实际引入一个约束，保留了两个自由度。

### 3. 机构自由度的计算

机构相对于机架所具有的独立运动数目，称为机构的自由度。

设一个平面机构由 $N$ 个构件组成，其中必有一个构件为机架，则活动构件数为 $n=N-1$。它们在未组成运动副之前，共有 $3n$ 个自由度，用运动副连接后便引入了约束，减少了自由度。若机构中共有 $P_L$ 个低副、$P_H$ 个高副，则平面机构的自由度 $F$ 的计算公式为

$$F = 3n - 2P_L - P_H \tag{2-1}$$

如图 2-4c 所示颚式破碎机机构，其活动构件数 $n=3$，低副数 $P_L=4$，高副数 $P_H=0$，则该机构的自由度为

$$F = 3n - 2P_L - P_H = 3 \times 3 - 2 \times 4 - 0 = 1$$

## 二、平面机构自由度计算的注意事项

### 1. 复合铰链

两个以上的构件在同一处以同轴线的转动副相连，称为复合铰链。

图 2-7 所示为三个构件在 $A$ 点形成复合铰链，从侧视图可见，这三个构件实际上组成了轴线重合的两个转动副，而不是一个转动副。一般地，$k$ 个构件形成复合铰链应具有 $(k-1)$ 个转动副，计算自由度时应注意找出复合铰链。

例如图 2-8 所示直线机构中，$A$、$B$、$D$、$E$ 四点均为由三个构件组成的复合铰链，每处有两个转动副。因此，该机构 $n=7$，$P_L=10$，$P_H=0$，其自由度 $F=3 \times 7-2 \times 10-0=1$。

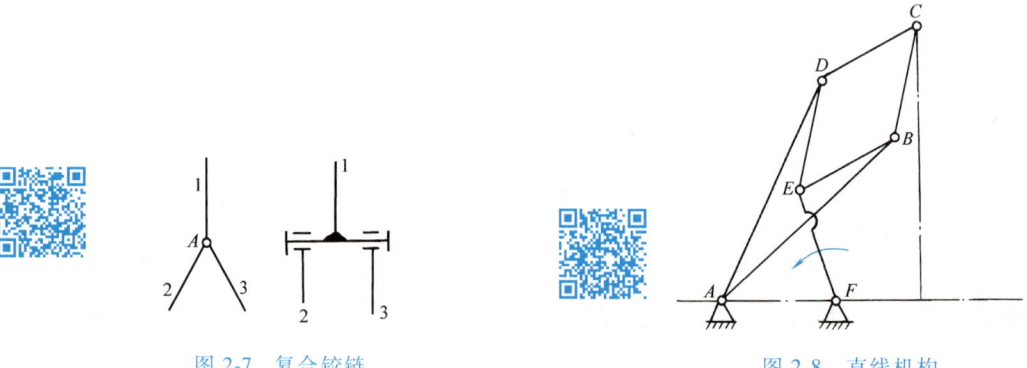

图 2-7 复合铰链　　　　　图 2-8 直线机构

### 2. 局部自由度

与机构运动无关构件的独立运动称为局部自由度。在计算机构自由度时，局部自由度应略去不计。

如图 2-9a 所示凸轮机构，主动件凸轮 1 逆时针转动，通过滚子 3 使从动件 2 在导路中往复移动。显然，滚子 3 绕其自身轴线 $A$ 的转动完全不会影响从动件 2 的运动，因而滚子这一转动属局部自由度。在计算该机构的自由度时，可将滚子与从动件看成一个构件，如

图 2-9b 所示，这样即除去了局部自由度。此时，该机构中 $n=2$，$P_L=2$，$P_H=1$，其自由度为

$$F = 3n - 2P_L - P_H = 3 \times 2 - 2 \times 2 - 1 = 1$$

局部自由度虽不影响机构的运动关系，但可以减少高副接触处的摩擦和磨损。因此，在机构中常见具有局部自由度的结构，如滚动轴承、滚轮等。

### 3. 虚约束

机构中与其他约束重复而对运动不起新的限制作用的约束，称为虚约束。计算机构自由度时，应除去不计。虚约束常出现在下列场合：

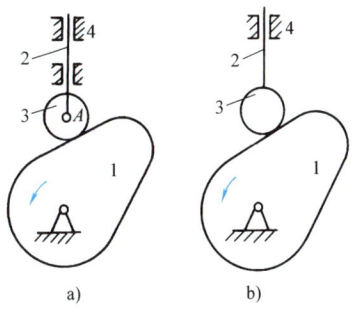

图 2-9 局部自由度

（1）两构件间形成多个具有相同作用的运动副　常见有三种情况：

1）两构件在同一轴线上形成多个转动副。如图 2-10a 所示，轮轴 1 与机架 2 在 $A$、$B$ 两处组成两个转动副，从运动关系看，只有一个转动副起实际约束作用，计算机构自由度时应按一个转动副计算。

2）两构件形成多个导路平行或重合的移动副。如图 2-10b 所示，构件 1 与机架组成 $A$、$B$、$C$ 三个导路平行的移动副，计算自由度时应只算一个移动副。

3）两构件组成多处接触点公法线重合的高副。如图 2-10c 所示，同样应只考虑一处高副，其余为虚约束。

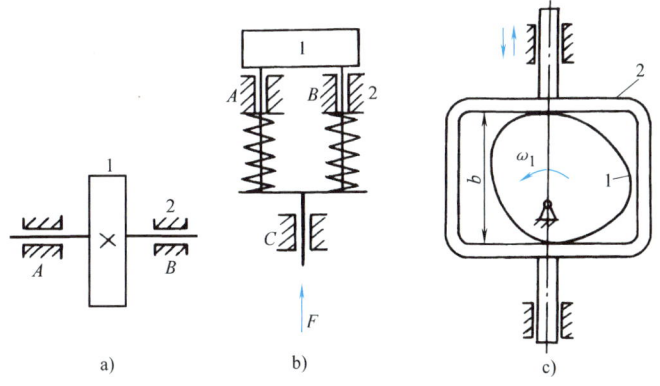

图 2-10 两构件组成多个运动副

（2）两构件上连接点的运动轨迹互相重合　如图 2-11a 所示平行四边形机构，杆 3 做平移运动，其上各点轨迹均为圆心在机架 $AD$ 上半径为 $AB$ 的圆弧。该机构自由度 $F = 3n - 2P_L - P_H = 3 \times 3 - 2 \times 4 - 0 = 1$。现若用一附加构件 5 在 $E$ 和 $F$ 两点铰接，且 $EF // AB$，$EF = AB$，如图 2-11b 所示。构件 5 上 $E$ 点的轨迹与连杆 $BC$ 上 $E$ 点的轨迹重合。显然，构件 5 对该机构的运动并不产生任何影响，其约束从运动角度看并无必要，为虚约束。因此，在计算图 2-11b 所示机构的自由度时应将其去除，按图 2-11a 计算。应当注意，构件 5 成为虚约束的几何条件是 $EF // AB$，$EF = AB$，否则构件 5 若如图 2-11b 双点画线所示（$E'F$），将变为实际约束，使机构不能运动。

（3）机构中具有对运动不起作用的对称部分　如图 2-12b 所示的行星轮系，为使受力均匀，安装三个相同的行星轮对称布置。从运动关系看，只需一个行星轮 2 就能满足运动要求，如图 2-12a 所示，其余行星轮及其所引入的高副均为虚约束，应除去不计。该机构的自

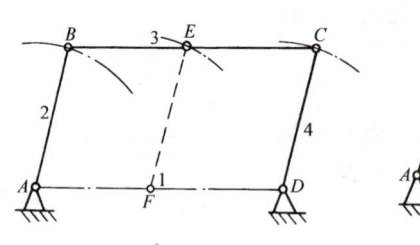
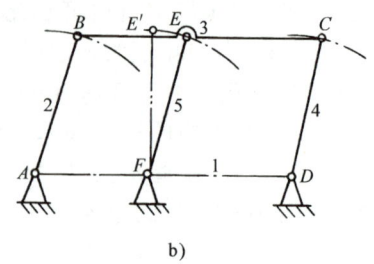

图 2-11 平行四边形机构中的虚约束

由度 $F=3n-2P_L-P_H=3\times3-2\times3-2=1$（$C$ 处为复合铰链）。

虚约束虽对机构运动不起约束作用，但它能够改善机构的刚性或受力情况，保证机构顺利运动，因此在结构设计中被广泛采用。应当指出，虚约束是在一定的几何条件下形成的。虚约束对制造、安装精度要求较高，当不能满足几何条件时，虚约束就会成为实际约束而使"机构"不能运动。因此，在设计中应避免不必要的虚约束。

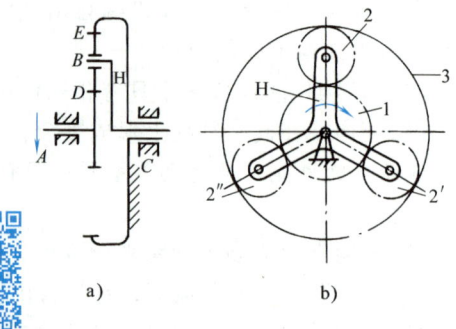

图 2-12 对称结构引入的虚约束

**例 2-3** 计算图 2-13a 所示筛料机构的自由度。

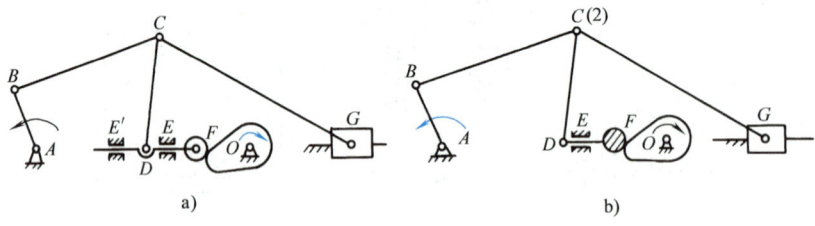

图 2-13 筛料机构

**解** 经分析可知，机构中滚子的自转为局部自由度；顶杆 $DF$ 与机架组成两导路重合的移动副 $E$、$E'$，故其中之一为虚约束；$C$ 处为复合铰链。去除局部自由度和虚约束，按图 2-13b 所示机构计算自由度，机构中 $n=7$，$P_L=9$，$P_H=1$，其自由度为

$$F=3n-2P_L-P_H=3\times7-2\times9-1=2$$

### 三、机构具有确定运动的条件

由于机构的自由度就是机构所具有的独立运动的数目，显然，只有机构自由度大于零，机构才有可能运动。但同时，只有在机构输入的独立运动数目与机构的自由度数相等时，机构才能具有确定的运动。

如图 2-14 所示，原动件数等于 1，而机构自由度 $F=3n-2P_L-P_H=3\times4-2\times5-0=2$，当只给定原动件 1 的位置 $\varphi_1$ 时，从动件 2、3、4 的位置可以处于实线位置，也可以处于双点画线位置或其他位置，说明从动件的运动是不确定的。只有给出 2 个原动件，使构件 1、4 处于给定位置，各构件才能获得确定的运动。

如图 2-15 所示，图中原动件数等于 2，机构自由度 $F=3n-2P_L-P_H=3\times3-2\times4-0=1$，若机构同时要满足原动件 1 和原动件 3 的给定运动，则势必将杆 2 拉断。

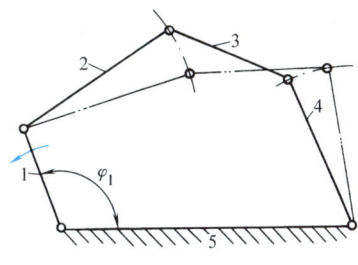

图 2-14　原动件数小于自由度数

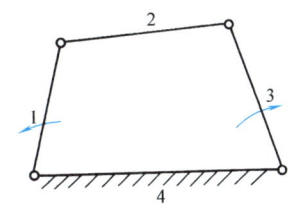

图 2-15　原动件数大于自由度数

因此，机构具有确定运动的条件为：机构的原动件数目 $W$ 等于机构的自由度数 $F$，即

$$W=F\neq 0 \tag{2-2}$$

在分析现有机器或设计新机器时，需考虑所作机构运动简图是否满足机构具有确定运动的条件，否则将导致机构组成原理的错误。如图 2-16a 所示的构件组合体，其 $F=0$，从动件 3 无法实现预期的运动。图 2-16b、c 给出了两种改进方案，它们的自由度数都是 1，达到了运动设计要求。

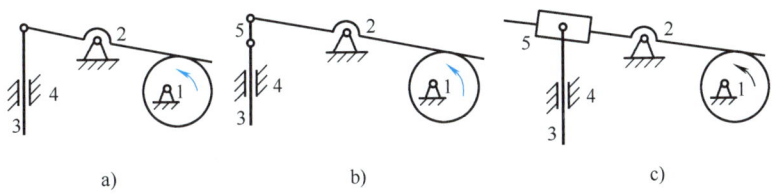

图 2-16　$F=0$ 的构件组合及改进

## 自 测 题 与 习 题

### （一）自　测　题

2-1　两构件构成运动副的主要特征是（　　）。
  A. 两构件以点、线、面相接触
  B. 两构件能做相对运动
  C. 两构件相连接
  D. 两构件既连接又能做相对运动

2-2　图 2-17 所示的运动副 $A$ 限制两构件的相对运动为（　　）。
  A. 相对转动
  B. 沿接触点 $A$ 切线方向的相对移动
  C. 沿接触点 $A$ 法线方向的相对移动
  D. 相对转动和相对移动

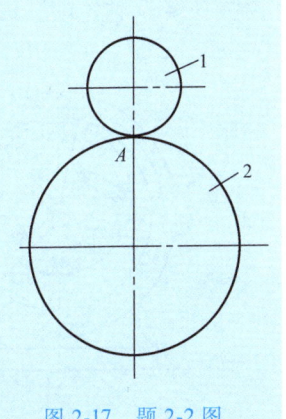

图 2-17　题 2-2 图

2-3 图2-18中，运动副A是高副的图是（　　）。
  A. a    B. b    C. c    D. d

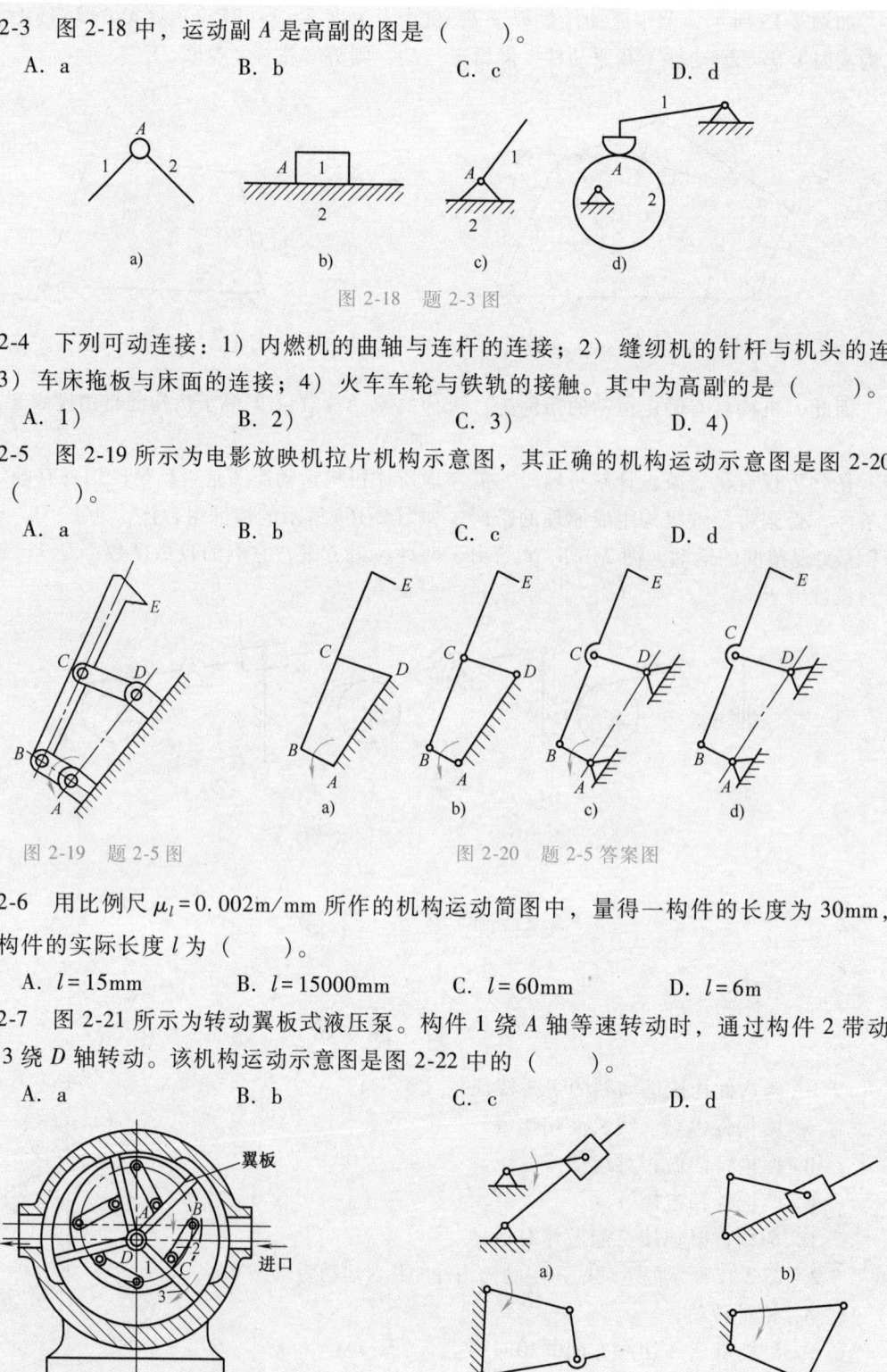

图2-18 题2-3图

2-4 下列可动连接：1）内燃机的曲轴与连杆的连接；2）缝纫机的针杆与机头的连接；3）车床拖板与床面的连接；4）火车车轮与铁轨的接触。其中为高副的是（　　）。
  A. 1)    B. 2)    C. 3)    D. 4)

2-5 图2-19所示为电影放映机拉片机构示意图，其正确的机构运动示意图是图2-20中的（　　）。
  A. a    B. b    C. c    D. d

图2-19 题2-5图

图2-20 题2-5答案图

2-6 用比例尺 $\mu_l = 0.002$ m/mm 所作的机构运动简图中，量得一构件的长度为30mm，则该构件的实际长度 $l$ 为（　　）。
  A. $l=15$mm    B. $l=15000$mm    C. $l=60$mm    D. $l=6$m

2-7 图2-21所示为转动翼板式液压泵。构件1绕 $A$ 轴等速转动时，通过构件2带动翼板3绕 $D$ 轴转动。该机构运动示意图是图2-22中的（　　）。
  A. a    B. b    C. c    D. d

图2-21 题2-7图

图2-22 题2-7答案图

## 第二章　平面机构的运动简图及自由度

2-8　机构具有确定相对运动的条件是（　　　）。
　　A. $F \geq 0$　　　　B. $N \geq 4$　　　　C. $W \geq 1$　　　　D. $F = W > 0$
（注：$F$——机构的自由度；$N$——机构的构件数；$W$——原动件数）。

2-9　图 2-23 所示四种机构运动示意图中，（　　　）是不正确的。
　　A. a　　　　　　B. b　　　　　　　C. c　　　　　　　D. d

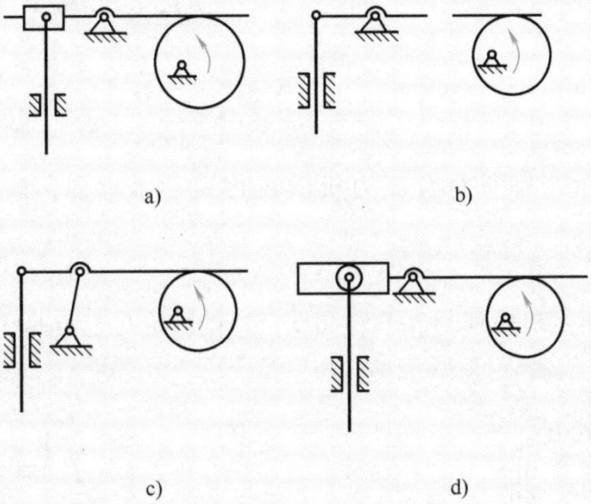

图 2-23　题 2-9 图

2-10　图 2-24 所示机构的自由度为（　　　）。
　　A. 1　　　　　　B. 2　　　　　　　C. 3　　　　　　　D. 0

2-11　要使图 2-25 所示的机构具有确定的相对运动，需要的原动件数为（　　　）。
　　A. 1 个　　　　　B. 2 个　　　　　　C. 3 个　　　　　　D. 4 个

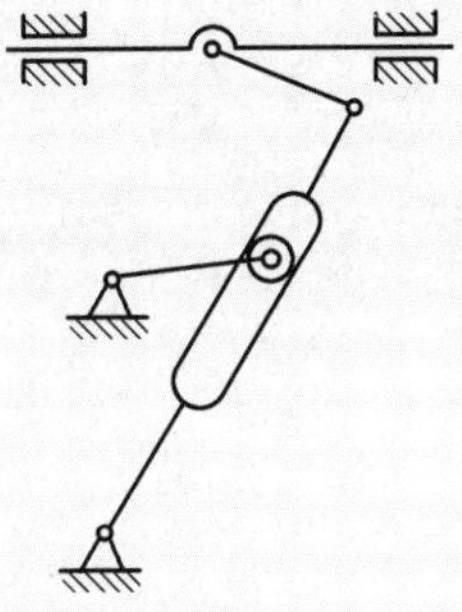

图 2-24　题 2-10 图 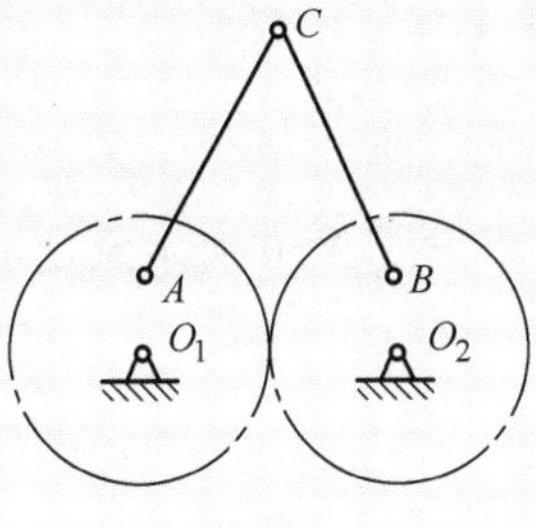　　　　　　　　　图 2-25　题 2-11 图

2-12　图 2-26 所示为汽车窗门的升降机构。自由度计算式正确的是（　　　）。
　　A. $F = 3 \times 7 - 2 \times 8 - 3 = 2$　　　　B. $F = 3 \times 6 - 2 \times 7 - 3 = 1$
　　C. $F = 3 \times 5 - 2 \times 6 - 2 = 1$　　　　D. $F = 3 \times 6 - 2 \times 6 - 3 = 3$

2-13　图 2-27 所示机构的自由度是（　　　）。
　　A. 1　　　　　　B. 2　　　　　　　C. 3　　　　　　　D. 4

25

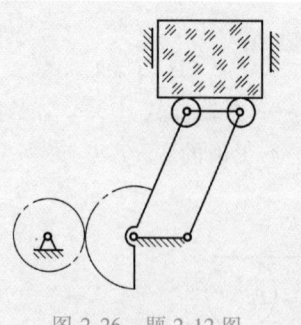

图 2-26　题 2-12 图

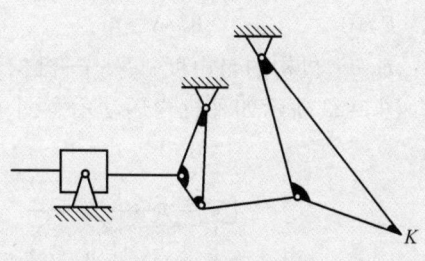

图 2-27　题 2-13 图

2-14　图 2-28 所示为轴承衬套压力机的机构运动示意图，该机构中的虚约束数为（　　）。

A. 1　　　　　B. 2　　　　　C. 3　　　　　D. 4

2-15　就图 2-29 所示机构判断，下列（　　）的结论是正确的（导路Ⅰ平行于导路Ⅱ）。

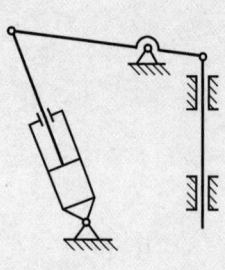

图 2-28　题 2-14 图

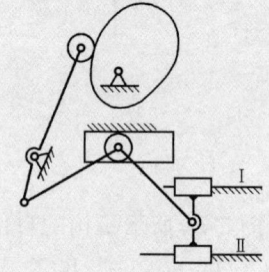

图 2-29　题 2-15 图

A. $n=5$, $P_L=6$, $P_H=2$, $F=1$　　　B. $n=6$, $P_L=8$, $P_H=2$, $F=0$

C. $n=7$, $P_L=8$, $P_H=3$, $F=2$　　　D. $n=9$, $P_L=12$, $P_H=2$, $F=1$

## （二）习　　题

2-16　绘出图 2-30 所示家用缝纫机踏板机构的运动简图。

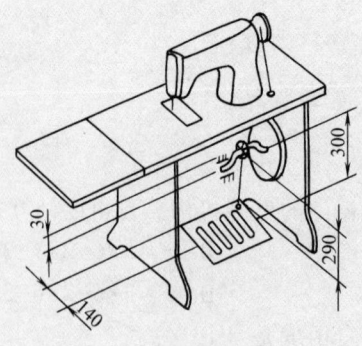

图 2-30　题 2-16 图

2-17 绘制图 2-31 所示各机构的机构示意图，并计算其自由度。

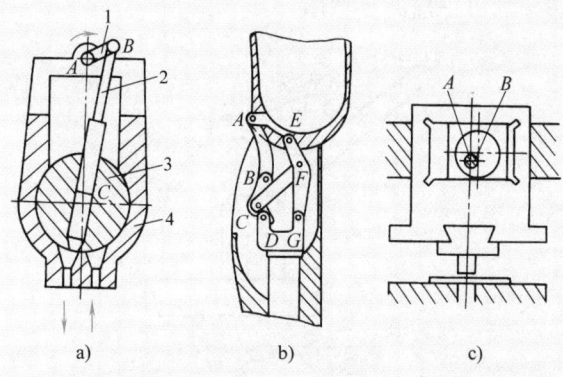

图 2-31 题 2-17 图
a) 液压泵机构  b) 假肢膝关节机构  c) 压力机主机构

2-18 图 2-32 所示为照相机光圈口径调节机构。1 为调节圆盘，绕圆盘中心转动；2 为变口径用遮光片（共 5 片，图中只示出 1 片），2 与 1 在 A 点铰接。2 上另有一销子 B 穿过圆盘而嵌在固定的导槽 C 内。当转动圆盘时，靠导槽引导遮光片摆动。圆盘顺时针转动时，光圈放大；反之，光圈缩小。试绘制该机构示意图并计算自由度。

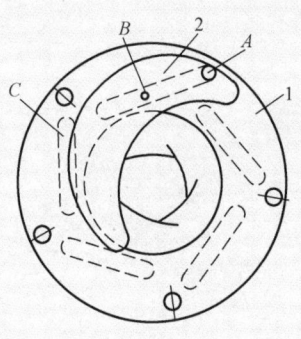

图 2-32 题 2-18 图

2-19 指出图 2-33 所示各机构中的复合铰链、局部自由度和虚约束，计算机构的自由度，并判定它们是否具有确定的运动（标有箭头的构件为原动件）。

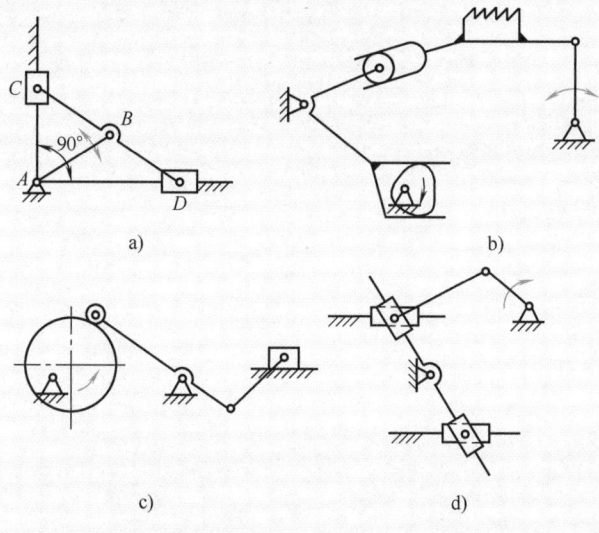

图 2-33 题 2-19 图
a) 椭圆仪机构  b) 缝纫机送布机构
c) 自动车床刀架进给机构  d) 压气机压力机构

2-20 试绘制图 2-34 所示机构的机构示意图,并计算自由度。如结构上有错误,请指出,并提出改进办法,画出正确的示意图。

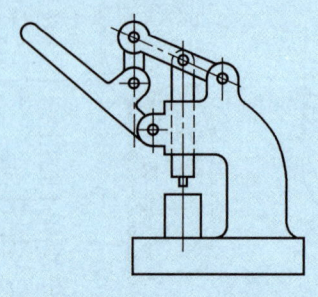

图 2-34 题 2-20 图

# 第三章

# 平面连杆机构

**教学要求**

● 知识要素
1. 平面四杆机构的基本形式及其演化。
2. 平面四杆机构存在曲柄的条件。
3. 平面四杆机构特性参数分析：运动特性极位夹角 $\theta$；传力特性压力角 $\alpha$（或传动角 $\gamma$）。
4. 平面四杆机构的运动设计。

● 能力要求
1. 能正确判别平面连杆机构的形式，能根据工作需要合理选用平面连杆机构。
2. 能对平面连杆机构进行简单的受力分析，判别机构是否自锁。
3. 能根据工作要求，设计简单的平面连杆机构。

● 学习重点与难点
1. 各类平面连杆机构的应用场合，平面连杆机构的运动特性。
2. 简单平面连杆机构的图解法设计。

● 知识延伸
解析法与实验法四杆机构设计原理。

## 第一节 概　　述

平面连杆机构是由若干构件通过低副连接而成的平面机构，也称平面低副机构。平面连杆机构具有：运动可逆性（可以任意构件为原动构件或执行构件）；传力时压强小、磨损少，易保持制造精度；可方便地实现转动、摆动和移动等基本运动形式及其相互转换；能实现多种运动轨迹和运动规律等优点。因此，它在各种机械设备和仪器仪表中得到了广泛的应用。平面连杆机构的主要缺点是低副中存在着间隙，因而不可避免地产生运动误差，不易精确地实现复杂的运动规律。

平面连杆机构常以其所含的构件（杆）数来命名，最基本、最简单的平面连杆机构是由四个构件组成的平面四杆机构。

## 第二节 平面四杆机构的基本形式及其演化

平面四杆机构可分为铰链四杆机构和滑块四杆机构两大类，前者是平面四杆机构的基本形式，后者是由前者演化而来的。

## 一、平面四杆机构的基本形式

构件间连接都是转动副的平面四杆机构，称为铰链四杆机构，它是平面四杆机构的基本形式。如图 3-1 所示，固定不动的构件 4 称为机架；与机架相连的两个构件 1 和 3 称为连架杆，分别绕 A、D 做定轴转动，其中能绕机架做 360°整周转动的连架杆称为曲柄，只能在一定角度内摆动的连架杆称为摇杆；与机架相对的构件 2 称为连杆，连杆做复杂的平面运动。

根据两连架杆运动形式的不同，铰链四杆机构可分为曲柄摇杆机构、双曲柄机构以及双摇杆机构三种基本形式。

### 1. 曲柄摇杆机构

两连架杆中一杆为曲柄另一杆为摇杆的铰链四杆机构，称为曲柄摇杆机构。曲柄摇杆机构中，当以曲柄为原动件时，可将匀速转动变成从动件的摆动，如图 3-2a 所示的雷达天线俯仰角调整机构；或利用连杆的复杂运动实现所需的运动轨迹，如图 3-2b 所示的搅拌器机构。当以摇杆为原动件时，可将往复摆动变成曲柄的整周转动，如图 3-2c 所示的脚踏砂轮机机构和图 2-30 所示的缝纫机踏板机构。

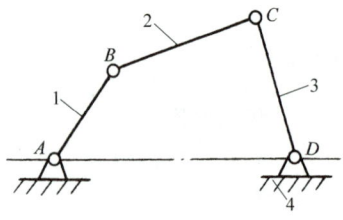

图 3-1 铰链四杆机构

### 2. 双曲柄机构

两连架杆均为曲柄的铰链四杆机构，称为双曲柄机构。双曲柄机构中，通常主动曲柄做匀速转动，从动曲柄做同向变速转动。如图 3-3 所示的惯性筛机构，当曲柄 1 做匀速转动时，曲柄 3 做变速转动，通过构件 5 使筛子 6 产生变速直线运动，筛子内的物料因惯性而来回抖动，从而达到筛选的目的。

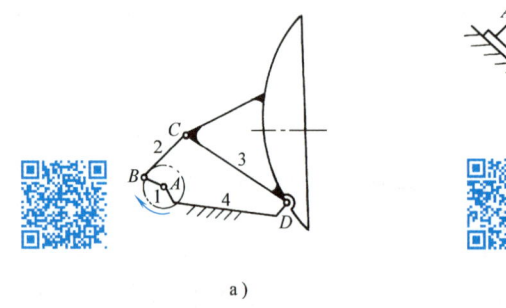
a)

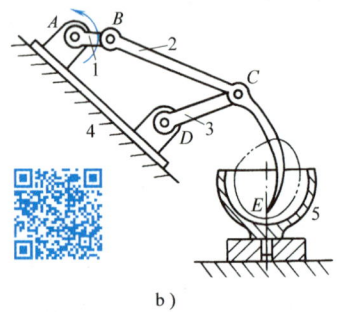
b)

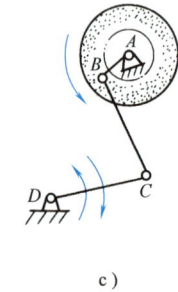
c)

图 3-2 曲柄摇杆机构的应用

a) 雷达天线俯仰角调整机构 b) 搅拌器机构 c) 脚踏砂轮机机构

在双曲柄机构中，若相对的两杆长度分别相等，则称为平行双曲柄机构或平行四边形机构。它有图 3-4a 所示的正平行双曲柄机构和图 3-4b 所示的反平行双曲柄机构两种形式。前者的运动特点是两曲柄的转向相同且角速度相等，连杆做平动，因此应用较为广泛；后者的运动特点是两曲柄的转向相反且角速度不相等。图 3-5a 所示的机车驱动轮联动机构和图 3-5b 所示的摄影车座斗机构，是正平行双曲柄机构的应用实例。图 3-5c 所示为车门启闭机构,是反平行双曲柄机构的一个应用,它使两扇车门朝相反的方向转动,从而保证两扇门能同时开启或关闭。

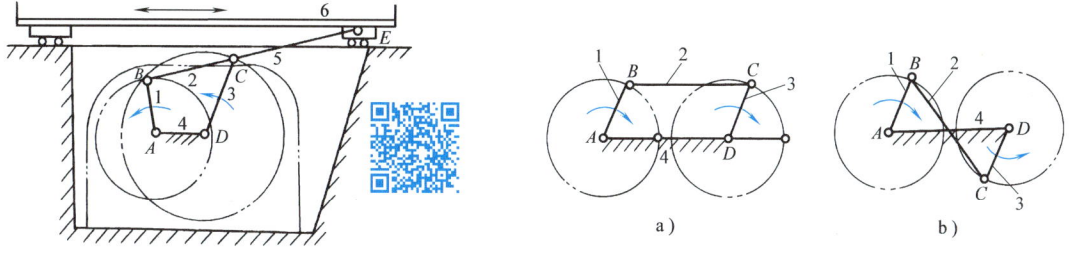

图 3-3 惯性筛机构

图 3-4 平行双曲柄机构
a) 正平行双曲柄机构  b) 反平行双曲柄机构

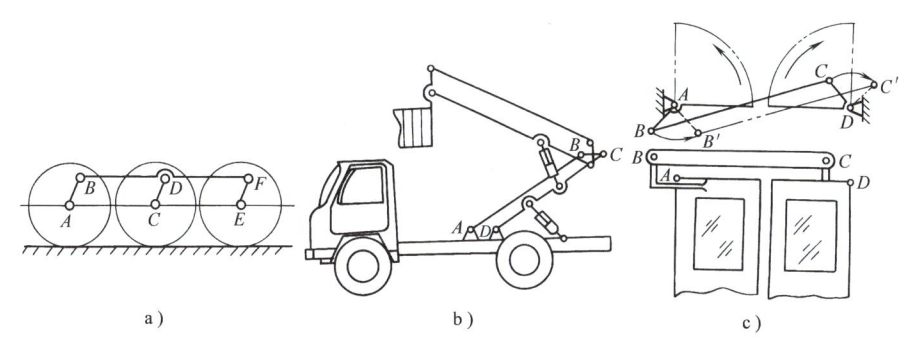

图 3-5 平行双曲柄机构的应用
a) 机车驱动轮联动机构  b) 摄影车座斗机构  c) 车门启闭机构

在正平行双曲柄机构中,当各构件共线时,可能出现从动曲柄与主动曲柄转向相反的现象,即运动不确定现象,而成为反平行双曲柄机构。为克服这种现象,可采用辅助曲柄或错列机构等措施解决,如机车驱动联动机构中采用三个曲柄的目的就是防止其反转。

另外,对平行双曲柄机构,无论以哪个构件为机架都是双曲柄机构。但若取较短构件为机架,则两曲柄的转动方向始终相同。

### 3. 双摇杆机构

两连架杆均为摇杆的铰链四杆机构称为双摇杆机构。一般情况下,两摇杆的摆角不等,常用于操纵机构、仪表机构等。

图 3-6a 所示为飞机起落架机构,$ABCD$ 为双摇杆机构,当摇杆 $AB$ 运动时,可使另一摇杆 $CD$ 带动飞机轮子收进机舱,以减少空气阻力。

图 3-6b 所示为汽车、拖拉机中的前轮转向机构,它是具有等长摇杆的双摇杆机构,又称等腰梯形机构。它能使与摇杆固联的两前轮轴转过的角度 $\beta$、$\delta$ 不同,使车辆转弯时每一瞬时都绕一个转动中心 $P$ 点转动,保证四个轮子与地面之间做纯滚动,从而避免了轮胎由于滑拖所引起的磨损,增加了车辆转向的稳定性。

## 二、四杆机构的演化形式

在实际应用中还广泛地采用滑块四杆机构,它是铰链四杆机构的演化机构,是含有移动副的四杆机构。其常用形式有曲柄滑块机构、导杆机构、摇块机构和定块机构等。

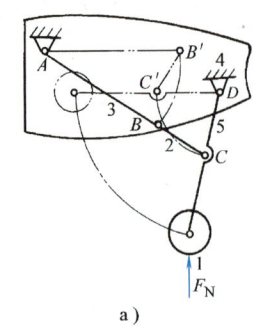
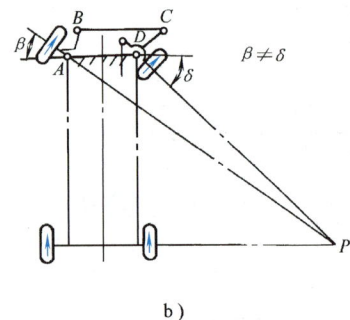

图 3-6 双摇杆机构的应用
a) 飞机起落架机构　b) 车辆前轮转向机构

### 1. 曲柄滑块机构

由图 3-7 可知，当曲柄摇杆机构的摇杆长度趋于无穷大时，$C$ 点的轨迹将从圆弧演变为直线，摇杆 $CD$ 转化为沿直线导路 $m$-$m$ 移动的滑块，成为图 3-7 所示的曲柄滑块机构。曲柄转动中心距导路的距离 $e$，称为偏距。若 $e=0$，如图 3-7a 所示，称为对心曲柄滑块机构；若 $e\neq 0$，如图 3-7b 所示，称为偏置曲柄滑块机构。保证 $AB$ 杆成为曲柄的条件是：$l_1+e\leq l_2$。

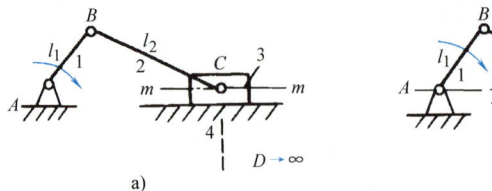

图 3-7 曲柄滑块机构
a) 对心曲柄滑块机构　b) 偏置曲柄滑块机构

曲柄滑块机构用于转动与往复移动之间的转换，广泛应用于内燃机、空压机和自动送料机等机械设备中。图 3-8a、b 所示分别为内燃机和自动送料机中曲柄滑块机构的应用。

对于图 3-9a 所示对心曲柄滑块机构，由于曲柄较短，曲柄结构型式较难实现，故常采用图 3-9b 所示的偏心轮结构型式，称为偏心轮机构，其偏心圆盘的偏心距 $e$ 即等于原曲柄长度。这种结构增大了转动副的尺寸，提高了偏心轴的强度和刚度，并使结构简化和便于安装，多用于承受较大冲击载荷的机械中，如破碎机、剪床及压力机等。

### 2. 导杆机构

若将图 3-7a 所示的曲柄滑块机构的构件 1 作为机架，则曲柄滑块机构就演化为导杆机构，它包括转动导杆机构（图 3-10a）和摆动导杆机构（图 3-10b）两种形式。一般用连架杆 2 作为原动件，连架杆 4 对滑块 3 的运动起导向作用，称为导杆。当杆长 $l_1<l_2$ 时，杆 2 和导杆 4 均能绕机架做整周转动，形成转动导杆机构；当杆长 $l_1>l_2$ 时，杆 2 能做整周转动，导杆 4 只能在某一角度内摆动，形成摆动导杆机构。

导杆机构具有很好的传力性能，常用于插床、牛头刨床和送料装置等机器中。图 3-11a、b 所示分别为插床主运动机构和刨床主运动机构，其中 $ABC$ 部分分别为转动导杆机构和摆动导杆机构。

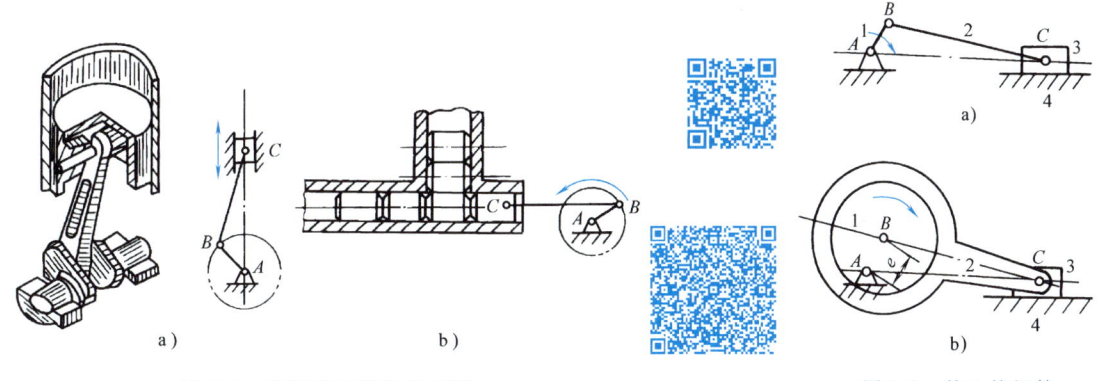

图 3-8 曲柄滑块机构的应用
a) 内燃机活塞-连杆机构  b) 自动送料装置

图 3-9 偏心轮机构

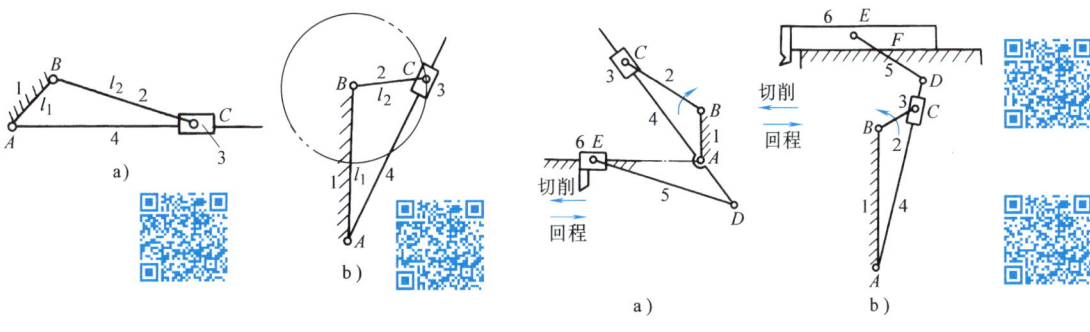

图 3-10 导杆机构
a) 转动导杆机构  b) 摆动导杆机构

图 3-11 导杆机构的应用
a) 插床主运动机构  b) 刨床主运动机构

### 3. 摇块机构

若将图 3-7a 所示曲柄滑块机构的构件 2 作为机架，则曲柄滑块机构就演化为图 3-12a 所示的摇块机构。构件 1 做整周转动，滑块 3 只能绕机架往复摆动。这种机构常用于摆缸式原动机和气、液压驱动装置中，如图 2-31a 所示的液压泵机构和图 3-12b 所示的自动货车翻斗机构。

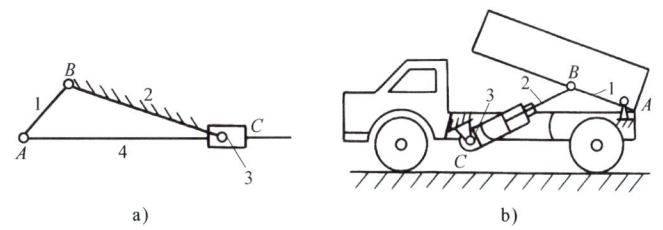

图 3-12 摇块机构及应用
a) 摇块机构运动简图  b) 自动货车翻斗机构

### 4. 定块机构

若将图 3-7a 所示曲柄滑块机构的滑块 3 作为机架，则曲柄滑块机构就演化为图 3-13a 所示的定块机构。这种机构常用于抽油泵和手摇抽水泵（图 3-13b）。

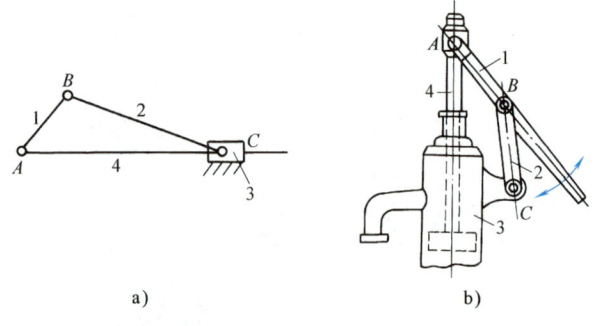

图 3-13 定块机构及应用
a）定块机构运动简图　b）手摇抽水泵

## 第三节　平面四杆机构存在曲柄的条件和几个基本概念

### 一、铰链四杆机构存在曲柄的条件

在机构中，能使被连接的两个构件相对转动 360°的转动副称为整转副。整转副的存在是曲柄存在的必要条件，而铰链四杆机构三种基本形式的区别在于机构中是否存在曲柄和有几个曲柄。因此，需要明确整转副和曲柄存在的条件。

**1. 整转副存在的条件——长度条件**

铰链四杆机构中有四个转动副，能否做整转，取决于四构件的相对长度。

设四构件中最长杆的长度为 $L_{max}$，最短杆的长度为 $L_{min}$，其余两杆长度分别为 $L'$ 和 $L''$，则整转副存在的条件可表示为：$L_{max}+L_{min} \leq L'+L''$。反之，若 $L_{max}+L_{min} > L'+L''$，则机构中无整转副。

**2. 曲柄存在的条件**

曲柄是能绕机架做整周转动的连架杆，由整转副存在的条件不难得出铰链四杆机构曲柄存在的条件为：①最短杆与最长杆长度之和小于或等于其余两杆长度之和；②连架杆和机架中必有一杆为最短杆。

**3. 铰链四杆机构基本类型的判别方法**

由以上条件可得出铰链四杆机构基本类型的判别方法如下：

1）当最短杆与最长杆长度之和小于或等于其余两杆长度之和（$L_{max}+L_{min} \leq L'+L''$）时：

① 若最短杆的相邻杆为机架，则机构为曲柄摇杆机构。
② 若最短杆为机架，则机构为双曲柄机构。
③ 若最短杆的对边杆为机架，则机构为双摇杆机构。

2）当最短杆与最长杆长度之和大于其余两杆长度之和（$L_{max}+L_{min} > L'+L''$）时，则不论取何杆为机架，机构均为双摇杆机构。

例 3-1　铰链四杆机构 ABCD 的各杆长度如图 3-14 所示（设单位为 mm）。

1）试判别四个转动副中，哪些能整转？哪些不能整转？
2）说明机构分别以 AB、BC、CD 和 AD 各杆为机架时，属于何种机构？

**解** 1）由于 $L_{max}+L_{min}$ = 50mm + 20mm = 70mm < $L'+L''$ = 30mm + 45mm = 75mm，故最短杆两端的两个转动副 A、D 能整转，而 B、C 则不能。

2）以 AB 杆或 CD 杆（最短杆 AD 的邻杆）为机架，机构为曲柄摇杆机构；以 BC 杆（最短杆 AD 的对边杆）为机架，机构为双摇杆机构；以 AD 杆（最短杆）为机架，机构为双曲柄机构。

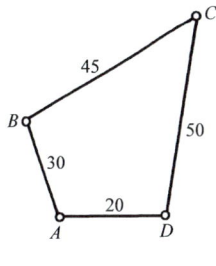

图 3-14 例 3-1 图

**例 3-2** 设铰链四杆机构各杆长 a = 120mm、b = 10mm、c = 50mm、d = 60mm，问以哪个构件为机架时才会有曲柄？

**解** 由于 $L_{max}+L_{min}$ = 120mm+10mm = 130mm > $L'+L''$ = 50mm+60mm = 110mm，故四个转动副均不能整转，无论以哪个构件为机架，均无曲柄，或者说均为双摇杆机构。

## 二、平面四杆机构的运动特性

### 1. 平面四杆机构的极位

曲柄摇杆机构、摆动导杆机构和曲柄滑块机构中，当曲柄为原动件时，从动件做往复摆动或往复移动，存在左、右两个极限位置，此两个极限位置称为极位。

极位可以用几何作图法作出。如图 3-15a 所示曲柄摇杆机构，摇杆处于 $C_1D$ 和 $C_2D$ 两个极位的几何特点是曲柄与连杆共线，图中 $l_{AC_1} = l_{BC} - l_{AB}$，$l_{AC_2} = l_{BC} + l_{AB}$。图 3-15b 所示为摆动导杆机构，导杆的两个极位是 B 点轨迹圆的两条切线 Cm 和 Cn。从动件处于两个极位时，曲柄对应两位置所夹的锐角 $\theta$，称为极位夹角；导杆对应两个极位间的夹角 $\psi$，称为最大摆角。对摆动导杆机构，$\theta=\psi$。

### 2. 急回特性

图 3-15a 中，主动曲柄 AB 顺时针匀速转动，从动摇杆 CD 在两个极位间做往复摆动，设从 $C_1D$ 到 $C_2D$ 的行程为工作行程——该行程克服阻力对外做功；从 $C_2D$ 到 $C_1D$ 的行程为空回行程——该行程只克服运动副中的摩擦力，C 点在工作行程和空回行程的平均速度分别为 $v_1$ 和 $v_2$。由于曲柄 AB 在两行程中的转角分别为 $\varphi_1 = 180°+\theta$ 和 $\varphi_2 = 180°-\theta$，所对应时间 $t_1 > t_2$，因而 $v_2 > v_1$。机构空回行程速度大于工作行程速度的特性称为急回特性。它能满足某些机械的工作要求，如牛头刨床和插床，工作行程要求速度小而均匀以提高加工质量，空回

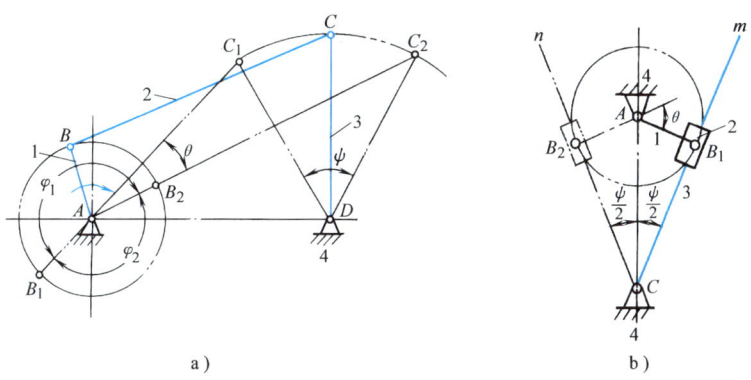

图 3-15 平面四杆机构的极位
a）曲柄摇杆机构　b）摆动导杆机构

行程要求速度大以缩短非工作时间，提高工作效率。

急回运动特性的程度可以用行程速比系数 K 表示，即

$$K = \frac{v_2}{v_1} = \frac{\widehat{C_1 C_2}/t_2}{\widehat{C_1 C_2}/t_1} = \frac{t_1}{t_2} = \frac{180°+\theta}{180°-\theta} \quad (3\text{-}1)$$

由式（3-1）可得极位夹角的计算式为

$$\theta = 180° \frac{K-1}{K+1} \quad (3\text{-}2)$$

式（3-1）表明，机构的急回程度取决于极位夹角 $\theta$ 的大小。只要 $\theta \neq 0°$，总有 $K>1$，机构具有急回特性；$\theta$ 越大，$K$ 值越大，机构的急回作用越显著。

对于对心式曲柄滑块机构，因 $\theta = 0°$，故无急回特性；而对于偏置式曲柄滑块机构和摆动导杆机构，由于不可能出现 $\theta = 0°$ 的情况，所以恒具有急回特性。

设计新机构时，可根据该机构的急回要求先确定 $K$ 值，然后由式（3-2）求出 $\theta$，再设计各构件的尺寸。

### 三、平面四杆机构的传力特性

在生产实际中，不仅要求连杆机构能满足机器的运动要求，而且希望运转轻便、效率较高，即具有良好的传力性能。

#### 1. 压力角和传动角

衡量机构传力性能的特性参数是压力角。在不计摩擦力、惯性力和重力时，从动件上受力点的速度方向与所受作用力方向之间所夹的锐角，称为机构的压力角，用 $\alpha$ 表示。

图 3-16 所示为以曲柄 AB 为原动件的曲柄摇杆机构，摇杆 CD 为从动件。由于不计摩擦，连杆 BC 为二力杆。任一瞬时曲柄通过连杆作用于从动件上的驱动力 F 均沿 BC 方向。受力点 C 点的速度 $v_C$ 的方向垂直于 CD 杆。力 F 与速度 $v_C$ 之间所夹的锐角 $\alpha$ 即为该位置的压力角。力 F 可分解为沿 $v_C$ 方向的有效分力 $F_t = F\cos\alpha$ 和沿 $v_C$ 垂直方向的无效分力 $F_n = F\sin\alpha$。显然，压力角 $\alpha$ 越小，有效分力 $F_t$ 越大，对机构传动越有利。因此，压力角 $\alpha$ 是衡量机构传力性能的重要指标。

在具体应用中，为度量方便和更为直观，通常以连杆和从动件所夹的锐角 $\gamma$ 来判断机构的传力性能，$\gamma$ 称为传动角，它是压力角 $\alpha$ 的余角。显然，传动角 $\gamma$ 越大，机构的传力性能越好。

在机构运动过程中，压力角和传动角的大小是随机构位置变化而变化的。为保证机构传力良好，设计时须限定最小传动角 $\gamma_{min}$。通常取 $\gamma_{min} \geq 40° \sim 50°$。

可以证明，图 3-16 所示曲柄摇杆机构的 $\gamma_{min}$ 必出现在曲柄 AB 与机架 AD 两次共线位置之一。

图 3-17 所示为以曲柄为原动件的曲柄滑块机构。其传动角 $\gamma$ 为连杆与导路垂线

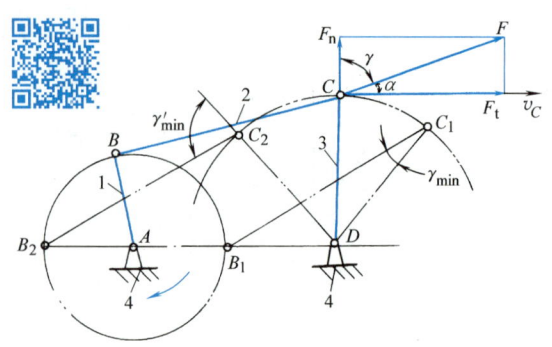

图 3-16 曲柄摇杆机构的压力角与传动角

的夹角，最小传动角 $\gamma_{min}$ 出现在曲柄垂直于导路时的位置。对偏置曲柄滑块机构，如图 3-17 所示，$\gamma_{min}$ 出现在曲柄位于与偏距方向相反一侧的位置。

图 3-18 所示为以曲柄为原动件的摆动导杆机构，因滑块对导杆的作用力始终垂直于导杆，故其传动角恒等于 90°，说明摆动导杆机构具有最好的传力性能。

应当注意，如图 3-19 所示，当曲柄摇杆机构中以摇杆为原动件、曲柄为从动件时，从动件上的受力点为 $B$ 点，压力角 $\alpha$ 的位置应表示在 $B$ 点。

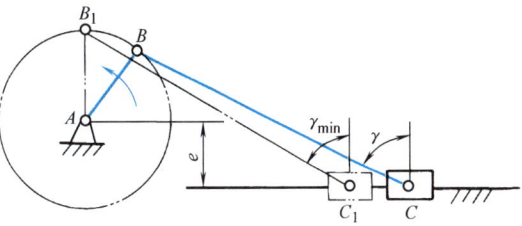

图 3-17　曲柄滑块机构的传动角

### 2. 止点位置

图 3-19 所示的曲柄摇杆机构中，摇杆 $CD$ 为原动件，曲柄 $AB$ 为从动件。当摇杆摆到极限位置 $C_1D$ 和 $C_2D$ 时，连杆与从动曲柄共线，机构两位置的压力角 $\alpha_1 = \alpha_2 = 90°$，此时有效驱动力矩为零，不能使从动曲柄转动，机构处于停顿状态。

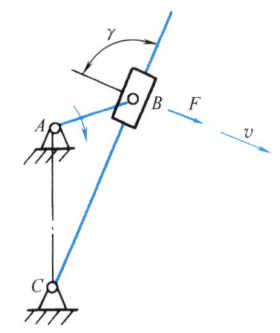

图 3-18　摆动导杆机构的传动角

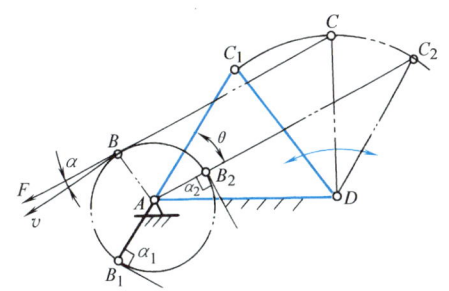

图 3-19　曲柄摇杆机构的止点位置

平面连杆机构压力角 $\alpha = 90°$、传动角 $\gamma = 0°$ 的位置，称为止点位置。当机构处于止点位置时，会出现"卡死"或运动不确定（即工作件在该位置可能向反方向转动）的情况。对具有极位的四杆机构，当以往复运动构件为主动件时，机构均有两个止点位置。

对传动而言，止点的存在是不利的，它使机构处于停顿或运动不确定状态。例如，脚踏式缝纫机（图 2-30），有时出现踩不动或倒转现象，就是由于踏板机构处于止点位置的缘故。为了克服这种现象，使机构正常运转，一般可在从动件上安装飞轮，利用其惯性顺利通过止点位置，如缝纫机上的大带轮即起了飞轮的作用。

在工程实践中，也常常利用机构的止点来实现一些特定的工作要求。如图 3-20a 所示的钻床夹具就是利用止点位置夹紧工件，并保证在钻削加工时工件不会松脱；图 3-20b 所示的折叠式靠椅，靠背 $AD$ 可视为机架，靠背脚 $AB$ 可视为主动件，使用时，机构处于图示止点位置，因而人坐、靠在椅上，椅子不会自动松开或合拢；另外，图 3-6a 所示的飞机起落架机构也是利用止点位置来使飞机承受降落时地面对它的冲击力的。

### 3. 自锁现象

如果考虑运动副中的摩擦，则不仅处于止点位置时机构无法运动，而且处于止点位置附近的一定区域内，机构同样会发生"卡死"现象，即自锁。在摩擦的作用下，无论驱动力

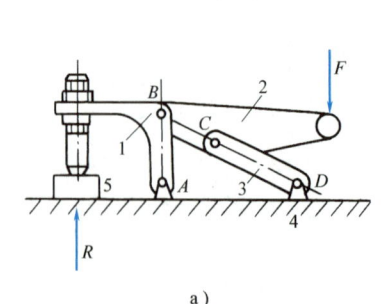
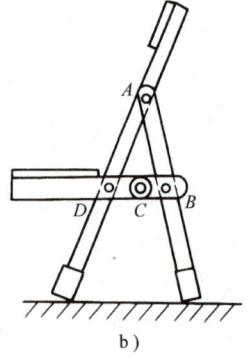

图 3-20 机构止点位置的应用
a) 钻床夹具　b) 折叠式靠椅

（或驱动力矩）多大，都不能使原来不动的机构产生运动的现象称为自锁。

四杆机构止点位置附近区域一定是自锁位置，该区域的大小取决于摩擦的性质及摩擦因数的大小。

## 第四节　平面四杆机构的运动设计

平面四杆机构运动设计的主要任务是：根据机构的工作要求和设计条件选定机构形式，并确定出各构件的尺寸参数。

生产实践中，平面四杆机构设计的基本问题可归纳为两类：

1) 实现给定从动件的运动规律。如要求从动件按某种速度运动或具有一定的急回特性，要求满足某构件占据几个预定位置等。

2) 实现给定的运动轨迹。如要求起重机中吊钩的轨迹为一直线，搅拌机中搅拌杆端能按预定轨迹运动等。

四杆机构运动设计的方法有图解法、实验法和解析法三种。图解法和实验法直观、简明，但精度较低，可满足一般设计要求；解析法精确度高，适于用计算机计算。随着计算机应用的普及，计算机辅助设计四杆机构已成必然趋势。由于图解法有助于对设计原理的理解，因此下面只对图解法进行适当介绍，解析法与实验法作为知识延伸，大家可以扫码自学。

### 1. 按给定的行程速比系数 $K$ 设计四杆机构

设计具有急回特性的四杆机构，一般是根据实际运动要求选定行程速比系数 $K$ 的数值，然后根据机构极位的几何特点，结合其他辅助条件进行设计。具有急回特性的四杆机构有曲柄摇杆机构、偏置曲柄滑块机构和摆动导杆机构等，它们的设计均以典型的曲柄摇杆机构设计为基础，下面是其设计程序：

**问题描述**：设已知行程速比系数 $K$、摇杆长度 $l_{CD}$、最大摆角 $\psi$，试用图解法设计此曲柄摇杆机构。

**设计分析**：由曲柄摇杆机构处于极位时的几何特点（图 3-15a）可知，在已知 $l_{CD}$、$\psi$ 的情况下，只要能确定固定铰链中心 $A$ 的位置，则可由 $l_{AC_1} = l_{BC} - l_{AB}$、$l_{AC_2} = l_{BC} + l_{AB}$ 确定出曲

柄长度 $l_{AB}$ 和连杆长度 $l_{BC}$，即设计的实质是确定固定铰链中心 $A$ 的位置。已知 $K$ 后，由式 (3-2) 可求得极位夹角 $\theta$ 的大小，这样就可把 $K$ 的要求转换成几何要求了。假设图 3-21 为已经设计出的该机构的运动简图，铰链 $A$ 的位置必须满足极位夹角 $\angle C_1AC_2=\theta$ 的要求。若能过 $C_1$、$C_2$ 两点作出一辅助圆，使弦 $C_1C_2$ 所对的圆周角等于 $\theta$，那么，铰链 $A$ 只要在这个圆上，就一定能满足 $K$ 的要求了。显然，这样的辅助圆是容易作出的。

**具体设计步骤**：如图 3-21 所示，

1) 按 $\theta=180°\dfrac{K-1}{K+1}$ 计算出极位夹角 $\theta$。

2) 任取固定铰链中心 $D$ 的位置，选取适当的长度比例尺 $\mu_l$，根据已知摇杆长度 $l_{CD}$ 和摆角 $\psi$，作出摇杆的两个极限位置 $C_1D$ 和 $C_2D$。

3) 连接 $C_1$、$C_2$ 两点，作 $C_1M\perp C_1C_2$，$\angle C_1C_2N=90°-\theta$，直线 $C_1M$ 与 $C_2N$ 交于 $P$ 点，显然 $\angle C_1PC_2=\theta$。

4) 以 $PC_2$ 为直径作辅助圆，在该圆周上任取一点 $A$，连接 $AC_1$、$AC_2$，则 $\angle C_1AC_2=\theta$。

5) 量出 $AC_1$、$AC_2$ 的长度 $l_{AC_1}$ 和 $l_{AC_2}$，由此可求得曲柄和连杆的长度

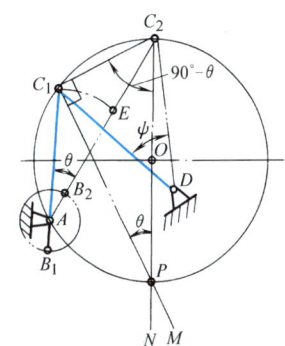

图 3-21 按 $K$ 值图解设计曲柄摇杆机构

$$l_{AB}=\mu_l\dfrac{l_{AC_2}-l_{AC_1}}{2} \qquad l_{BC}=\mu_l\dfrac{l_{AC_2}+l_{AC_1}}{2}$$

6) 机架的长度 $l_{AD}$ 可直接量得，再按比例尺 $\mu_l$ 计算即可得出实际长度。

由于 $A$ 为辅助圆上任选的一点，所以可有无穷多的解。当给定一些其他辅助条件，如机架长度 $l_{AD}$、最小传动角 $\gamma_{\min}$ 等，则有唯一解。

同理，可设计出满足给定行程速比系数 $K$ 值的偏置曲柄滑块机构、摆动导杆机构等。

**2. 按连杆的预定位置设计四杆机构**

在生产实践中，经常要求所设计的四杆机构在运动过程中连杆能达到某些特殊位置。这类机构的设计同于实现构件预定位置的设计问题，它可以分为已知连杆两个位置、三个位置和多个位置等几种情况。

（1）按连杆的三个预定位置设计四杆机构

**问题描述**：设已知连杆的三个预定位置 $B_1C_1$、$B_2C_2$、$B_3C_3$，且 $B_1$、$B_2$、$B_3$ 及 $C_1$、$C_2$、$C_3$ 各符合三点不共线（思考：其中之一的三点共线会怎么样？），如图 3-22 所示，试设计满足此条件的平面四杆机构。

**设计分析**：此设计的主要问题是根据已知条件确定固定铰链 $A$、$D$ 的位置。由于连杆上 $B$、$C$ 两点的运动轨迹分别是以 $A$、$D$ 为圆心，以 $l_{AB}$、$l_{CD}$ 为半径的圆弧，所以 $A$ 即为 $B_1$、$B_2$、$B_3$ 三点所作圆弧的圆心；同理，$D$ 即为 $C_1$、$C_2$、$C_3$ 三点所作圆弧的圆心。此设计的实质简化为已知圆弧上的三点求圆

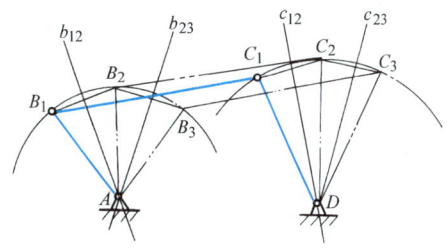

图 3-22 按连杆三个预定位置图解设计四杆机构

心的几何问题。

**具体设计步骤：**

1）选取比例尺 $\mu_l$，按预定位置画出 $B_1C_1$、$B_2C_2$、$B_3C_3$。

2）连接 $B_1B_2$、$B_2B_3$、$C_1C_2$ 和 $C_2C_3$，并分别作 $B_1B_2$ 的中垂线 $b_{12}$、$B_2B_3$ 的中垂线 $b_{23}$、$C_1C_2$ 的中垂线 $c_{12}$、$C_2C_3$ 的中垂线 $c_{23}$，$b_{12}$ 与 $b_{23}$ 的交点即为圆心 $A$，$c_{12}$ 与 $c_{23}$ 的交点即为圆心 $D$。

3）以点 $A$、$D$ 作为两固定铰链中心，连接 $A$、$B_1$、$C_1$、$D$，则 $AB_1C_1D$ 即为所要设计的四杆机构，各杆长度按比例尺计算即可得出。

（2）按连杆的两个预定位置设计四杆机构

**问题描述：** 设已知连杆的两个预定位置 $B_1C_1$、$B_2C_2$，两位置不共线（思考：共线又如何？），试设计此四杆机构。

**设计分析：** 由前分析可知，如图 3-23 所示，$A$ 点可在 $B_1B_2$ 中垂线 $b_{12}$ 上的任一点，$D$ 点可在 $C_1C_2$ 中垂线 $c_{12}$ 上的任一点，故有无数个解。实际设计时，一般考虑辅助条件，如机架位置、结构紧凑等，则可得唯一解。

如图 3-24 所示加热炉门的启闭机构，要求加热时炉门（连杆）处于关闭位置 $B_1C_1$，加热后炉门处于开启位置 $B_2C_2$。图 3-25 所示铸造车间造型机的翻台机构，要求翻台（连杆）在实线位置时填砂造型，在双点画线位置时托台上升起模，即要求翻台能实现 $B_1C_1$、$B_2C_2$ 两个位置。又如图 3-26 所示的可逆式座椅机构，也是要求椅背（连杆）能到达图中左、右两个位置。显然，这些都属于按连杆的两个预定位置设计四杆机构的问题。

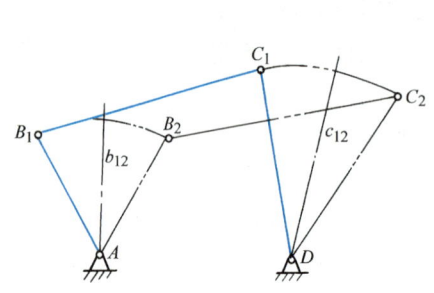

图 3-23 按连杆两个预定位置图解设计四杆机构

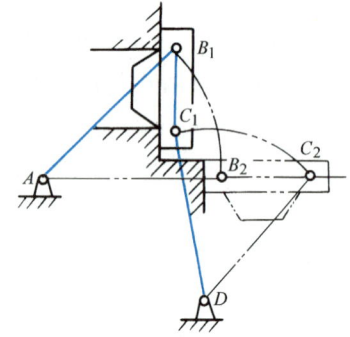

图 3-24 炉门启闭机构

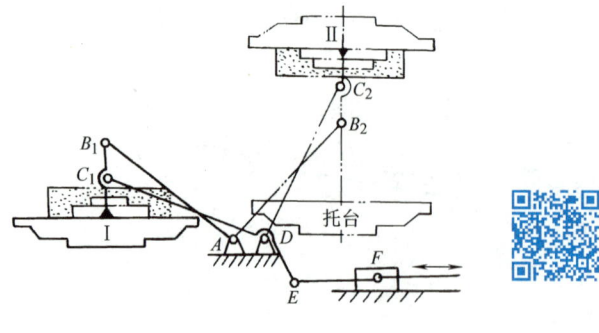

图 3-25 翻台机构

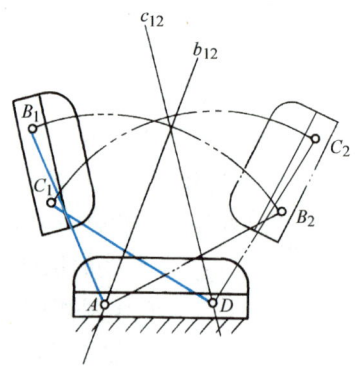

图 3-26 可逆式座椅机构

（3）按连杆多个预定位置设计四杆机构的问题讨论

从前面的研究可知，当连杆预定位置超过三个时，铰链中心 $A$ 和 $D$ 的确定将发生困难，一般情况无法取得准确解（满足多点共圆条件的特殊情况例外）。

⊙知识延伸——实验法和解析法设计四杆机构

自测题与习题

（一）自 测 题

3-1 四根杆长度不等的双曲柄机构，若主动曲柄做连续匀速转动，则从动曲柄将做（　　）。

　　A. 匀速转动　　B. 间歇转动　　C. 周期变速转动　　D. 往复摆动

3-2 平行双曲柄机构，当主动曲柄做匀速转动时，从动曲柄将做（　　）。

　　A. 匀速转动　　B. 间歇转动　　C. 周期变速转动　　D. 往复摆动

3-3 当铰链四杆机构各杆长度的关系为：$l_{AB} = l_{BC} = l_{AD} < l_{CD}$（$AD$ 为机架），则该机构是（　　）。

　　A. 曲柄摇杆机构　　B. 双曲柄机构　　C. 双摇杆机构　　D. 转动导杆机构

3-4 图 3-27 所示机构的构件长度为：$l_{BC} = 50$mm，$l_{CD} = 35$mm，$l_{AD} = 40$mm，欲使该机构成为曲柄摇杆机构，则构件 $AB$ 的长度 $l_{AB}$ 不可取的尺寸范围为（　　）。

　　A. $0\text{mm} < l_{AB} \leq 25\text{mm}$　　B. $45\text{mm} \leq l_{AB} \leq 50\text{mm}$

　　C. $50\text{mm} \leq l_{AB} \leq 55\text{mm}$　　D. $25\text{mm} < l_{AB} < 45\text{mm}$

3-5 图 3-28 所示为同步偏心多轴钻，它属于（　　）。

　　A. 曲柄摇杆机构　　B. 双摇杆机构

　　C. 平行双曲柄机构　　D. 转动导杆机构

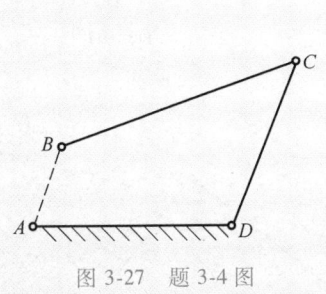

图 3-27 题 3-4 图

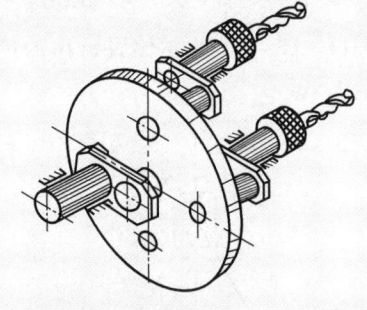

图 3-28 题 3-5 图

3-6 有一对心曲柄滑块机构，曲柄长为 100mm，则滑块的行程是（　　）。

　　A. 50mm　　B. 100mm　　C. 200mm　　D. 400mm

3-7 下述方法中,对改变摆动导杆机构导杆摆角有效的是（　　　）。
   A. 改变导杆长度　　B. 改变曲柄长度　　C. 改变机架长度　　D. 改变曲柄转速

3-8 欲改变曲柄摇杆机构摇杆摆角的大小,一般采用的方法是（　　　）。
   A. 改变曲柄长度　　B. 改变连杆长度　　C. 改变摇杆长度　　D. 改变机架长度

3-9 下列机构：1）对心曲柄滑块机构；2）偏置曲柄滑块机构；3）平行双曲柄机构；4）摆动导杆机构；5）曲柄摇块机构。当原动件均为曲柄时,具有急回运动特性的有（　　　）。
   A. 2个　　　　　　B. 3个　　　　　　C. 4个　　　　　　D. 5个

3-10 有急回运动特性的平面连杆机构的行程速比系数 $K$ 的取值范围是（　　　）。
   A. $K=1$　　　　　B. $K>1$　　　　　C. $K\geq 1$　　　　D. $K<1$

3-11 图3-29所示摆动导杆机构,若 $l_{AB}=200\mathrm{mm}$, $l_{AC}=400\mathrm{mm}$,则行程速比系数 $K$ 是（　　　）。
   A. 1.4　　　　　　B. 3　　　　　　　C. 2　　　　　　　D. 5

3-12 曲柄为原动件的曲柄摇杆机构在图3-30所示位置时,机构的压力角为所标角中的（　　　）。
   A. $\alpha_1$　　　　　　B. $\alpha_2$　　　　　　C. $\alpha_3$　　　　　　D. $\alpha_4$

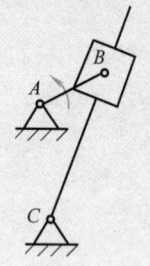

图3-29　题3-11图

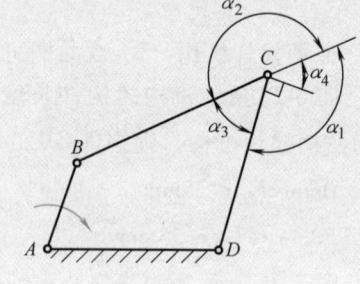

图3-30　题3-12图

3-13 图3-31所示位置机构的压力角是（　　　）。
   A. $\alpha_1$　　　　　　B. $\alpha_2$　　　　　　C. $\alpha_3$　　　　　　D. $\alpha_4$

3-14 图3-32所示位置机构的传动角为（　　　）。
   A. 0°　　　　　　　B. 30°　　　　　　C. 60°　　　　　　D. 90°

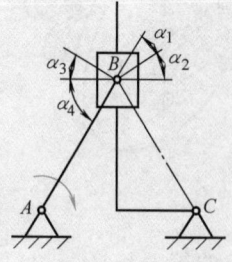

图3-31　题3-13图

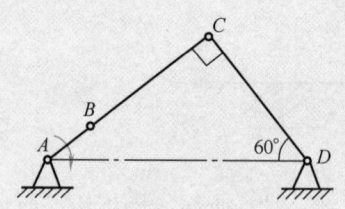

图3-32　题3-14图

3-15 当对心曲柄滑块机构的曲柄为原动件时,机构( )。
  A. 有急回特性,有死点  B. 有急回特性,无死点
  C. 无急回特性,无死点  D. 无急回特性,有死点

## (二) 习 题

3-16 判断图 3-33 所示中各铰链四杆机构的类型,并说明判定依据。

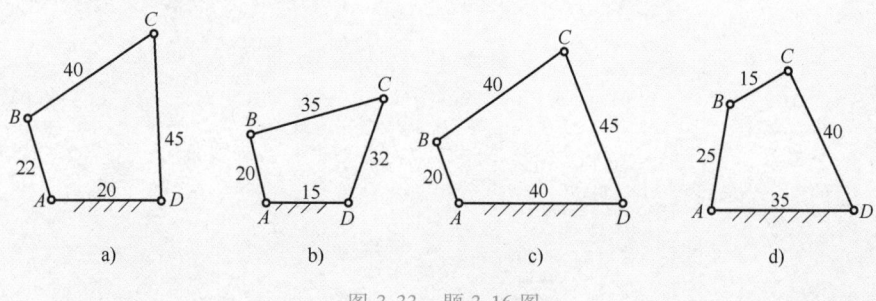

图 3-33 题 3-16 图

3-17 图 3-34 所示的铰链四杆机构 ABCD 中,AB 长为 a。欲使该机构成为曲柄摇杆机构、双摇杆机构,a 的取值范围分别为多少?

3-18 图 3-35 所示的曲柄摇杆机构,曲柄 AB 为原动件,摇杆 CD 为从动件,已知四杆长为 $l_{AB}=0.5\text{m}$, $l_{BC}=2\text{m}$, $l_{CD}=3\text{m}$, $l_{AD}=4\text{m}$。用长度比例尺 $\mu_l=0.1\text{m/mm}$ 绘出机构运动简图、两个极位的位置图,量出极位夹角 $\theta$ 值,计算行程速比系数 $K$,并绘出最大压力角的机构位置图。

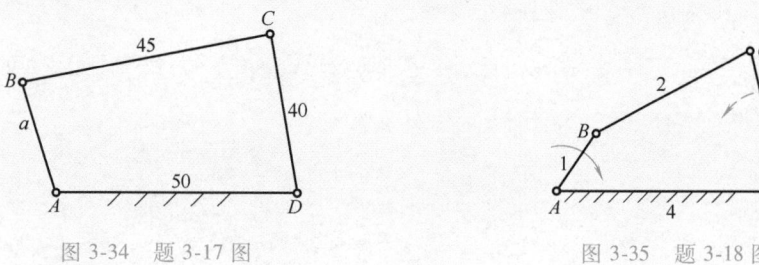

图 3-34 题 3-17 图     图 3-35 题 3-18 图

3-19 图 3-36 所示为偏置曲柄滑块机构,以曲柄为原动件,已知曲柄 AB 长 $a=20\text{mm}$,连杆 BC 长 $b=100\text{mm}$,偏距 $e=5\text{mm}$。1) 试标出图示位置的压力角 $\alpha_1$;2) 该机构的最大压力角 $\alpha_{max}$ 应在什么位置?并求出 $\alpha_{max}$(提示:如图加辅助线 AD,找出 $\varphi$ 与 $\alpha$ 的关系);3) 若以滑块为主动件,试标出图示位置的压力角 $\alpha_2$。

3-20 试用图解法设计一曲柄摇杆机构。已知摇杆长 $l_{CD}=100\text{mm}$,最大摆角 $\psi=45°$,行程速比系数 $K=1.25$,机架长 $l_{AD}=115\text{mm}$。

3-21 试用图解法设计一偏置曲柄滑块机构。已知行程速比系数 $K=1.4$,滑块行程 $H=50\text{mm}$,偏距 $e=10\text{mm}$。

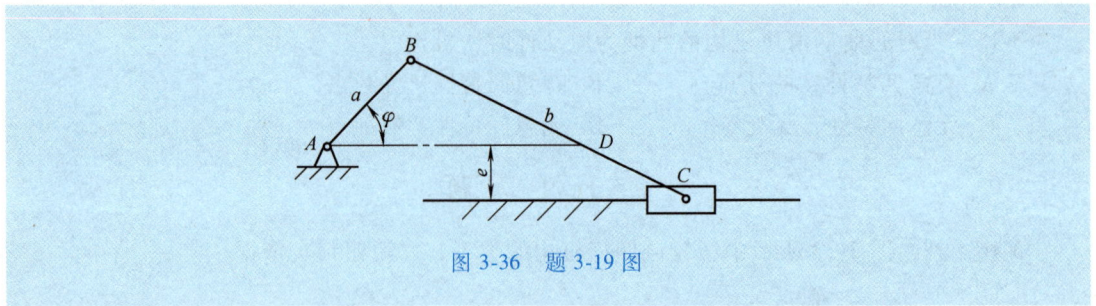

图 3-36 题 3-19 图

# 第四章

# 凸轮机构

> **教学要求**
> 
> ● **知识要素**
> 1. 凸轮机构的结构、特点、应用及分类。
> 2. 从动件常用运动规律及其选择。
> 3. 图解法设计盘形凸轮原理（反转法）。
> 4. 凸轮机构主要工作参数：压力角 $\alpha$、基圆半径 $r_b$、滚子半径 $r_T$ 的选择。
> 5. 据已知从动件运动规律图解法设计典型盘形凸轮（对心尖顶从动件）。
> 
> ● **能力要求**
> 1. 能正确选择盘形凸轮的主要工作参数。
> 2. 能据已知从动件运动规律图解法设计典型盘形凸轮（对心尖顶从动件）。
> 
> ● **学习重点与难点**
> 1. 各类凸轮机构的应用场合和基本特性。
> 2. 凸轮基本尺寸的确定，图解法绘制凸轮廓线。
> 
> ● **知识延伸**
> 解析法设计凸轮轮廓曲线。

## 第一节 概 述

由于低副机构一般只能近似地实现给定的运动规律，因此，当从动件的位移、速度、加速度必须严格按照预定规律运动时，需要应用高副机构中的凸轮机构来实现。在机械装置中，尤其是在自动控制机械中，凸轮机构的应用极为广泛。

### 一、凸轮机构的应用和特点

凸轮机构由凸轮1、从动件2和机架3三个基本构件组成，如图4-1所示。其中，凸轮是一个具有控制从动件运动规律的曲线轮廓（图4-1a）或凹槽（图4-1b）的主动件，通常做连续等速转动（也有做往复移动的），从动件则在凸轮轮廓驱动下按预定运动规律做往复直线运动或摆动。

图4-2所示为内燃机配气机构。当凸轮1等速转动时，由于其轮廓向径不同，迫使从动

件 2（气门推杆）上、下往复移动，从而控制气阀的开启或闭合。气阀开启或闭合时间长短及其运动速度和加速度的变化规律，则取决于凸轮轮廓曲线的形状。

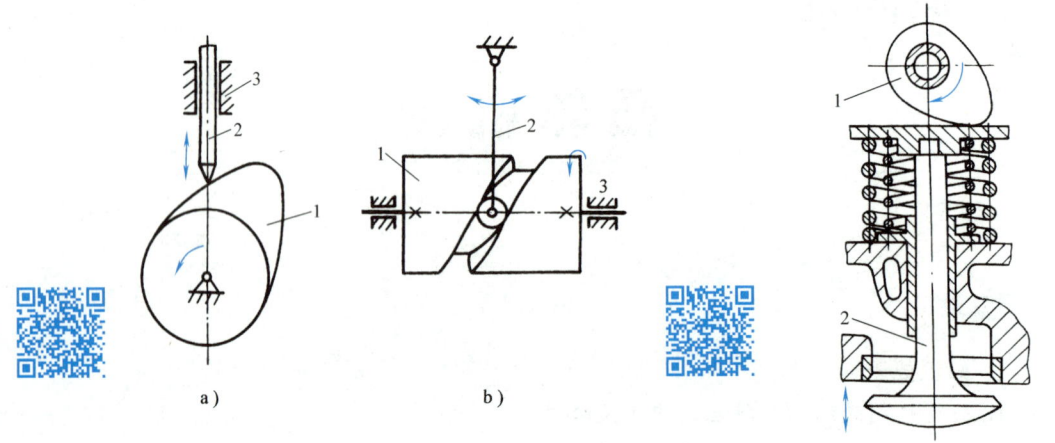

图 4-1 凸轮机构运动简图
a）平面凸轮机构 b）空间凸轮机构

图 4-2 内燃机配气机构

图 4-3 所示为自动车床的横向进给机构（凸轮轴 1、复位弹簧 2），它由两个凸轮机构组成，分别控制前、后刀架的运动。当凸轮等速转动一周时，可使从动件带动车刀快速接近工件等速进给切削，切削结束，快速返回，停留一段时间再进行下一个运动循环。

图 4-4 所示为缝纫机拉线机构。当圆柱凸轮 1 转动时，嵌在槽内的滚子 A 迫使从动件 2 绕轴 O 摆动，从而在 B 处拉动缝线工作。

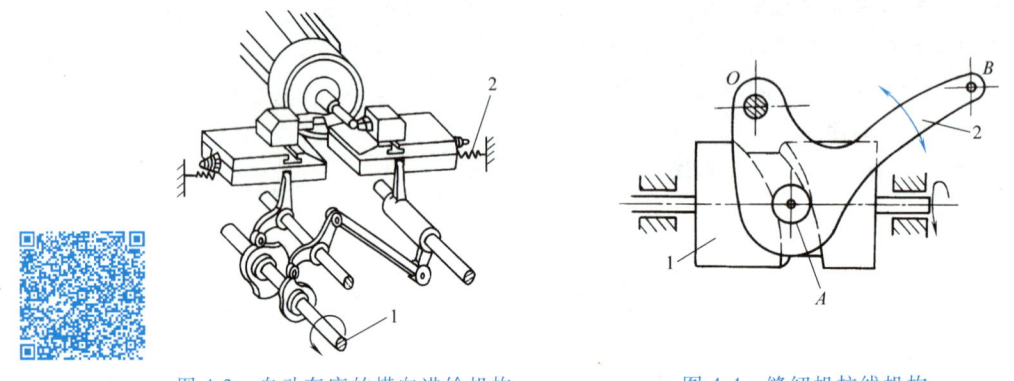

图 4-3 自动车床的横向进给机构

图 4-4 缝纫机拉线机构

由以上几个例子可见，凸轮机构的主要优点是：只要适当地设计凸轮轮廓曲线，即可使从动件实现各种预期的运动规律。其结构简单、紧凑，工作可靠，应用广泛。其主要缺点是：由于凸轮与从动件间为高副接触，易磨损，因而凸轮机构多用于传递动力不大的自动机械、仪表、控制机构及调节机构中。

## 二、凸轮机构的分类

凸轮机构类型繁多，常见的分类方法有以下几种：

### 1. 按凸轮形状分类

（1）盘形凸轮 如图 4-1a 所示，盘形凸轮是一种外缘或凹槽具有变化的向径并绕固定轴线转动的盘形构件，是凸轮的基本形式。

（2）圆柱凸轮  如图 4-1b 所示，圆柱凸轮是一种在圆柱面上开有曲线凹槽或在圆柱端面上制有曲线轮廓的构件。

（3）移动凸轮  移动凸轮可视为回转中心在无穷远处的盘形凸轮，相对机架做往复直线运动，其图形可参见表 4-1。

表 4-1  凸轮机构的主要类型及运动简图

| 类型 | 从动件 | 直动从动件 | | 摆动从动件 |
|---|---|---|---|---|
| | | 对心 | 偏置 | |
| 盘形凸轮机构 | 尖顶从动件 | 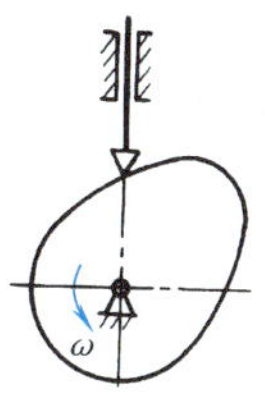 | 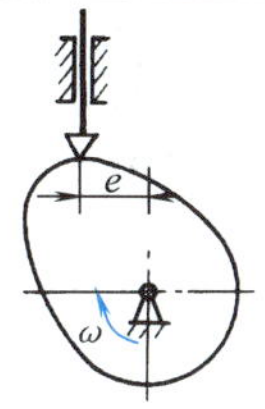 | 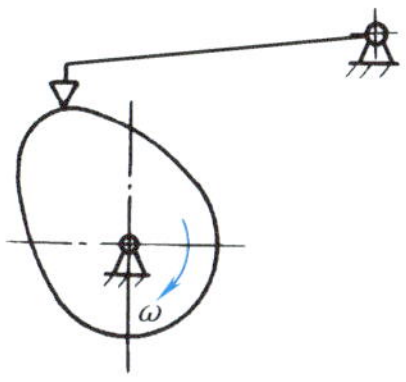 |
| | 滚子从动件 | 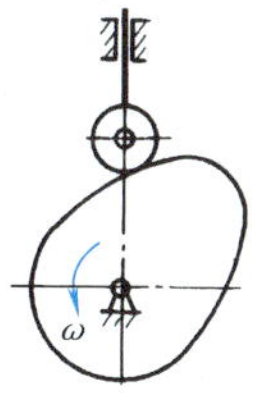 | 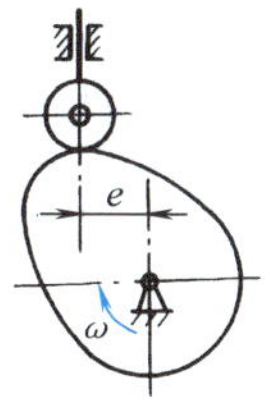 | 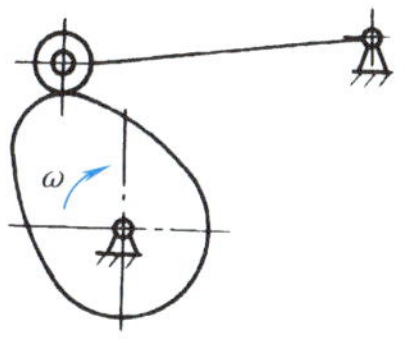 |
| | 平底从动件 | 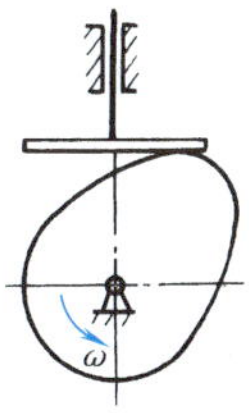 | 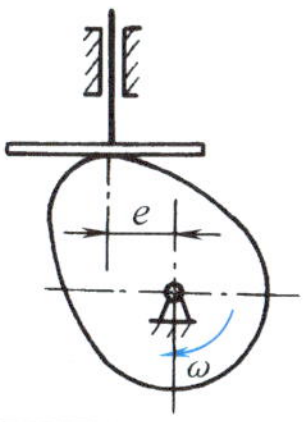 | 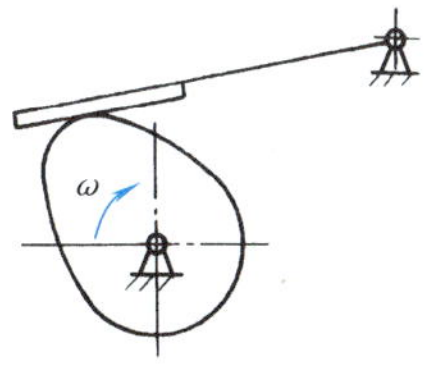 |
| 移动凸轮机构 | | 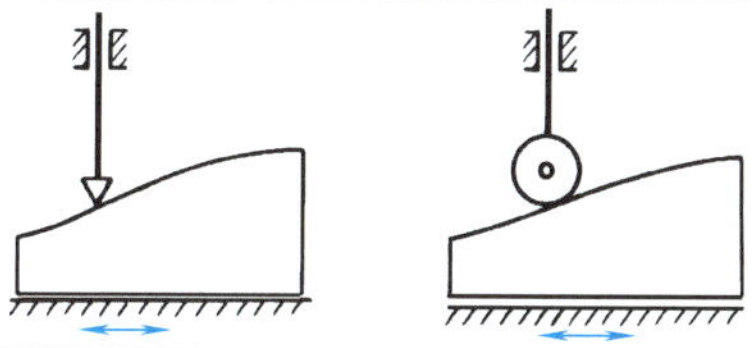 | | 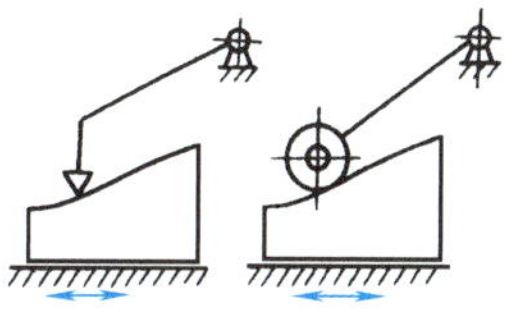 |
| 圆柱凸轮机构 | | 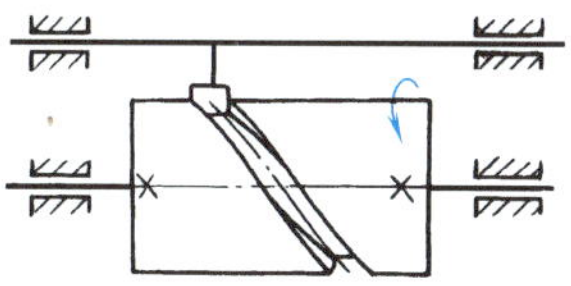 | | 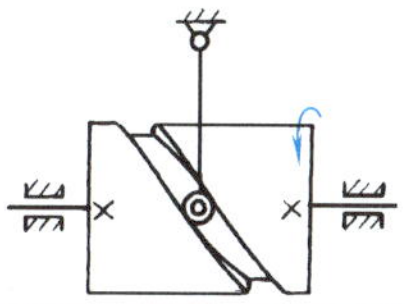 |

盘形凸轮和移动凸轮与从动件之间的相对运动为平面运动，属于平面凸轮机构；而圆柱凸轮与从动件之间的相对运动不在平行平面内，故属于空间凸轮机构。

**2. 按从动件形式分类**

（1）尖顶从动件  如图 4-5a 所示，从动件端部呈尖顶形状，能与任意复杂的凸轮轮廓保持接触，从而保证从动件实现复杂的运动规律。但尖顶与凸轮是点接触，磨损快，故只适宜受力小、低速和运动要求精确的场合，如仪器仪表中的凸轮控制机构等。

（2）滚子从动件  如图 4-5b 所示，从动件端部安装一个滚子，滚子与凸轮之间为滚动摩擦，故耐磨损，可以承受较大载荷，在机械中应用最为广泛。

（3）平底从动件  如图 4-5c 所示，从动件与凸轮轮廓接触端为一平底平面。其优点是凸轮与从动件之间的作用力始终垂直于平底平面（不计摩擦时），受力比较平稳，且接触面间易于形成油膜，利于润滑，减少磨损，适用于高速传动。但它不能应用在有凹槽轮廓的凸轮机构中，因此运动规律受到一定的限制。

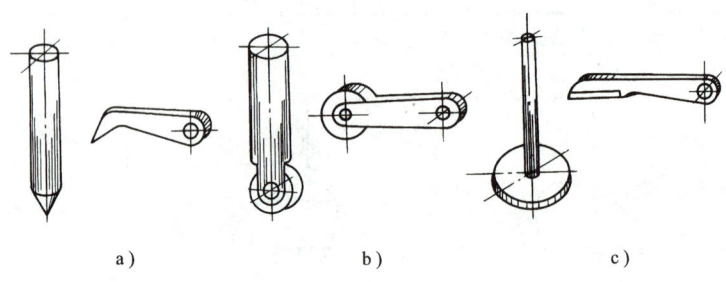

图 4-5  从动件的结构形式

以上三种从动件均可做往复直线运动和往复摆动，前者称为直动从动件，后者称为摆动从动件。直动从动件的导路中心线通过凸轮的回转中心时，称为对心从动件，否则称为偏置从动件。

### 3. 按凸轮与从动件的锁合方式分类

凸轮机构工作时，必须保证凸轮轮廓与从动件始终保持接触，这种作用称为锁合。

（1）力锁合  利用弹簧力或从动件自身重力使从动件与凸轮始终保持接触。图 4-2 所示为利用弹簧力实现力锁合的实例。

（2）形锁合  利用凸轮与从动件的特殊结构形状使从动件与凸轮始终保持接触。图 4-1b 所示圆柱凸轮机构，是利用滚子与凸轮凹槽两侧面的配合来实现形锁合的。图 4-6 所示的等宽凸轮机构和图 4-7 所示的等径凸轮机构，均为形锁合的实例。

各种基本类型的凸轮和不同形式的从动件组合，可得到多种凸轮机构的类型，具体见表 4-1。

图 4-6  等宽凸轮

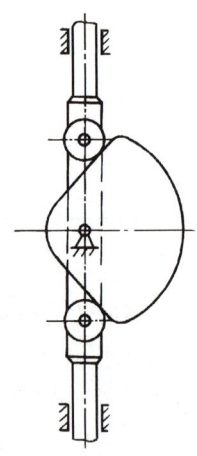

图 4-7  等径凸轮

## 第二节 凸轮机构工作过程及从动件常用运动规律

凸轮机构设计的基本任务是根据工作要求选定合适的凸轮机构类型，确定从动件的运动规律，并按此运动规律设计凸轮轮廓和有关的结构尺寸。因此，确定从动件的运动规律是凸轮设计的前提。

### 一、凸轮机构的工作过程

图 4-8a 所示为一尖顶对心直动从动件盘形凸轮机构。在凸轮上，以凸轮回转中心为圆心，以凸轮轮廓的最小向径 $r_b$ 为半径所作的圆称为基圆，$r_b$ 称为基圆半径。如图 4-8a 所示，$A$ 点为基圆与凸轮轮廓线的交点，从动件与凸轮在 $A$ 点相接触，当凸轮逆时针转动时，$A$ 点为从动件处于上升的起始位置。当凸轮以等角速度 $\omega$ 转过 $\delta_0$ 角时，其向径渐增的轮廓 $AB$ 段按一定的运动规律将从动件推至最远位置 $B'$ 点，这个过程称为推程或升程。对应的凸轮转角 $\delta_0$ 称为推程运动角，从动件上升的最大位移 $h$ 称为行程。当凸轮继续转过 $\delta_s$ 角时，由于轮廓 $BC$ 段为向径不变的圆弧，从动件停留在最远位置 $B'$ 处不动，此过程称为远停程。对应的凸轮转角 $\delta_s$ 称为远停程角。当凸轮又继续转过 $\delta_0'$ 角时，向径渐减的轮廓 $CD$ 段以一定的运动规律使从动件由最远位置 $B'$ 回到最近位置（此时从动件与凸轮在 $D$ 点接触），此过程称为回程。对应的凸轮转角 $\delta_0'$ 称为回程运动角。当凸轮继续转过 $\delta_s'$ 角时，由于轮廓 $DA$ 段为向径不变的基圆圆弧，从动件又在最近位置停止不动，此过程称为近停程。对应的凸轮转角 $\delta_s'$ 称为近停程角。这时 $\delta_0+\delta_s+\delta_0'+\delta_s'=2\pi$，凸轮刚好转过一圈，机构完成了一个工作循环。凸轮继续转动，从动件又开始下一轮"升—停—降—停"的运动循环。

以从动件的位移 $s$ 为纵坐标，对应的凸轮转角 $\delta$ 为横坐标，则可以逐点画出从动件的位移 $s$（等于凸轮轮廓接触点到基圆圆心的向径长）与凸轮转角 $\delta$ 或时间 $t$（凸轮通常以等角速度 $\omega$ 转动，$\delta=\omega t$）之间的关系曲线，如图 4-8b 所示，称为位移线图。此曲线表明了从动件位移 $s$ 与凸轮转角 $\delta$ 或时间 $t$ 之间的函数关系。

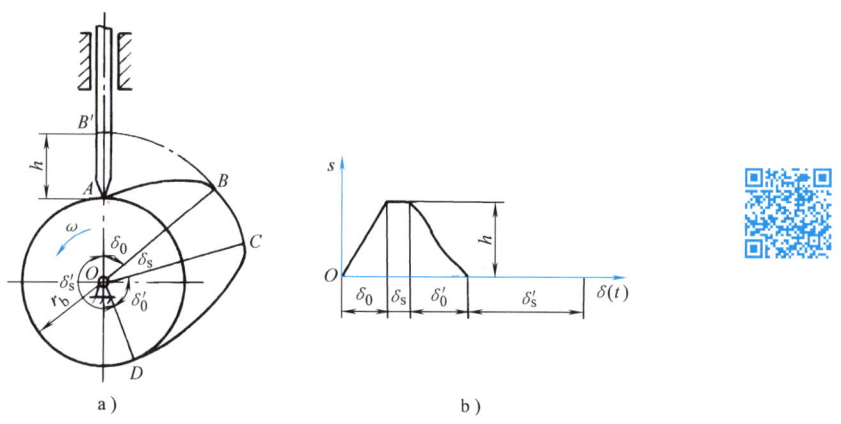

图 4-8 凸轮机构的工作过程和从动件位移线图

从动件在运动过程中，其位移 $s$、速度 $v$ 和加速度 $a$ 随时间 $t$（或凸轮转角 $\delta$）的变化规律，称为从动件的运动规律。由上述可知，从动件的运动规律完全取决于凸轮的轮廓形状；

反之，设计凸轮轮廓时，必须首先根据工作要求确定从动件的运动规律，并按此运动规律——位移线图设计凸轮轮廓，以实现从动件预期的运动规律。

## 二、从动件常用的运动规律

### 1. 等速运动规律

从动件推程和回程的运动速度为定值的运动规律，称为等速运动规律。

以推程为例，设凸轮以等角速度 $\omega$ 转动，当凸轮转过推程角 $\delta_0$ 时，从动件升程为 $h$，则从动件运动方程为

$$\left. \begin{array}{l} s = \dfrac{h}{\delta_0}\delta \\ v = \dfrac{h}{\delta_0}\omega = 常数 \\ a = 0 \end{array} \right\} \qquad (4\text{-}1)$$

根据上述运动方程，可作出图 4-9a 所示从动件推程的运动规律线图。通过类似方法，可得到做等速运动从动件回程段的运动规律线图，如图 4-9b 所示。

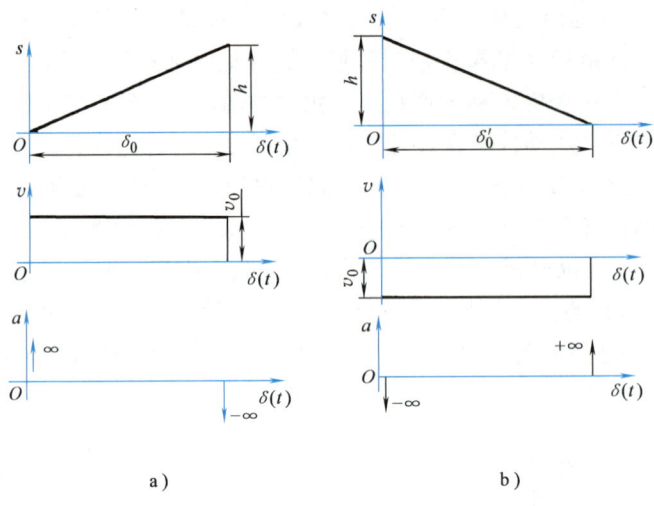

图 4-9 等速运动规律线图

由图 4-9 可知，从动件在推程（或回程）开始和终止的瞬时，速度有突变，其加速度和惯性力在理论上为无穷大（实际上由于材料的弹性变形，其加速度和惯性力不可能达到无穷大），致使凸轮机构产生强烈的冲击、噪声和磨损，这种冲击称为刚性冲击。因此，等速运动规律通常只适用于低速、轻载的场合。

### 2. 等加速等减速运动规律

从动件在一个行程 $h$ 中，前半行程做等加速运动，后半行程做等减速运动，这种运动规律称为等加速等减速运动规律。通常取加速度和减速度的绝对值相等，因此，从动件做等加速运动和等减速运动所经历的时间相等。又因凸轮做等速转动，所以与加、减速运动段对应的凸轮转角也相等，同为 $\delta_0/2$ 或 $\delta_0'/2$。

由匀变速运动的加速度、速度、位移方程，不难得到推程中从动件的运动方程。

等加速段

$$\left.\begin{array}{l}s=\dfrac{2h}{\delta_0^2}\delta^2\\[6pt]v=\dfrac{4h\omega}{\delta_0^2}\delta\\[6pt]a=\dfrac{4h\omega^2}{\delta_0^2}=\text{常数}\end{array}\right\} \quad (0\leq\delta\leq\delta_0/2) \qquad (4\text{-}2a)$$

等减速段

$$\left.\begin{array}{l}s=h-\dfrac{2h}{\delta_0^2}(\delta_0-\delta)^2\\[6pt]v=\dfrac{4h\omega}{\delta_0^2}(\delta_0-\delta)\\[6pt]a=-\dfrac{4h\omega^2}{\delta_0^2}=\text{常数}\end{array}\right\} \quad (\delta_0/2\leq\delta\leq\delta_0) \qquad (4\text{-}2b)$$

根据上述方程，可以作出图 4-10a 所示的从动件推程时做等加速等减速运动的运动线图。由位移方程可知，其位移曲线为两条光滑相接的反向抛物线，所以等加速等减速运动规律又称为抛物线运动规律。当凸轮转角 $\delta$ 处在相同等分转角 1，2，3…各位置时，从动件相应的位移量 $s$ 的比值为 1：4：9…。据此，位移线图可以方便地用作图法画出，如图 4-10a 所示。同理，不难作出从动件回程时做等加速等减速运动的运动规律线图，如图 4-10b 所示。

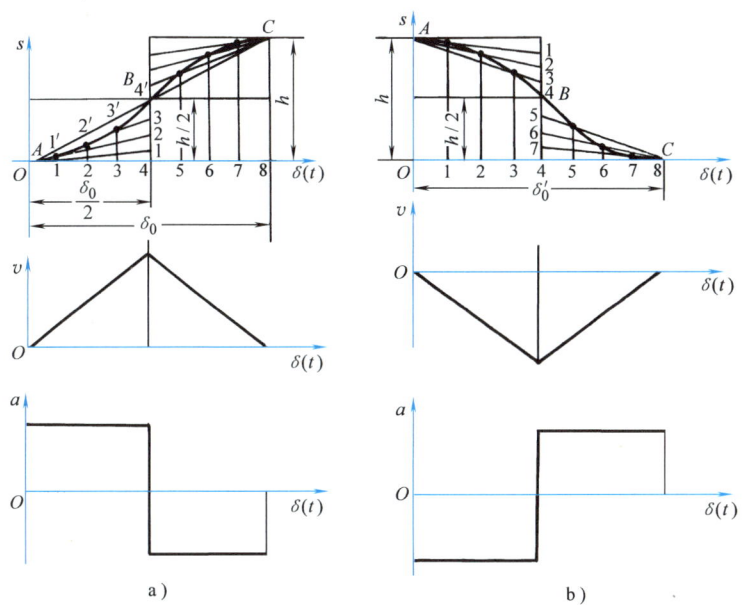

图 4-10　等加速等减速运动规律线图

由运动线图可知，这种运动规律的加速度在 $A$、$B$、$C$ 三点处存在有限的突变，因而会在机构中产生有限值的冲击力，这种冲击称为柔性冲击。与等速运动规律相比，其冲击程度大为减小。因此，等加速等减速运动规律适用于中速、中载的场合。

### 3. 简谐运动规律

当一质点在半径为 $R$ 的圆周上做匀速运动时,它在该圆直径上投影所形成的运动称为简谐运动。从动件做简谐运动时,其推程的运动方程为

$$\left. \begin{array}{l} s = \dfrac{h}{2}\left[1-\cos\left(\dfrac{\pi}{\delta_0}\delta\right)\right] \\ v = \dfrac{\pi h \omega}{2\delta_0}\sin\left(\dfrac{\pi}{\delta_0}\delta\right) \\ a = \dfrac{\pi^2 h \omega^2}{2\delta_0^2}\cos\left(\dfrac{\pi}{\delta_0}\delta\right) \end{array} \right\} \quad (4\text{-}3)$$

式中,$h = 2R$。

由方程可知,从动件做简谐运动时,其加速度按余弦曲线变化,故又称余弦加速度运动规律,其运动线图如图 4-11 所示。图 4-11a、b 分别为做简谐运动从动件推程段、回程段的运动线图,从图中可见其位移线图的作图方法。

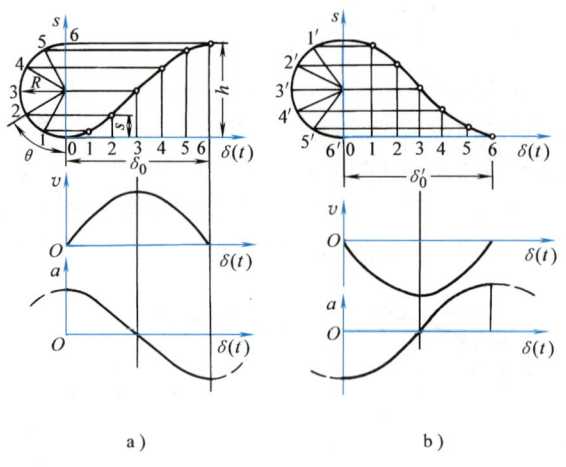

图 4-11 简谐运动规律

由加速度线图可知,此运动规律在行程的始末两点加速度存在有限突变,故也存在柔性冲击,通常只适用于中速场合。但当从动件做无停歇的"升—降—升"连续往复运动时,则得到连续的余弦曲线,运动中完全消除了柔性冲击,这种情况下可用于高速传动。

随着生产技术的进步,工程中所采用的从动件运动规律越来越多,如摆线运动规律、复杂多项式运动规律及改进型运动规律等。设计凸轮机构时,应根据机器的工作要求,恰当地选择合适的运动规律。

## 第三节 图解法设计盘形凸轮轮廓曲线

根据机器的工作要求,在确定了凸轮机构的类型,选定了从动件的运动规律、凸轮的基圆半径和凸轮的转动方向后,便可设计凸轮的轮廓曲线了。凸轮轮廓设计的方法有图解法和解析法。图解法简单易行而且直观,但精确度有限,只适用于一般场合。本节介绍图解法设计的原理和方法。

# 第四章 凸轮机构

## 一、图解法的原理

图解法绘制凸轮轮廓曲线是利用相对运动原理完成的。当凸轮机构工作时，凸轮和从动件都是运动的，而绘制凸轮轮廓时，应使凸轮相对静止。如图 4-12 所示，设想给整个机构加一个与凸轮角速度 $\omega$ 大小相等、方向相反的公共角速度"$-\omega$"，则凸轮将处于相对静止状态，而从动件一方面按原定运动规律相对于机架导路做往复移动，另一方面随同机架以角速度"$-\omega$"绕 $O$ 点转动。由于从动件尖顶始终与凸轮轮廓保持接触，所以从动件在反转行程中，其尖顶的运动轨迹就是凸轮的轮廓曲线。这就是凸轮轮廓设计的"反转法"原理。

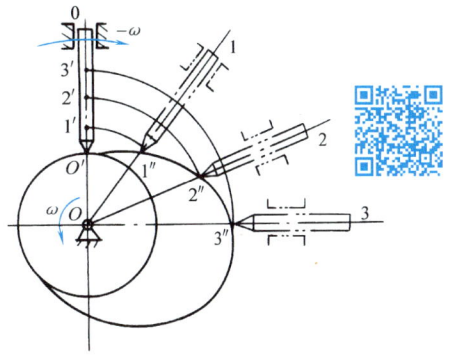

图 4-12 "反转法"原理

根据这一原理便可作出各种类型凸轮机构的凸轮轮廓曲线。

## 二、直动从动件盘形凸轮轮廓设计

### 1. 对心式尖顶从动件

图 4-13a 所示为尖顶对心直动从动件盘形凸轮机构。设已知条件为从动件的运动规律、凸轮的基圆半径 $r_b$ 及角速度 $\omega$ 的转动方向，则凸轮轮廓的作图步骤如下：

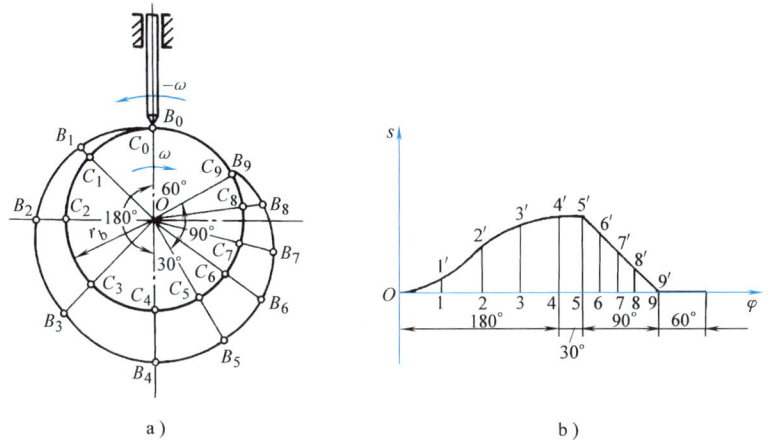

图 4-13 尖顶对心直动从动件盘形凸轮轮廓图解设计

1) 选取适当的比例尺 $\mu_l$，作出从动件的位移线图，如图 4-13b 所示。
2) 取与位移线图相同的比例，以 $O$ 为圆心、$r_b$ 为半径作基圆。基圆与导路的交点 $B_0$（$C_0$）即为从动件尖顶的起始位置。
3) 在基圆上，自 $OC_0$ 开始，沿"$-\omega$"方向依此取 $\delta_0$、$\delta_s$、$\delta_0'$、$\delta_s'$，并将 $\delta_0$、$\delta_0'$ 分成与位移线图对应的若干等份，得 $C_1$，$C_2$，$C_3$…各点，连接 $OC_1$，$OC_2$，$OC_3$…各径向线并延长，便得到从动件导路在反转过程中的一系列位置线。
4) 沿各位置线自基圆向外量取 $C_1B_1 = 11'$，$C_2B_2 = 22'$，$C_3B_3 = 33'$…，由此得尖顶从动

件反转过程中的一系列位置 $B_1$，$B_2$，$B_3$…。

5）将 $B_1$，$B_2$，$B_3$…连接成光滑的曲线，即得到所求的凸轮轮廓曲线。

### 2. 滚子从动件

图 4-14 所示为滚子对心直动从动件盘形凸轮机构。由于滚子中心是从动件上的一个固定点，该点的运动就是从动件的运动，而滚子始终与凸轮轮廓保持接触，沿法线方向的接触点到滚子中心的距离恒等于滚子半径 $r_T$，由此可得作图步骤如下：

1）把滚子中心看作尖顶从动件的尖顶，按设计尖顶从动件凸轮轮廓的方法作出一条轮廓曲线 $\eta_0$。$\eta_0$ 称为凸轮的理论轮廓曲线，是滚子中心相对于凸轮的运动轨迹。

2）以理论轮廓曲线 $\eta_0$ 上的点为圆心，以滚子半径 $r_T$ 为半径作一系列滚子圆（取与基圆相同的长度比例尺），再作这些圆的内包络线 $\eta$。$\eta$ 称为凸轮的实际轮廓曲线，是凸轮与滚子从动件直接接触的轮廓（工作轮廓）。

应当指出，凸轮的实际轮廓曲线与理论轮廓曲线间的法线距离始终等于滚子半径，它们互为等距曲线。此外，凸轮的基圆指的是理论轮廓线上的基圆。

### 3. 平底从动件

图 4-15 所示为平底对心直动从动件盘形凸轮机构，其轮廓曲线求法与滚子从动件类似。具体作图步骤如下：

1）将平底与导路中心线的交点 $B_0$ 视为尖顶从动件的尖顶，按设计尖顶从动件凸轮轮廓的方法，作出理论轮廓曲线上的一系列点 $B_1$，$B_2$，$B_3$…（图中理论轮廓线未画出）。

2）过 $B_1$，$B_2$，$B_3$…各点作一系列代表平底位置的直线（与径向线垂直），然后作此直线族的内包络线，即可得到平底从动件凸轮的实际轮廓曲线。

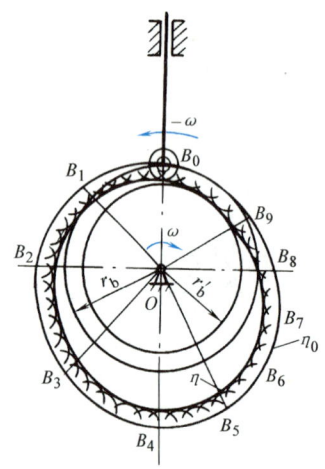

图 4-14　滚子对心直动从动件盘形
凸轮轮廓图解设计

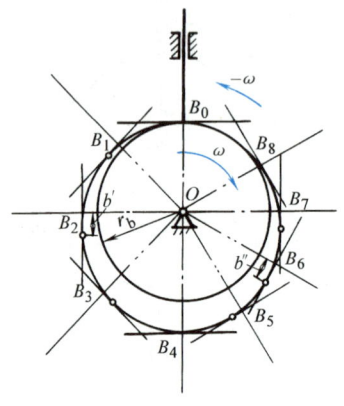

图 4-15　平底对心直动从动件盘形
凸轮轮廓图解设计

### 4. 偏置式尖顶从动件

图 4-16 所示为尖顶偏置直动从动件盘形凸轮机构。设已知从动件运动规律的位移线图如图 4-13b 所示，其从动件导路偏离凸轮回转中心的距离 $e$ 称为偏距，以 $O$ 为圆心、偏距 $e$ 为半径所作的圆称为偏距圆。从动件在反转过程中，其导路中心线必然始终与偏距圆相切。

如图 4-16 所示，过基圆上各分点 $C_1$、$C_2$，$C_3 \cdots$ 作偏距圆的切线，并沿这些切线自基圆向外量取从动件相应位置的位移，即 $C_1B_1 = 11'$，$C_2B_2 = 22'$，$C_3B_3 = 33' \cdots$。以上是偏置从动件与对心从动件凸轮轮廓作图时的不同之处，其余作图步骤两者完全相同。应注意作偏距圆时长度比例尺必须与基圆、位移所采用的比例尺一致。

若采用滚子从动件，则图 4-16 所示的轮廓曲线为理论轮廓曲线，按前述方法即可作出所要设计的实际轮廓曲线。

### 三、摆动从动件盘形凸轮轮廓设计

图 4-17a 所示为一尖顶摆动从动件盘形凸轮机构。设已知条件：从动件运动规律——$\psi$-$\delta$ 角位移线图（图 4-17b），凸轮基圆半径 $r_b$，凸轮轴与摆动从动件的中心距 $l_{OA}$，摆杆

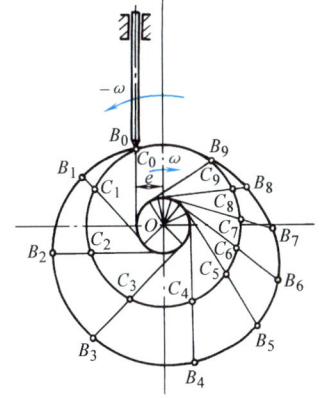

图 4-16 尖顶偏置直动从动件盘形凸轮轮廓图解设计

长度 $l_{AB}$，凸轮以等角速度 $\omega$ 顺时针转动，推程时从动件做逆时针摆动。根据反转法，其轮廓曲线的作图步骤如下：

1) 选取适当的比例尺 $\mu_l$，根据给定的 $l_{OA}$ 定出 $O$、$A_0$ 的位置；以 $O$ 为圆心、$r_b$ 为半径作基圆；再以 $A_0$ 为圆心、$l_{AB}$ 为半径作圆弧交基圆于 $B_0$（$C_0$）点，该点即是从动件尖顶的起始位置。注意，若要求从动件推程中顺时针摆动，则 $B_0$ 应在图中 $OA_0$ 的左侧。

2) 以 $O$ 为圆心、$OA_0$ 为半径作圆，自 $OA_0$ 开始，沿"$-\omega$"方向依次取 $\delta_0$，$\delta_s$，$\delta'_0$，$\delta'_s$，并将 $\delta_0$、$\delta'_0$ 分成与角位移线图对应的若干等份，得 $A_1$，$A_2$，$A_3 \cdots$ 各点，便得到从动件回转中心在反转过程中的一系列位置点。

3) 分别以 $A_1$，$A_2$，$A_3 \cdots$ 为圆心，$l_{AB}$ 为半径作一系列圆弧与基圆交于 $C_1$，$C_2$，$C_3 \cdots$，并作 $\angle C_1A_1B_1$，$\angle C_2A_2B_2$，$\angle C_3A_3B_3 \cdots$ 分别等于从动件相应位置的摆角 $\psi_1$，$\psi_2$，$\psi_3 \cdots$，各角边 $A_1B_1$，$A_2B_2$，$A_3B_3 \cdots$ 与相应圆弧的交点为 $B_1$，$B_2$，$B_3 \cdots$。

4) 将 $B_0$，$B_1$，$B_2$，$B_3 \cdots$ 连接成光滑的曲线，即得到所求的凸轮轮廓曲线。

若采用滚子或平底从动件，其轮廓曲线的绘制与直动从动件类似，上述轮廓曲线为理论轮廓曲线，其实际轮廓曲线可按前述方法作出。

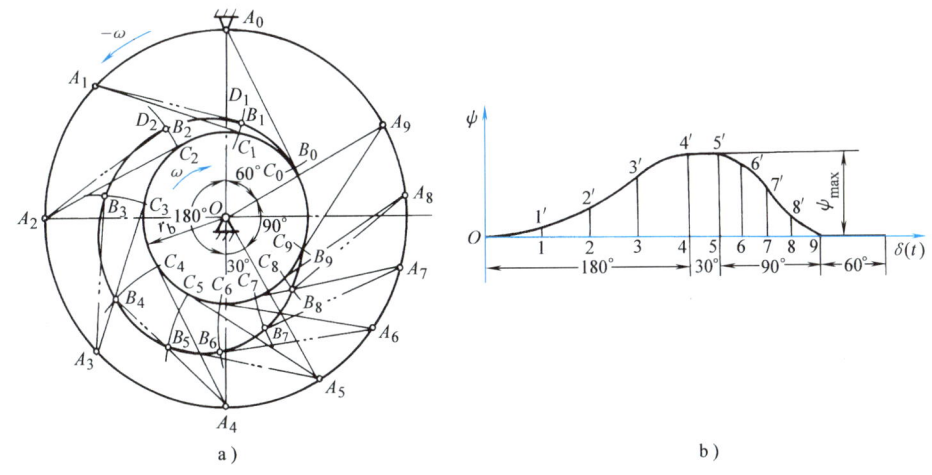

图 4-17 尖顶摆动从动件盘形凸轮轮廓图解设计

## ⊙ 知识延伸——解析法设计凸轮轮廓曲线

## 第四节 凸轮机构设计中的几个问题

设计凸轮机构时，除了根据工作要求合理地选择从动件运动规律外，还必须保证从动件准确地实现预期的运动规律，且具有良好的传力性能和紧凑的结构。下面讨论与此相关的几个问题。

### 一、滚子半径的选择与平底尺寸的确定

#### 1. 滚子半径的选择

采用滚子从动件时，应选择适当的滚子半径，要综合考虑滚子的强度、结构及凸轮轮廓曲线的形状等多方面的因素。

为了减小滚子与凸轮间的接触应力和考虑安装的可能性，应选取较大的滚子半径；但滚子半径的增大，将影响凸轮的实际轮廓。

1) 当理论廓线内凹时，如图 4-18a 所示，实际轮廓的曲率半径 $\rho'$ 等于理论廓线曲率半径 $\rho$ 与滚子半径 $r_T$ 之和，即 $\rho'=\rho+r_T$。此时，不论滚子半径的大小如何，其实际廓线总可以作出。

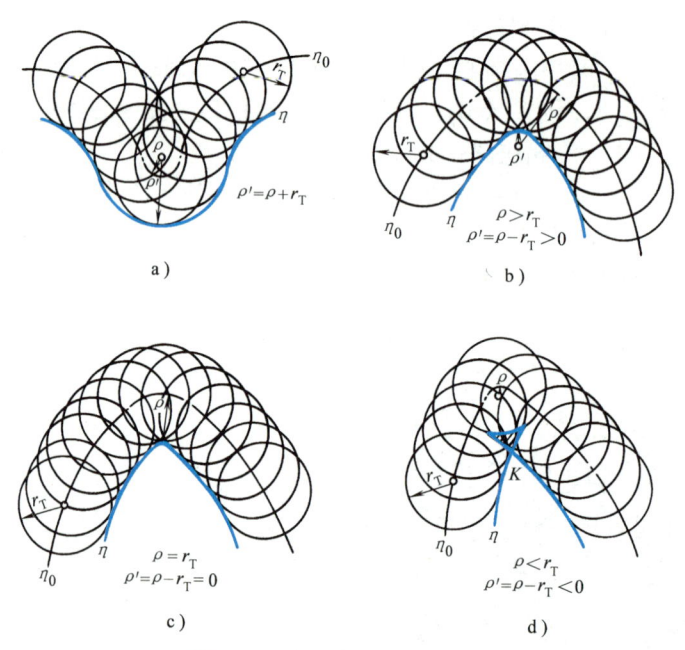

图 4-18 滚子半径的选择分析

2) 当理论廓线外凸时，$\rho'=\rho-r_T$，若 $\rho>r_T$，则 $\rho'>0$，如图 4-18b 所示，实际廓线为一光滑曲线；若 $\rho=r_T$，则 $\rho'=0$，如图 4-18c 所示，实际廓线出现尖点，尖点极易磨损，磨损后就会改变从动件原有的运动规律；若 $\rho<r_T$，则 $\rho'<0$，如图 4-18d 所示，实际廓线出现交

叉，图中阴影部分在实际制造时将被切去，致使从动件不能实现预期的运动规律，这种现象称为运动失真。

因此，对于外凸的凸轮轮廓，应使滚子半径 $r_T$ 小于理论廓线的最小曲率半径 $\rho_{min}$，通常取 $r_T \leq 0.8\rho_{min}$。当 $r_T$ 太小而不能满足强度和结构要求时，应适当加大基圆半径 $r_b$ 以增大理论廓线的 $\rho_{min}$。

为防止凸轮磨损过快，工作轮廓线上的最小曲率半径 $\rho'_{min} > 1 \sim 5$ mm。

在实际设计凸轮机构时，一般可按基圆半径 $r_b$ 来确定滚子半径 $r_T$，通常取 $r_T = (0.1 \sim 0.5)r_b$。

#### 2. 平底长度的确定

由图 4-15 可知，平底与凸轮实际廓线的切点，随着导路在反转中的位置而发生改变。从图中可找到平底左右侧距导路中心线最远的两个切点至导路中心线的距离 $b'$ 和 $b''$。为保证在所有位置上，平底都能与凸轮轮廓相切，一般取从动件平底的长度 $L = 2l_{max} + (5 \sim 7\text{mm})$。$l_{max}$ 为 $b'$ 和 $b''$ 中的较大者。

## 二、压力角及其校核

### 1. 压力角和自锁

凸轮机构中，从动件运动速度与从动件所受凸轮作用力方向之间所夹的锐角，称为凸轮机构的压力角。

图 4-19 所示为尖顶对心直动从动件盘形凸轮机构在推程某个位置的受力情况，$F_Q$ 为作用在从动件上的载荷（包括工作阻力、重力、弹簧力和惯性力等）。若不计凸轮与从动件之间的摩擦，凸轮作用于从动件的力 $F_n$ 将沿接触点的法线 $n-n$ 方向，$\alpha$ 角即为该位置的压力角。$F_n$ 可分解为沿从动件运动方向的有效分力 $F'$ 和垂直于导路方向的无效分力 $F''$，$F''$ 使从动件压紧导路而产生摩擦力，$F'$ 推动从动件克服载荷 $F_Q$ 及导路间的摩擦力向上移动。其大小分别为

$$F' = F_n \cos\alpha$$
$$F'' = F_n \sin\alpha$$

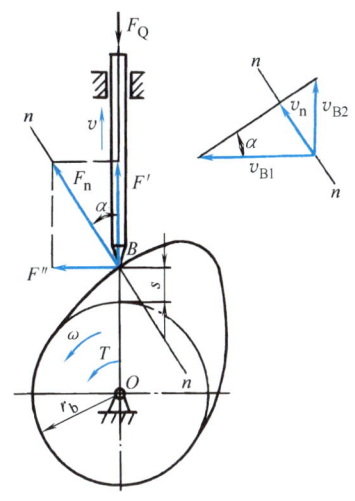

图 4-19 凸轮机构的受力分析

显然，$\alpha$ 角越小，有效分力 $F'$ 越大，凸轮机构的传力性能越好。反之，$\alpha$ 角越大，有效分力 $F'$ 越小，无效分力 $F''$ 越大，机构的摩擦阻力增大、效率降低。当 $\alpha$ 增大到某一数值，有效分力 $F'$ 会小于由 $F''$ 所引起的摩擦阻力，此时无论凸轮给从动件多大的作用力，都无法驱动从动件运动，即机构处于自锁状态。因此，为保证凸轮机构正常工作，并具有良好的传力性能，必须对压力角的大小加以限制。一般凸轮轮廓线上各点的压力角是变化的，设计时应使最大压力角不超过许用压力角 $[\alpha]$。一般设计中，推程压力角许用值 $[\alpha]$ 推荐如下：

直动从动件 $[\alpha] = 30°$
摆动从动件 $[\alpha] = 45°$

机构在回程时，从动件实际上不是由凸轮推动，而是在锁合力作用下返回的，发生自锁的可能性很小。为减小冲击和提高锁合的可靠性，回程压力角推荐许用值 $[\alpha]=80°$。

对平底从动件凸轮机构，凸轮对从动件的法向作用力始终与从动件的速度方向平行，故压力角恒等于0，机构的传力性能最好。

### 2. 压力角与基圆半径

压力角的大小与基圆大小有关，以尖顶对心直动从动件盘形凸轮机构为例，如图 4-19 所示，从动件与凸轮在 $B$ 点接触。设凸轮上 $B$ 点的速度为 $v_{B1}$，则 $v_{B1}=\omega(r_b+s)$，方向垂直于 $OB$；从动件上 $B$ 点的速度为 $v_{B2}$ ($v_{B2}=v$)，沿 $OB$ 方向。凸轮和从动件在运动中始终保持接触，既不能脱开，又不能嵌入，所以两者接触点的速度在法线 $n$-$n$ 上的分量应相等，即 $\omega(r_b+s)\sin\alpha=v\cos\alpha$，则

$$\tan\alpha=\frac{v}{\omega(r_b+s)} \qquad (4-4)$$

式中，$v=ds/dt=\omega ds/d\delta$。

当给定运动规律后，$\omega$、$s$、$v$ 均为已知。由式 (4-4) 可知，增大基圆半径 $r_b$，可以减小压力角 $\alpha$，从而改善机构的传力性能，但机构的总体尺寸将增大。对此，通常采用的设计原则是：在保证机构的最大压力角 $\alpha_{max}\leq[\alpha]$ 的条件下，选取尽可能小的基圆半径。当 $\alpha_{max}=[\alpha]$ 时，对应的基圆半径为最小基圆半径。

### 3. 压力角的校核

设计出凸轮轮廓后，为确保传力性能，通常需进行推程压力角的校核，检验是否满足 $\alpha_{max}\leq[\alpha]$ 的要求。

凸轮机构的最大压力角 $\alpha_{max}$ 一般出现在理论廓线上较陡或从动件最大速度的轮廓附近。校验压力角时，可在此选取若干个点，作出这些点的压力角，测量其大小；也可用图 4-20 所示的方法用万能角度尺直接量取检查。当用解析法设计时，可运用式 (4-4) 校核轮廓上各个位置的压力角。

如果 $\alpha_{max}>[\alpha]$，可采用增大基圆半径或改对心凸轮机构为偏置凸轮机构的方法来减小最大压力角。

如图 4-21 所示，同样情况下，偏置式凸轮机构比对心式凸轮机构有更小的压力角，但应使从动件导路偏离的方向与凸轮的转动方向相反。若凸轮逆时针转动，则从动件导路应偏向轴心凸轮的右侧；若凸轮顺时针转动，则从动件导路应偏向凸轮轴心的左侧。关于偏距 $e$ 的大小，一般取 $e\leq r_b/4$。

## 三、基圆半径的确定

由前述内容可知，基圆半径是凸轮设计中的一个重要参数，它对凸轮机构的结构尺寸、运动性能、受力性能等都有重要影响。目前，在一般设计中，确定基圆半径的常用方法有下述两种。

### 1. 根据凸轮的结构确定 $r_b$

若凸轮与轴做成一体（凸轮轴），$r_b=r+r_T+(2\sim5mm)$；

若凸轮单独制造，$r_b=(1.5\sim2)r+r_T+(2\sim5mm)$。

式中，$r$ 为轴的半径；$r_T$ 为滚子半径。若为非滚子从动件凸轮机构，则上式中 $r_T$ 可不计。

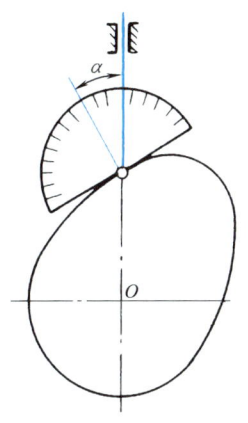

图 4-20 压力角的直接测量

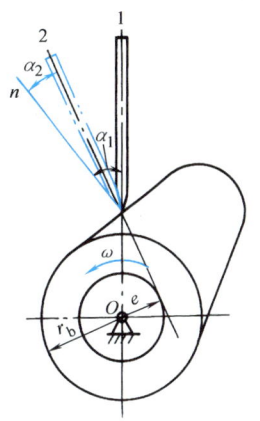

图 4-21 偏置从动件可减小压力角

这是一种较为实用的方法。确定 $r_b$ 后,再对所设计的凸轮轮廓校核压力角。

### 2. 根据 $α_{max} ≤ [α]$ 确定最小基圆半径 $r_{bmin}$

对于对心直动从动件盘形凸轮机构,工程上已制备了几种从动件基本运动规律的诺模图,如图 4-22 所示。诺模图中上半圆的标尺代表凸轮的推程运动角 $δ_0$,下半圆的标尺代表最大压力角 $α_{max}$,直径标尺代表各种运动规律的 $h/r_b$ 值。由图上 $δ_0$、$α_{max}$ 两点连线与直径的交点,可读出相应运动规律的 $h/r_b$ 值,从而确定最小基圆半径 $r_{bmin}$。

基圆半径可按 $r_b ≥ r_{bmin}$ 选取。

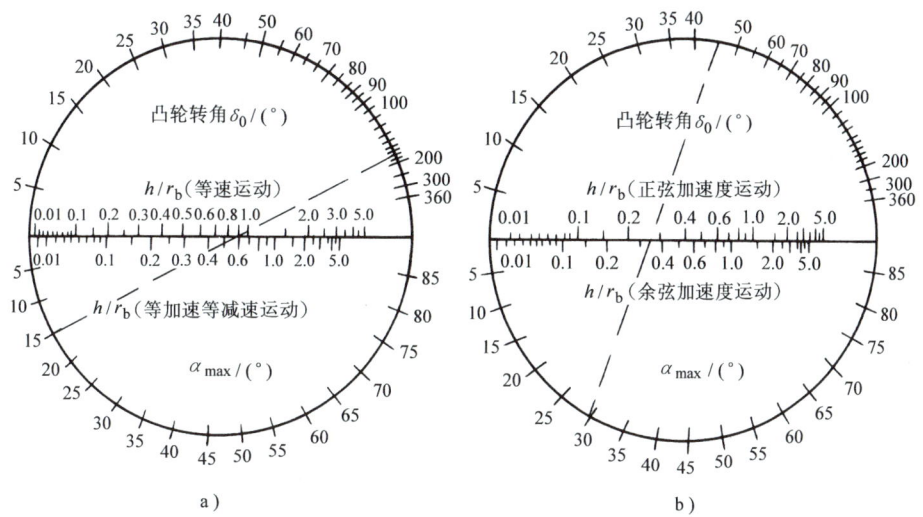

图 4-22 诺模图

## 第五节 凸轮常用材料和结构

### 一、凸轮机构常用材料及热处理

凸轮机构属于高副机构,凸轮与从动件接触应力大,易在相对滑动时产生严重磨损;另外，多数凸轮机构在工作时还承受冲击载荷。因此，要求凸轮机构所用材料的表面具有较高的硬度，而心部具有较好的韧性。

低速、轻载盘形凸轮机构，可选 HT250、HT300、QT800-2、QT900-2 等作为凸轮材料。用球墨铸铁时，轮廓表面可进行淬火处理，以提高其耐磨性。从动件因受弯曲应力，不宜用脆性材料，可选用中碳结构钢，高副端表面淬火至 40~50HRC。为减小冲击，也可选用质量小的尼龙作为从动件材料。

中速、中载的凸轮常用 45、40Cr、20Cr、20CrMn 等材料，从动件可用 20Cr 等低碳合金钢，并经表面淬火，低碳合金钢应渗碳淬火，渗碳层深 0.8~1.5mm，使硬度达 56~62HRC。

高速、重载凸轮机构，通常选用无冲击的从动件运动规律。凸轮可用 40Cr 等中碳合金钢，表面高频淬火至 56~60HRC，或用 38CrMoAl，经渗氮处理至 60~67HRC，但渗氮表层脆而不宜承受冲击。从动件则可用 T8、T10 等碳素工具钢，经表面淬火处理。

## 二、凸轮机构的结构

### 1. 凸轮结构

基圆较小的凸轮，常与轴做成一体，称为凸轮轴，如图 4-23a 所示。基圆较大的凸轮，则做成套装结构，即凸轮开孔套装在轴上。凸轮与轴的固定方式有键联接式（图 4-23b）、销联接式（图 4-23c）和弹性开口锥套螺母联接式（图 4-23d）。其中，弹性开口锥套螺母联接式是一种可调整凸轮起始位置的结构。

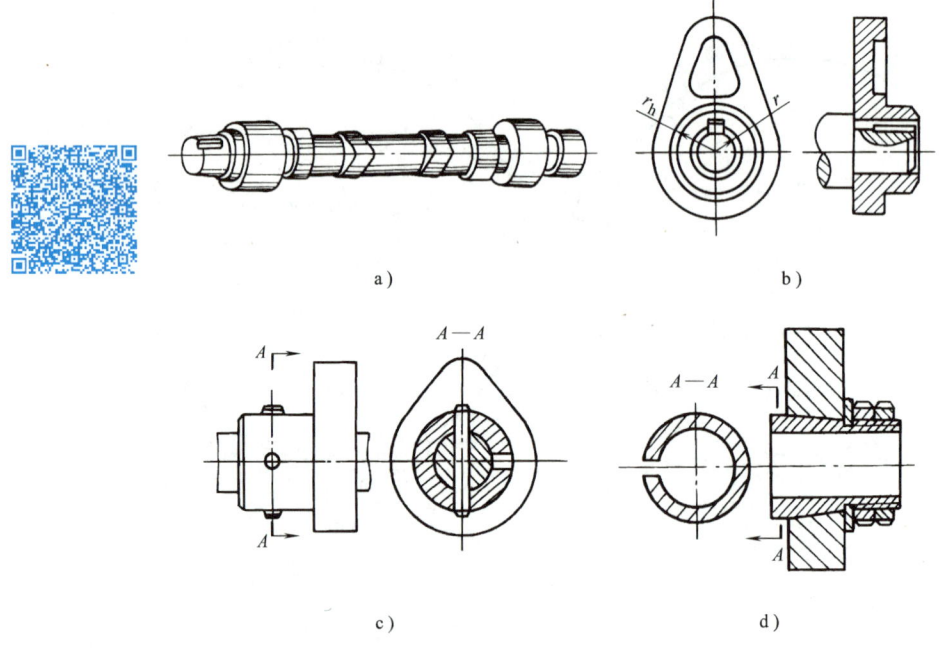

图 4-23 凸轮结构

a）凸轮轴 b）平键联接 c）圆锥销联接 d）弹性开口锥套螺母联接

### 2. 滚子从动件结构

滚子从动件的滚子可以是专门制造的圆柱体，如图 4-24a、b 所示；也可采用滚动轴承，如图 4-24c 所示。滚子与从动件顶端可用螺栓联接（图 4-24a），也可用销轴联接（图 4-24b、c），应保证滚子相对从动件能灵活转动。

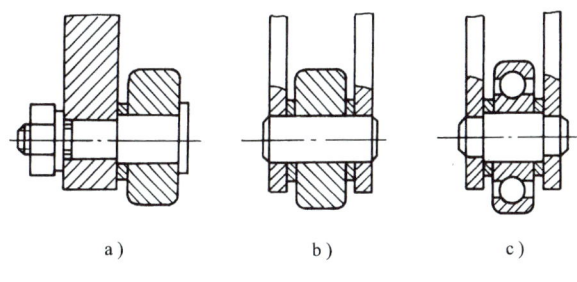

图 4-24 滚子结构

### 三、凸轮工作图

作凸轮工作图时，应注意以下几点：

1) 为便于凸轮的加工和检验，图中须标注凸轮每隔一定角度的向径值，分隔越小，精确度越高，一般为 5°或 10°；也可不直接标注，以列表形式表示，如图 4-25 所示。

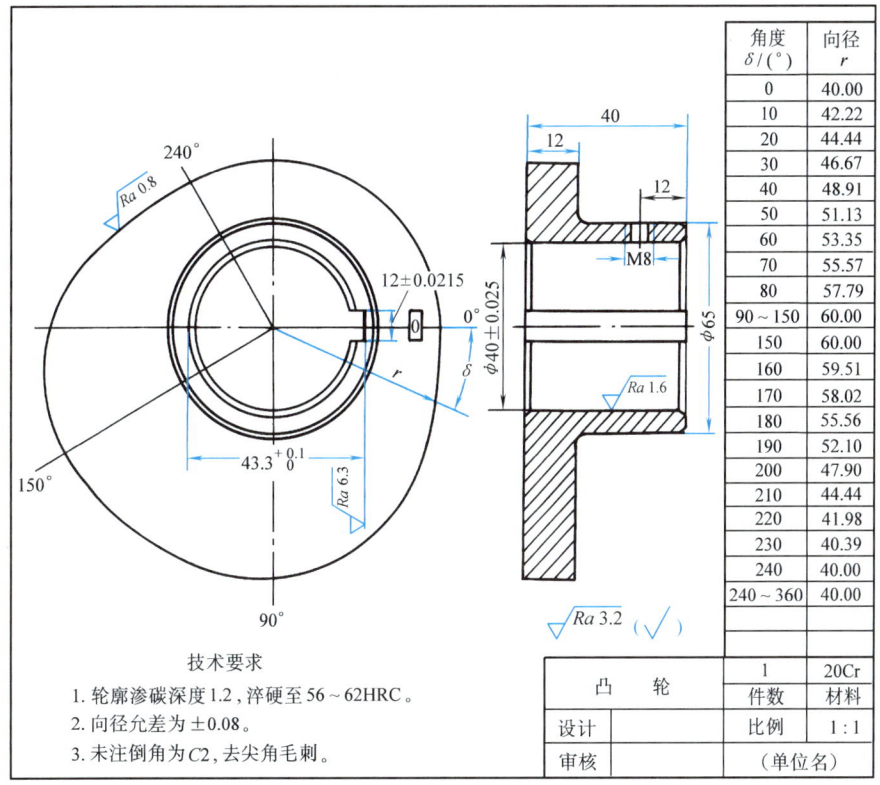

图 4-25 凸轮工作图

2) 凸轮的加工精度，主要是指凸轮工作轮廓的向径允差、表面粗糙度和基准孔公差带，作图时可参照表 4-2 选取合适的参数值。

表 4-2 凸轮公差和表面粗糙度

| 凸轮精度 | 公差等级或极限偏差/mm | | | 表面粗糙度/μm | |
| --- | --- | --- | --- | --- | --- |
| | 向 径 | 凸轮槽宽 | 基准孔 | 盘形凸轮 | 凸 轮 槽 |
| 较高 | ±(0.05~0.1) | H8(H7) | H7 | $0.32<Ra\leq0.63$ | $0.63<Ra\leq1.25$ |
| 一般 | ±(0.1~0.2) | H8 | H7(H8) | $0.63<Ra\leq1.25$ | $1.25<Ra\leq2.5$ |
| 低 | ±(0.2~0.5) | H9(H10) | H8 | | |

3）当凸轮与其他零件间有一定的位置要求时，要根据设计要求，在凸轮上做一标记。图 4-25 中，在 0°起始线处，打印有标记"0"。

## 自 测 题 与 习 题

### （一）自 测 题

4-1 图 4-26 所示机构是（　　）。
　　A. 曲柄摇杆机构　　　　　　　　B. 摆动导杆机构
　　C. 平底摆动从动件盘形凸轮机构　　D. 平底摆动从动件圆柱凸轮机构

4-2 图 4-27 所示机构（当构件 1 上下往复运动时，构件 2 做左右往复移动）属于（　　）。
　　A. 移动导杆机构　　　　　　　　B. 移动从动件盘形凸轮机构
　　C. 滚子移动从动件移动凸轮机构　　D. 平面连杆机构

4-3 图 4-28 所示机构是（　　）。
　　A. 曲柄滑块机构　　　　　　　　B. 偏心轮机构
　　C. 滚子移动从动件凸轮机构　　　　D. 平底移动从动件盘形凸轮机构

图 4-26 题 4-1 图

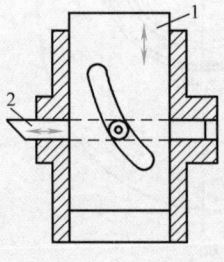

图 4-27 题 4-2 图

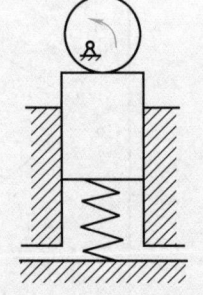

图 4-28 题 4-3 图

4-4 如图 4-29 所示，如 $\overset{\frown}{AB}$、$\overset{\frown}{CD}$ 为以 $O$ 为圆心的圆弧，此凸轮机构的推程运动角是（　　）。
　　A. 160°　　　　B. 130°　　　　C. 120°　　　　D. 110°

4-5 若要盘形凸轮的从动件在某段时间内停止不动，对应的凸轮轮廓曲线应为（　　）。
　　A. 一段直线　　　　　　　　　　B. 一段圆弧
　　C. 抛物线　　　　　　　　　　　D. 以凸轮转动中心为圆心的圆弧

4-6 图 4-30 所示凸轮轮廓是由分别以 $O$ 及 $O_1$ 为圆心的两段圆弧和另外两条直线组成的。该凸轮机构从动件的运动过程属于（　　）类型。

　　A. 升—停—降—停　　　　　　　　B. 升—停—降

　　C. 升—降—停　　　　　　　　　　D. 升—降

4-7 从动件的推程采用等速运动规律时，刚性冲击将发生在（　　）。

　　A. 推程的起始点　　　　　　　　　B. 推程的中点

　　C. 推程的终点　　　　　　　　　　D. 推程的始点和终点

4-8 当从动件做无停留区间的升降连续往复运动时，（　　）冲击最小。

　　A. 推程和回程均采用等速运动规律

　　B. 推程和回程均采用等加速等减速运动规律

　　C. 推程采用简谐运动规律，回程采用等加速等减速运动规律

　　D. 推程和回程均采用简谐运动规律

4-9 某凸轮机构从动件用来控制刀具的进给运动，在切削阶段时，从动件宜采用（　　）。

　　A. 等速运动　　　　　　　　　　　B. 等加速等减速运动

　　C. 简谐运动　　　　　　　　　　　D. 其他运动

4-10 图 4-31 所示凸轮机构从动件的最大摆角接近的是（　　）。

　　A. 13.84°　　　　B. 24.70°　　　　C. 33.74°　　　　D. 49.64°

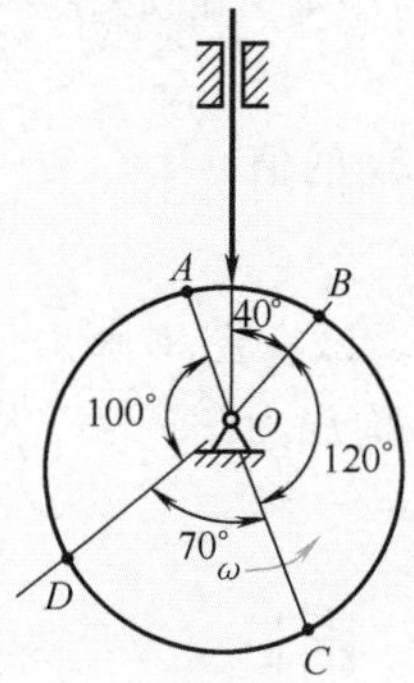

图 4-29　题 4-4 图 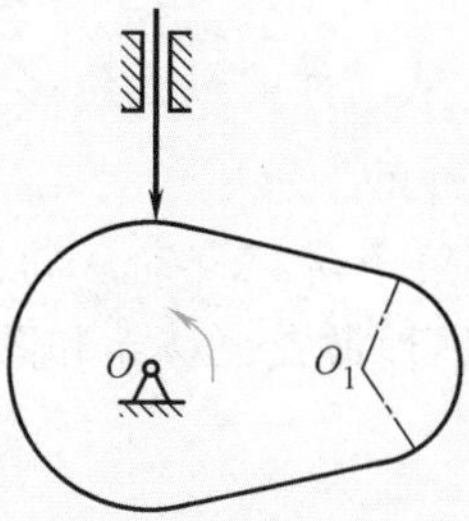　　　　　　图 4-30　题 4-6 图 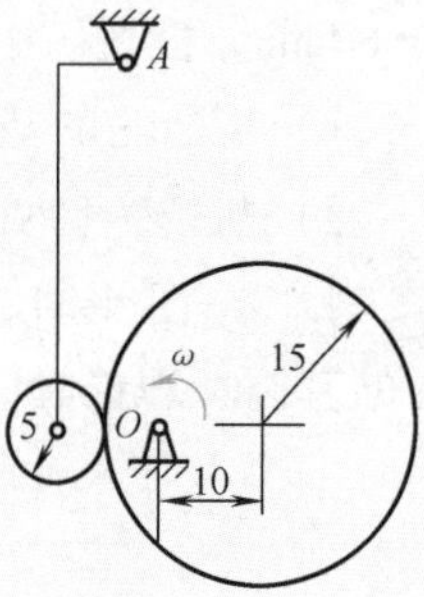　　　　　　图 4-31　题 4-10 图

4-11 图 4-32 所示机构中，属空间凸轮机构的是（　　）。

　　A. a　　　　　　B. b　　　　　　C. c　　　　　　D. d

4-12 凸轮从动件与凸轮保持接触的形式也称之为"锁合"，由外力实现接触的锁合称为力锁合，利用结构实现接触的锁合称为形锁合。图 4-32 中（　　）为形锁合。

　　A. a　　　　　　B. b　　　　　　C. c　　　　　　D. d

4-13 在图 4-32 中，（　　）位置中的从动件压力角最小。

　　A. a　　　　　　B. b　　　　　　C. c　　　　　　D. d

*4-14 如图 4-32c 所示圆柱凸轮的圆柱直径为 $d$，基圆半径为 $r_b$，则（　　）。

　　A. $r_b = 0.5d$　　B. $r_b = d$　　C. $r_b = 0$　　D. $r_b = \infty$

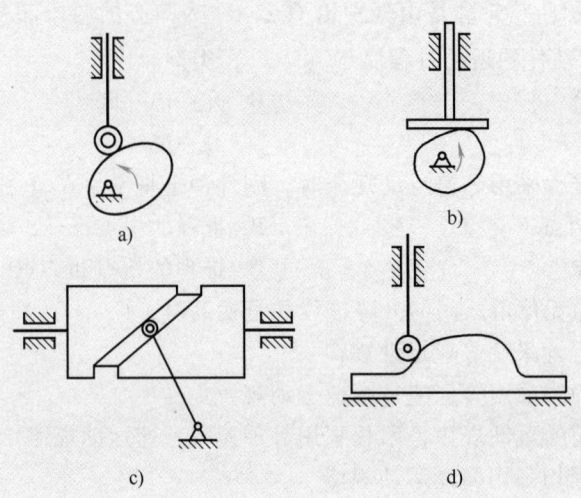

图 4-32 题 4-11~题 4-15 图

4-15 如图 4-32 所示,最不易引起从动件自锁的是(　　)。
　　A. a　　　　B. b　　　　C. c　　　　D. d

## (二) 习　题

4-16 图 4-33 所示为一偏心圆凸轮机构,$O$ 为偏心圆的几何中心,偏心距 $e=15\text{mm}$,$d=60\text{mm}$。试在图中标出:
1) 该凸轮的基圆半径、从动件的最大位移 $h$ 和推程运动角 $\delta_0$ 的值。
2) 凸轮转过 90°时从动件的位移 $s$。

4-17 图 4-34 所示为一滚子对心直动从动件盘形凸轮机构。试在图中画出该凸轮机构的基圆、理论轮廓曲线、推程最大位移 $h$ 和图示位置的凸轮机构压力角。

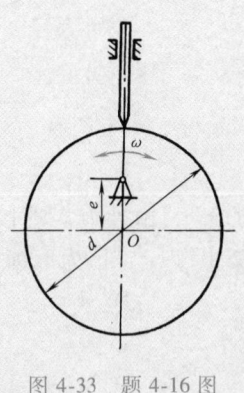

图 4-33 题 4-16 图

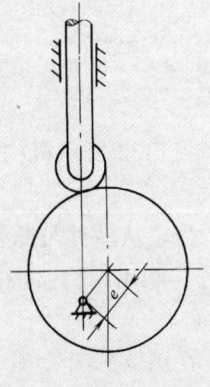

图 4-34 题 4-17 图

4-18 标出图 4-35 所示各凸轮机构 $A$ 位置的压力角 $\alpha_A$ 和再转过 45°时的压力角 $\alpha_{A'}$。

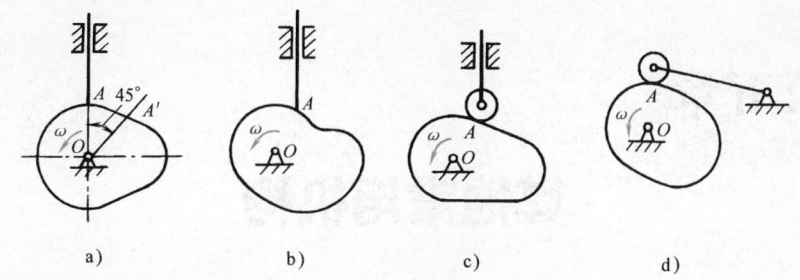

图 4-35 题 4-18 图

4-19 已知从动件的升程 $h=50$mm，推程运动角 $\delta_0=150°$，远停程角 $\delta_s=30°$，回程运动角 $\delta'_0=120°$，近停程角 $\delta'_s=60°$。试绘制从动件的位移线图，其运动规律如下：
1）以等加速等减速运动规律上升，以等速运动规律下降。
2）以简谐运动规律上升，以等加速等减速运动规律下降。

4-20 设计一尖顶对心直动从动件盘形凸轮机构。凸轮顺时针匀速转动，基圆半径 $r_b=40$mm，从动件按题 4-19 中 1）的运动规律运动。

4-21 若将题 4-20 改为滚子从动件，设已知滚子半径 $r_T=10$mm，试设计其凸轮的实际轮廓曲线。

4-22 设计一平底对心直动从动件盘形凸轮机构。凸轮逆时针匀速转动，基圆半径 $r_b=40$mm，从动件按题 4-19 中 2）的运动规律运动。试用图解法绘制凸轮轮廓，并要求确定平底的尺寸。

4-23 设计一尖顶摆动从动件盘形凸轮机构。凸轮转动方向和从动件初始位置如图 4-36 所示。已知 $l_{OA}=70$mm、$l_{AB}=75$mm、基圆半径 $r_b=30$mm，从动件运动规律如下：当凸轮匀速转动 120° 时，从动件以简谐运动规律向上摆动 $\psi_{max}=30°$；当凸轮从 120° 转到 180° 时，从动件停止不动，然后以等速运动规律回到原处。试用图解法绘制凸轮轮廓曲线。

4-24 设计一偏置直动滚子从动件盘形凸轮机构。凸轮转动方向和从动件初始位置如图 4-37 所示。已知 $e=10$mm、$r_b=40$mm、$r_T=10$mm，从动件运动规律如下：$\delta_0=180°$，$\delta_s=30°$，$\delta'_0=120°$，$\delta'_s=30°$，从动件推程以等加速等减速运动规律上升，升程 $h=30$mm，回程以简谐运动规律回到原处。试用图解法绘制凸轮轮廓曲线。

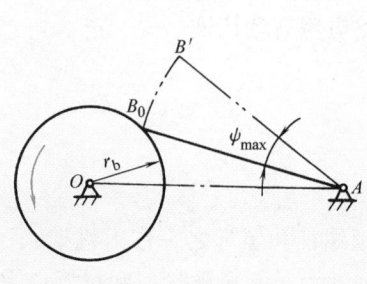

图 4-36 题 4-23 图

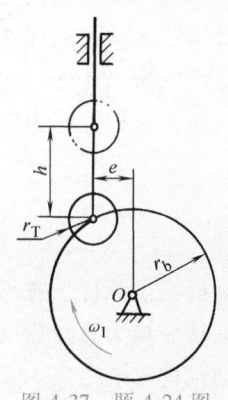

图 4-37 题 4-24 图

# 第五章

# 其他常用机构

> **教学要求**
>
> ● 知识要素
> 1. 常用间歇运动机构：棘轮、槽轮、不完全齿轮机构工作原理、类型和应用。
> 2. 螺纹的尺寸参数；螺旋机构工作原理，螺旋机构的传动效率与自锁。
> 3. 螺旋机构的多种类型及其应用。
>
> ● 能力要求
> 1. 能根据需要合理选择合适的间歇运动机构。
> 2. 能根据需要合理选择螺旋机构，并确定其必要的运动参数。
>
> ● 学习重点与难点
> 1. 各类常用机构的选型。
> 2. 螺旋机构参数与尺寸确定。
>
> ● 知识延伸
> 广义机构。

## 第一节 概 述

在机械中，除前面讨论过的平面连杆机构、凸轮机构，以及后述章节将介绍的齿轮机构外，还经常会用到螺旋机构和间歇运动机构等类型繁多、功能各异的机构。间歇运动机构是主动件做连续运动，从动件做周期性间歇运动的机构，棘轮机构与槽轮机构是机械中最常用的间歇运动机构。此外，在现代机械中，还广泛应用着利用液、气、声、光、电、磁等工作原理的机构，它们统称为广义机构。

## 第二节 螺 旋 机 构

螺旋机构由螺杆、螺母和机架组成（一般把螺杆和螺母之一作为机架），其主要功用是将旋转运动变换为直线运动，并同时传递运动和动力，是机械设备和仪器仪表中广泛应用的一种传动机构。

螺杆与螺母组成低副，粗看似乎有转动和移动两个自由度，但由于转动与移动之间存在必然联系，故它仍只能视为一个自由度。

按用途和受力情况，螺旋机构又可分为传递运动、传递动力和用于调整三种类型；按螺旋副的摩擦性质，螺旋机构可分为滑动螺旋机构、滚动螺旋机构和静压螺旋机构三种类型。

螺旋机构具有结构简单、工作连续平稳、传动比大、承载能力强、传递运动准确、易实现自锁等优点，故应用广泛。

螺旋机构的缺点是摩擦损耗大、传动效率低。随着滚珠螺纹的出现，这些缺点已得到很大的改善。

## 一、螺纹的基本知识

螺纹的基本几何形状是螺旋线。如图 5-1 所示，将一底边长等于 $\pi d_2$ 的直角三角形绕在直径为 $d_2$ 的圆柱体上，三角形斜边在圆柱体表面形成的空间曲线称为螺旋线。在圆柱表面用不同形状的刀具沿螺旋线切制出的沟槽即形成螺纹。

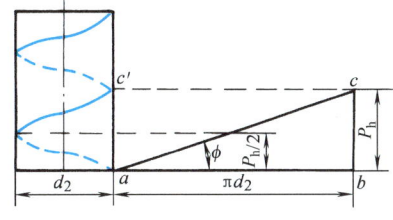

图 5-1 螺旋线及其展开图

在圆柱体外表面上加工出的螺纹称为外螺纹（如螺杆）；在圆柱体内表面上加工出的螺纹称为内螺纹（如螺母）。由内、外螺纹旋合而成的运动副即为螺旋副。

根据螺旋线的旋向，螺纹有左旋与右旋之分，一般常用右旋螺纹。其旋向的判别方法为：将圆柱体竖直放置，螺旋线左低右高（向右上升）为右旋，如图 5-2a 所示；反之则为左旋，如图 5-2b 所示。

螺纹的主要参数如图 5-3 所示。

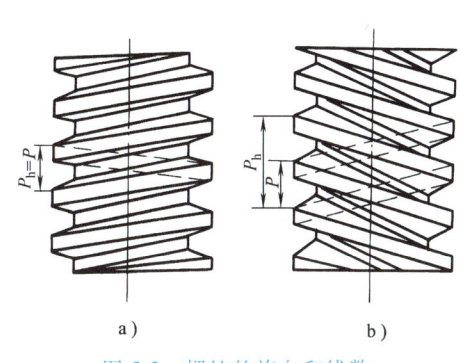

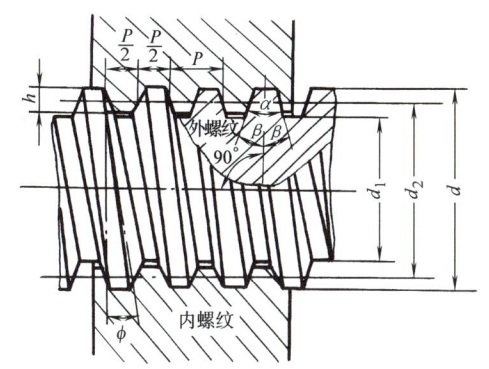

图 5-2 螺纹的旋向和线数

a）右旋螺纹（单线） b）左旋螺纹（双线）

图 5-3 螺纹的主要参数

（1）大径（$d$、$D$） 螺纹的最大直径，标准中规定为螺纹的公称直径。外螺纹记为 $d$，内螺纹记为 $D$。

（2）小径（$d_1$、$D_1$） 螺纹的最小直径，螺纹强度计算时的危险截面直径。外螺纹记为 $d_1$，内螺纹记为 $D_1$。

（3）中径（$d_2$、$D_2$） 介于大、小径圆柱体之间、螺纹的牙厚与牙间宽相等的假想圆柱体的直径。它是确定螺纹几何参数和配合性质的直径。外螺纹记为 $d_2$，内螺纹记为 $D_2$。

（4）线数 $n$ 螺纹的螺旋线数目，俗称为头数，可分为单线、双线、三线……。图 5-2b

所示为双线螺纹。

(5) 螺距 $P$　相邻两牙在中径线上对应点之间的轴向距离。

(6) 导程 $P_h$　同一条螺旋线上相邻两牙在中径线上对应点之间的轴向距离。对于单线螺纹，$P_h = P$；对于多线螺纹，$P_h = nP$。

(7) 螺纹升角 $\phi$　中径圆柱上，螺旋线的切线与垂直于螺纹轴线的平面之间的夹角，用来表示螺旋线倾斜的程度。螺纹升角 $\phi$ 与相关参数的关系如下：

$$\phi = \arctan[P_h/(\pi d_2)] = \arctan[nP/(\pi d_2)] \tag{5-1}$$

(8) 牙型角 $\alpha$　在轴向剖面内螺纹牙型两侧边的夹角。其侧边与轴线的垂线间的夹角 $\beta$，称为牙侧角。常用的螺纹牙型有三角形、矩形、梯形和锯齿形等，如图 5-4 所示。三角形螺纹也称为普通螺纹，其 $\alpha = 60°$。

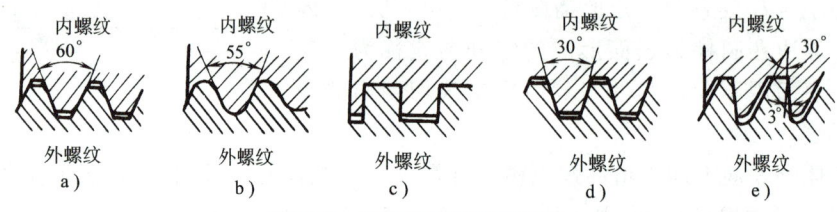

图 5-4　螺纹的牙型及牙型角

a) 普通螺纹　b) 管螺纹　c) 矩形螺纹　d) 梯形螺纹　e) 锯齿形螺纹

## 二、螺旋机构的传动效率和自锁

### 1. 传动效率

螺旋机构的传动效率 $\eta$ 为螺母转动一周时，有效功与输入功之比。

$$\eta = \tan\phi / \tan(\phi + \rho_v) \tag{5-2}$$

式中，$\phi$ 是螺纹升角；$\rho_v$ 是摩擦角，$\rho_v = \arctan\mu_v$；$\mu_v = \mu/\cos\beta$ 为当量摩擦因数，各种螺纹的 $\mu_v$ 为

| | | |
|---|---|---|
| 矩形螺纹 | $\alpha = 0°$ | $\mu_v = \mu$ |
| 锯齿形螺纹 | $\alpha = 33°$ | $\mu_v = 1.001\mu$ |
| 梯形螺纹 | $\alpha = 30°$ | $\mu_v = 1.035\mu$ |
| 普通螺纹 | $\alpha = 60°$ | $\mu_v = 1.155\mu$ |

$\mu$ 为螺旋副材料的摩擦因数，如

| | |
|---|---|
| 钢对钢 | $\mu = 0.11 \sim 0.17$ |
| 钢对铜 | $\mu = 0.08 \sim 0.1$ |
| 钢对铸铁 | $\mu = 0.12 \sim 0.15$ |

由式 (5-2) 可知，在一定工作范围内，$\phi$ 越大，$\eta$ 越高；$\rho_v$ 越大（即 $\mu_v$ 大），$\eta$ 越低。因此，对传动用螺旋机构，螺纹牙型的选择直接影响其传动效率，一般常用矩形、梯形螺纹。

### 2. 自锁条件

螺纹副被拧紧后，如不加反向外力矩，则不论轴向载荷多大，也不会自动松开，此现象称为螺旋副的自锁性能。其自锁条件为

$$\phi \leqslant \rho_v \tag{5-3}$$

对于传力螺旋机构和联接螺纹,都要求螺纹具有自锁性,如螺旋千斤顶、螺旋式压力机等。由于普通螺纹的当量摩擦角最大,故自锁性最好。不难证明,当 $\phi \leqslant \rho_v$ 时,$\eta < 50\%$。

### 三、滑动螺旋机构

按螺杆上螺旋副的数目,滑动螺旋机构可分为单螺旋机构和双螺旋机构两种。

#### 1. 单螺旋机构

由一个螺杆和一个螺母组成。根据螺杆和螺母相对运动的组合,单螺旋机构有四种基本传动形式,其传动形式及特点见表 5-1。

表 5-1 单螺旋机构基本传动形式及特点

| | 基本传动形式 | 示意图 | 特点和应用 |
|---|---|---|---|
| 1 | 螺母固定、螺杆转动并轴向移动 | 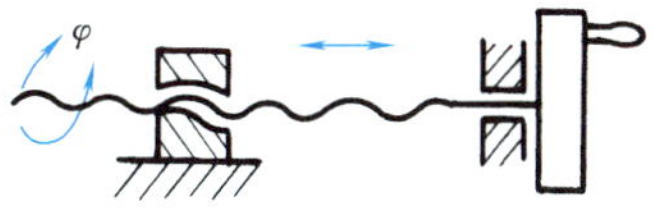 | 可获得较高的传动精度,适合于行程较小的场合,如千斤顶、压力机、台虎钳 |
| 2 | 螺杆固定、螺母转动并轴向移动 | 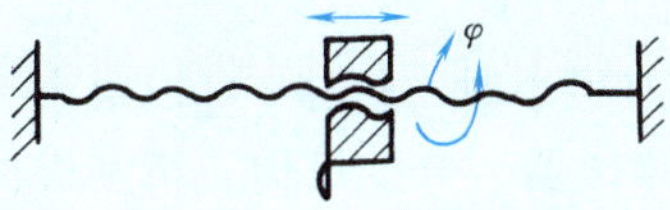 | 结构简单、紧凑,但精度较差,使用不便,应用较少 |
| 3 | 螺母转动、螺杆轴向移动 | 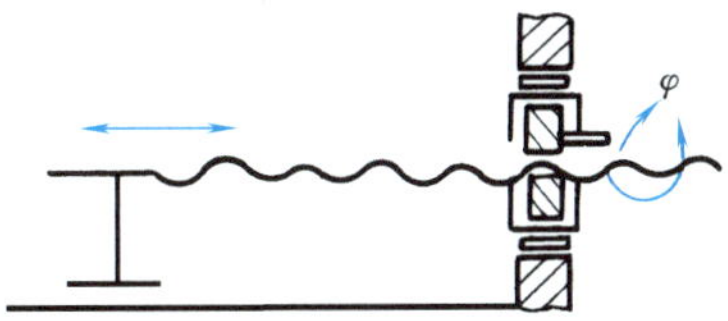 | 结构较复杂,用于仪器调节机构,如螺旋千分尺的微调机构 |
| 4 | 螺杆转动、螺母轴向移动 | 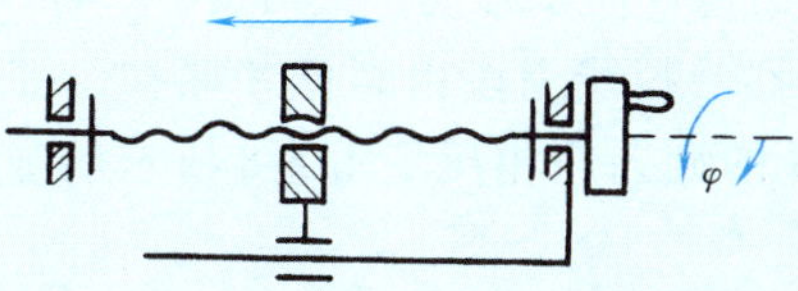 | 结构紧凑、刚性好,适用于行程较大的场合,如车床的丝杠进给机构 |

移动方向判别:左(右)手定则——四指握向代表转动方向,拇指指向代表移动方向。右旋螺纹用右手定则,左旋螺纹用左手定则

由表 5-1 可知,不论是哪一种传动形式的单螺旋机构,其螺杆或螺母的移动方向均可由左(右)手定则判定。移动速度 $v$(mm/s)的大小可由下式计算

$$v = nP_h/60 \tag{5-4}$$

式中,$n$ 为主动件转速(r/min);$P_h$ 为导程(mm)。

#### 2. 双螺旋机构

在双螺旋机构中,一个具有两段不同螺纹的螺杆与两个螺母分别组成两个螺旋副。通常将两个螺母中的一个固定,移动(只能移动不能转动)另一个,并以螺杆为转动主动件。如图 5-5 所示,设螺杆 3 上螺母 1、2 两处螺纹的导程分别为 $P_{h1}$、$P_{h2}$。

根据两螺旋副的旋向组合,双螺旋机构可形成以下两种传动形式:

（1）差动螺旋机构　当两螺旋副中的螺纹旋向相同时，则形成差动螺旋机构。图 5-5 中，若两处螺纹均为右旋，且 $P_{h1}>P_{h2}$。当螺杆转动一周时，螺杆将右移 $P_{h1}$，同时带动螺母 2 右移 $P_{h1}$；但对移动螺母 2，螺杆的转动将使螺母 2 相对螺杆左移 $P_{h2}$，则螺母 2 的绝对位移为右移 $P_{h1}-P_{h2}$。因此，当螺杆转过 $\varphi$ 角时，移动螺母相对机架的位移 $s$ 为

$$s=(P_{h1}-P_{h2})\frac{\varphi}{2\pi} \qquad (5\text{-}5)$$

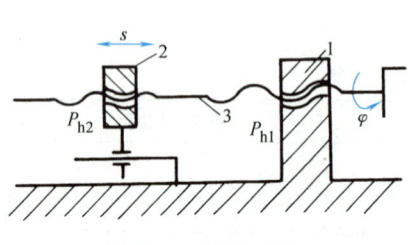
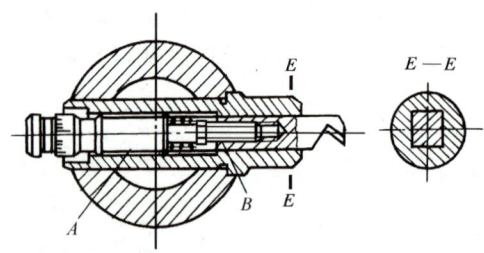

图 5-5　双螺旋机构

图 5-6　微调镗刀
A—螺旋副 1　B—螺旋副 2

由式（5-5）可知，当 $P_{h1}$ 和 $P_{h2}$ 相差很小时，位移 $s$ 可以很小。利用这一特性，可将差动螺旋机构应用于各种微动装置中，如测微器、分度机构、精密机械进给机构及精密加工刀具等。图 5-6 所示为应用差动位移螺旋机构的微调镗刀。

（2）复式螺旋机构　当两螺旋副中的螺纹旋向相反时，则形成复式螺旋机构。同理可知，复式螺旋机构中，移动螺母相对机架的位移 $s$ 为

$$s=(P_{h1}+P_{h2})\frac{\varphi}{2\pi} \qquad (5\text{-}6)$$

复式螺旋机构中的螺母能产生很大的位移，可应用于需快速移动或调整的装置中，故也称为倍速机构。实际应用中，如要求两构件同步移动，只需使 $P_{h1}=P_{h2}$ 即可。如图 5-7 所示的电杆线张紧器就是倍速机构。张紧器与拉线上段由螺母 A 联接，下段由螺母 B 联接。显然，为能迅速拉紧及放松拉线，A、B 的旋向应相反。图 5-8 所示的弹簧圆规开合机构也是倍速机构。

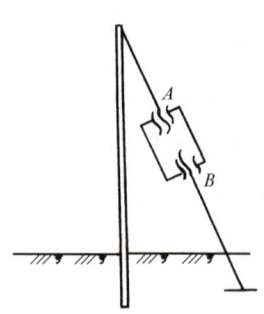
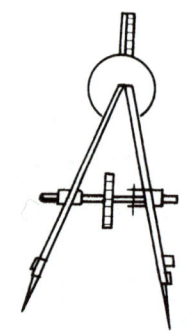

图 5-7　电杆线张紧器

图 5-8　弹簧圆规

## 四、滚动螺旋机构

上述滑动螺旋机构，其螺杆与螺母螺旋面间的摩擦为滑动摩擦，故摩擦损耗大、磨损严

重、传动效率低。为提高传动效率和传动精度，可在螺杆和螺母的螺旋面上制出弧形螺旋槽，在螺旋副间形成滚道，并放入钢球，成为滚动摩擦式的螺旋机构，称为滚动螺旋机构。图5-9所示为滚珠丝杠副中常见的滚动螺旋机构，其由内、外螺旋滚道1、3和钢球2组成。这种机构已广泛用于数控机床进给机构、汽车的转向机构及飞机起落架机构中，其缺点是结构复杂、不能自锁、抗冲击能力差。

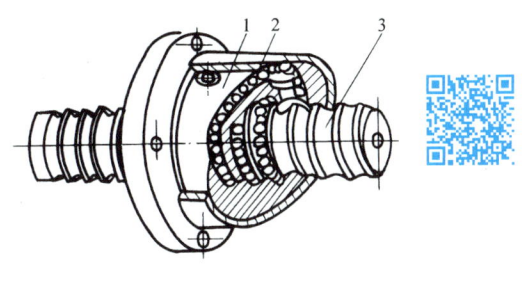

图 5-9  滚动螺旋机构

## 第三节  棘轮机构

### 一、棘轮机构的工作原理和类型

#### 1. 棘轮机构的组成及工作原理

如图5-10a所示的棘轮机构，由棘轮、棘爪、摇杆及机架组成。曲柄摇杆机构将曲柄的连续转动转换成摇杆的往复摆动；当摇杆4顺时针摆动时，与摇杆铰接的主动棘爪2啮入棘轮1的齿槽中，从而推动棘轮顺时针转动；当摇杆逆时针摆动时，主动棘爪2在棘轮的齿背上滑动，此时，棘轮在止退棘爪5的止动下停歇不动，扭簧3的作用是将棘爪贴紧在棘轮上。在摇杆做往复摆动时，棘轮做单向时动时停的间歇运动。因此，棘轮机构是一种间歇运动机构，其运动简图如图5-10b所示。

#### 2. 棘轮机构的类型

棘轮机构可分为齿式棘轮机构和摩擦式棘轮机构两大类。

齿式棘轮机构有外啮合（图5-10）、内啮合（图5-11）两种形式。按棘轮齿形分，可分为锯齿形齿（图5-10、图5-11）和矩形齿（图5-12）两种，矩形齿用于双向转动的棘轮机构。

图 5-10  外啮合式棘轮机构

图5-12是控制牛头刨床工作台进与退的棘轮机构，棘轮齿为矩形齿，棘轮2可双向间歇转动，从而实现工作台的往复移动。需变向时，只要提起棘爪1，并将棘爪转动180°后再

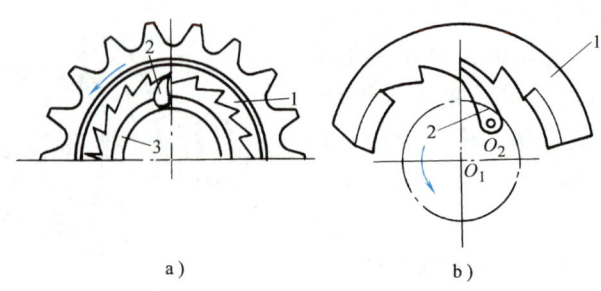

图 5-11 内啮合式棘轮机构

放下就可以了。变向也可用图 5-13 所示的转动棘爪棘轮机构来实现，其棘爪 1 设有对称爪端，通过转动棘爪至细双点画线位置，棘轮 2 即可实现反向的间歇运动。

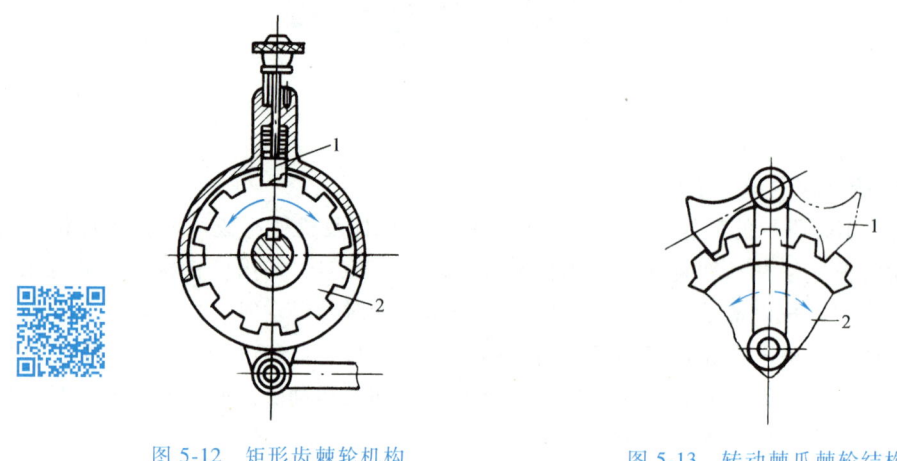

图 5-12 矩形齿棘轮机构　　　　　图 5-13 转动棘爪棘轮结构

## 二、棘轮转角大小的调节方法

为了使棘轮每次转动的转角大小满足工作要求，可用以下方法调节：

（1）改变曲柄长度　改变曲柄长度，可改变摇杆的最大摆角 $\psi$ 的大小，从而调节棘轮转角，如图 5-14 所示。

（2）用覆盖罩调节转角　在摇杆摆角 $\psi$ 不变的前提下，转动覆盖罩遮挡部分棘齿，可调节棘轮的转角大小，如图 5-15 所示。

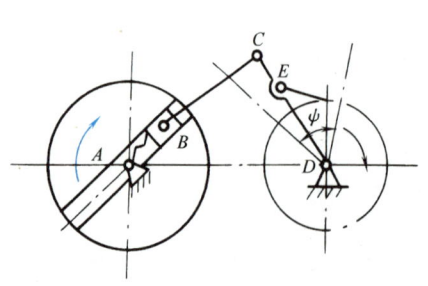

图 5-14 改变曲柄长度调节棘轮转角

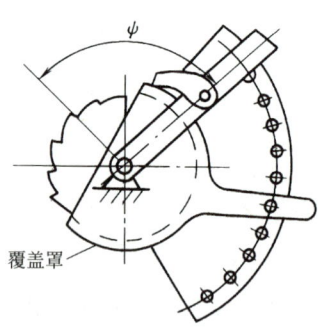

图 5-15 用覆盖罩调节棘轮转角

(3) 用双动棘爪调节机构转角

图 5-16 所示棘轮机构有两个主动棘爪 3，当摇杆 1 往复摆动时，两个棘爪交替推动棘轮 2 转动，这种棘轮机构称为快动棘轮机构。摇杆往复摆动一次使棘轮转动两次，当提起其中一个棘爪，棘轮的转角便由不提起的工作棘爪决定。

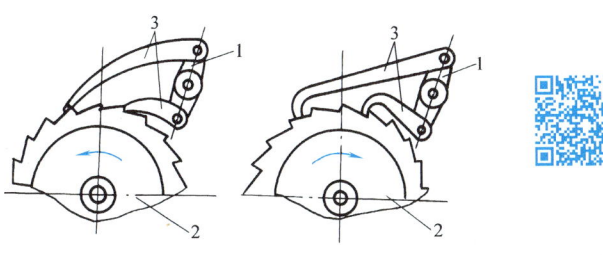

图 5-16 双动棘爪棘轮机构

### 三、齿式棘轮机构的特点及应用

齿式棘轮机构结构简单，制造方便，工作可靠，棘轮每次转动的转角等于棘轮齿距角的整倍数，故广泛应用于各类机械中；缺点是工作时冲击较大，并且棘爪在齿背上滑过时会发出"嗒嗒"的噪声。因此，齿式棘轮机构适用于低速、轻载和棘轮转角不大的场合，通常用来实现间歇进给式输送和超越等工作要求，在机械中应用较广。

#### 1. 间歇进给式输送

图 5-12 所示的矩形齿棘轮机构用于图 5-17 所示的牛头刨床工作台进给机构中。工作台 3 的进给由螺母带动，而丝杠 2 的转动由棘轮 1 带动。当刨刀工作时，棘轮停歇，工作台不动；当刨刀回程时，棘轮带动丝杠转动，所以工作台进给的方向由棘轮的转动方向决定。

图 5-18 所示的浇铸流水线进给装置中，以压缩空气为原动力的气缸带动摇杆摆动，通过齿式棘轮机构使流水线的传送带做间歇传送运动，传送带不动时，进行自动浇注。

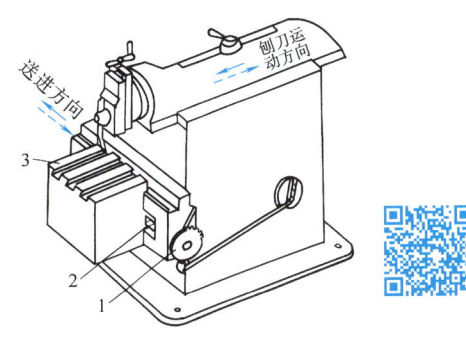

图 5-17 牛头刨床进给机构

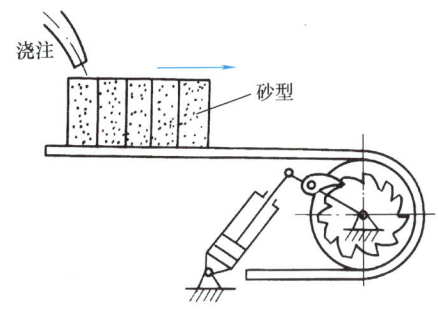

图 5-18 浇铸流水线进给装置

#### 2. 超越运动与超越离合器

图 5-11a 是自行车后轮上飞轮的结构示意图，外缘的链轮与有内齿的棘轮是一个构件，它与轮毂 3 之间有滚动轴承，两者可相对转动。轮毂 3 上铰接着两个棘爪 2（图 5-11a 上只画出一个），棘爪用弹簧压在棘轮的内齿上，轮毂 3 与自行车后轮固连。当链轮（逆时针转动）的转速比轮毂 3 的转速快时，轮毂 3 与链轮转速相同，即脚蹬得快，后轮就转得快。但当轮毂 3 转速比链轮转速快时，如自行车下坡或脚不蹬踏时，链轮不转，轮毂由于惯性仍按原转向飞快地转动。此时，棘爪便在棘背上滑动，轮毂 3 与链轮 1 脱开，各自以不同的转速运动。这种特性称为超越，实现超越运动的组件称为超越离合器，超越离合器在机械上广泛地应用着，并已形成系列产品。

### 四、摩擦式棘轮机构

为减小棘轮机构的冲击及噪声,并实现棘轮转角大小的无级调节,可采用图 5-19、图 5-20 所示的摩擦式棘轮机构。外摩擦式棘轮机构由棘爪 1、棘轮 2 和止回棘爪 3 组成。滚子式内摩擦棘轮机构由外套 1、星轮 2 和滚子 3 组成。

由于摩擦式棘轮机构是依靠主动棘爪与无齿棘轮之间的摩擦力来推动棘轮转动的,所以摩擦力应足够大。

超越离合器常做成图 5-20 所示的滚子式内摩擦棘轮机构,其中滚子 3 起了棘爪的作用。

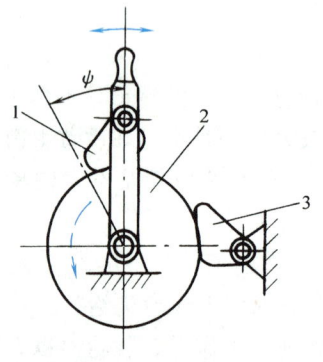

图 5-19　外摩擦式棘轮机构

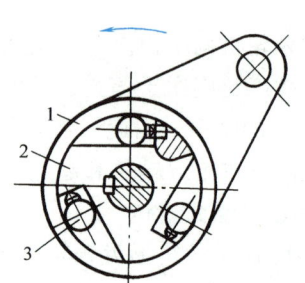

图 5-20　滚子式内摩擦棘轮机构

## 第四节　槽 轮 机 构

### 一、槽轮机构的组成和工作原理

槽轮机构是另一种间歇运动机构,可分为外槽轮机构和内槽轮机构,其结构分别如图 5-21a、b 所示。

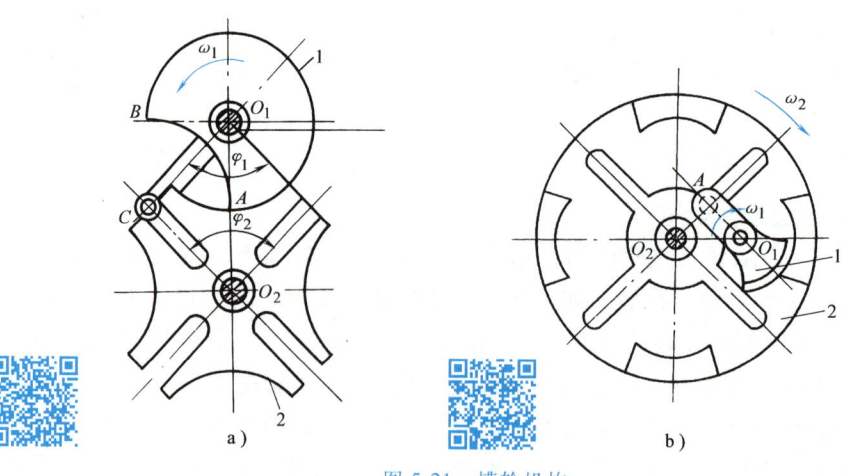

图 5-21　槽轮机构

a) 外槽轮机构　b) 内槽轮机构

槽轮机构由带销的主动拨盘1、具有径向槽的从动槽轮2和机架组成。拨盘1为主动件，做连续匀速转动，主动拨盘上的圆销与槽的啮入啮出推动从动槽轮做间歇转动。为防止从动槽轮在生产阻力下运动，拨盘与槽轮之间设有锁止弧。锁止弧是以拨盘中心 $O_1$ 为圆心的圆弧，它只允许拨盘带动槽轮转动，不允许槽轮带动拨盘转动。

从图5-21a中可看出，槽轮每一次转动所转过的角度为 $\varphi_2 = 2\pi/Z$（$Z$ 为槽数）；而主动拨盘转动一周，槽轮转动的次数取决于主动销数 $k$，若 $k=2$，即双圆销外槽轮机构，拨盘转动一周，槽轮将反向转动两次。

很容易证明，槽数 $Z$ 必须不少于3，常取 $Z=4\sim8$。而圆销数 $k$ 是不能随意选取的，当 $Z=3$ 时，$k=1\sim5$；当 $Z=4$ 或 $Z=5$ 时，$k=1\sim3$；当 $Z=6$ 时，$k=1\sim2$。对内槽轮机构，$k$ 只能取1。

## 二、槽轮机构的特点和应用

槽轮机构结构简单，工作可靠，传动平稳性较好，能准确控制槽轮转动的角度。但槽轮的转角大小不能调整，且在槽轮转动的始、末位置存在冲击。因此，槽轮机构一般应用于转速较低，要求间歇地转动一定角度的分度装置中。如图5-22所示的电影放映机卷片机构，当拨盘1使槽轮2转动一次时，卷过一张底片，此过程射灯不发光；当槽轮停歇时，射灯发光，银幕上出现该底片的投影。断续出现的投影在观众看来都是连续的动作，这是因为人有"视觉暂留现象"的生理特点。图5-23所示为自动流水线中的自动传送链装置，拨盘1使槽轮2间歇转动，并通过齿轮3、4将运动传至链轮5，从而得到传送链6的间歇运动，以满足自动流水线上装配作业的要求。

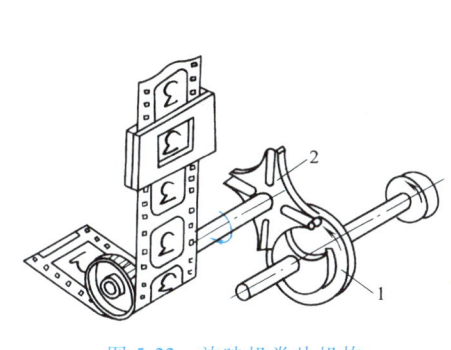

图5-22 放映机卷片机构

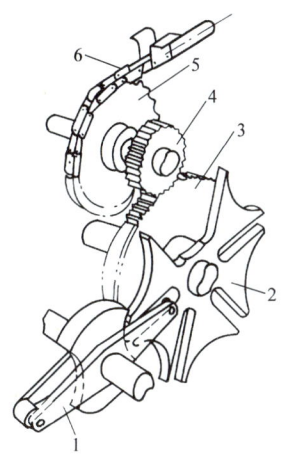

图5-23 自动传送链装置

## 第五节 不完全齿轮机构

不完全齿轮机构是由渐开线齿轮机构演变而成的，与棘轮机构、槽轮机构一样，同属于间歇运动机构。

## 一、工作原理

如图 5-24 所示，在一对齿轮传动中的主动齿轮 1 上只保留 1 个或几个轮齿，根据其运动与停歇时间的要求，在从动齿轮 2 上制出与主动齿轮轮齿相啮合的齿间。这样，当主动齿轮匀速转动时，从动齿轮 2 就只做间歇转动。图 5-24a 中主动齿轮转一周，从动齿轮转 1/8 周；图 5-24b 中主动齿轮转一周，从动齿轮转 1/4 周。为防止从动齿轮反过来带动主动齿轮转动，与槽轮机构一样，应设锁止弧。

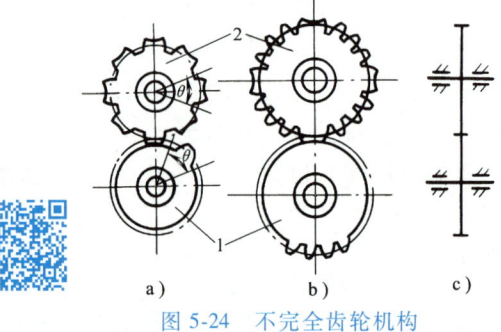

图 5-24 不完全齿轮机构

## 二、特点及应用

与其他间歇运动机构相比，不完全齿轮机构的结构更为简单，工作更为可靠，且传递力大，从动齿轮转动和停歇的次数、时间、转角大小等参数的变化范围均较大。缺点是工艺复杂，从动轮运动在开始和结束的瞬时，会造成较大冲击，故多用于低速、轻载场合。如在多工位自动、半自动机械中用作工作台的间歇转位机构，以及某些间歇进给机构、计数机构等。

## ⊙知识延伸——广义机构

## 自 测 题 与 习 题

### （一）自　测　题

5-1　对于螺旋传动来说，其传动效率 $\eta$ 与螺纹升角 $\phi$ 及当量摩擦角 $\rho_v$ 有关，下述说法中正确的是（　　）。

A. $\phi$ 越大，$\eta$ 越高　　　　　　　B. $\phi$ 越小，$\eta$ 越高

C. $\rho_v$ 越大，$\eta$ 越高　　　　　　　D. $\rho_v$ 越大，$\eta$ 越低

5-2　螺旋副的自锁条件为（　　）。

A. $\phi > \rho_v$　　　　　　　　　　　B. $\phi < \rho_v$

C. $\phi \leqslant \rho_v$　　　　　　　　　　　D. $\phi \geqslant \rho_v$

5-3　如图 5-25 所示的螺旋机构中，左旋双线螺杆的螺距为 3mm，转向如图 5-25 所示，当螺杆转动 180°时螺母向（　　）移动（　　）。

A. 右，1.5mm　　　　　　　　B. 左，1.5mm

C. 右，3mm　　　　　　　　　D. 左，3mm

5-4 图 5-26 所示为手动螺旋压力机的结构示意图，螺杆与螺母的相对运动关系属（　　）方式。

A. 螺杆转动，螺母移动　　　　　　B. 螺母转动，螺杆移动
C. 螺母固定，螺杆转动且移动　　　D. 螺杆固定，螺母转动且移动

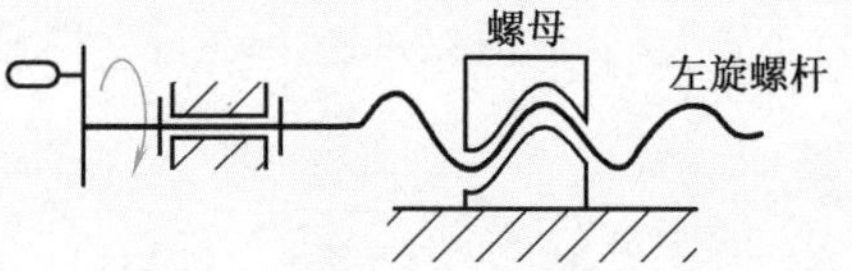

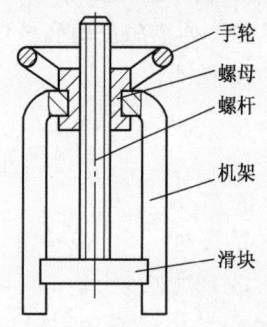

图 5-25 题 5-3 图

图 5-26 题 5-4 图

5-5 设计一台手动螺旋压力机，螺杆材料为 45 钢，经热处理后硬度为 30~35HRC，螺母应选用（　　）。

A. ZCuAl9Mn2　　　　　　B. Q275
C. H68　　　　　　　　　　D. HT200

5-6 齿式棘轮机构可能实现的间歇运动为（　　）形式。

A. 单向，不可调整棘轮转角　　　　B. 单向或双向，不可调整棘轮转角
C. 单向，无级调整棘轮转角　　　　D. 单向或双向，有级调整棘轮转角

5-7 主动摇杆往复摆动时都能使棘轮沿单一方向间歇转动的是（　　）。

A. 单向式棘轮机构　　　　　　B. 双动式棘轮机构
C. 可变向棘轮机构　　　　　　D. 内啮合棘轮机构

*5-8 棘轮模数 $m$ 与齿数 $z$ 的乘积是（　　）的直径。

A. 基圆　　　　　　　　　　B. 分度圆
C. 齿顶圆　　　　　　　　　D. 齿根圆

*5-9 一棘轮机构，棘轮模数 $m=8$mm，若要求棘轮的最小转角为 $10°$，棘轮齿数和齿顶圆直径应为（　　）。

A. $z=18$，$d_a=144$mm　　　　B. $z=36$，$d_a=304$mm
C. $z=18$，$d_a=160$mm　　　　D. $z=36$，$d_a=288$mm

5-10 自行车后轴上常称之为"飞轮"的，实际上是（　　）。

A. 凸轮式间歇机构　　　　　　B. 不完全齿轮机构
C. 棘轮机构　　　　　　　　　D. 槽轮机构

5-11 与棘轮机构相比较，槽轮机构适用于（　　）的场合。

A. 转速较高，转角较小　　　　B. 转速较低，转角较小
C. 转速较低，转角较大　　　　D. 转速较高，转角较大

*5-12 槽轮机构的运动因数 $\tau$ 是指槽轮运动时间为 $t_m$ 与回转周期 $t$ 之比，即 $\tau = t_m/t$，对单圆销槽轮机构，比较准确的表达式应为（　　）。

A. $0 < \tau < 1$ 　　　　　　　　B. $0 < \tau \leqslant 0.5$

C. $0.5 \leqslant \tau \leqslant 1$ 　　　　　　D. $\tau \geqslant 1$

5-13 外槽轮机构的槽轮槽数 $Z=4$ 时，最多可设圆销数为（　　）。

A. 1个 　　　　　　　　B. 2个

C. 3个 　　　　　　　　D. 4个

5-14 双圆销、4槽的外槽轮机构的运动因数应为（　　）。

A. 1/8 　　　　　　　　B. 1/4

C. 1/3 　　　　　　　　D. 1/2

5-15 广义机构是指采用（　　）的新型机构。

A. 电、液介质控制 　　　　　　　　B. 液、光、电、磁介质控制

C. 液、气、光、电、磁介质控制 　　D. 电、液、光、磁等工作原理

## （二）习　题

5-16 在图 5-27 所示的螺旋机构中，已知左旋双线螺杆的螺距为 3mm，问当螺杆按图示方向转动 180°时，螺母移动了多少距离？向什么方向移动？

5-17 图 5-28 所示为一微调螺旋机构，通过调整螺杆 1 的转动可使被调螺母 2 左、右微移。设螺旋副 $A$ 的导程为 1mm，要求调整螺杆按图示方向转动一周，被调螺母向左移动 0.2mm，则 $A$、$B$ 两螺旋副的旋向和螺旋副 $B$ 的导程应如何设计？

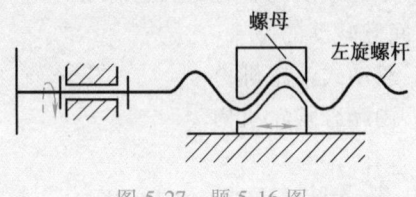

图 5-27 题 5-16 图

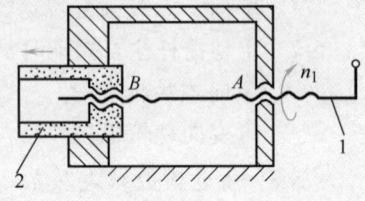

图 5-28 题 5-17 图

*5-18 测得棘轮的齿顶圆直径为 120mm，齿数为 20，试求其模数 $m$ 与齿距 $p$。

5-19 已知某 9 槽单圆销外槽轮机构，拨盘转速 $n=30$r/min，试求槽轮的运动时间和静止时间。

# 第六章

# 平行轴齿轮传动

> **教学要求**
>
> ● **知识要素**
> 1. 齿轮传动的类型、特点及应用场合。
> 2. 渐开线圆柱齿轮的基本参数及其几何尺寸计算。
> 3. 渐开线齿轮啮合原理，渐开线圆柱齿轮传动正确啮合条件。
> 4. 齿轮传动的失效形式与设计准则，齿轮的常用材料、结构和齿轮传动精度。
> 5. 渐开线直齿圆柱齿轮传动设计。
>
> ● **能力要求**
> 1. 能根据已知公式正确计算圆柱齿轮传动的几何尺寸。
> 2. 能根据工作要求正确设计直齿圆柱齿轮传动。
>
> ● **学习重点与难点**
> 1. 渐开线齿轮啮合原理，渐开线圆柱齿轮传动几何尺寸计算。
> 2. 渐开线圆柱齿轮传动设计（弯曲强度，接触强度公式的理解）。

## 第一节 概 述

我国是应用齿轮最早的国家之一。1956 年在河北武安午汲古城遗址中，发现了直径约 80mm 的铁齿轮，经研究确为战国末期到西汉（公元前 3 世纪至公元 24 年）间的制品。1954 年在山西永济市蘖家崖出土的器物中，有直径为 25mm、40 齿的青铜棘齿轮，经研究确定为秦代至西汉初年的文物。1957 年陕西长安区红庆村出土了一对直径为 24mm、齿数都为 24 的青铜人字齿轮，据分析系东汉初年的文物。东汉张衡（公元 78—139 年）制作的水运浑象仪，以漏水为动力，通过齿轮系，使浑象每日等速地绕轴旋转一周，制作非常精致。

齿轮传动是特别重要、应用最广的机械传动。其优点有：①适用的圆周速度、功率范围广；②传动比准确；③机械效率高；④工作可靠，寿命长；⑤可实现空间任意两轴间的运动和动力传递；⑥结构紧凑。但齿轮传动也存在诸如制造成本高、低精度齿轮传动时噪声和振动较大、不适用于远距离运动传递等缺点。目前，齿轮传动装置正逐步向小型化、高速化、低噪声、高可靠性和硬齿面方向发展。

齿轮传动的类型很多，通常按两轮轴线间的相对位置及齿向不同分类，如图 6-1 所示。

齿轮传动也可按齿廓曲线分类，常用的有渐开线齿轮、摆线齿轮和圆弧齿轮等，其中渐开线齿轮制造容易、便于安装、互换性好，因而应用最广。

生产实践中，对齿轮传动的要求是多方面的，主要可归结为对传动平稳性、准确性和承载能力等方面的要求。由于平行轴齿轮为圆柱齿轮，因此平行轴齿轮传动常称为圆柱齿轮传动。

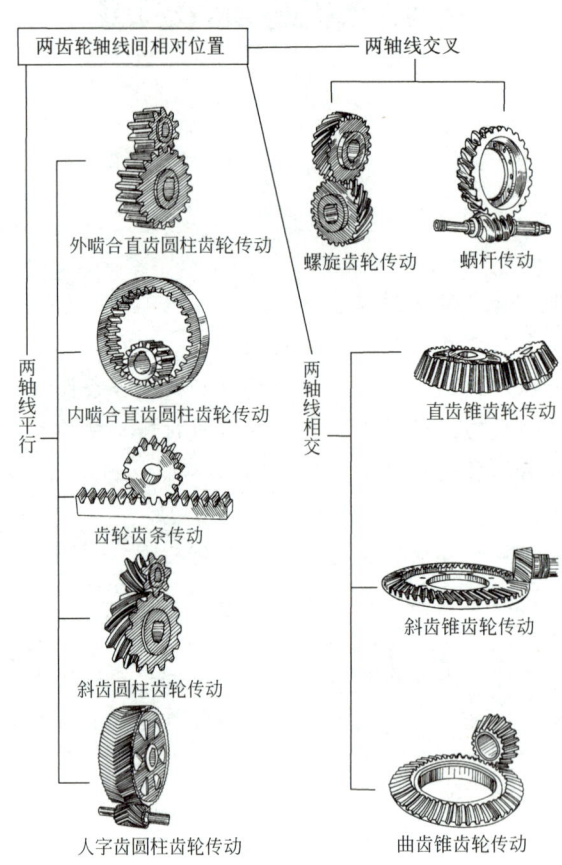

图 6-1　齿轮传动的类型

## 第二节　渐开线的形成原理、基本性质和参数方程

### 一、渐开线的形成和基本性质

如图 6-2 所示，当直线 $\overline{NK}$ 沿一圆做纯滚动时，直线上任意一点 $K$ 的轨迹 $\overset{\frown}{AK}$ 称为该圆的渐开线。此圆称为渐开线的基圆，其半径和直径分别用 $r_b$ 和 $d_b$ 表示，直线 $\overline{NK}$ 称为渐开线的发生线。

由渐开线形成的过程可知，它具有下列基本性质：

1) 发生线沿基圆滚过的长度等于基圆上被滚过的弧长，即 $\overline{NK} = \overset{\frown}{AN}$。

2）发生线$\overline{NK}$是渐开线在任意点$K$的法线且与基圆相切。由图6-2可知，形成渐开线时，发生线上的$K$点在各瞬时的速度方向，必然与发生线相垂直。而发生线上$K$点的瞬时速度方向，也就是渐开线上$K$点的切线$t$-$t$的方向，所以发生线$\overline{NK}$必然垂直于$t$-$t$，即发生线$\overline{NK}$就是渐开线在$K$点的法线；又由于发生线在各个位置与基圆相切，因此，渐开线上任意点的法线必相切于基圆。

3）渐开线齿廓上任意点$K$的法线与该点的速度方向线所夹的锐角$\alpha_k$称为该点的压力角。由图6-2可知

$$\cos\alpha_k = \frac{\overline{ON}}{\overline{OK}} = \frac{r_b}{r_k} \tag{6-1}$$

式（6-1）表明，渐开线各点的压力角不等。$r_k$越大（即$K$点离圆心$O$越远），其压力角越大；反之越小，基圆上的压力角等于零。

4）渐开线形状取决于基圆的大小。如图6-3所示，基圆越小，渐开线越弯曲；基圆越大，渐开线越平直。当基圆半径为无穷大时，其渐开线将成为直线，这就是渐开线齿条的齿廓。

5）基圆内无渐开线。

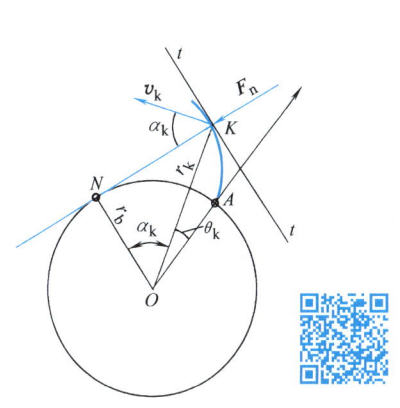

图6-2　渐开线的形成

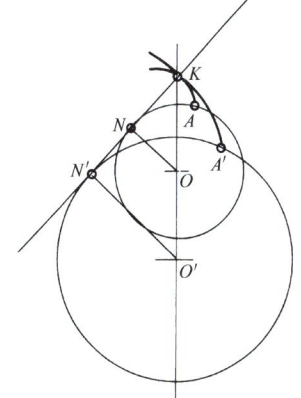

图6-3　基圆大小对渐开线的影响

## 二、渐开线的极坐标参数方程

在研究渐开线齿轮啮合原理和几何尺寸计算时，采用极坐标较为方便。这里介绍渐开线极坐标参数方程。如图6-2所示，渐开线上$K$点的极坐标，可用$r_k$与$\theta_k$表示。$r_k$是$K$点的向径，$\theta_k$称为渐开线在$K$点的展角，由图示几何关系可得

$$r_k = \frac{\overline{ON}}{\cos\alpha_k} = \frac{r_b}{\cos\alpha_k}; \quad \tan\alpha_k = \frac{\overline{NK}}{r_b} = \frac{r_b(\theta_k+\alpha_k)}{r_b} = \theta_k + \alpha_k$$

因此渐开线的极坐标参数方程为

$$r_k = \frac{r_b}{\cos\alpha_k} \tag{6-2}$$

$$\theta_k = \mathrm{inv}\alpha_k = \tan\alpha_k - \alpha_k \tag{6-3}$$

上式中 $\theta_k = \mathrm{inv}\alpha_k$，又称为 $\alpha_k$ 的渐开线函数。当 $\alpha_k$ 已知时即可求出 $\mathrm{inv}\alpha_k$，反之亦然。为了计算方便，工程上常列出渐开线函数表备查，表 6-1 为摘录的部分渐开线函数表。

表 6-1 渐开线函数表

| α/(°) | 次 | 0′ | 5′ | 10′ | 15′ | 20′ | 25′ | 30′ | 35′ | 40′ | 45′ | 50′ | 55′ |
|---|---|---|---|---|---|---|---|---|---|---|---|---|---|
| 16 | 0.0 | 07493 | 07613 | 07735 | 07857 | 07982 | 08107 | 08234 | 08362 | 08492 | 08623 | 08756 | 08889 |
| 17 | 0.0 | 09025 | 09161 | 09299 | 09439 | 09580 | 09722 | 09866 | 10012 | 10158 | 10307 | 10456 | 10608 |
| 18 | 0.0 | 10760 | 10915 | 11071 | 11228 | 11387 | 11547 | 11709 | 11873 | 12038 | 12205 | 12373 | 12543 |
| 19 | 0.0 | 12715 | 12888 | 13063 | 13240 | 13418 | 13598 | 13779 | 13963 | 14148 | 14334 | 14523 | 14713 |
| 20 | 0.0 | 14904 | 15098 | 15293 | 15490 | 15689 | 15890 | 16092 | 16296 | 16502 | 16710 | 16920 | 17132 |
| 21 | 0.0 | 17345 | 17560 | 17777 | 17996 | 18217 | 18440 | 18665 | 18891 | 19120 | 19350 | 19583 | 19817 |
| 22 | 0.0 | 20054 | 20292 | 20533 | 20775 | 21019 | 21266 | 21514 | 21765 | 22018 | 22272 | 22529 | 22788 |
| 23 | 0.0 | 23049 | 23312 | 23577 | 23845 | 24114 | 24386 | 24660 | 24936 | 25214 | 25495 | 25778 | 26062 |
| 24 | 0.0 | 26350 | 26639 | 26931 | 27225 | 27521 | 27820 | 28121 | 28424 | 28729 | 29037 | 29348 | 29660 |
| 25 | 0.0 | 29975 | 30293 | 30613 | 30935 | 31260 | 31587 | 31917 | 32249 | 32583 | 32920 | 33260 | 33602 |
| 26 | 0.0 | 33947 | 34294 | 34644 | 34997 | 35352 | 35709 | 36069 | 36432 | 36798 | 37166 | 37537 | 37910 |
| 27 | 0.0 | 38287 | 38666 | 39047 | 39432 | 39819 | 40209 | 40602 | 40997 | 41395 | 41797 | 42201 | 42607 |
| 28 | 0.0 | 43017 | 43430 | 43845 | 44264 | 44685 | 45110 | 45537 | 45967 | 46400 | 46837 | 47276 | 47718 |
| 29 | 0.0 | 48164 | 48612 | 49064 | 49518 | 49976 | 50437 | 50901 | 51368 | 51838 | 52312 | 52788 | 53268 |
| 30 | 0.0 | 53751 | 54238 | 54728 | 55221 | 55717 | 56217 | 56720 | 57226 | 57736 | 58249 | 58765 | 59285 |
| 31 | 0.0 | 59809 | 60335 | 60866 | 61400 | 61937 | 62478 | 63022 | 63570 | 64122 | 64677 | 65236 | 65798 |
| 32 | 0.0 | 66364 | 66934 | 67507 | 68084 | 68665 | 69250 | 69838 | 70430 | 71026 | 71626 | 72230 | 72838 |
| 33 | 0.0 | 73449 | 74064 | 74684 | 75307 | 75934 | 76565 | 77200 | 77839 | 78483 | 79130 | 79781 | 80437 |
| 34 | 0.0 | 81097 | 81760 | 82428 | 83101 | 83777 | 84457 | 85142 | 85832 | 86525 | 87223 | 87925 | 88631 |
| 35 | 0.0 | 89342 | 90058 | 90777 | 91502 | 92230 | 92963 | 93701 | 94443 | 95190 | 95942 | 96698 | 97459 |

**例 6-1** 试查出 $\alpha_k = 20°$ 的渐开线函数。

**解** 由表 6-1 查得 $\mathrm{inv}\alpha_k = \mathrm{inv}20° = 0.014904$

**例 6-2** 试查出 $\alpha_k = 23°18'$ 的渐开线函数。

**解** 用内插法求解。

由表 6-1 查得 $\mathrm{inv}23°15' = 0.023845$

$\mathrm{inv}23°20' = 0.024114$

$$\mathrm{inv}23°18' = \frac{0.024114 - 0.023845}{5} \times 3 + 0.023845 = 0.024006$$

## 第三节 渐开线齿轮的参数及几何尺寸

### 一、渐开线齿轮各部分名称、符号和几何尺寸计算

为了进一步研究齿轮的啮合原理和齿轮设计问题，有必要熟悉齿轮各部分的名称、符号

及其几何尺寸的计算公式。图 6-4 所示为渐开线标准直齿圆柱齿轮的一部分。

（1）齿数  在齿轮整个圆周上轮齿的数目称为该齿轮的齿数，用 $z$ 表示。

（2）齿顶圆  包含齿轮所有齿顶端的圆称为齿顶圆，用 $r_a$ 和 $d_a$ 分别表示其半径和直径。

（3）齿槽宽  齿轮相邻两齿之间的空间称为齿槽；在任意圆周上所量得齿槽的弧长称为该圆周上的齿槽宽，以 $e_k$ 表示。

（4）齿厚  沿任意圆周于同一轮齿两侧齿廓上所量得的弧长称为该圆周上的齿厚，以 $s_k$ 表示。

（5）齿根圆  包含齿轮所有齿槽底的圆称为齿根圆，用 $r_f$ 和 $d_f$ 分别表示其半径和直径。

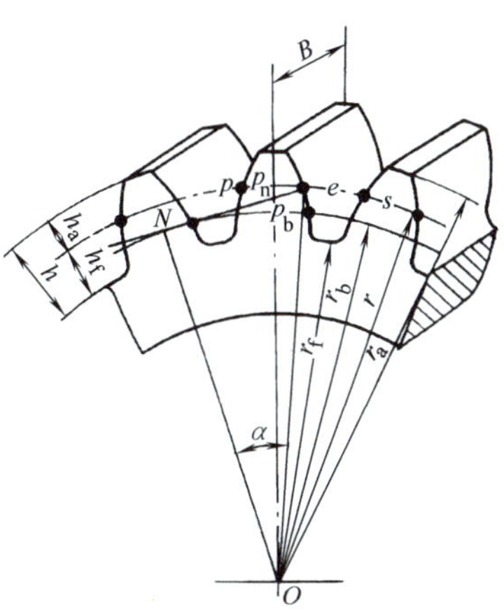

图 6-4  渐开线标准直齿圆柱齿轮

（6）齿距  沿任意圆周上所量得相邻两齿同侧齿廓之间的弧长为该圆周上的齿距，以 $p_k$ 表示。由图 6-4 可知，在同一圆周上的齿距等于齿厚与齿槽宽之和，即

$$p_k = s_k + e_k$$

（7）分度圆和模数  在齿顶圆和齿根圆之间，规定一直径为 $d$ 的圆，作为计算齿轮各部分尺寸的基准，并把这个圆称为分度圆。在分度圆上的齿厚、齿槽宽和齿距，通称为齿厚、齿槽宽和齿距，分别用 $s$、$e$ 和 $p$ 表示，且 $p=s+e$。对于标准齿轮，$s=e$。

分度圆的大小是由齿距和齿数决定的，因分度圆的周长 $\pi d = pz$，于是得

$$d = \frac{p}{\pi} z$$

式中，$\pi$ 是无理数，为便于计算，把 $\dfrac{p}{\pi}$ 的比值设置成一个简单的有理数数列，并把这个比值称为模数，用 $m$ 表示，即

$$m = \frac{p}{\pi}$$

于是得
$$d = mz \tag{6-4}$$

模数 $m$ 是齿轮尺寸计算中重要的参数，其单位是 mm。模数 $m$ 越大，则轮齿的尺寸越大，轮齿所能承受的载荷也越大（图 6-5）。

齿轮的模数在我国已经标准化，表 6-2 为我国国家标准中的标准模数系列。

（8）压力角  渐开线齿廓在不同的圆周上有不同的压力角。通常所说的齿轮压力角，是指分度圆上的压力角，以 $\alpha$ 表示，并规定分度圆上的压力角为标准值，我国取 $\alpha = 20°$。由渐开线参数方程可推知

$$\cos\alpha = \frac{r_b}{r}$$

由此可见：分度圆是齿轮上具有标准模数和标准

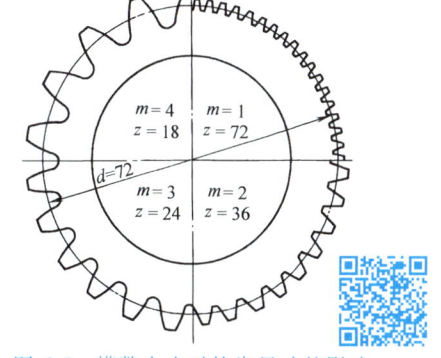

图 6-5  模数大小对轮齿尺寸的影响

压力角的圆。当齿轮的模数 $m$ 和齿数 $z$ 确定时，其分度圆即为一定值。所以，任何齿轮都有唯一的分度圆。

表 6-2 标准模数系列表（摘自 GB/T 1357—2008）　　　　　（单位：mm）

| 第一系列 | 1　　1.25　　1.5　　2　　2.5　　3　　4　　5　　6　　8　　10　　12　　16　　20　　25　　32　　40　　50 |
|---|---|
| 第二系列 | 1.125　　1.375　　1.75　　2.25　　2.75　　3.5　　4.5　　5.5　　(6.5)　　7　　9　　11　　14　　18　　22　　28　　36　　45 |

注：1. 本表适用于渐开线圆柱齿轮。对斜齿轮，是指法向模数 $m_n$。
　　2. 选用模数时，应优先采用第一系列，其次是第二系列，括号内的模数尽可能不用。

（9）齿顶高、齿根高和齿高　如图 6-4 所示，轮齿被分度圆分为两部分，分度圆和齿顶圆之间的部分称为齿顶，其径向高度称为齿顶高，以 $h_a$ 表示。位于分度圆和齿根圆之间的部分称为齿根，其径向高度称为齿根高，以 $h_f$ 表示。轮齿在齿顶圆和齿根圆之间的径向高度称为齿高，以 $h$ 表示。标准齿轮轮齿的尺寸与模数 $m$ 成正比。

齿顶高　　　　　　　　　　　　　　　$h_a = h_a^* m$　　　　　　　　　　　　　（6-5）

齿根高　　　　　　　　　　　　　　　$h_f = (h_a^* + c^*) m$　　　　　　　　　　（6-6）

齿高　　　　　　　　　　　　　　　　$h = h_a + h_f = (2h_a^* + c^*) m$　　　　　（6-7）

由以上各式还可推得

齿顶圆直径　　　　　　　　　　　　　$d_a = d + 2h_a = (z + 2h_a^*) m$　　　　　（6-8）

齿根圆直径　　　　　　　　　　　　　$d_f = d - 2h_f = (z - 2h_a^* - 2c^*) m$　　（6-9）

以上各式中，$h_a^*$ 为齿顶高系数，$c^*$ 为顶隙系数。这两个系数在国标中已规定了标准值，正常齿制：$h_a^* = 1$，$c^* = 0.25$；短齿制：$h_a^* = 0.8$，$c^* = 0.3$。

顶隙 $c = c^* m$，它是指一对齿轮啮合时，一个齿轮的齿顶圆到另一个齿轮的齿根圆之间的径向距离。顶隙可存储润滑油，以利于齿轮传动。

标准齿轮，是指模数 $m$、压力角 $\alpha$、齿顶高系数 $h_a^*$ 和顶隙系数 $c^*$ 均为标准值，且其齿厚等于齿槽宽，即 $s = e$ 的齿轮。$z$、$m$、$\alpha$、$h_a^*$、$c^*$ 是直齿圆柱齿轮最基本的五个参数。

渐开线标准直齿圆柱齿轮几何尺寸的计算公式参见表 6-3。

表 6-3 渐开线标准直齿圆柱齿轮几何尺寸的计算公式

| 名称 | 符号 | 公式 | | |
|---|---|---|---|---|
| | | 外（啮合）齿轮 | 内（啮合）齿轮 | 齿条 |
| 模数 | $m$ | 根据轮齿承受载荷、结构条件等定出，选用标准值 | | |
| 压力角 | $\alpha$ | 选用标准值 | | |
| 齿距 | $p$ | $p = \pi m$ | | |
| 齿厚 | $s$ | $s = \dfrac{\pi m}{2}$ | | |
| 齿槽宽 | $e$ | $e = \dfrac{\pi m}{2}$ | | |
| 顶隙 | $c$ | $c = c^* m$ | | |
| 分度圆直径 | $d$ | $d = mz$ | | |
| 齿顶高 | $h_a$ | $h_a = h_a^* m$ | | |
| 齿根高 | $h_f$ | $h_f = (h_a^* + c^*) m$ | | |
| 齿高 | $h$ | $h = h_a + h_f$ | | |

(续)

| 名称 | 符号 | 公式 | | |
|---|---|---|---|---|
| | | 外（啮合）齿轮 | 内（啮合）齿轮 | 齿条 |
| 齿顶圆直径 | $d_a$ | $d_a=(z+2h_a^*)m$ | $d_a=(z-2h_a^*)m$ | $\infty$ |
| 齿根圆直径 | $d_f$ | $d_f=(z-2h_a^*-2c^*)m$ | $d_f=(z+2h_a^*+2c^*)m$ | $\infty$ |
| 基圆直径 | $d_b$ | $d_b=d\cos\alpha$ | | $\infty$ |
| 中心距 | $a$ | $a=(d_1+d_2)/2$ | $a=(d_2-d_1)/2$ | $\infty$ |

## 二、内齿轮与齿条

### 1. 内齿轮

图 6-6 所示为一圆柱内齿轮，其齿廓形状有以下特点：

1) 其齿厚相当于外齿轮的齿槽宽，而齿槽宽相当于外齿轮的齿厚。内齿轮的齿廓是内凹的渐开线。

2) 内齿轮的齿顶圆在分度圆之内，而齿根圆在分度圆之外，其齿根圆比齿顶圆大。

3) 齿轮的齿顶齿廓均为渐开线时，其齿顶圆必须大于基圆。

标准渐开线直齿内齿轮的几何尺寸计算公式参见表 6-3。

### 2. 齿条

图 6-7 所示为一齿条，其齿廓形状有以下特点：

1) 其齿廓是直线，齿廓上各点的法线相互平行，而齿条移动时，各点的速度方向、大小均一致，故齿条齿廓上各点的压力角相同。如图 6-7 所示，齿廓上各点的压力角等于齿形角，数值为标准压力角值。

2) 齿条可视为齿数无穷多的齿轮，分度圆无穷大，成为分度线。任意与分度线平行的直线上的齿距均相等，$p_k=\pi m$。分度线上 $s=e$，其他直线上 $s_k \neq e_k$。

标准直齿齿条的几何尺寸计算公式参见表 6-3。

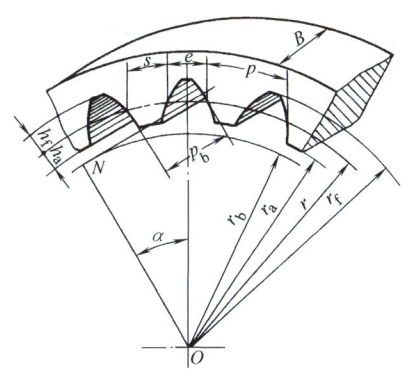

图 6-6 内齿轮各部分的名称和符号

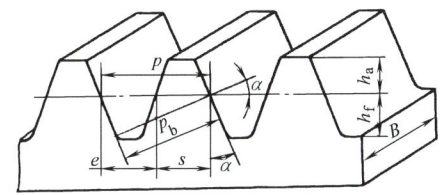

图 6-7 齿条各部分的名称和符号

## 三、常用测量项目

机械工程上，因无法直接准确测量弧齿厚，常对弦齿厚和公法线长度进行测量。本节讨论弦齿厚和公法线长度的计算。

### 1. 任意圆周上弧齿厚 $s_k$

齿厚不仅涉及轮齿的强度，在切制齿轮时也关系到轮齿尺寸的检验。

用 $s_k$ 表示半径为 $r_k$ 的圆周上的弧齿厚，根据渐开线的性质，由图 6-8 可推得任意圆周上弧齿厚的计算公式为

$$s_k = r_k \phi = r_k \left[ \frac{s}{r} - 2(\text{inv}\alpha_k - \text{inv}\alpha) \right] \tag{6-10}$$

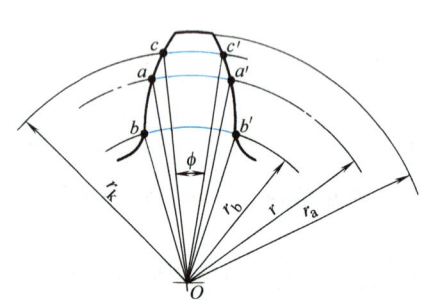

图 6-8  任意圆周上的弧齿厚

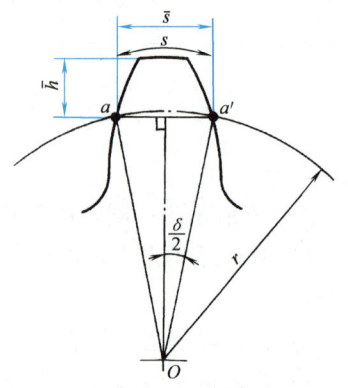

图 6-9  分度圆弦齿厚 $\bar{s}$ 和弦齿高 $\bar{h}$

### 2. 分度圆弦齿厚 $\bar{s}$ 和弦齿高 $\bar{h}$

如图 6-9 所示，分度圆弧齿厚 $s$ 所对的中心角为

$$\delta = \frac{s}{r} \frac{180°}{\pi}$$

因此

$$\bar{s} = 2r\sin\frac{\delta}{2} = 2r\sin\left(\frac{s}{r}\frac{90°}{\pi}\right)$$

图 6-10 所示为测量齿厚的齿厚卡尺，为了保证卡尺测量卡脚与齿面能在分度圆处接触，必须利用垂直游标控制分度圆弦齿高值。测量时应用齿顶圆作为定位基准，定出弦齿高 $\bar{h}$。

对于标准直齿圆柱齿轮，容易推得

$$\bar{s} = 2r\sin\left(\frac{90°}{z}\right) \tag{6-11}$$

$$\bar{h} = r - r\cos\left(\frac{90°}{z}\right) + h_a = r\left[1 - \cos\left(\frac{90°}{z}\right)\right] + h_a \tag{6-12}$$

$\bar{s}$ 和 $\bar{h}$ 的值可在机械设计手册中直接查得。

### 3. 固定弦齿厚 $\bar{s}_c$ 及固定弦齿高 $\bar{h}_c$

如图 6-11 所示，当标准齿条齿廓与齿轮齿廓相切时，两切点间的距离 $\overline{AB}$ 线段长度即固定弦齿厚，以 $\bar{s}_c$ 表示。固定弦 $\overline{AB}$ 至齿轮齿顶圆的垂直距离，称为固定弦齿高，以 $\bar{h}_c$ 表示。

由图中几何关系容易推得

固定弦齿厚

$$\bar{s}_c = \frac{\pi m}{2}\cos^2\alpha \tag{6-13}$$

固定弦齿高

$$\bar{h}_c = h_a - \overline{Pd} = h_a - \overline{AP}\sin\alpha = h_a^* m - \frac{\pi m}{4}\sin\alpha\cos\alpha$$

$$= m\left(h_a^* - \frac{\pi}{8}\sin 2\alpha\right) \tag{6-14}$$

当 $\alpha = 20°$, $h_a^* = 1$ 时

$$\left.\begin{array}{l}\overline{s}_c = 1.387m \\ \overline{h}_c = 0.7476m\end{array}\right\} \quad (6\text{-}15)$$

从上述计算公式可以看出，同一模数、不同齿数的标准齿轮，其固定弦齿厚 $\overline{s}_c$ 与固定弦齿高 $\overline{h}_c$ 为一定值，这给计算与检验都带来方便。

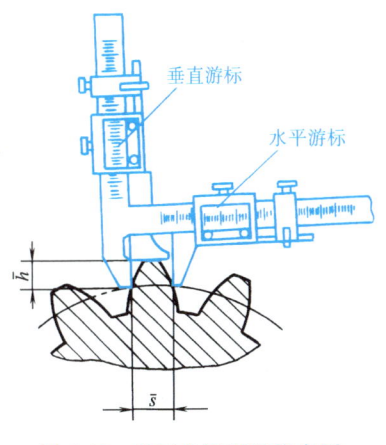

图 6-10　齿厚卡尺测量弦齿厚

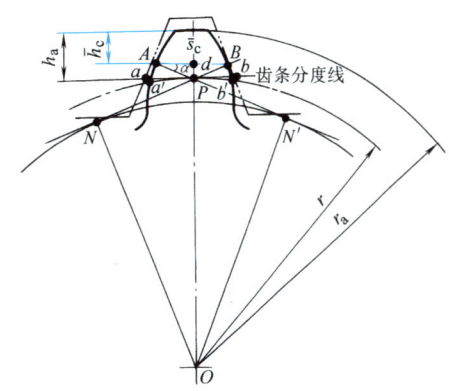

图 6-11　固定弦齿厚 $\overline{s}_c$ 和固定弦齿高 $\overline{h}_c$

$\overline{s}_c$ 和 $\overline{h}_c$ 的数值可直接从机械设计手册中查出，表 6-4 摘录了部分数值。

表 6-4　渐开线标准齿轮的固定弦齿厚 $\overline{s}_c$ 和固定弦齿高 $\overline{h}_c$

（$\alpha = 20°$, $h_a^* = 1$）　　　　　　　　　　　　（单位：mm）

| $m$ | $\overline{s}_c$ | $\overline{h}_c$ | $m$ | $\overline{s}_c$ | $\overline{h}_c$ | $m$ | $\overline{s}_c$ | $\overline{h}_c$ |
| --- | --- | --- | --- | --- | --- | --- | --- | --- |
| 1 | 1.3871 | 0.7476 | 2.5 | 3.4677 | 1.8689 | 5.5 | 7.6288 | 4.1117 |
| 1.25 | 1.7338 | 0.9344 | 3 | 4.1612 | 2.2427 | 6 | 8.3223 | 4.4854 |
| 1.5 | 2.0806 | 1.1214 | 3.5 | 4.8547 | 2.6165 | 7 | 9.7093 | 5.2330 |
| 1.75 | 2.4273 | 1.3082 | 4 | 5.5482 | 2.9903 | 8 | 11.0964 | 5.9806 |
| 2 | 2.7741 | 1.4952 | 4.5 | 6.2417 | 3.3641 | 9 | 12.4834 | 6.7282 |
| 2.25 | 3.1209 | 1.6820 | 5 | 6.9353 | 3.7379 | 10 | 13.8705 | 7.4757 |

注：1. 对于标准斜齿轮，表中的模数 $m$ 指的是法向模数 $m_n$。
　　2. 对于直齿圆锥齿轮，模数 $m$ 指的是大端模数。但圆锥齿轮多用分度圆弦齿厚和弦齿高表示。

### 4. 公法线长度 $W_k$

用测量公法线长度的方法来检验齿轮的精度，既简便又准确，同时避免了采用齿顶圆作为测量基准而造成顶圆精度无谓的提高。

所谓公法线长度，是指齿轮卡尺跨过 $k$ 个齿所量得的齿廓间的法向距离。

如图 6-12 所示，卡尺的卡脚与齿廓相切于 $A$、$B$ 两点（卡脚跨三个齿），设跨齿数为 $k$，卡脚与齿廓切点 $A$、$B$ 的距离 $AB$ 即为所测得的公法线长度，用 $W_k$ 表示。由图可知

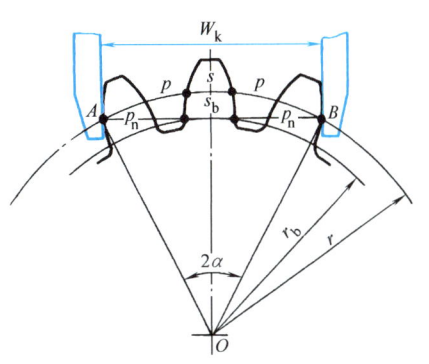

图 6-12　公法线长度的测量

$$W_k = (k-1)p_n + s_b = (k-1)p_b + s_b$$

式中，$p_n = p_b$，可由渐开线性质证明；$s_b$ 可由式（6-10）求得。

经推导可得标准齿轮的公法线长度计算公式为

$$W_k = (k-1)\pi m\cos\alpha + m\cos\alpha\left(\frac{\pi}{2} + z\mathrm{inv}\alpha\right)$$

经整理，得

$$W_k = m\cos\alpha[(k-0.5)\pi + z\mathrm{inv}\alpha] = m[2.9521(k-0.5) + 0.014z] \tag{6-16}$$

在测量公法线长度时，应保证卡脚与齿廓渐开线部分相切。如果跨齿数太多，卡尺的卡脚就会与齿廓顶部接触；如果跨齿太少，就会与根部接触（图 6-13），在这两种情况下测量均不允许。跨齿数 $k$ 由下式估算：

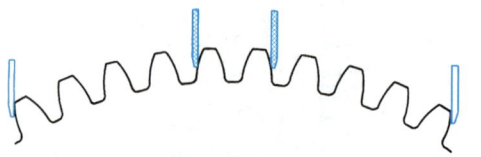

图 6-13 跨齿数对测量的影响

$$k = \frac{\alpha}{180°}z + 0.5 \approx 0.111z + 0.5 \tag{6-17}$$

实际测量时跨齿数 $k$ 必为整数，故上式计算结果必须圆整。

模数 $m=1\mathrm{mm}$、压力角 $\alpha=20°$ 的标准直齿圆柱齿轮的公法线长度 $W_k^*$ 可在机械设计手册中查出；若 $m \neq 1\mathrm{mm}$，只要将表中查得的 $W_k^*$ 值乘以模数 $m$ 即可。表 6-5 摘录了 $W_k^*$ 的部分数值。

表 6-5 标准直齿圆柱齿轮的跨齿数 $k$ 及公法线长度 $W_k^*$ （$m=1\mathrm{mm}$，$\alpha=20°$）

| 齿数 $z$ | 跨齿数 $k$ | 公法线长度 /mm | 齿数 $z$ | 跨齿数 $k$ | 公法线长度 /mm | 齿数 $z$ | 跨齿数 $k$ | 公法线长度 /mm | 齿数 $z$ | 跨齿数 $k$ | 公法线长度 /mm |
|---|---|---|---|---|---|---|---|---|---|---|---|
| 16 | 2 | 4.652 | 36 | 4 | 10.837 | 56 | 7 | 19.973 | 76 | 9 | 26.158 |
| 17 | 2 | 4.666 | 37 | 5 | 13.803 | 57 | 7 | 19.987 | 77 | 9 | 26.172 |
| 18 | 2 | 4.680 | 38 | 5 | 13.817 | 58 | 7 | 20.001 | 78 | 9 | 26.186 |
| 19 | 3 | 7.646 | 39 | 5 | 13.831 | 59 | 7 | 20.015 | 79 | 9 | 26.200 |
| 20 | 3 | 7.660 | 40 | 5 | 13.845 | 60 | 7 | 20.029 | 80 | 9 | 26.214 |
| 21 | 3 | 7.674 | 41 | 5 | 13.859 | 61 | 7 | 20.043 | 81 | 9 | 26.228 |
| 22 | 3 | 7.688 | 42 | 5 | 13.873 | 62 | 7 | 20.057 | 82 | 10 | 29.194 |
| 23 | 3 | 7.702 | 43 | 5 | 13.887 | 63 | 7 | 20.071 | 83 | 10 | 29.208 |
| 24 | 3 | 7.716 | 44 | 5 | 13.901 | 64 | 8 | 23.037 | 84 | 10 | 29.222 |
| 25 | 3 | 7.730 | 45 | 5 | 13.915 | 65 | 8 | 23.051 | 85 | 10 | 29.236 |
| 26 | 3 | 7.744 | 46 | 6 | 16.881 | 66 | 8 | 23.065 | 86 | 10 | 29.250 |
| 27 | 3 | 7.758 | 47 | 6 | 16.895 | 67 | 8 | 23.079 | 87 | 10 | 29.264 |
| 28 | 4 | 10.725 | 48 | 6 | 16.909 | 68 | 8 | 23.093 | 88 | 10 | 29.278 |
| 29 | 4 | 10.739 | 49 | 6 | 16.923 | 69 | 8 | 23.107 | 89 | 10 | 29.292 |
| 30 | 4 | 10.763 | 50 | 6 | 16.937 | 70 | 8 | 23.121 | 90 | 10 | 29.306 |
| 31 | 4 | 10.767 | 51 | 6 | 16.951 | 71 | 8 | 23.135 | 91 | 11 | 32.272 |
| 32 | 4 | 10.781 | 52 | 6 | 16.965 | 72 | 8 | 23.149 | 92 | 11 | 32.286 |
| 33 | 4 | 10.795 | 53 | 6 | 16.979 | 73 | 9 | 26.115 | 93 | 11 | 32.300 |
| 34 | 4 | 10.809 | 54 | 6 | 16.993 | 74 | 9 | 26.129 | 94 | 11 | 32.314 |
| 35 | 4 | 10.823 | 55 | 7 | 19.959 | 75 | 9 | 26.144 | 95 | 11 | 32.328 |

**例 6-3** 已知一标准渐开线直齿圆柱齿轮的模数 $m=6\mathrm{mm}$，$\alpha=20°$，$z=54$，试求其固定弦齿厚 $\bar{s}_c$，固定弦齿高 $\bar{h}_c$，跨齿数 $k$ 及公法线长度 $W_k$。

**解** （1）查表法。由表 6-4 查得

$$\bar{s}_c = 8.3223\text{mm}$$
$$\bar{h}_c = 4.4854\text{mm}$$

由表 6-5 查得
$$k = 6$$
$$W_k^* = 16.993\text{mm}$$
$$W_k = W_k^* m = 16.993 \times 6\text{mm} = 101.958\text{mm}$$

（2）计算法。由式（6-15）得
$$\bar{s}_c = 1.387m = 1.387 \times 6\text{mm} = 8.322\text{mm}$$
$$\bar{h}_c = 0.7476m = 0.7476 \times 6\text{mm} = 4.4856\text{mm}$$

由式（6-17）得
$$k = \frac{\alpha}{180°}z + 0.5 = \frac{20°}{180°} \times 54 + 0.5 = 6.5$$

取 $k = 6$，由式（6-16）得
$$W_k = m\cos\alpha[(k-0.5)\pi + z\,\text{inv}\,\alpha]$$
$$= 6 \times \cos 20°[(6-0.5) \times 3.1416 + 54 \times 0.014904]\text{mm}$$
$$= 101.958\text{mm}$$

上述两种方法解得结果基本一致。

## 第四节　渐开线齿轮的啮合传动

前三节的研究是针对单个的渐开线齿轮，由于机械传动中的齿轮总是成对使用、相互啮合的，因此还必须进一步探讨一对齿轮啮合传动的情况。

### 一、渐开线齿轮能满足定比传动的要求

所谓定比传动，就是在轮齿啮合的任意瞬时，主、从动轮角速度之比为一定值，即

$$i_{12} = \frac{n_1}{n_2} = \frac{\omega_1}{\omega_2} = C$$

齿轮传动的传动比不等于定值时，将引起瞬时角速度的变化，从而产生冲击，影响齿轮传动的平稳性。

定比传动对齿廓形状的要求可用图 6-14 进行分析说明。

设两轮齿廓 $J_1$ 与 $J_2$ 在 $K$ 点啮合，两轮的角速度分别为 $\omega_1$ 与 $\omega_2$，则 $J_1$ 上 $K$ 点的速度 $v_{k1} = \omega_1 \overline{O_1 K}$，方向垂直于 $O_1 K$；$J_2$ 上 $K$ 点的速度 $v_{k2} = \omega_2 \overline{O_2 K}$，方向垂直于 $O_2 K$。

过 $K$ 点作两齿廓的公法线 $n$-$n$ 交两轮中心连线 $O_1 O_2$ 于 $P$ 点，根据齿廓啮合传动的连续性与次序性

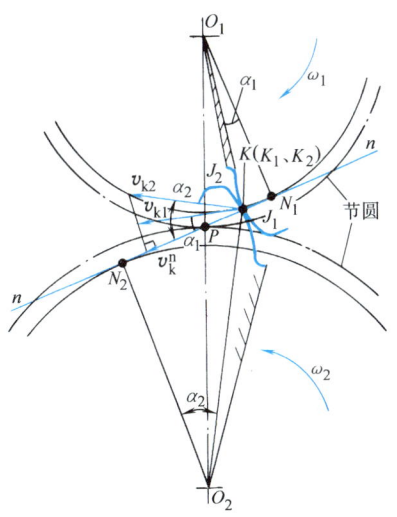

图 6-14　定比传动对齿廓形状的要求

要求，$v_{k1}$ 和 $v_{k2}$ 在 $n\text{-}n$ 上的分速度必须相等，即

$$v_{k1}^n = v_{k1}\cos\alpha_1 \qquad v_{k2}^n = v_{k2}\cos\alpha_2$$

$$v_{k1}\cos\alpha_1 = v_{k2}\cos\alpha_2$$

$$\omega_1 \overline{O_1 K}\cos\alpha_1 = \omega_2 \overline{O_2 K}\cos\alpha_2$$

由图中几何关系容易证得

$$i_{12} = \frac{\omega_1}{\omega_2} = \frac{\overline{O_2 N_2}}{\overline{O_1 N_1}} = \frac{r_{b2}}{r_{b1}} = \frac{\overline{O_2 P}}{\overline{O_1 P}} = \frac{r_2'}{r_1'} \qquad (6\text{-}18)$$

式中，$r_1'$、$r_2'$ 和 $r_{b1}$、$r_{b2}$ 分别为两轮的节圆半径和基圆半径。

可见，要满足定比传动要求，过接触点所作的公法线必须与两轮中心连线交于一个固定点 $P$，$P$ 点称为<u>节点</u>。分别以 $O_1$ 与 $O_2$ 为圆心，过节点 $P$ 所作的两个相切的圆称为节圆。一对齿轮传动时，节圆做纯滚动。标准齿轮正确安装时，分度圆与节圆重合。

凡能满足上述定比传动要求的一对齿廓称为共轭齿廓。可以简单证明，一对渐开线齿廓是共轭齿廓。

图 6-15 表示一对渐开线齿廓在 $K$ 点接触，过 $K$ 点作两齿廓的公法线 $n\text{-}n$ 交两轮中心连线 $\overline{O_1 O_2}$ 于 $P$ 点。根据渐开线的性质，$n\text{-}n$ 将同时相切于两轮的基圆。

由于渐开线齿廓制成后基圆大小已确定；当 $O_1$ 与 $O_2$ 位置确定后，两基圆的位置及其同一方向上的内公切线 $n\text{-}n$ 的位置也必然随之确定，故必通过 $\overline{O_1 O_2}$ 上的固定点 $P$。这就简单地证明了渐开线齿廓能满足定比传动的要求。

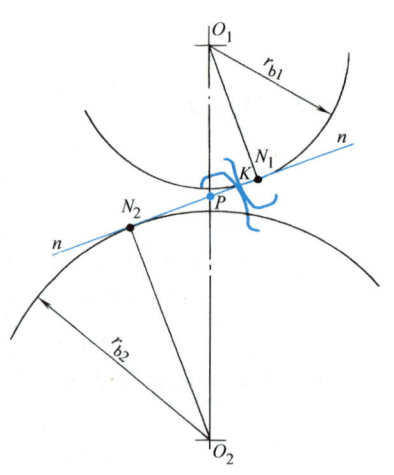

图 6-15 渐开线齿廓能满足定比传动要求

## 二、渐开线齿轮传动的啮合过程

如图 6-16a 所示的一对渐开线齿轮，齿轮 1 为主动轮，齿轮 2 为从动轮。当两轮的一对齿开始啮合时，先以主动轮的齿根推动从动轮的齿顶，因而起始啮合点是从动轮的齿顶圆与啮合线 $\overline{N_1 N_2}$ 的交点 $B_2$。随着啮合传动的进行，轮齿啮合点沿着 $\overline{N_1 N_2}$ 移动，主动轮轮齿上的啮合点逐渐向齿顶部移动，而从动轮轮齿上的啮合点向齿根部移动。当啮合传动进行到主动轮的齿顶圆与啮合线 $\overline{N_1 N_2}$ 的交点 $B_1$ 时，两轮齿即将脱离接触，故 $B_1$ 为轮齿的终止啮合点。从一对轮齿的啮合过程来看，啮合点实际走过的轨迹只是啮合线 $\overline{N_1 N_2}$ 上的一段 $\overline{B_1 B_2}$，故将

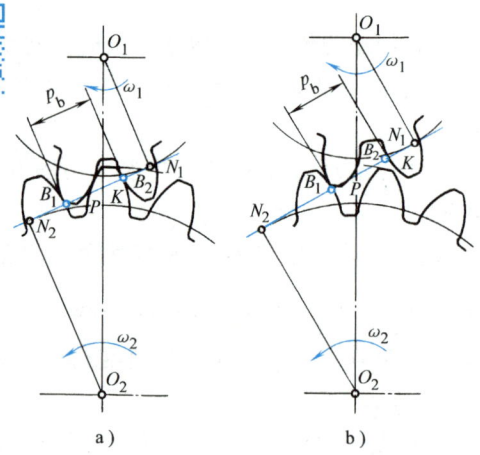

图 6-16 一对渐开线齿轮的啮合传动过程

$\overline{B_1B_2}$ 称为实际啮合线。若将两轮的齿顶圆加大，则 $\overline{B_1B_2}$ 就越接近两轮的啮合极限点 $N_1$ 和 $N_2$。但基圆内无渐开线，故实际啮合线不可能超过啮合极限点，$\overline{N_1N_2}$ 是理论上最大的啮合线，称为理论啮合线。在啮合过程中，由于啮合点的公法线与啮合线（两基圆的内公切线）重合，故齿轮传动中齿廓间正压力方向不变，这有利于齿轮传动的平稳和轮齿的受力分析，也是渐开线齿轮传动的一大优点。

### 三、正确啮合条件

一对渐开线齿轮要正确啮合，必须满足一定的条件。

由上述啮合过程可知，一对渐开线齿轮在任何位置啮合时，它们的啮合点都应在啮合线 $\overline{N_1N_2}$ 上。如图 6-17 所示，前一对轮齿在啮合线上的 $K$ 点（脱离啮合前的点）啮合时，后一对轮齿必须正确地在啮合线上的 $K'$ 点进入啮合；而 $\overline{KK'}$ 既是齿轮 1 的法向齿距，又是齿轮 2 的法向齿距。由此可知，两齿轮要正确啮合，它们的法向齿距必须相等。法向齿距与基圆齿距相等，通常以 $p_b$ 表示基圆齿距。于是得

$$p_{b1} = p_{b2} \tag{a}$$

而

$$p_b = p\cos\alpha$$

由此可导得两齿轮正确啮合条件为

$$m_1\cos\alpha_1 = m_2\cos\alpha_2 \tag{b}$$

式中，$m_1$、$m_2$、$\alpha_1$、$\alpha_2$ 分别为两轮的模数和压力角。由于模数 $m$ 和压力角 $\alpha$ 都是标准化了的，所以要满足式（b），应使

$$\left.\begin{array}{l} m_1 = m_2 = m \\ \alpha_1 = \alpha_2 = \alpha \end{array}\right\} \tag{6-19}$$

即渐开线直齿圆柱齿轮的正确啮合条件为：两轮的模数和压力角必须分别相等。

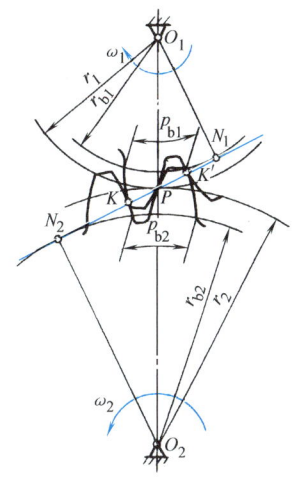

图 6-17 渐开线齿轮的正确啮合条件

### 四、连续传动的条件

由齿轮啮合的过程可以看出，一对轮齿的啮合到一定位置将会终止，要使齿轮连续传动，就必须在前一对轮齿尚未脱离啮合时，后一对轮齿能及时进入啮合。为此，必须使 $\overline{B_1B_2} \geq p_b$，即要求实际啮合线段 $\overline{B_1B_2}$ 大于或等于齿轮的基圆齿距 $p_b$。如果 $\overline{B_1B_2} < p_b$，则如图 6-16b 所示，当前一对轮齿在 $B_1$ 脱离啮合时，后一对轮齿尚未进入啮合，结果将使传动中断，从而引起轮齿间的冲击，影响传动的平稳性。

根据以上分析，齿轮连续传动的条件是：两齿轮的实际啮合线 $\overline{B_1B_2}$ 应大于或等于齿轮的基圆齿距 $p_b$。通常把 $\overline{B_1B_2}$ 与 $p_b$ 的比值 $\varepsilon$ 称为重合度，上述条件可用下式表示，即

$$\varepsilon = \frac{\overline{B_1B_2}}{p_b} \geq 1 \tag{6-20}$$

齿轮传动的重合度越大，则同时参与啮合的轮齿越多，不仅传动平稳性好，每对轮齿所分担的载荷亦小，相对地提高了齿轮的承载能力。

重合度 $\varepsilon$ 可用图解法求得，也可用下式计算：

$$\varepsilon = [z_1(\tan\alpha_{a1} - \tan\alpha') + z_2(\tan\alpha_{a2} - \tan\alpha')]/2\pi \tag{6-21}$$

### 五、中心距及啮合角

图 6-18a 所示为一对渐开线标准齿轮的外啮合情况。由图可以看出，两轮的分度圆相切，其中心距 $a$ 等于两轮分度圆半径之和，即

$$a = r_1 + r_2 = \frac{m}{2}(z_1 + z_2) \tag{6-22}$$

此中心距称为标准中心距。

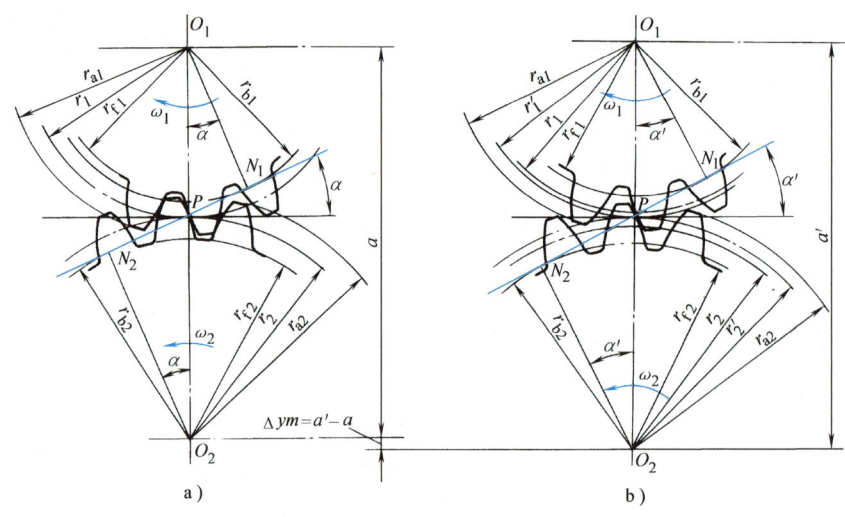

图 6-18 外啮合齿轮传动的中心距与啮合角

一对齿轮啮合时，两轮的中心距总是等于两轮节圆半径之和。所以，一对标准渐开线齿轮按标准中心距安装时，其分度圆与节圆重合。过节点 $P$ 作两节圆的公切线，它与啮合线之间所夹的锐角称为啮合角，通常用 $\alpha'$ 表示。容易看出 $\alpha' = \alpha$，即啮合角等于分度圆的压力角。

但如果由于种种原因，齿轮的实际中心距 $a'$ 与标准中心距 $a$ 不等，如图 6-18b 所示，中心距变为 $a'$，则两轮的分度圆就不再相切，这时节圆与分度圆不再重合。实际中心距为

$$a' = r_1' + r_2' \tag{6-23}$$

由渐开线参数方程可知

$$r' = \frac{r_b}{\cos\alpha'} = \frac{r\cos\alpha}{\cos\alpha'} \tag{6-24}$$

故

$$a' = r_1' + r_2' = \frac{r_1\cos\alpha}{\cos\alpha'} + \frac{r_2\cos\alpha}{\cos\alpha'} = \frac{\cos\alpha}{\cos\alpha'}(r_1 + r_2) = \frac{\cos\alpha}{\cos\alpha'}a$$

$$a'\cos\alpha' = a\cos\alpha \tag{6-25}$$

故当两轮的分度圆分离时，即实际中心距 $a'$ 大于标准中心距 $a$ 时，啮合角 $\alpha'$ 大于分度圆压力角 $\alpha$。即 $a' > a$ 时，则 $\alpha' > \alpha$。

由式（6-18）可知，两轮的传动比与两基圆半径成反比，而中心距的改变并不影响基圆的大小，故也不会影响传动比。渐开线齿轮中心距的改变不影响传动比，这种性质称为渐开线齿

轮的可分性。它对渐开线齿轮的加工和装配都十分有利，是渐开线齿轮传动的另一大优点。

## 第五节　渐开线齿轮的切齿原理

齿轮加工方法很多，有铸造法、热轧法、冲压法、粉末冶金法和切制法，最常用的是切制法。按其加工原理，切制法又可分为仿形法和展成法两种。

### 一、仿形法

这种方法的特点是所采用的成形刀具在其轴向剖面内，切削刃的形状和被切齿轮齿槽的形状相同。常用刀具有盘状铣刀和指状铣刀。

图 6-19 所示为用盘状铣刀切制齿轮的情况。切制时，铣刀转动，同时齿轮毛坯随铣床工作台沿平行于齿轮轴线的方向直线移动，切出一个齿槽后，由分度机构将轮坯转过 $360°/z$ 再切制第二个齿槽，直至整个齿轮加工结束。

图 6-20 所示为用指状铣刀加工齿轮的情况。加工方法与用盘状铣刀加工时相似。指状铣刀常用于加工大模数（如 $m>20$mm）的齿轮，并可以切制人字齿轮。

仿形法的优点是加工方法简单，不需要专门的齿轮加工设备。缺点是：由于铣制相同模数不同齿数的齿轮是用一组有限数目的齿轮铣刀来完成的，因此所选铣刀不可能与要求齿形准确吻合，加工出的齿形不够准确，轮齿的分度有误差，制造精度较低；由于切削是断续的，生产率低。所以，仿形法常用于单件、修配或少量生产及齿轮精度要求不高的齿轮加工。

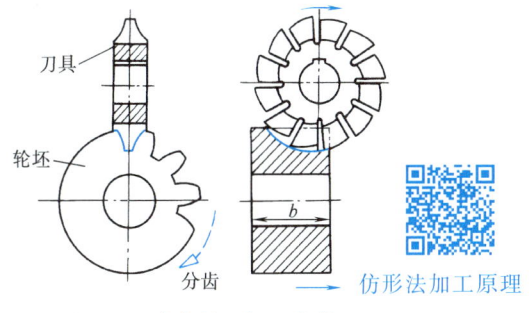

图 6-19　盘状铣刀加工齿轮

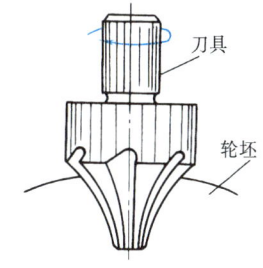

图 6-20　指状铣刀加工齿轮

### 二、展成法

展成法是目前齿轮加工中最常用的一种方法，它是运用一对相互啮合齿轮的共轭齿廓互为包络的原理来加工齿廓的。用展成法加工齿轮时，常用的刀具有齿轮型刀具（如齿轮插刀）和齿条型刀具（如齿条插刀、滚刀）两大类。

#### 1. 齿轮插刀加工

图 6-21 所示为用齿轮插刀加工齿轮的情况。齿轮插刀是一个具有切削刃的渐开线外齿轮。插齿时，插刀与轮坯严格地按定比传动做展成运动（即啮合传动，如图 6-21b 所示），同时插刀沿轮坯轴线方向做上下往复的切削运动。为了防止插刀退刀时擦伤已加工的齿廓表面，在退刀时，轮坯须做小距离的让刀运动。另外，为了切出轮齿的整个高度，插刀还需要向轮坯中心移动，做径向进给运动。

## 2. 齿条插刀加工

图 6-22 所示为用齿条插刀加工齿轮的情况。切制齿廓时，刀具与轮坯的展成运动相当于齿条与齿轮啮合传动，其切齿原理与用齿轮插刀加工齿轮的原理相同。

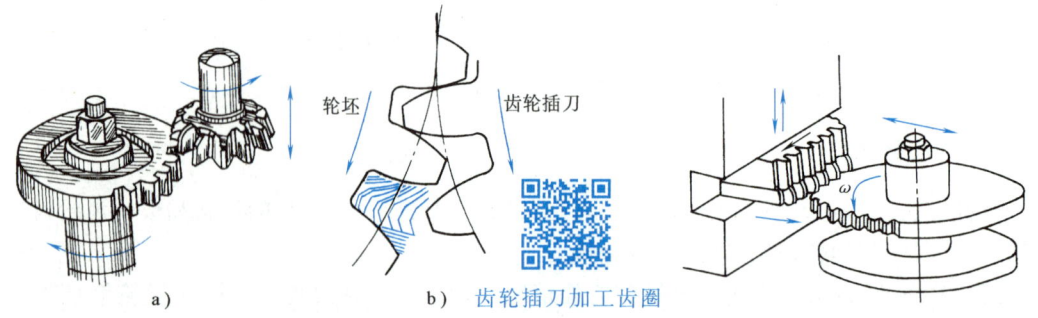

图 6-21　用齿轮插刀加工齿轮

图 6-22　用齿条插刀加工齿轮

## 3. 齿轮滚刀加工

以上两种刀具加工齿轮，其切削是不连续的，不仅影响生产率的提高，还限制了加工精度。因此，在生产中更广泛地采用齿轮滚刀来切制齿轮。图 6-23 所示为用齿轮滚刀切制齿轮的情况。滚刀的形状像一个螺旋，它的轴向剖面为一齿条。当滚刀转动时，相当于齿条做轴向移动，滚刀转一周，齿条移动一个导程的距离。所以用滚刀切制齿轮的原理和齿条插刀切制齿轮的原理基本相同。滚刀除了旋转之外，还沿着轮坯的轴线缓慢地进给，以便切出整个齿宽。

用展成法加工齿轮时，只要刀具和被加工齿轮的模数 $m$ 和压力角 $\alpha$ 相同，则不管被加工齿轮的齿数多少，都可以用同一把齿轮刀具来加工，而且生产率较高。所以，在大批生产中多采用展成法。

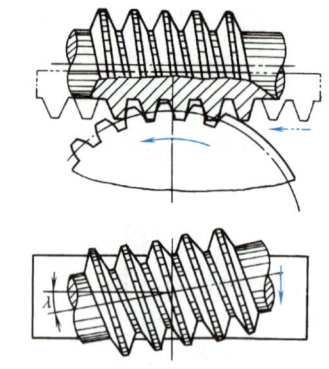

图 6-23　用齿轮滚刀加工齿轮

## ○第六节　根切现象、最少齿数及变位齿轮

### 一、根切现象和最少齿数

用展成法加工齿轮时，有时会出现刀具的顶部切入齿根，将齿根部分渐开线切去的现象（图 6-24），常称之为根切。产生严重根切的齿轮，不仅削弱了轮齿的抗弯强度，甚至导致传动的不平稳，对传动十分不利。因此，应尽量避免根切现象的产生。

要避免根切的产生，首先应了解产生根切的原因。

图 6-25 所示为齿条插刀加工标准齿轮的情况。图中齿条插刀的分度线与轮坯的分度圆相切，$B_1$ 点为轮坯齿顶圆与啮合线的交点，而 $N_1$ 点为轮坯基圆与啮合线的切点。根据啮合原理可知：刀具将从位置 1 开始切削齿廓的渐开线部分，而当刀具行至位置 2 时，齿廓的渐开线已全部切出。如果刀具的齿顶线恰好通过 $N_1$ 点，则当展成运动继续进行时，该切削刃

即与切好的渐开线齿廓脱离，因而就不会发生根切现象。但是若如图 6-25 所示，刀具的顶线超过了 $N_1$ 点，当展成运动继续进行时，刀具还将继续切削，超过极限点 $N_1$ 部分的刀具展成廓线将与已加工完成的齿轮渐开线廓线发生干涉（阴影部分），从而导致根切现象的发生。

因此，要避免根切就必须使刀具的顶线不超 $N_1$ 点。如图 6-26 所示，当用标准齿条刀具切制标准齿轮时，刀具的分度线应与被切齿轮的分度圆相切。欲避免根切，则需满足如下几何条件

$$\overline{N_1 E} \geqslant h_a^* m$$

根据几何关系容易导得

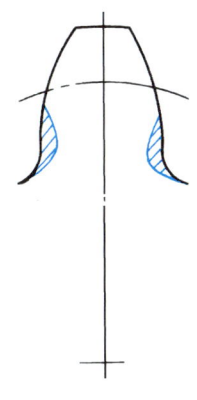

图 6-24 根切现象

$$z \geqslant \frac{2 h_a^*}{\sin^2 \alpha} \qquad (6\text{-}26)$$

由式（6-26）可知，被切齿轮的齿数越少越容易发生根切。为了不产生根切，齿数不得少于最少齿数 $z_{\min}$，这里

$$z_{\min} = \frac{2 h_a^*}{\sin^2 \alpha} \qquad (6\text{-}27)$$

当 $\alpha = 20°$，$h_a^* = 1$ 时，$z_{\min} = 17$；当 $\alpha = 20°$，$h_a^* = 0.8$ 时，$z_{\min} = 14$。允许少量根切时，根据经验，正常齿的最少齿数 $z_{\min}$ 可取为 14。

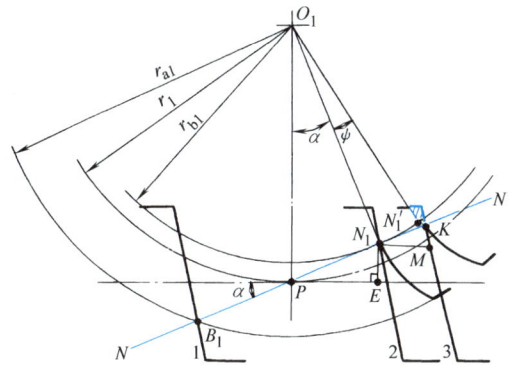

图 6-25 产生根切的原因

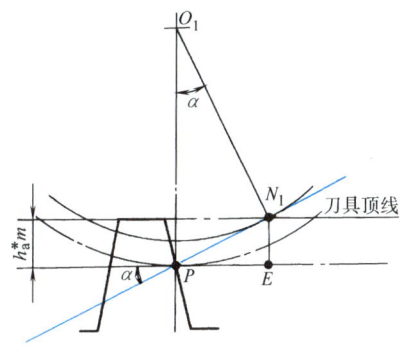

图 6-26 $z_{\min}$ 的确定

## 二、渐开线标准齿轮的局限性

标准齿轮虽有设计计算简单、互换性好等优点，但也有下述不足：

1）齿数 $z$ 必须大于或等于 $z_{\min}$，否则将发生根切。但在机械工程中，为了尽可能缩小齿轮机构的径向尺寸，如设计齿轮泵时为了尽可能增加泵油量等，却往往需要切制 $z < z_{\min}$ 的齿轮。

2）不能适应中心距 $a' \neq a = \dfrac{m}{2}(z_1 + z_2)$ 的场合。

3）一对相互啮合的标准齿轮中，小齿轮的齿根厚度小于大齿轮的齿根厚度，而小齿轮的工作条件往往比大齿轮恶劣，故容易损坏。

为了克服标准齿轮的上述不足，设计出承载能力强又结构紧凑的齿轮传动机构，常采用变位齿轮。据此可制成齿数少于 $z_{min}$ 而无根切的齿轮；可实现非标准中心距的无侧隙传动；可调整啮合区域，使两轮齿根部最大滑动速度接近，改善磨损状况；可使大小齿轮的齿根厚度得到调整，从而使大小齿轮的强度接近，改善齿轮传动性能。

### 三、变位齿轮

如图 6-27 所示，当刀具在双点画线位置时，因其顶线超过了 $N_1$ 点，所以被切齿轮必将发生根切。但如将刀具移出一段距离至实线位置，因刀具的顶线不超过 $N_1$ 点，就不会再发生根切了。以切制标准齿轮的位置为基准，刀具由基准位置沿径向移开的距离称为变位量，用 $X$（$X=xm$，单位为 mm）表示。其中 $m$ 为模数，$x$ 称为变位系数。规定刀具离开轮坯中心时的变位系数为正，反之为负。对应于 $x>0$、$x=0$ 及 $x<0$ 的变位分别称为正变位、标准齿轮及负变位。

#### 1. 变位加工对轮齿尺寸的影响

用标准齿条刀具加工变位齿轮时，不论是正变位还是负变位，刀具上总有一条与分度线平行的节线与齿轮的分度圆相切并保持纯滚动。因标准齿条刀具的基本参数不变，故切制出来的变位齿轮的齿距 $p$、模数 $m$ 和压力角 $\alpha$ 仍与刀具的参数一样。由此可知，变位齿轮的分度圆不变，基圆也不变，而其轮齿尺寸则有所变化，参见图 6-27。

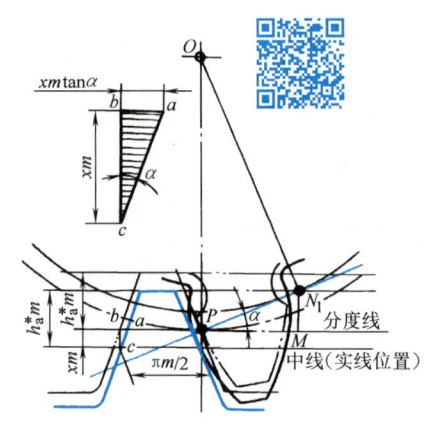

图 6-27 变位的概念

（1）变位齿轮的齿厚　刀具变位后，因其节线上的齿厚和齿槽宽不等，故与节线做纯滚动的被切齿轮的分度圆上的齿厚和齿槽宽也不相等。当刀具做正变位时，其节线齿槽宽比中线上的齿槽宽增大了 $2\overline{ab}$，故齿轮分度圆上齿厚也增大了 $2\overline{ab}$，齿槽则减少了 $2\overline{ab}$。由图 6-27 可知：$\overline{ab}=xm\tan\alpha$，因此变位齿轮分度圆齿厚和齿槽宽的计算式分别为

$$\left.\begin{array}{l} s=\dfrac{\pi m}{2}+2xm\tan\alpha \\ e=\dfrac{\pi m}{2}-2xm\tan\alpha \end{array}\right\} \quad (6\text{-}28)$$

上式对正变位时，$x$ 以正值代入，负变位时，$x$ 以负值代入。

（2）变位齿轮的齿顶高与齿根高　正变位时，由于刀具向离开轮坯中心方向移动一个距离 $X=xm$，故分度圆以下的齿根高将变小，即

$$h_f = m(h_a^* + c^*) - xm = m(h_a^* + c^* - x) \quad (6\text{-}29)$$

在保持齿高不变的前提下，齿顶高 $h_a$ 应相应增 $xm$。但为了保证与相啮合齿轮齿根的标准间隙 $c^* m$，应降低 $\Delta ym$，故

$$h_a = h_a^* m + xm - \Delta ym = m(h_a^* + x - \Delta y) \quad (6\text{-}30)$$

（3）变位齿轮的公法线长度　由图 6-12 可知

$$W_k = (k-1)p_n + s_b$$

变位齿轮的 $p_n = p_b = \pi m\cos\alpha$ 不变，但 $s_b$ 与 $s$ 一样发生了变化。经推导，变位齿轮公法线长度的计算公式为

$$W_k = m\cos\alpha[(k-0.5)\pi + zinv\alpha] + 2xm\sin\alpha \tag{6-31}$$

### 2. 变位齿轮的无侧隙啮合

如图 6-28 所示，一对变位齿轮按无齿侧间隙啮合安装，其中心距为

$$a' = r_1' + r_2' = \frac{\cos\alpha}{\cos\alpha'}a$$

由上式可知，当 $a' \neq a$ 时，$\alpha' \neq \alpha$，通常将这种变位齿轮传动称为角度变位齿轮传动。若 $a'>a$，则 $\alpha'>\alpha$，称为正角度变位传动；若 $a'<a$，则 $\alpha'<\alpha$，称为负角度变位传动。

在变位齿轮传动设计中，无侧隙啮合安装时，其啮合角 $\alpha'$ 和总变位系数 $x_\Sigma$ 的关系可用无侧隙啮合方程确定，即

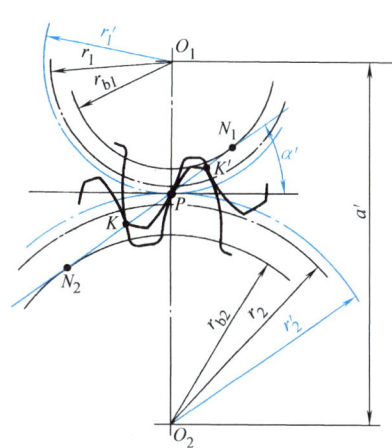

图 6-28　无齿侧间隙啮合

$$inv\alpha' = inv\alpha + \frac{2(x_1+x_2)}{z_1+z_2}\tan\alpha \tag{6-32}$$

当需要进行变位齿轮传动设计时，可参考机械零件设计手册进行。

### 3. 变位齿轮传动与标准齿轮传动的特点比较（表 6-6）

表 6-6　变位齿轮传动与标准齿轮传动特点比较

| 传动类型<br>比较项目 | 标准齿轮传动<br>$x_\Sigma = x_1+x_2 = 0$ | 高度变位齿轮传动<br>$x_\Sigma = x_1+x_2 = 0$ | 角度变位齿轮传动 | |
|---|---|---|---|---|
| | | | 正角度变位（正传动） | 负角度变位（负传动） |
| 变位系数 | $x_1=0, x_2=0$ | $x_1=-x_2$ | $x_\Sigma=x_1+x_2>0$ | $x_\Sigma=x_1+x_2<0$ |
| 中心距 | $a'=a$ | $a'=a$ | $a'>a$ | $a'<a$ |
| 中心距变动因数 | $y=0$ | $y=0$ | $y>0$ | $y<0$ |
| 啮合角 | $\alpha'=\alpha$ | $\alpha'=\alpha$ | $\alpha'>\alpha$ | $\alpha'<\alpha$ |
| 齿顶高变动因数 | $\Delta y=0$ | $\Delta y=0$ | $\Delta y>0$ | $\Delta y<0$ |
| 齿高 | $h=(2h_a^*+c^*)m$ | $h=(2h_a^*+c^*)m$ | $h=(2h_a^*+c^*-\Delta y)m$ | $h=(2h_a^*+c^*-\Delta y)m$ |
| 齿数限制条件 | $z_1 \geq z_{min}$　$z_2 \geq z_{min}$ | $z_1+z_2 \geq 2z_{min}$ | 无限制 | $z_1+z_2 > 2z_{min}$ |
| 主要特点及应用 | 设计计算简单，互换性好，但齿数受根切的限制，小齿轮容易损坏　应用于无特殊要求、要求互换的场合 | 小齿轮采用正变位可避免根切，提高小齿轮强度，降低小齿轮齿根滑动系数　应用于修复齿轮、缩小结构等场合 | 提高齿轮强度，改善磨损条件，避免根切，便于拼凑中心距　应用于需提高齿轮强度及 $a' \neq a$ 的场合 | 重合度略有增加，但齿轮强度下降　应用于需拼凑中心距的场合 |

## 第七节 齿轮传动的失效形式与设计准则

### 一、失效形式

齿轮传动的主要失效形式有轮齿折断、齿面点蚀、齿面磨损、齿面胶合以及齿面塑性变形等几种形式。

#### 1. 轮齿折断

轮齿折断通常有两种情况:一种是由于多次重复的弯曲应力和应力集中造成的疲劳折断(图1-13);另一种是由于突然严重过载或冲击载荷作用引起的过载折断。这两种折断都起始于轮齿根部受拉的一侧。

齿宽较小的直齿轮往往发生全齿折断,齿宽较大的直齿轮或斜齿轮则容易发生局部折断,如图6-29所示。

防止轮齿折断的措施是改善材料的力学性能、增大材料的韧性、限制轮齿根部弯曲疲劳应力、避免过载或冲击、增大齿根圆角半径并提高圆角处的表面质量、对根部圆角处进行表面强化处理等。

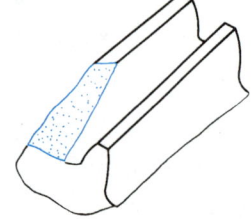

图6-29 轮齿折断

#### 2. 齿面点蚀

轮齿工作时,在齿面啮合处脉动循环变接触应力长期作用下,当应力峰值超过材料的接触疲劳极限,经过一定应力循环次数后,节线附近的齿根表面产生细微的疲劳裂纹。裂纹的扩展将导致小块金属剥落,产生齿面点蚀(图6-30)。点蚀影响轮齿正常啮合,引起冲击和噪声,造成传动的不平稳。

点蚀常发生于润滑状态良好、齿面硬度较低($\leqslant 350HBW$)的闭式传动。在开式传动中,由于齿面的磨损较快,往往点蚀还来不及出现或扩展即被磨掉了,所以看不到点蚀现象。

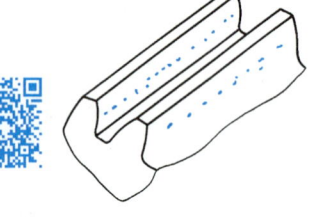

图6-30 齿面点蚀

齿面抗点蚀的能力主要与齿面硬度有关,齿面硬度越高,则抗点蚀的能力越强。

#### 3. 齿面磨损

齿面磨损通常有两种情况:一种是由于灰尘、金属微粒等进入齿面间引起的磨损;另一种是由于齿面间相对滑动摩擦引起的磨损。一般情况下这两种磨损往往同时发生并相互促进。严重的磨损将使轮齿失去正确的齿形、齿侧间隙增大而产生振动和噪声,甚至由于齿厚磨薄最终导致轮齿折断。

润滑良好、具有一定硬度和表面粗糙度值较低的闭式齿轮传动,一般不会产生显著的磨损。在开式传动中,特别是在粉尘浓度大的场合下,齿面磨损将是主要的失效形式。

#### 4. 齿面胶合

高速重载传动时,啮合区载荷大且集中,温升高,因而易引起润滑失效;低速重载时,油膜不易形成,均可致使两齿面金属直接接触而熔粘到一起,随着运动的继续而使软齿面上的金属被撕下，在轮齿工作表面上形成与滑动方向一致的沟纹（图 6-31），这种现象称为齿面胶合。

为了防止产生胶合，除适当提高齿面硬度和降低表面粗糙度值外，对于低速传动宜采用黏度大的润滑油，高速传动则应采用含有抗胶合添加剂的润滑油。

#### 5. 齿面塑性变形

低速重载传动时，若轮齿齿面硬度较低，当齿面间作用力过大，啮合中的齿面表层材料就会沿着摩擦力方向产生塑性流动，这种现象称为塑性变形。在起动和过载频繁的传动中，容易产生齿面塑性变形。

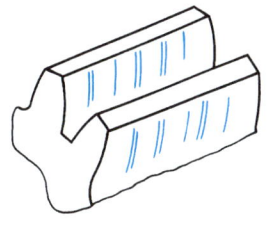

图 6-31　齿面胶合

提高齿面硬度和采用黏度较高的润滑油，都有助于防止或减轻齿面的塑性变形。

### 二、设计准则

轮齿的失效形式很多，它们不大可能同时发生，却又相互联系，相互影响。例如，轮齿表面产生点蚀后，实际接触面积减少将导致磨损的加剧，而过大的磨损又会导致轮齿的折断。可是在一定条件下，必有一种为主要失效形式。

在进行齿轮传动的设计计算时，应分析具体的工作条件，判断可能发生的主要失效形式，以确定相应的设计准则。

对于软齿面（硬度≤350HBW）的闭式齿轮传动，由于齿面抗点蚀能力差，润滑条件良好，齿面点蚀将是主要的失效形式。在设计计算时，通常按齿面接触疲劳强度设计，再做齿根弯曲疲劳强度校核。

对于硬齿面（硬度>350HBW）的闭式齿轮传动，齿面抗点蚀能力强，但易发生齿根折断，齿根疲劳折断将是主要失效形式。在设计计算时，通常按齿根弯曲疲劳强度设计，再做齿面接触疲劳强度校核。

当一对齿轮均为铸铁制造时，一般只需做轮齿弯曲疲劳强度设计计算。

对于汽车、拖拉机的齿轮传动，过载或冲击引起的轮齿折断是其主要失效形式，宜先做轮齿过载折断设计计算，再做齿面接触疲劳强度校核。

对于开式传动，其主要失效形式是齿面磨损，但由于磨损的机理比较复杂，还没有很成熟的设计计算方法，通常只能按齿根弯曲疲劳强度设计，再考虑磨损，将所求得的模数增大 10%～20%。

## 第八节　齿轮常用材料及热处理

为了保证齿轮工作的可靠性，提高其使用寿命，齿轮的材料及其热处理应根据工作条件和材料的特点来选取。

对齿轮材料的基本要求是：应使齿面具有足够的硬度和耐磨性，齿心具有足够的韧性，以防止齿面的各种失效，同时应具有良好的冷、热加工的工艺性，以达到齿轮的各种技术要求。

常用的齿轮材料为各种牌号的优质碳素结构钢、合金结构钢、铸钢、铸铁和非金属材料等。一般多采用锻件或轧制钢材。当齿轮结构尺寸较大，轮坯不易锻造时，可采用铸钢；开式低速传动时，可采用灰铸铁或球墨铸铁。低速重载的齿轮易产生齿面塑性变形，轮齿也易折断，宜选用综合性能较好的钢材；高速齿轮易产生齿面点蚀，宜选用齿面硬度高的材料；受冲击载荷的齿轮，宜选用韧性好的材料。对高速、轻载而又要求低噪声的齿轮传动，也可采用非金属材料，如夹布胶木、尼龙等。常用的齿轮材料及其力学性能列于表6-7。

表6-7 常用齿轮材料及其力学性能

| 类别 | 材料牌号 | 热处理方法 | 抗拉强度 $\sigma_b$/MPa | 屈服强度 $\sigma_s$/MPa | 硬度（HBW或HRC）|
|---|---|---|---|---|---|
| 优质碳素钢 | 35 | 正火 | 500 | 270 | 150~180HBW |
|  |  | 调质 | 550 | 294 | 190~230HBW |
|  | 45 | 正火 | 588 | 294 | 169~217HBW |
|  |  | 调质 | 647 | 373 | 229~286HBW |
|  |  | 表面淬火 |  |  | 40~50HRC |
|  | 50 | 正火 | 628 | 373 | 180~220HBW |
| 合金结构钢 | 40Cr | 调质 | 700 | 500 | 240~258HBW |
|  |  | 表面淬火 |  |  | 48~55HRC |
|  | 35SiMn | 调质 | 750 | 450 | 217~269HBW |
|  |  | 表面淬火 |  |  | 45~55HRC |
|  | 40MnB | 调质 | 735 | 490 | 241~286HBW |
|  |  | 表面淬火 |  |  | 45~55HRC |
|  | 20Cr | 渗碳淬火后回火 | 637 | 392 | 56~62HRC |
|  | 20CrMnTi |  | 1079 | 834 | 56~62HRC |
|  | 38CrMoAl | 渗氮 | 980 | 834 | >850HV |
| 铸钢 | ZG310-570 | 正火 | 580 | 320 | 156~217HBW |
|  | ZG340-640 |  | 650 | 350 | 169~229HBW |
| 灰铸铁 | HT300 |  | 300 |  | 185~278HBW |
|  | HT350 |  | 350 |  | 202~304HBW |
| 球墨铸铁 | QT600-3 |  | 600 | 370 | 190~270HBW |
|  | QT700-2 |  | 700 | 420 | 225~305HBW |
| 非金属 | 夹布胶木 |  | 100 |  | 25~35HBW |

钢制齿轮的热处理方法主要有以下几种：

（1）表面淬火 常用于中碳钢和中碳合金钢，如45、40Cr钢等。表面淬火后，齿面硬度一般为40~55HRC。特点是抗疲劳点蚀、抗胶合能力高，耐磨性好；由于齿心部未淬硬，齿轮仍有足够的韧性，能承受不大的冲击载荷。

（2）渗碳淬火　常用于低碳钢和低碳合金钢，如 20、20Cr 钢等。渗碳淬火后齿面硬度可达 56~62HRC，而齿心部仍保持较高的韧性，轮齿的抗弯强度和齿面接触强度高，耐磨性较好，常用于受冲击载荷的重要齿轮传动。齿轮经渗碳淬火后，轮齿变形较大，应进行磨齿。

（3）渗氮　渗氮是一种表面化学热处理。渗氮后不需要进行其他热处理，齿面硬度可达 700~900HV。由于渗氮处理后的齿轮硬度高，工艺温度低，变形小，故适用于内齿轮和难以磨削的齿轮。常用于含铬、钼、铝等合金元素的渗氮钢，如 38CrMoAlA。

（4）调质　调质一般用于中碳钢和中碳合金钢，如 45、40Cr、35SiMn 钢等。调质处理后齿面硬度一般为 220~280HBW。因硬度不高，轮齿精加工可在热处理后进行。

（5）正火　正火能消除内应力，细化晶粒，改善力学性能和可加工性能。机械强度要求不高的齿轮可采用中碳钢正火处理，大直径的齿轮可采用铸钢正火处理。

根据热处理后齿面硬度的不同，齿轮可分为软齿面齿轮（≤350HBW）和硬齿面齿轮（>350HBW）。一般要求的齿轮传动可采用软齿面齿轮。为了减小胶合的可能性，并使配对的大小齿轮寿命相当，通常使小齿轮齿面硬度比大齿轮齿面硬度高出 30~50HBW。对于高速、重载或重要的齿轮传动，可采用硬齿面齿轮组合，齿面硬度可大致相同。

## 第九节　齿轮传动精度简介

轮齿加工时，由于轮坯、刀具在机床上的安装误差，机床和刀具的制造误差以及加工时引起的振动等原因，加工出来的齿轮存在着不同程度的误差。精度低和加工误差将影响齿轮的传动质量和承载能力；反之，若精度要求过高，将给加工带来困难，提高制造成本。因此，根据齿轮的实际工作条件，对齿轮加工精度提出适当的要求至关重要。

我国国家标准 GB/T 10095，对渐开线圆柱齿轮规定了 11 个精度等级，其中 1 级是最高的精度等级，而 11 级是最低的精度等级。GB/T 10095 包括两部分内容，《圆柱齿轮：ISO 齿面公差分级制　第 1 部分：齿面偏差的定义和允许值》（GB/T 10095.1—2022），主要通过齿距偏差（任一单个齿距偏差 $f_{pi}$，$k$ 个齿距累积偏差 $F_{pk}$）、齿廓偏差和螺旋线偏差等项目控制齿廓精度；《圆柱齿轮　精度制　第 2 部分：径向综合偏差与径向跳动的定义和允许值》（GB/T 10095.2—2008），规定了单个渐开线圆柱齿轮径向综合偏差和径向跳动的精度制，径向综合偏差由 $F_{id}$ 和 $f_{id}$ 的 9 个精度等级组成，其中 4 级最高，12 级最低，用以控制齿轮传动的精度。

齿轮精度等级主要根据传动的使用条件、传递的功率、圆周速度以及其他经济、技术要求决定。5 级已是高精度等级，用于高速、分度等要求高的齿轮传动，一般机械中常用 7、8 级，对于精度要求不高的低速齿轮可用 9 级。齿轮传动的精度一般按工程经验选定，表 6-8 所列为齿轮常用精度的应用举例。

表 6-8　齿轮传动精度等级及其应用举例

| 精度等级 | 圆周速度 v/(m/s) | | | 应用举例 |
| --- | --- | --- | --- | --- |
| | 直齿圆柱齿轮 | 斜齿圆柱齿轮 | 直齿锥齿轮 | |
| 6 | ≤15 | ≤30 | ≤9 | 高速重载的齿轮传动,如机床、汽车和飞机中的重要齿轮,分度机构的齿轮,高速减速器的齿轮等 |
| 7 | ≤10 | ≤20 | ≤6 | 高速中载或中速重载的齿轮传动,如标准系列减速器的齿轮,机床和汽车变速器中的齿轮等 |
| 8 | ≤5 | ≤9 | ≤3 | 一般机械中的齿轮传动,如机床、汽车和拖拉机中一般的齿轮,起重机械中的齿轮,农业机械中的重要齿轮等 |
| 9 | ≤3 | ≤6 | ≤2.5 | 低速重载的齿轮,低精度机械中的齿轮等 |

## 第十节　渐开线直齿圆柱齿轮传动的设计计算

### 一、轮齿的受力分析和计算载荷

#### 1. 轮齿上的作用力

图 6-32 所示为一对标准直齿圆柱齿轮啮合传动时的受力情况。由渐开线齿廓特性可知,若以节点 C 作为计算点且不考虑齿面间摩擦力的影响,轮齿间的总作用力 $F_n$ 将沿着轮齿啮合点的公法线 $\overline{N_1N_2}$ 方向,$F_n$ 称为法向力。$F_n$ 在分度圆上可分解为两个互相垂直的分力:切于圆周的切向力 $F_t$ 和沿半径方向并指向轮心的径向力 $F_r$。

设计时,通常已知主动轮传递的功率 $P_1(\mathrm{kW})$ 及转速 $n_1(\mathrm{r/min})$,故设主动轮 1 的转矩 $T_1(\mathrm{N \cdot mm})$ 由下式求得

$$T_1 = 9.55 \times 10^6 P_1/n_1 \tag{6-33}$$

$$\left.\begin{array}{l} F_t = 2T_1/d_1 \\ F_r = F_t \tan\alpha \\ F_n = F_t/\cos\alpha = 2T_1/(d_1\cos\alpha) \end{array}\right\} \tag{6-34}$$

式中,$d_1$ 为主动齿轮分度圆直径(mm);$\alpha$ 为分度圆压力角,$\alpha = 20°$。

根据作用力与反作用力原理,$F_{t1} = -F_{t2}$。$F_{t1}$ 是主动轮上的工作阻力,故其方向与主动轮的转向相反;$F_{t2}$ 是从动轮上的驱动力,其方向与从动轮的转向相同。

同理,$F_{r1} = -F_{r2}$,其方向指向各自的轮心。

#### 2. 计算载荷

上述求得的法向力 $F_n$ 为理想状况下的名义载荷。实际上,由于齿轮、轴、支承等零部件的制造、安装误差以及载荷下的变形等因素的影响,轮齿沿齿宽的作用力并非均匀分布,存在着载荷局部集中的现象(图 6-33)。此外,原动机与工作机的载荷变化、齿轮制造误差和变形所造成的啮合传动不平稳等,都将引起附加动载荷。因此,齿轮强度计算时,通常用考虑了各种影响因素的计算载荷 $F_{nc}$ 代替名义载荷 $F_n$,计算载荷按下式确定

$$F_{nc} = KF_n \tag{6-35}$$

式中，$K$ 为载荷系数，其值可由表 6-9 查取。

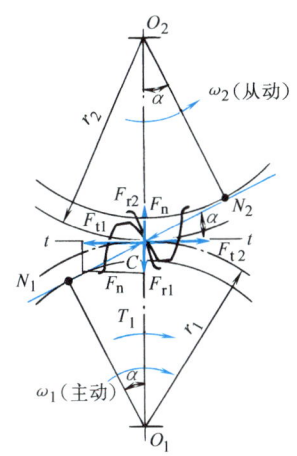

图 6-32　直齿圆柱齿轮传动的受力分析

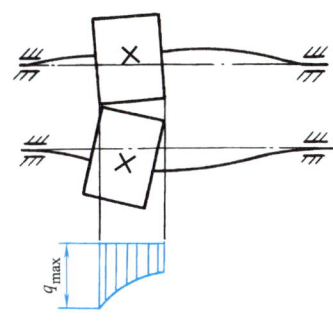

图 6-33　轴弯曲引起轮齿载荷集中

表 6-9　载荷系数

| 载荷状态 | 工 作 机 举 例 | 原 动 机 | | |
|---|---|---|---|---|
| | | 电动机 | 多缸内燃机 | 单缸内燃机 |
| 平　稳<br>轻微冲击 | 均匀加料的运输机和喂料机、发电机、透平鼓风机和压缩机、机床辅助传动等 | 1~1.2 | 1.2~1.6 | 1.6~1.8 |
| 中等冲击 | 不均匀加料的运输机和喂料机、重型卷扬机、球磨机、多缸往复式压缩机等 | 1.2~1.6 | 1.6~1.8 | 1.8~2.0 |
| 较大冲击 | 压力机、剪床、钻机、轧机、挖掘机、重型给水泵、破碎机、单缸往复式压缩机等 | 1.6~1.8 | 1.9~2.1 | 2.2~2.4 |

注：斜齿、圆周速度低、齿宽系数小时，取小值；直齿、圆周速度高、传动精度低时，取大值。增速传动时，$K$ 值应增大至 1.1 倍。齿轮在轴承间不对称布置时，取大值。

## 二、齿面接触疲劳强度计算

齿面接触应力的计算是以两圆柱体接触时的最大接触应力推导出来的。

图 6-34a 所示为直接接触的两圆柱体，在载荷作用下接触区产生的最大接触应力 $\sigma_H$ 可以根据弹性力学中的赫兹（Hertz）公式计算：

$$\sigma_H = \sqrt{\frac{F_n}{\pi b} \frac{\frac{1}{\rho_1} \pm \frac{1}{\rho_2}}{\frac{1-\mu_1^2}{E_1} + \frac{1-\mu_2^2}{E_2}}} = \sqrt{\frac{1}{\pi \left(\frac{1-\mu_1^2}{E_1} + \frac{1-\mu_2^2}{E_2}\right)} \frac{F_n}{b} \frac{1}{\rho}} = Z_E \sqrt{\frac{F_n}{b} \frac{1}{\rho}} \tag{6-36}$$

式中，$b$ 为两圆柱体的接触宽度；$\rho_1$、$\rho_2$ 为两圆柱体接触处各自的曲率半径，式中"±"分别表示外接触和内接触；$\mu_1$、$\mu_2$ 为两圆柱体材料的泊松比；$\rho$ 为综合曲率半径，$1/\rho = (1/$

$\rho_1) \pm (1/\rho_2)$；$F_n/b$ 为单位接触长度上的载荷；$Z_E$ 为配对齿轮的材料系数，$Z_E = \sqrt{\dfrac{1}{\pi\left(\dfrac{1-\mu_1^2}{E_1}+\dfrac{1-\mu_2^2}{E_2}\right)}}$，见表 6-10。

表 6-10　配对齿轮的材料系数 $Z_E$　　（单位：$\sqrt{N/mm^2}$）

| 小轮材料 | 大轮材料 | | | |
|---|---|---|---|---|
| | 钢 | 铸 钢 | 铸 铁 | 球墨铸铁 |
| 钢 | 189.8 | 188.9 | 162.0 | 181.4 |
| 铸 钢 | 188.9 | 188.0 | 161.4 | 180.5 |

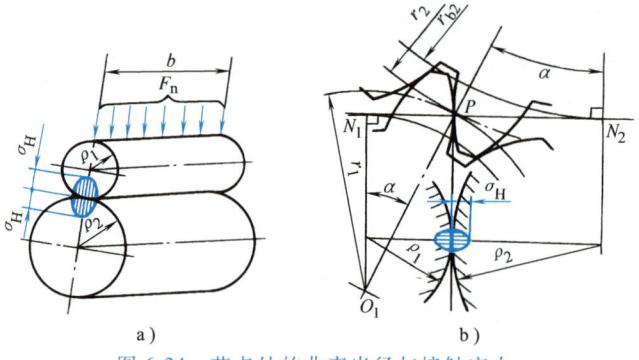

图 6-34　节点处的曲率半径与接触应力

由渐开线性质可知，一对轮齿的啮合过程，由于轮齿表面啮合位置不断变化，可以看成两个曲率半径随时变化的平行圆柱体的接触过程，故各个啮合位置的接触应力各不相同。考虑到轮齿在节点啮合时通常只有一对轮齿承担载荷，而且点蚀多发生在节线附近的齿根表面，因此，通常计算节点处的接触应力。

图 6-34b 表示一对标准齿轮两轮齿在节点接触，节点 $P$ 处的曲率半径为

$$\rho_1 = \overline{N_1 P} = \frac{1}{2}d_1 \sin\alpha \qquad \rho_2 = \overline{N_2 P} = \frac{1}{2}d_2 \sin\alpha$$

将它们代入式（6-36），经推导及简化得齿面接触应力计算公式为

$$\sigma_H = Z_E Z_H \sqrt{\frac{F_t}{bd_1} \cdot \frac{u \pm 1}{u}} \qquad (6\text{-}37)$$

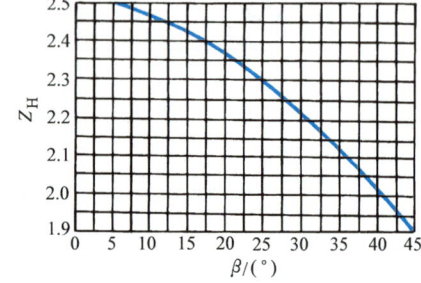

图 6-35　标准圆柱齿轮传动的节点啮合系数 $Z_H$

式中，$Z_H$ 为节点啮合系数，反映节点处齿廓形状对接触应力的影响，其值可查图 6-35 可知，$u$ 为齿数比 $z_2/z_1$，在减速传动时，传动比 $i = n_1/n_2 = z_2/z_1$，可用 $i$ 代替 $u$。

设 $b = \psi_d d_1$（$\psi_d$ 称为齿宽系数，其值的选取可参见表 6-11），而 $F_t = 2T_1/d_1$，代入式（6-37）并引入载荷系数 $K$，则得齿面接触疲劳强度的校核公式

$$\sigma_H = Z_E Z_H \sqrt{\frac{2KT_1}{bd_1^2} \cdot \frac{i \pm 1}{i}} = Z_E Z_H \sqrt{\frac{2KT_1}{\psi_d d_1^3} \cdot \frac{i \pm 1}{i}} \leqslant [\sigma_H] \qquad (6\text{-}38)$$

表 6-11 齿宽系数 $\psi_d$ 的取值范围

| 齿轮相对于轴承 | 齿面硬度 | |
|---|---|---|
| | ≤350HBW | >350HBW |
| 对称布置 | 0.8~1.4 | 0.4~0.9 |
| 非对称布置 | 0.6~1.2 | 0.3~0.6 |
| 悬臂布置 | 0.3~0.4 | 0.2~0.25 |

按齿面接触疲劳强度设计齿轮时，需确定小齿轮分度圆直径。将式（6-38）变换，可得齿面接触疲劳强度设计公式

$$d_1 \geq \sqrt[3]{\frac{2KT_1}{\psi_d}\left(\frac{Z_E Z_H}{[\sigma_H]}\right)^2 \frac{i \pm 1}{i}} \tag{6-39}$$

对于一对钢制标准直齿圆柱齿轮传动，可查得 $Z_H = 2.5$，$Z_E = 189.8\sqrt{\text{N/mm}^2}$，代入式（6-38）和式（6-39）中，简化得

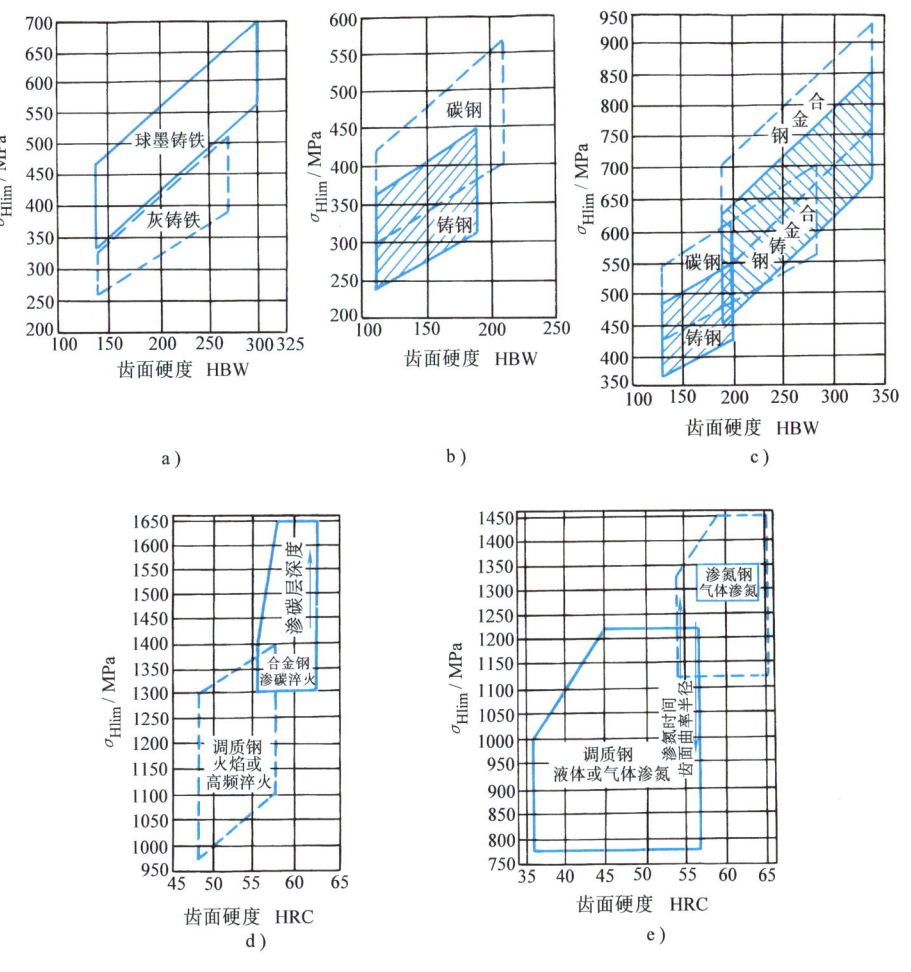

图 6-36 齿轮材料的 $\sigma_{Hlim}$ 值

a) 铸铁　b) 碳钢，正火　c) 调质
d) 渗碳，淬火　e) 渗氮

校核公式 $$\sigma_H = 671\sqrt{\frac{KT_1}{\psi_d d_1^3}\frac{i\pm1}{i}} \leqslant [\sigma_H] \qquad (6\text{-}40)$$

设计公式 $$d_1 \geqslant \sqrt[3]{\left(\frac{671}{[\sigma_H]}\right)^2 \frac{KT_1}{\psi_d}\frac{i\pm1}{i}} \qquad (6\text{-}41)$$

必须指出，上列式中的 $[\sigma_H]$，在 $[\sigma_{H1}]$、$[\sigma_{H2}]$ 数值不同时，应将较小的一个代入计算。式中"±"号的选取：外啮合时取"+"，内啮合时取"-"。

上列式中，$[\sigma_H]$ 为接触疲劳许用应力，按下式计算

$$[\sigma_H] = \frac{\sigma_{Hlim}}{S_{Hmin}} Z_N \qquad (6\text{-}42)$$

式中，$\sigma_{Hlim}$ 为接触疲劳极限，其值可由图 6-36 查出。由于齿轮材质、热处理以及加工方法等的差异，$\sigma_{Hlim}$ 具有较大的离散性，图 6-36 中的各线图绘出了 $\sigma_{Hlim}$ 的变动范围，通常可按图示范围取中值。$S_{Hmin}$ 为接触疲劳强度的最小安全系数，通常可取 $S_{Hmin}=1$，齿面失效后会引起严重后果的，为了提高设计的可靠性，可取 $S_{Hmin}=1.25\sim1.35$。$Z_N$ 为接触强度计算的寿命系数，用以考虑当齿轮应力循环次数 $N<N_0$ 时，齿轮的接触疲劳许用应力的提高系数，其值可根据应力循环次数查图 6-37。当 $N \geqslant N_0$ 时，取 $Z_N=1$，其中，$N_0$ 为应力循环基数。各种材料的 $N_0$ 可查图 6-37，图中各曲线与水平坐标轴交点的横坐标值即为 $N_0$。

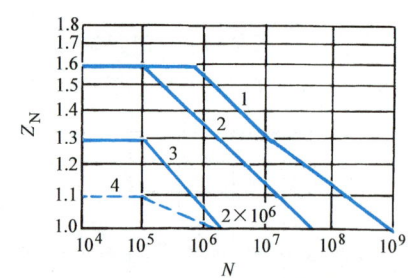

图 6-37 接触疲劳寿命系数 $Z_N$

1—碳钢经正火、调质、表面淬火及渗碳，球墨铸铁（允许一定的点蚀） 2—碳钢经正火、调质、表面淬火及渗碳，球墨铸铁（不允许出现点蚀） 3—碳钢调质后气体渗氮，灰铸铁 4—碳钢调质后液体渗氮

对于稳定载荷，应力循环次数 $N$ 可按下式计算

$$N = 60njt_h$$

式中，$n$ 为齿轮转速（r/min）；$j$ 为齿轮每转一周，同一侧齿面啮合的次数；$t_h$ 为齿轮在设计期限内的总工作时数（h），每年按 300 天计。

在做齿面接触强度计算时，式（6-40）和式（6-41）只适用于钢制标准直齿圆柱齿轮，若配对材料不是钢对钢，则应按其材料确定相应的材料系数，按式（6-38）和式（6-39）进行计算。

### 三、齿根弯曲疲劳强度的计算

计算时设全部载荷由一对齿承担，且载荷作用于齿顶，并视轮齿为一个宽度为 $b$ 的悬臂梁。轮齿危险截面可由 30°切线法确定：即作与轮齿对称中心线成 30°且与齿根过渡曲线相切的直线，通过两切点作平行于齿轮轴线的截面，即为轮齿危险截面（图 6-38）。设法向力 $F_n$ 与齿廓对称中线垂线的夹角为 $\alpha_F$，力臂为 $h_F$，则弯矩 $M=(F_n\cos\alpha_F)h_F$。危险截面处的齿厚为 $s_F$，模数为 $m$，则在轮齿危险截面上有由切向分力 $F_n\cos\alpha_F$ 引起的弯曲应力以及由径向分力 $F_n\sin\alpha_F$ 引起的压应力。由于压应力仅为弯曲应力的 1/100，可以略去不计，故得轮

齿的弯曲应力为

$$\sigma_{bb} = \frac{M}{W} = \frac{(F_n \cos\alpha_F) h_F}{b s_F^2 / 6}$$

在综合相关几何参数因素和考虑齿根部的应力集中后引入系数 $Y_{FS}$，考虑工作情况对载荷的影响，引入载荷系数 $K$，则实际轮齿弯曲应力计算公式为

$$\sigma_{bb} = \frac{M}{W} = \frac{KF_t}{bm} Y_{FS} \qquad (6\text{-}43)$$

式中，$Y_{FS}$ 称为复合齿形系数。因 $h_F$ 和 $s_F$ 均与模数成正比，故 $Y_{FS}$ 值只与轮齿形状有关，而与模数无关，其值可由图 6-39 查取。

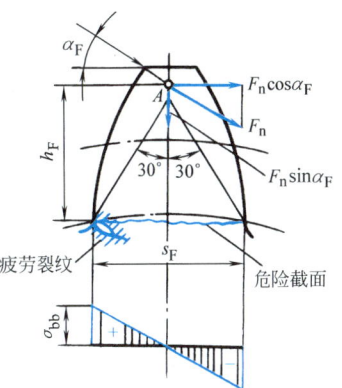

图 6-38　轮齿弯曲疲劳折断的危险截面

为便利工程设计计算，将 $b = \psi_d d_1$、$F_t = 2T_1/d_1$ 及

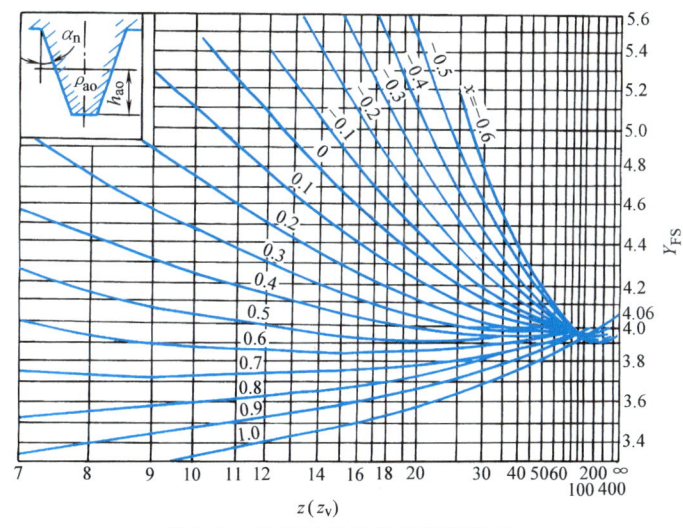

图 6-39　外齿轮的复合齿形系数 $Y_{FS}$

$d_1 = mz_1$ 代入式（6-43），得轮齿弯曲疲劳强度的校核公式

$$\sigma_{bb} = \frac{2KT_1}{bmd_1} Y_{FS} \leqslant [\sigma_{bb}] \qquad (6\text{-}44)$$

或

$$\sigma_{bb} = \frac{2KT_1}{\psi_d z_1^2 m^3} Y_{FS} \leqslant [\sigma_{bb}] \qquad (6\text{-}45)$$

设计计算时，将式（6-45）改写成轮齿弯曲疲劳强度设计公式，用以求出模数

$$m \geqslant \sqrt[3]{\frac{2KT_1}{z_1^2 \psi_d} \frac{Y_{FS}}{[\sigma_{bb}]}} \qquad (6\text{-}46)$$

式中，$z_1$ 为主动齿轮 1 的齿数；$[\sigma_{bb}]$ 为弯曲疲劳许用应力（MPa）。

一般的齿轮传动弯曲疲劳许用应力按下式计算

$$[\sigma_{bb}] = \frac{\sigma_{bblim}}{S_{Fmin}} Y_N \qquad (6\text{-}47)$$

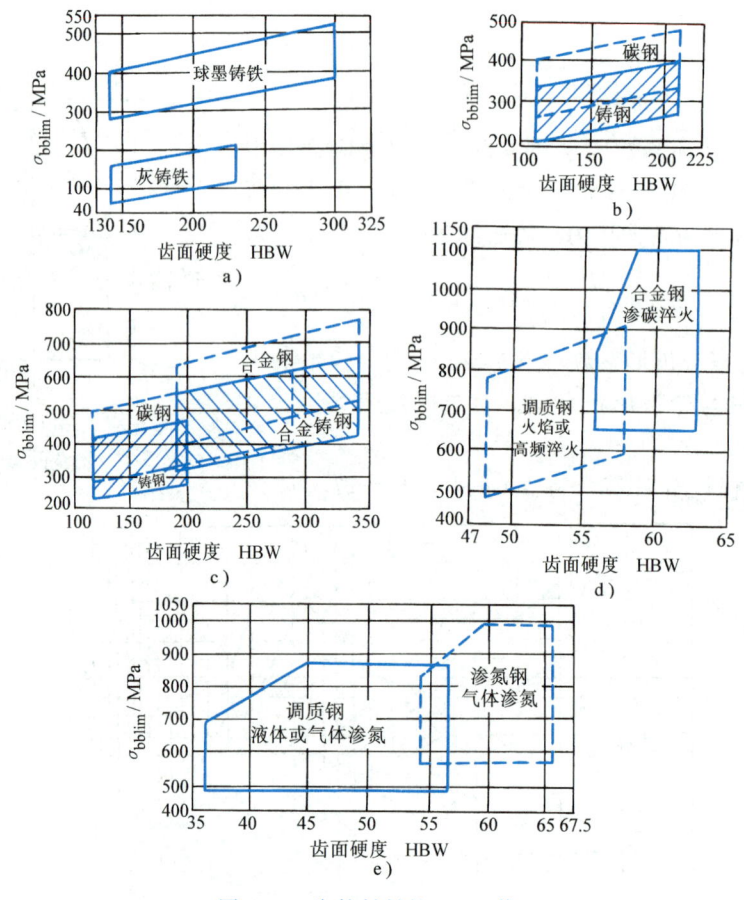

图 6-40 齿轮材料的 $\sigma_{bblim}$ 值

a) 铸铁 b) 碳钢，正火 c) 调质 d) 渗碳，淬火 e) 渗氮

式中，$\sigma_{bblim}$ 为齿轮单向受载时的弯曲疲劳极限，其值可由图 6-40 查出。与 $\sigma_{Hlim}$ 一样，$\sigma_{bblim}$ 也有较大的离散性，通常情况下可按图示范围取中值，对称循环变应力下工作的齿轮（由于应力幅度增大），其 $\sigma_{bblim}$ 值应降为图中所查数值的 70%。$S_{Fmin}$ 为弯曲疲劳强度的最小安全系数，通常取 $S_{Fmin}=1$，对于损坏后会引起严重后果的可取 $S_{Fmin}=1.5$。$Y_N$ 为弯曲强度计算的寿命系数，用以考虑当齿轮应力循环次数 $N<N_0$ 时，轮齿弯曲疲劳许用应力的提高系数，其值可根据 $N$ 查图 6-41。当 $N \geq N_0$ 时，取 $Y_N=1$，$N_0$ 为图中各曲线与水平坐标轴交点的横坐标值。

用式 (6-45) 校核齿轮弯曲强度时，由于大、小齿轮的齿数不同，齿形系数 $Y_{FS}$ 值也不相同；两轮材料硬度一般不相同，其弯曲疲劳许用应力 $[\sigma_{bb1}]$ 和 $[\sigma_{bb2}]$ 也不相等。因此，大、小齿轮的弯曲应力应分别计算，并与各自的弯曲疲劳许用应力做比较，使

$$\sigma_{bb1} \leq [\sigma_{bb1}] \quad \sigma_{bb2} \leq [\sigma_{bb2}]$$

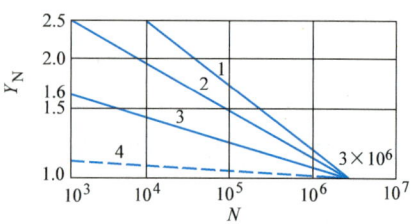

图 6-41 弯曲疲劳寿命系数 $Y_N$

1—碳钢经正火、调质，球墨铸铁
2—碳钢经表面淬火、渗碳
3—渗氮钢气体渗氮，灰铸铁
4—碳钢调质后液体渗氮

用式（6-46）设计计算时，应将 $Y_{FS1}/[\sigma_{bb1}]$ 和 $Y_{FS2}/[\sigma_{bb2}]$ 中较大的代入。

## 四、圆柱齿轮传动参数的选择和设计步骤

已知条件一般为齿轮传递的功率 $P$、转速 $n$、传动比 $i$、工作机和原动机的工作特性、外廓尺寸、中心距限制、寿命、可靠性、维修条件等。

设计要求：确定齿轮传动的主要参数、几何尺寸、齿轮结构和精度等级，最后绘出工作图。

### 1. 主要参数的选择

（1）齿数 $z$　当中心距确定时，齿数增多，重合度增大，能提高传动的平稳性，并降低摩擦损耗，提高传动效率。因此，对于软齿面的闭式传动，在满足弯曲疲劳强度的条件下，宜采用较多齿数，一般取 $z_1 = 20\sim40$。

硬齿面的闭式传动及开式传动，齿根抗弯曲疲劳破坏能力较低，宜取较少齿数，以便增大模数，提高轮齿抗弯曲疲劳强度，但要避免发生根切，故通常取 $z_1 = 17\sim20$。

（2）模数 $m$　模数影响轮齿的抗弯强度，一般在满足轮齿抗弯曲疲劳强度的条件下，宜取较小模数，以利增大齿数，减少切齿量。对于传递动力的齿轮，可按 $m = (0.007\sim0.02)a$ 初选，但应保证模数 $m \geq 2\text{mm}$。

（3）齿宽系数 $\psi_d$　增大齿宽系数，可减小齿轮传动装置的径向尺寸，降低齿轮的圆周速度。但齿宽系数过大则需提高结构刚度，否则会导致齿向载荷分布严重不均。对于一般机械，齿宽系数可按表 6-11 选取。

为了确保强度要求，同时利于装配和调整，常将小齿轮齿宽加大 $5\sim10\text{mm}$。

### 2. 设计步骤

根据圆柱齿轮的强度计算方法，直齿圆柱齿轮传动设计计算的一般步骤如下：

（1）选择齿轮材料及热处理方法　齿轮材料及热处理方法的选择可参考表 6-7 和第八节的有关内容，结合考虑取材的方便性和经济性的原则。

（2）确定齿轮传动的精度等级　齿轮传动精度等级的选择可参阅表 6-8，在满足使用要求的前提下选择尽可能低的精度等级可减少加工难度，降低制造成本。

（3）简化设计计算　按第七节所确定的设计计算准则，进行设计计算并确定齿轮传动的主要参数。例如，对软齿面的闭式传动，可按齿面接触疲劳强度确定 $d_1$（或 $a$），再选择合适的 $z$ 和 $m$，最后做齿根弯曲疲劳强度校核；而对硬齿面的闭式传动，则可按齿根弯曲疲劳强度确定模数 $m$，再选择合适的齿数和 $\psi_d$，最后校核齿面接触疲劳强度等等。

（4）计算齿轮的几何尺寸　按表 6-3 所列公式计算齿轮的几何尺寸。

（5）确定齿轮的结构型式　齿轮的结构由轮缘、轮毂和轮幅三部分组成。根据齿轮毛坯制造的工艺方法，齿轮可分为锻造齿轮和铸造齿轮两种。圆柱齿轮的结构及其尺寸参阅表 6-12。

（6）绘制齿轮工作图　齿轮工作图可按机械制图标准中规定的简化画法表达。按 GB/T 6443—1986 的规定，工作图上应标注分度圆直径 $d$、顶圆直径 $d_a$、齿宽 $b$、其他结构尺寸及公差、定位基准及相应的几何公差和表面粗糙度。并且，在图样的右上角要用表格的形式列出模数 $m$、齿数 $z$、压力角 $\alpha$、齿顶高系数 $h_a^*$、变位系数 $x$、齿厚（或公法线平均长度）公称值及其上、下极限偏差、精度等级、齿轮副中心距及其极限偏差、配对齿轮、公差组的检测项目及公差值等。其示例如图 6-42 所示。

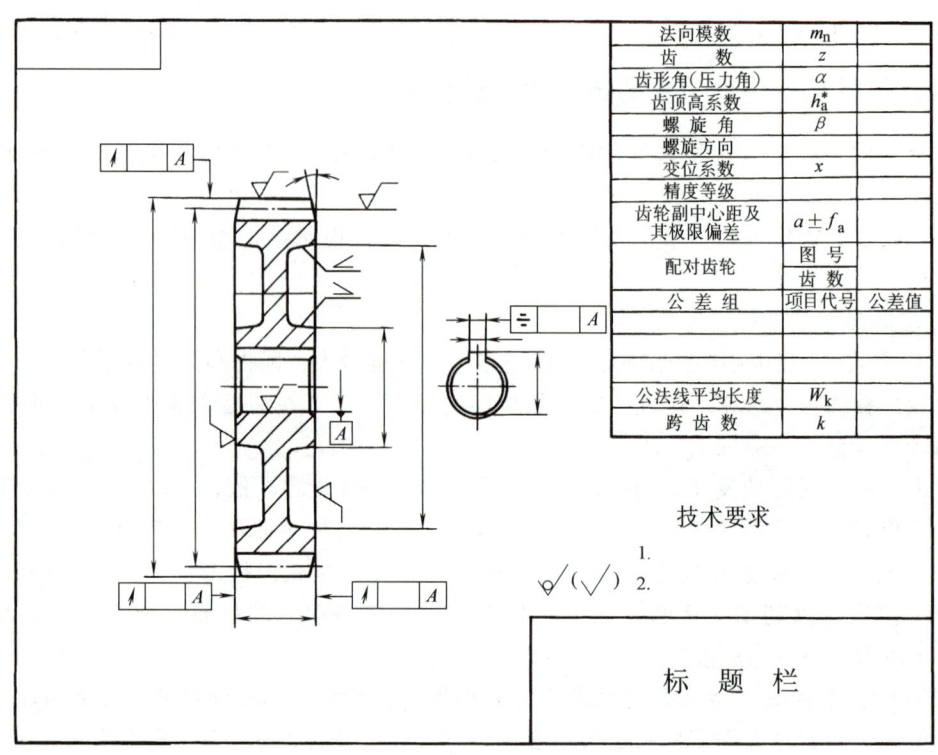

图 6-42 圆柱齿轮工作图

表 6-12 圆柱齿轮结构

| 名称 | 结构形式 | 结构尺寸 |
|---|---|---|
| 齿轮轴 | | $d_a<2d$ 或 $\delta<(2\sim2.5)m_t$ 时,轴与齿轮做成一体 |
| 实体式 | | $d_1=kd$,$k$ 值见下表<br>$(1.2\sim1.5)d\geq l\geq b$<br>$\delta_0=2.5m_t$,但不小于 8mm<br>$D_0=0.5(d_1+d_2)$<br>当 $d_0<10$mm 时不钻孔<br>$n=0.5m_t$ |

| $d$/mm | <20 | 20~32 | >32~50 | >50~80 | >80~120 | >120~200 |
|---|---|---|---|---|---|---|
| $k$ | 2.0 | 1.9 | 1.8 | 1.7 | 1.6 | 1.5 |

(续)

| 名称 | | 结构形式 | 结构尺寸 |
|---|---|---|---|
| 腹板式 | 锻造 | $d_a \leq 500$ | $d_1 = 1.6d$<br>$1.5d > l \geq b$<br>$\delta_0 = (3 \sim 4)m_t$，但不小于8mm<br>$D_0 = 0.5(d_1 + d_2)$<br>$d_0 = 15 \sim 25$mm<br>$c = 0.2b$（模锻）、$c = 0.3b$（自由锻），但不小于8mm<br>$n = 0.5m_t$<br>$r \approx 0.5c$ |
| 腹板式 | 铸造 | $d_a < 500$ | $d_1 = 1.6d$（铸钢）、$d_1 = 1.8d$（铸铁）<br>$1.5d > l \geq b$<br>$\delta_0 = (3 \sim 4)m_t$，但不小于8mm<br>$D_0 = 0.5(d_1 + d_2)$<br>$d_0 = (0.25 \sim 0.35)(d_2 - d_1)$<br>$c = 0.2b$，但不小于10mm<br>$n = 0.5m_t$<br>$r \approx 0.5c$ |
| 轮辐式 | 铸造 | $d_a > 400, b < 240$ | $d_1 = 1.6d$（铸钢）、$d_1 = 1.8d$（铸铁）<br>$1.5d > l \geq b$<br>$\delta_0 = (3 \sim 4)m_t$，但不小于8mm<br>$H = 0.8d$（铸钢），$H = 0.9d$（铸铁）<br>$H_1 = 0.8H$<br>$c = (1 \sim 1.3)\delta_0, s = 0.8c$<br>$e = (1 \sim 1.2)\delta_0$<br>$n = 0.5m_t$<br>$r \approx 0.5c$ |

### 五、应用举例

**例6-4** 某带式运输机减速器的高速级圆柱齿轮传动，已知 $i = 4.6$，$n_1 = 1440$r/min，传递功率 $P = 5$kW，单班工作制，每班8h，工作期限10年，单方向传动，载荷平稳。试设计该齿轮传动。

**解** （1）选择材料与热处理方式。所设计的齿轮传动属于闭式传动，通常采用软齿面的钢制齿轮，查阅表6-7，选用价格便宜便于制造的材料。小齿轮材料为45钢，调质处理，硬度为260HBW，大齿轮材料也为45钢，正火处理，硬度为215HBW，硬度差45HBW较合适。

（2）选择精度等级。运输机是一般机械，速度不高，故选择8级精度。

（3）按齿面接触疲劳强度设计。本传动为闭式传动，软齿面，因此主要失效形式为疲劳点蚀，应根据齿面接触疲劳强度设计，根据式（6-41）

$$d_1 \geqslant \sqrt[3]{\left(\frac{671}{[\sigma_H]}\right)^2 \frac{KT_1}{\psi_d} \frac{i\pm1}{i}}$$

1）载荷系数 $K$。圆周速度不大，精度不高，齿轮关于轴承对称布置，按表 6-9 取 $K=1.2$。

2）转矩 $T_1$

$$T_1 = 9.55\times10^6 P/n_1 = (9.55\times10^6\times5/1440)\text{N}\cdot\text{mm} = 33159.7\text{N}\cdot\text{mm}$$

3）接触疲劳许用应力 $[\sigma_H]$，根据式（6-42）

$$[\sigma_H] = \frac{\sigma_{H\min}}{S_{H\min}} Z_N$$

由图 6-36 查得：$\sigma_{H\lim1}=610\text{MPa}$，$\sigma_{H\lim2}=500\text{MPa}$；接触疲劳寿命系数 $Z_N$：按一年 300 工作日，单班每天 8h 计算，由公式 $N=60njt_h$ 得

$$N_1 = 60\times1440\times10\times300\times8 = 2.07\times10^9 \qquad N_2 = N_1/i = 2.07\times10^9/4.6 = 4.5\times10^8$$

查图 6-37 中曲线 1，得

$$Z_{N1} = 1 \qquad (N_1 > N_0,\ N_0 = 10^9)$$
$$Z_{N2} = 1.03$$

按一般可靠性要求，取 $S_{H\min} = 1$，则有

$$[\sigma_{H1}] = \frac{\sigma_{H\lim1} Z_{N1}}{S_{H\min}} = \frac{610\times1}{1}\text{MPa} = 610\text{MPa}$$

$$[\sigma_{H2}] = \frac{\sigma_{H\lim2} Z_{N2}}{S_{H\min}} = \frac{500\times1.03}{1}\text{MPa} = 515\text{MPa}$$

4）计算小齿轮分度圆直径 $d_1$。由表 6-11，取 $\psi_d = 1.1$，则有

$$d_1 \geqslant \sqrt[3]{\left(\frac{671}{[\sigma_H]}\right)^2 \frac{KT_1}{\psi_d}\frac{i+1}{i}} = \sqrt[3]{\left(\frac{671}{515}\right)^2 \times \frac{1.2\times33159.7}{1.1}\times\frac{4.6+1}{4.6}}\text{mm} = 42.13\text{mm}$$

取 $d_1 = 45\text{mm}$。

5）计算圆周速度 $v$

$$v = \frac{\pi n_1 d_1}{60\times1000} = \frac{3.14\times1440\times45}{60\times1000}\text{m/s} = 3.39\text{m/s}$$

因 $v<5\text{m/s}$，故取 8 级精度合适。

（4）确定主要参数，计算主要几何尺寸。

1）齿数。取 $z_1 = 20$，则 $z_2 = z_1 i = 20\times4.6 = 92$。

2）模数 $m$

$$m = d_1/z_1 = 45\text{mm}/20 = 2.25\text{mm}$$

正好是标准模数第二系列上的数值，可取（读者也可按优先选用原则选第一系列标准模数 $m=2.5\text{mm}$）。

3）分度圆直径

$$d_1 = z_1 m = 20\times2.25\text{mm} = 45\text{mm}$$
$$d_2 = z_2 m = 92\times2.25\text{mm} = 207\text{mm}$$

4）中心距 $a$

$$a = (d_1+d_2)/2 = (45+207)\text{mm}/2 = 126\text{mm}$$

5) 齿宽 $b$
$$b = \psi_d d_1 = 1.1 \times 45\text{mm} = 49.5\text{mm}$$

取 $b_2 = 50\text{mm}$，$b_1 = b_2 + 5\text{mm} = 55\text{mm}$。

（5）校核弯曲疲劳强度。根据式（6-44）
$$\sigma_{bb} = \frac{2KT_1}{bmd_1} Y_{FS} \leq [\sigma_{bb}]$$

1) 复合齿形系数 $Y_{FS}$。由图 6-39 得：$Y_{FS1} = 4.35$，$Y_{FS2} = 3.98$。

2) 弯曲疲劳许用应力 $[\sigma_{bb}]$
$$[\sigma_{bb}] = \frac{\sigma_{bblim}}{S_{Fmin}} Y_N$$

由图 6-40 得弯曲疲劳极限应力 $\sigma_{bblim}$：$\sigma_{bblim1} = 490\text{MPa}$，$\sigma_{bblim2} = 410\text{MPa}$。

由图 6-41 得弯曲疲劳寿命系数 $Y_N$：$Y_{N1} = 1$（$N_1 > N_0$，$N_0 = 3 \times 10^6$），$Y_{N2} = 1$（$N_2 > N_0$，$N_0 = 3 \times 10^6$）。

弯曲疲劳的最小安全系数 $S_{Fmin}$：按一般可靠性要求，取 $S_{Fmin} = 1$。

计算得弯曲疲劳许用应力为
$$[\sigma_{bb1}] = \frac{\sigma_{bblim1}}{S_{Fmin}} Y_{N1} = \frac{490\text{MPa}}{1} \times 1 = 490\text{MPa}$$

$$[\sigma_{bb2}] = \frac{\sigma_{bblim2}}{S_{Fmin}} Y_{N2} = \frac{410\text{MPa}}{1} \times 1 = 410\text{MPa}$$

3) 校核计算
$$\sigma_{bb1} = \frac{2KT_1}{b_1 m d_1} Y_{FS1} = \frac{2 \times 1.2 \times 33159.7}{55 \times 2.25 \times 45} \times 4.35\text{MPa} = 62.17\text{MPa} < [\sigma_{bb1}]$$

$$\sigma_{bb2} = \frac{2KT_1}{b_2 m d_1} Y_{FS2} = \frac{2 \times 1.2 \times 33159.7}{50 \times 2.25 \times 45} \times 3.98\text{MPa} = 62.57\text{MPa} < [\sigma_{bb2}]$$

故弯曲疲劳强度足够。

（6）结构设计与工作图（略）。

## 第十一节　渐开线斜齿圆柱齿轮传动

### 一、斜齿圆柱齿轮齿廓曲面的形成及其特点

直齿圆柱齿轮的齿廓形成及啮合特点，都是就其端面即垂直于齿轮轴线的平面来讨论的。实际上，齿轮有一定的宽度，如图 6-43a 所示，直齿轮的齿廓曲面是发生面 $S$ 在基圆柱上做纯滚动时，发生面上与基圆柱母线 $NN$ 平行的任一直线 $KK$ 所展成的渐开线柱面。

两齿轮啮合时，齿面的接触线均为与轴线平行的直线，此直线在啮合面上，故啮合面即为两基圆柱的内公切面。当一对轮齿进入啮合或脱离啮合时，载荷将沿整个齿宽突然加上或卸去，因此，直齿圆柱齿轮传动的平稳性较差，噪声和冲击也较大，一般不适用于高速、重载的传动。

斜齿圆柱齿轮齿廓曲面的形成原理与直齿圆柱齿轮相同，只不过发生面上的直线 $KK$ 不

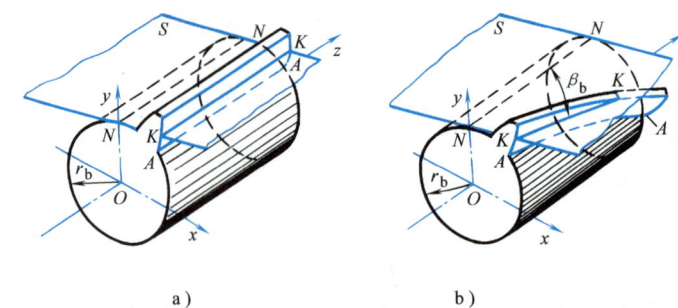

图 6-43 圆柱齿轮齿廓曲面的形成

平行于 NN 而与它成一个角度 $\beta_b$。如图 6-43b 所示,当发生面 S 沿基圆柱做纯滚动时,直线 KK 上任一点的轨迹都是基圆柱的一条渐开线,直线 KK 因此展出一个螺旋状的渐开线曲面,它在齿顶圆柱和基圆柱之间的部分构成了斜齿轮的齿廓曲面。渐开线螺旋面齿廓有以下特点:

1)相切于基圆柱的平面与齿廓曲面的交线为斜直线,它与基圆柱母线的夹角恒为 $\beta_b$。$\beta_b$ 称为基圆柱上的螺旋角。

2)端面与齿廓曲面的截交线为渐开线。

3)基圆柱面以及和它同轴的圆柱面与齿廓曲面的截交线都是螺旋线,但其螺旋角不等。

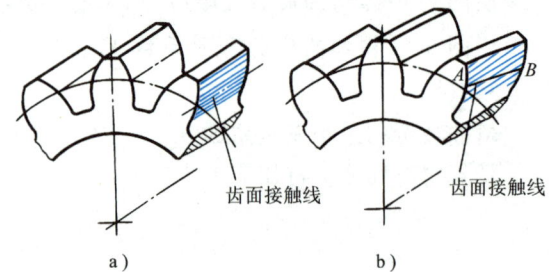

图 6-44 直齿轮和斜齿轮的齿廓接触线
a)直齿轮 b)斜齿轮

4)如图 6-44b 所示,一对斜齿轮啮合时,两齿廓由从动轮前端面与主动轮齿根的 B 点开始接触,接触线由短逐渐变长,尔后又逐渐变短,直至变为从动轮齿根与主动轮齿顶接触点 A 时退出。由此可知,斜齿轮的齿廓是逐渐进入和逐渐退出啮合的。当其齿廓前端面脱离啮合时,齿廓的后端面仍在啮合中,所以斜齿轮的啮合过程比直齿轮长,同时啮合的轮齿对数也比直齿轮多,即其重合度较大。因此,斜齿轮传动平稳,承载能力强,噪声和冲击小,适用于高速、大功率的齿轮传动。

## 二、斜齿圆柱齿轮的主要参数和几何尺寸

由于斜齿的齿廓为渐开线螺旋面,因此它在垂直于齿轮轴线的端面上的参数,与在垂直于齿廓螺旋面的法面上的参数是不同的,现分述于下。

### 1. 螺旋角 $\beta$

斜齿轮分度圆柱面上的螺旋角为 $\beta$

$$\tan\beta = \pi d/p_z \tag{a}$$

式中,$p_z$ 为螺旋线的导程,即螺旋线绕分度圆柱一周时它沿轮轴方向前进的距离。

因为斜齿轮各个圆柱面上的螺旋线的导程相同,所以基圆柱面上的螺旋角 $\beta_b$ 应为

$$\tan\beta_b = \pi d_b/p_z = \pi d\cos\alpha_t/p_z \tag{b}$$

联立式(a)、(b)可得

$$\tan\beta_b = \tan\beta\cos\alpha_t \tag{6-48}$$

由式（6-48）可知，$\beta_b < \beta$。因此，可进一步推知，圆柱面直径大，螺旋角也大。通常用分度圆柱上的螺旋角 $\beta$ 进行几何尺寸计算。螺旋角 $\beta$ 越大，轮齿越倾斜，传动的平稳性就越好，但轴向力也越大。一般设计时可取 $\beta = 8° \sim 20°$。近年来，为了增大重合度，增加传动平稳性和降低噪声，在螺旋角参数选择上，有大螺旋角化的趋势。对于人字齿轮，因其轴向力可以抵消，常取 $\beta = 25° \sim 45°$，如图 6-45 所示。但其加工较困难，精度较低，一般用于重型机械的齿轮传动中。

斜齿轮按其齿廓渐开螺旋面的旋向，可以分为右旋和左旋两种，如图 6-46 所示。

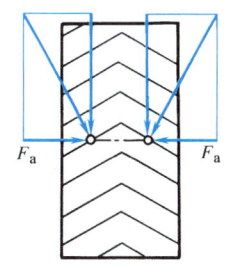

图 6-45 人字齿轮的轴向力

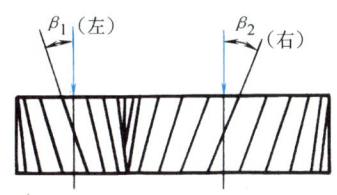

图 6-46 斜齿轮轮齿的旋向

### 2. 法向模数 $m_n$ 和端面模数 $m_t$

图 6-47a 所示为斜齿圆柱齿轮分度圆柱展开图。$\beta$ 为分度圆柱的螺旋角。图中细斜线部分为轮齿，空白部分为齿槽。在 △DEF 中

$$p_n = p_t \cos\beta$$

式中，$p_n$ 为法向齿距，$p_t$ 为端面齿距。

因 $p_n = \pi m_n$ 和 $p_t = \pi m_t$，得

$$m_n = m_t \cos\beta \tag{6-49}$$

### 3. 压力角 $\alpha_n$ 和 $\alpha_t$

为便于分析，以斜齿条说明问题。在图 6-48 所示斜齿条中，平面 ABD 为端面，平面 ACE 为法面，$\angle ACB = 90°$。

在直角 △ABD、直角 △ACE 及直角 △ABC 中，因 $\tan\alpha_t = AB/BD$，$\tan\alpha_n = AC/CE$、$AC = AB\cos\beta$；又因 $BD = CE$，故得

$$\tan\alpha_n = AC/CE = AB\cos\beta/BD = \tan\alpha_t \cos\beta \tag{6-50}$$

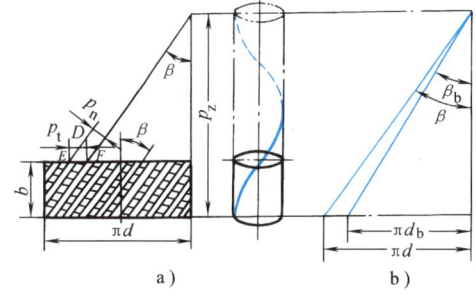

图 6-47 斜齿圆柱齿轮分度圆柱面展开图

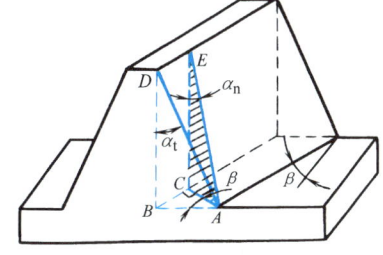

图 6-48 斜齿条上的参数

### 4. 齿顶高系数 $h_{an}^*$ 和 $h_{at}^*$ 及顶隙系数 $c_n^*$ 和 $c_t^*$

无论从法向或从端面来看，轮齿的齿顶高与顶隙都是相同的，即

$$h_{an}^* m_n = h_{at}^* m_t \quad c_n^* m_n = c_t^* m_t$$

将式（6-49）代入以上两式得

$$\left.\begin{array}{l} h_{at}^* = h_{an}^* \cos\beta \\ c_t^* = c_n^* \cos\beta \end{array}\right\} \tag{6-51}$$

由于无论用滚刀、斜齿轮插刀或仿形铣刀加工斜齿轮，刀具都是沿着轮齿的螺旋齿槽方向运动，又由于刀具齿形参数为标准值，所以斜齿轮的法向参数也对应为标准值，因此有：正常齿制，$h_{an}^* = 1$，$c_n^* = 0.25$；短齿制，$h_{an}^* = 0.8$，$c_n^* = 0.3$。设计、加工和测量斜齿轮时，均以法向为基准。

只需将直齿圆柱齿轮几何尺寸计算公式中的各参数视作端面参数，再进行必要的端面-法向参数换算，即可方便地进行平行轴标准斜齿轮的几何尺寸计算，具体计算公式见表6-13。

表6-13 外啮合标准斜齿圆柱齿轮的几何尺寸计算公式

| 名　　称 | 符　号 | 公　　式 |
|---|---|---|
| 分度圆直径 | $d$ | $d = m_t z = (m_n/\cos\beta) z$ |
| 基圆直径 | $d_b$ | $d_b = d\cos\alpha_t$ |
| 齿顶高 | $h_a$ | $h_a = h_{an}^* m_n$ |
| 齿根高 | $h_f$ | $h_f = (h_{an}^* + c_n^*) m_n$ |
| 齿高 | $h$ | $h = h_a + h_f = (2h_{an}^* + c_n^*) m_n$ |
| 齿顶圆直径 | $d_a$ | $d_a = d + 2h_a$ |
| 中心距 | $a$ | $a = (d_1 + d_2)/2 = m_n(z_1 + z_2)/(2\cos\beta)$ |

从表中可以看出，斜齿轮传动的中心距与螺旋角$\beta$有关。当一对斜齿轮的模数、齿数一定时，可以通过改变螺旋角$\beta$来配凑中心距。

**例6-5** 在一对标准斜齿圆柱齿轮传动中，已知传动的中心距$a = 190$mm，齿数$z_1 = 30$，$z_2 = 60$，法向模数$m_n = 4$mm。试计算其螺旋角$\beta$、基圆柱直径$d_b$、分度圆直径$d$及齿顶圆直径$d_a$的大小。

**解** $\cos\beta = m_n(z_1 + z_2)/(2a) = 4(30 + 60)/(2 \times 190) = 0.9474$

所以 $\beta = 18°40'$

$\tan\alpha_t = \tan\alpha_n/\cos\beta = \tan 20°/\cos 18°40' = 0.3842$

所以 $\alpha_t = 21°1'$

$d_1 = m_n z_1/\cos\beta = 4 \times 30/0.9474 \text{mm} = 126.662 \text{mm}$

$d_2 = m_n z_2/\cos\beta = 4 \times 60/0.9474 \text{mm} = 253.325 \text{mm}$

$d_{a1} = d_1 + 2m_n = (126.662 + 8) \text{mm} = 134.662 \text{mm}$

$d_{a2} = d_2 + 2m_n = (253.325 + 8) \text{mm} = 261.325 \text{mm}$

$d_{b1} = d_1 \cos\alpha_t = 126.662 \times 0.9335 \text{mm} = 118.239 \text{mm}$

$d_{b2} = d_2 \cos\alpha_t = 253.325 \times 0.9335 \text{mm} = 236.479 \text{mm}$

### 三、斜齿圆柱齿轮传动的正确啮合条件和重合度

#### 1. 正确啮合条件

斜齿轮在端面内的啮合相当于直齿轮的啮合，因此斜齿轮传动螺旋角大小应相等，外啮

合时旋向相反（取"-"号），内啮合时旋向相同（取"+"号），又由于斜齿轮的法向参数为标准值，故其正确啮合条件可完整地表达为

$$\left.\begin{array}{r}\alpha_{n1}=\alpha_{n2}\\m_{n1}=m_{n2}\\\beta_1=\pm\beta_2\end{array}\right\} \tag{6-52}$$

### 2. 重合度

如图 6-49a 所示，直齿轮传动的实际啮合线长度为 $CD$；如图 6-49b 所示，斜齿轮传动啮合时，由从动轮前端面齿顶与主动轮前端面齿根接触点 $D$ 开始啮合，至主动轮后端面齿顶与从动轮后端面齿根接触点 $C_1$ 退出啮合，实际啮合线长度为 $D'C_1$，它比直齿轮的啮合线增大了 $C'C_1$。因此，斜齿轮传动的总重合度为

$$\varepsilon = D'C_1/p_{bt} = D'C'/p_{bt} + C'C_1/p_{bt} = \varepsilon_\alpha + \varepsilon_\beta$$

式中，$\varepsilon_\alpha$ 为斜齿轮传动的端面重合度；$\varepsilon_\beta = b\tan\beta/(\pi m_t)$，称为斜齿轮传动的纵向重合度。

显然，$\beta$ 增大，纵向重合度 $\varepsilon_\beta$ 随之增大，从而使重合度 $\varepsilon$ 达到很大的值。

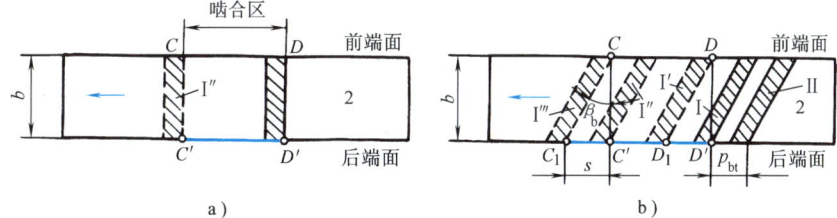

图 6-49 斜齿圆柱齿轮的重合度

## 四、斜齿圆柱齿轮的公法线长度与固定弦齿厚

### 1. 公法线长度

斜齿轮的公法线长度也有端面（$W_t$）和法向（$W_n$）两种。如图 6-50 所示，$W_n = W_t\cos\beta_b$。

由于斜齿轮的齿呈螺旋形，所以端面公法线长度 $W_t$ 实际上无法测量，只能测量法向公法线长度 $W_n$。对于压力角 $\alpha_n = 20°$ 的标准斜齿轮，其法向公法线长度 $W_n$ 和跨齿数 $k$ 可用下式计算

$$W_n = m_n[2.9521(k-0.5)+0.014z'] \tag{6-53}$$

$$k = 0.111z'+0.5 \tag{6-54}$$

上面两式中的 $z'$ 称为相当齿数，其值可由下式求得

$$z' = z\mathrm{inv}\alpha_t'/\mathrm{inv}20° \tag{6-55}$$

式中，$z$ 为被测斜齿轮的齿数；$\alpha_t$ 为端面压力角，可由式（6-50）求得。

为简便起见，将 $\mathrm{inv}\alpha_t/\mathrm{inv}20°$ 与 $\beta$ 的关系列于表 6-14 中。

测量公法线长度时，如图 6-50 所示，当 $b < W_n\sin\beta_b$ 时，齿轮太窄，卡尺的卡脚就会跨到轮缘外去，无法测量公法线长度，只能测量法向齿厚了。由于 $\beta$ 与 $\beta_b$ 十分接近，因此可以用下式作为是否测量公法线长度的依据：

$$b < W_n\sin\beta \tag{6-56}$$

斜齿圆柱齿轮法向公法线长度 $W_n$ 也可由查表直接确定，具体查阅方法可参阅有关机械

设计手册。

### 2. 固定弦齿厚 $\bar{s}_{cn}$ 与固定弦齿高 $\bar{h}_{cn}$

斜齿轮的固定弦齿厚与固定弦齿高都是在法向测量的，只要用法向模数 $m_n$ 代替式（6-15）的 $m$ 就可以得到法向压力角 $\alpha_n = 20°$，法向齿顶高系数 $h_{an}^* = 1$ 的标准斜齿轮的法向固定弦齿厚 $\bar{s}_{cn}$ 与固定弦齿高 $\bar{h}_{cn}$ 的计算公式

$$\left.\begin{array}{l}\bar{s}_{cn} = 1.387 m_n \\ \bar{h}_{cn} = 0.7476 m_n\end{array}\right\} \quad (6-57)$$

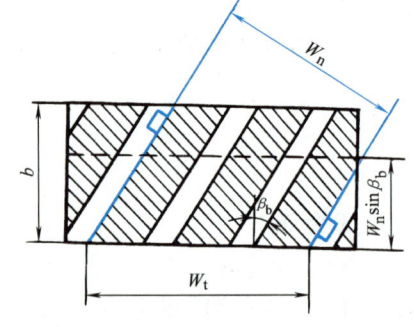

图 6-50 斜齿轮的公法线长度

表 6-14 $inv\alpha_t/inv20°$ 的值

| $\beta$ | $\dfrac{inv\alpha_t}{inv20°}$ | $\beta$ | $\dfrac{inv\alpha_t}{inv20°}$ | $\beta$ | $\dfrac{inv\alpha_t}{inv20°}$ | $\beta$ | $\dfrac{inv\alpha_t}{inv20°}$ | $\beta$ | $\dfrac{inv\alpha_t}{inv20°}$ |
|---|---|---|---|---|---|---|---|---|---|
| 8° | 1.0283 | 16° | 1.1192 | 24° | 1.2931 | 32° | 1.5951 | | |
| 8°20′ | 1.0309 | 16°20′ | 1.1244 | 24°20′ | 1.3029 | 32°20′ | 1.6115 | | |
| 8°40′ | 1.0333 | 16°40′ | 1.1300 | 24°40′ | 1.3128 | 32°40′ | 1.6285 | | |
| 9° | 1.0359 | 17° | 1.1358 | 25° | 1.3227 | 33° | 1.6455 | | |
| 9°20′ | 1.0388 | 17°20′ | 1.1415 | 25°20′ | 1.3327 | 33°20′ | 1.6631 | | |
| 9°40′ | 1.0415 | 17°40′ | 1.1475 | 25°40′ | 1.3433 | 33°40′ | 1.6813 | | |
| 10° | 1.0446 | 18° | 1.1536 | 26° | 1.3541 | 34° | 1.6998 | | |
| 10°20′ | 1.0477 | 18°20′ | 1.1598 | 26°20′ | 1.3652 | 34°20′ | 1.7187 | | |
| 10°40′ | 1.0508 | 18°40′ | 1.1665 | 26°40′ | 1.3765 | 34°40′ | 1.7380 | | |
| 11° | 1.0543 | 19° | 1.1730 | 27° | 1.3878 | 35° | 1.7578 | | |
| 11°20′ | 1.0577 | 19°20′ | 1.1797 | 27°20′ | 1.3996 | 35°20′ | 1.7782 | | |
| 11°40′ | 1.0613 | 19°40′ | 1.1866 | 27°40′ | 1.4116 | 35°40′ | 1.7986 | | |
| 12° | 1.0652 | 20° | 1.1936 | 28° | 1.4240 | 36° | 1.8201 | | |
| 12°20′ | 1.0688 | 20°20′ | 1.2010 | 28°20′ | 1.4364 | 36°20′ | 1.8418 | | |
| 12°40′ | 1.0728 | 20°40′ | 1.2084 | 28°40′ | 1.4495 | 36°40′ | 1.8640 | | |
| 13° | 1.0768 | 21° | 1.2160 | 29° | 1.4625 | 37° | 1.8868 | | |
| 13°20′ | 1.0810 | 21°20′ | 1.2239 | 29°20′ | 1.4760 | 37°20′ | 1.9101 | | |
| 13°40′ | 1.0853 | 21°40′ | 1.2319 | 29°40′ | 1.4867 | 37°40′ | 1.9340 | | |
| 14° | 1.0896 | 22° | 1.2401 | 30° | 1.5037 | 38° | 1.9586 | | |
| 14°20′ | 1.0943 | 22°20′ | 1.2485 | 30°20′ | 1.5182 | 38°20′ | 1.9837 | | |
| 14°40′ | 1.0991 | 22°40′ | 1.2570 | 30°40′ | 1.5328 | 38°40′ | 2.0092 | | |
| 15° | 1.1039 | 23° | 1.2657 | 31° | 1.5478 | 39° | 2.0355 | | |
| 15°20′ | 1.1088 | 23°20′ | 1.2746 | 31°20′ | 1.5633 | 39°20′ | 2.0625 | | |
| 15°40′ | 1.1139 | 23°40′ | 1.2838 | 31°40′ | 1.5790 | 39°40′ | 2.0901 | | |

### 五、斜齿轮的当量齿数

加工斜齿轮时，铣刀是沿螺旋齿槽的方向进给的，所以法向齿形是选择铣刀号的依据。

在计算斜齿轮轮齿弯曲强度时，因为力是作用在法向的，所以也需要知道它的法向齿形。

图 6-51 所示为斜齿轮的分度圆柱，过任一齿齿厚中点 $C$ 作垂直于分度圆柱螺旋线的法面 $n$-$n$，此法面与分度圆柱的截交线为一椭圆，其长半轴 $a = r/\cos\beta$，短半轴 $b = r$；法向截面齿形即为斜齿轮的法向齿形。由于标准参数的刀具是通过 $C$ 点沿螺旋槽方向切制的，因此唯有 $C$ 点处的法向齿形与刀具标准参数最为接近，椭圆所截相邻齿的齿形为非标准齿形。为方便计算，特引入虚拟齿轮。如以 $C$ 点处曲率半径 $\rho_C$ 为虚拟齿轮的分度圆半径，以 $C$ 点法向齿形为标准齿形，这样的虚拟齿轮称为当量齿轮，其齿数为当量齿数，用 $z_v$ 表示。

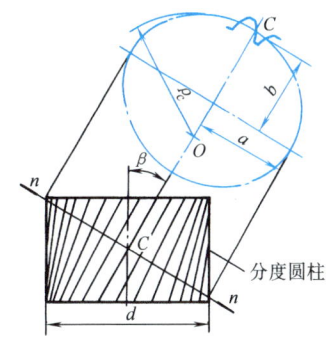

图 6-51　斜齿轮的当量齿轮

由解析几何可知，椭圆短半轴 $C$ 点的曲率半径 $\rho_C = a^2/b$，将 $a = r/\cos\beta$ 和 $b = r$ 代入，可得 $\rho_C = r/\cos^2\beta$，因此，当量齿数

$$z_v = 2\pi\rho_C/(\pi m_n) = 2r/(m_n\cos^2\beta) = m_t z/(m_n\cos^2\beta) = z/\cos^3\beta \tag{6-58}$$

当量齿数除用于斜齿轮弯曲强度计算及选择铣刀号外，在斜齿轮变位系数的选择及齿厚测量计算等处也有应用。

正常齿压力角 $\alpha_n = 20°$ 的标准斜齿轮，其不产生根切的最少齿数 $z_{min}$ 是根据其最少当量齿数 $z_{vmin} = 17$，运用式（6-58）求得的，即

$$z_{vmin} = z_{min}/\cos^3\beta = 17$$

则

$$z_{min} = z_{vmin}\cos^3\beta = 17\cos^3\beta$$

若螺旋角 $\beta = 15°$，则其不发生根切的最少齿数为 $z_{min} \approx 15.3$，取 $z = 16$ 即不根切。

由此可知，标准斜齿轮不发生根切的最少齿数比标准直齿轮少，其结构比直齿轮紧凑。

## 六、斜齿圆柱齿轮的受力分析

图 6-52a 所示为斜齿圆柱齿轮传动的受力情况。当主动齿轮上作用转矩 $T_1$ 时，若接触面的摩擦力忽略不计，由于轮齿倾斜，在切于基圆柱的啮合平面内，垂直于齿面的法向平面作用有法向力 $F_n$，法向压力角为 $\alpha_n$。将 $F_n$ 分解为径向分力 $F_r$ 和法向分力 $F_n'$，再将 $F_n'$ 分解为圆周力 $F_t$ 和轴向力 $F_a$，如图 6-52b 所示。法向力 $F_n$ 便分解为三个互相垂直的空间分力。

由力矩平衡条件可得

圆周力

$$F_t = 2T_1/d_1 \tag{6-59}$$

径向力　$F_r = F_n'\tan\alpha_n = F_t\tan\alpha_n/\cos\beta$

$$\tag{6-60}$$

轴向力　　$F_a = F_t\tan\beta \tag{6-61}$

法向力

$$F_n = F_n'/\cos\alpha_n = F_t/(\cos\alpha_n\cos\beta)$$

$$\tag{6-62}$$

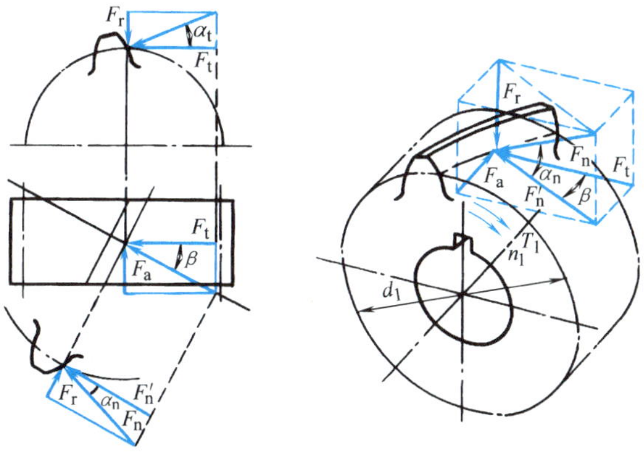

图 6-52　平行轴斜齿圆柱齿轮传动的作用力分析

圆周力 $F_t$ 的方向，在主动轮上与转动方向相反，在从动轮上与转向相同。径向力 $F_r$ 的方向均指向各自的轮心。轴向力 $F_a$ 的方向取决于齿轮的回转方向和轮齿的螺旋方向，可按"主动轮左、右手螺旋定则"来判断。

应用示例：主动轮为右旋时，右手按转动方向握轴，以四指弯曲方向表示主动轴的回转方向，伸直大拇指，其指向即为主动轮上轴向力的方向；主动轮为左旋时，则应以左手用同样的方法来判断，如图 6-53 所示。主动轮上轴向力的方向确定后，从动轮上的轴向力则与主动轮上的轴向力大小相等、方向相反。

在主动轮所受各力的大小、方向确定后，从动轮轮齿的受力情况可根据作用力与反作用力原理方便地求得，即

$$\left.\begin{array}{l} \text{圆周力} \quad F_{t1} = 2T_1/d_1 = -F_{t2} \\ \text{径向力} \quad F_{r1} = F_{t1}\tan\alpha_n/\cos\beta = -F_{r2} \\ \text{轴向力} \quad F_{a1} = F_{t1}\tan\beta = -F_{a2} \end{array}\right\} \quad (6\text{-}63)$$

同时，主、从动轮各分力之间的关系还可以用图 6-54 直观地表示。

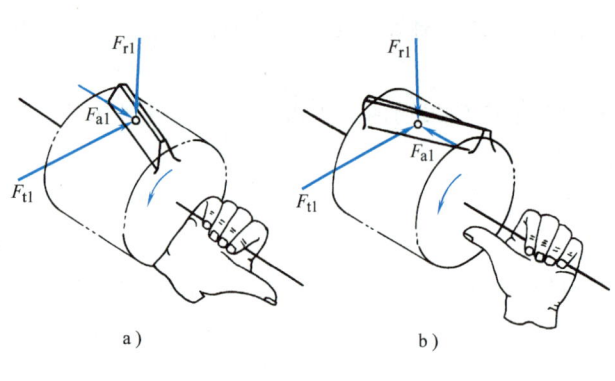

图 6-53 主动斜齿轮轴向力方向的判定

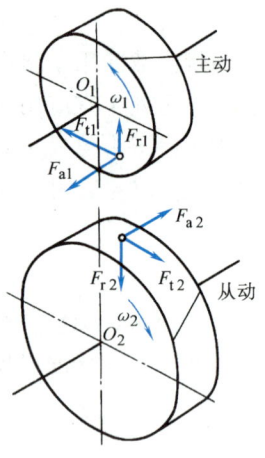

图 6-54 斜齿轮主、从动轮的受力关系

## 七、斜齿圆柱齿轮的强度计算

斜齿圆柱齿轮的强度计算与直齿圆柱齿轮的计算相似。由于螺旋角 $\beta$ 的作用，其齿面的接触疲劳强度和齿根弯曲疲劳强度均高于相同模数与齿数的直齿轮。

### 1. 齿面接触疲劳强度计算公式

校核公式

$$\sigma_H = 590\sqrt{\frac{KT_1}{\psi_d d_1^3}\frac{i\pm1}{i}} \leq [\sigma_H] \quad (6\text{-}64)$$

设计公式

$$d_1 \geq \sqrt[3]{\left(\frac{590}{[\sigma_H]}\right)^2 \frac{KT_1}{\psi_d}\frac{i\pm1}{i}} \quad (6\text{-}65)$$

式中各符号所代表的意义、单位及确定方法，均与直齿圆柱齿轮相同。

### 2. 齿根弯曲疲劳强度计算公式

考虑到斜齿圆柱齿轮接触线较长而倾斜、重合度增大及载荷作用位置的变化，对于螺旋

角 $\beta=8°\sim20°$ 的斜齿圆柱齿轮，齿根弯曲疲劳强度的校核公式为

$$\sigma_{bb}=\frac{1.6KT_1Y_{FS}\cos\beta}{bm_n^2z_1}\leq[\sigma_{bb}] \tag{6-66}$$

设计公式

$$m_n\geq\sqrt[3]{\frac{1.6KT_1Y_{FS}\cos^2\beta}{z_1^2\psi_d[\sigma_{bb}]}} \tag{6-67}$$

式中，$Y_{FS}$ 为复合齿形系数，应根据当量齿数 $z_v$（$z_v=z/\cos^3\beta$）查图 6-39；其他各符号代表的意义、单位及确定方法，均与直齿圆柱齿轮相同。

**例 6-6** 将例 6-4 的设计直齿圆柱齿轮传动改为设计斜齿圆柱齿轮传动，已知参数条件、材料、热处理以及精度等级等均不变。

**解** （1）选择材料与热处理方式。同例 6-4，小齿轮材料为 45 钢，调质处理，硬度为 260HBW；大齿轮材料为 45 钢，正火处理，硬度为 215HBW。

（2）选择精度等级，8 级精度。

（3）按齿面接触疲劳强度设计，由式（6-65）得

$$d_1\geq\sqrt[3]{\left(\frac{590}{[\sigma_H]}\right)^2\frac{KT_1}{\psi_d}\frac{i\pm1}{i}}$$

其中，载荷系数 $K$，同例 6-4，$K=1.2$；转矩 $T_1$，同例 6-4，$T_1=33159.7\mathrm{N\cdot mm}$；接触疲劳许用应力 $[\sigma_H]$，同例 6-4，得

$$[\sigma_{H1}]=610\mathrm{MPa}$$
$$[\sigma_{H2}]=515\mathrm{MPa}$$

计算小齿轮分度圆直径 $d_1$。由表 6-11 取 $\psi_d=1.1$，则有

$$d_1\geq\sqrt[3]{\left(\frac{590}{[\sigma_H]}\right)^2\frac{KT_1}{\psi_d}\frac{i\pm1}{i}}=\sqrt[3]{\left(\frac{590}{515}\right)^2\frac{1.2\times33159.7(4.6+1)}{1.1\times4.6}}\mathrm{mm}$$
$$=38.66\mathrm{mm}$$

基于规范，也可将数据适当圆整，取 $d_1=40\mathrm{mm}$。

（4）确定主要参数，计算主要几何尺寸。

1）齿数：取 $z_1=21$，则 $z_2=z_1i=21\times4.6=96.6$。圆整，取 $z_2=97$。

2）验算传动比误差：$\Delta i=0.4\%<5\%$，合适。

3）初选螺旋角 $\beta_0$。初选螺旋角 $\beta_0=15°$。

4）确定模数 $m_n$。$m_n=d_1\cos\beta_0/z_1=(40\times\cos15°/21)\mathrm{mm}=1.8\mathrm{mm}$，查表 6-2，取 $m_n=2\mathrm{mm}$。

5）计算中心距 $a$。

$$d_2=d_1i=40\times4.6\mathrm{mm}=184\mathrm{mm}$$

初定中心距　$a_0=(d_1+d_2)/2=(40+184)\mathrm{mm}/2=112\mathrm{mm}$

最终取 $a=120\mathrm{mm}$。

6）计算螺旋角 $\beta$。$\cos\beta=m_n(z_1+z_2)/(2a)=2\times(21+97)/(2\times120)=0.9833$，得实际螺旋角 $\beta\approx10°28'30''$，在 $8°\sim20°$ 范围内，故合适。

7）计算传动的主要尺寸。

实际分度圆　　$d_1 = m_n z_1/\cos\beta = (2\times21/0.9833)\text{mm} = 42.71\text{mm}$

$d_2 = m_n z_2/\cos\beta = (2\times97/0.9833)\text{mm} = 197.29\text{mm}$

齿宽 $b$　　　　$b = \psi_d d_1 = 1.1\times42.71\text{mm} \approx 46.98\text{mm}$

取 $b_2 = 50\text{mm}$，$b_1 = b_2 + 5\text{mm} = 55\text{mm}$。

（5）验算圆周速度 $v_1$。

$v_1 = \pi n_1 d_1/(60\times1000) = [3.14\times1440\times42.71/(60\times1000)]\text{m/s} = 3.22\text{m/s} < 5\text{m/s}$，故取 8 级精度合适。

（6）校核弯曲疲劳强度。根据式（6-66）校核：

1）复合齿形系数 $Y_{FS}$

$$z_{v1} = z_1/\cos^3\beta = 21/0.9833^3 = 22.09$$

$$z_{v2} = z_2/\cos^3\beta = 97/0.9833^3 = 102.03$$

由图 6-39 查得，$Y_{FS1} = 4.32$，$Y_{FS2} = 3.917$。

2）弯曲疲劳许用应力 $[\sigma_{bb}]$

根据例 6-4，$[\sigma_{bb1}] = 490\text{MPa}$，$[\sigma_{bb2}] = 410\text{MPa}$。

3）校核计算，将前述计算值代入式（6-66）

$$\sigma_{bb1} = \frac{1.6KT_1 Y_{FS1}\cos\beta}{bm_n^2 z_1} = \frac{1.6\times1.2\times33159.7\times4.32\times0.9833}{50\times2^2\times21}\text{MPa}$$

$$= 64.39\text{MPa} < [\sigma_{bb1}]$$

$$\sigma_{bb2} = \sigma_{bb1} Y_{FS2}/Y_{FS1} = (64.39\times3.917/4.32)\text{MPa} = 58.38\text{MPa} < [\sigma_{bb2}]$$

弯曲疲劳强度足够。

（7）结构设计与工作图（略）。

## 自 测 题 与 习 题

### （一）自 测 题

6-1 渐开线齿廓上压力角为零的点在齿轮的（　　）上。

A. 基圆　　　　B. 齿根圆　　　　C. 分度圆　　　　D. 齿顶圆

6-2 决定渐开线齿廓形状的基本参数是（　　）。

A. 模数

B. 模数和齿数

C. 模数和压力角

D. 模数、齿数和压力角

6-3 正常齿制标准直齿圆柱齿轮的齿全高等于 9mm，则该齿轮的模数为（　　）。

A. 2mm　　　　B. 3mm　　　　C. 4mm　　　　D. 8mm

6-4 有四个直齿圆柱齿轮：1）$m_1 = 5\text{mm}$，$z_1 = 20$，$\alpha_1 = 20°$；2）$m_2 = 2.5\text{mm}$，$z_2 = 40$，$\alpha_2 = 20°$；3）$m_3 = 5\text{mm}$，$z_3 = 40$，$\alpha_3 = 20°$；4）$m_4 = 2.5\text{mm}$，$z_4 = 40$，$\alpha_4 = 15°$。（　　）两个齿轮的渐开线齿廓形状相同。

A. 1）和 2）　　　B. 1）和 3）　　　C. 2）和 3）　　　D. 3）和 4）

6-5 某工厂加工一个模数为 20mm 的齿轮，为了检查齿轮尺寸是否符合要求，加工时一般测量项目为（　　）。
  A. 齿距    B. 齿厚    C. 分度圆弦齿厚    D. 公法线长度

6-6 两个标准直齿圆柱外齿轮的分度圆直径和齿顶圆直径分别相等，一个是短齿，一个是正常齿。那么，如下关于模数 $m$、齿数 $z$、齿根圆直径 $d_f$ 和齿顶圆上渐开线曲率半径 $\rho_a$ 的论断中，（　　）是错误的。
  A. 短齿 $m$ > 正常齿 $m$    B. 短齿 $z$ < 正常齿 $z$
  C. 短齿 $d_f$ < 正常齿 $d_f$    D. 短齿 $\rho_a$ > 正常齿 $\rho_a$

6-7 压力角为 20° 的齿轮，跨 4 齿测量的公法线长度为 43.68mm，跨 5 齿测量的公法线长度为 55.49mm，该齿轮的模数为（　　）。
  A. 3mm    B. 4mm    C. 5mm    D. 8mm

6-8 一标准齿轮机构，若安装中心距比标准中心距大，则啮合角的大小将（　　）。
  A. 等于压力角  B. 小于压力角  C. 大于压力角  D. 不确定

6-9 某外啮合正常齿标准直齿圆柱齿轮机构的中心距为 200mm，其中一个齿轮丢失，测得另一个齿轮的齿顶圆直径为 80mm，齿数为 18，丢失齿轮的齿数应为（　　）。
  A. 22    B. 32    C. 62    D. 82

6-10 齿轮与齿条啮合传动时，不论安装距离有否变动，下列结论中不正确的是（　　）。
  A. 齿轮的节圆始终等于分度圆
  B. 啮合角始终等于压力角
  C. 齿条速度等于齿轮分度圆半径与角速度的乘积
  D. 重合度不变

6-11 用齿条插刀加工标准直齿圆柱齿轮时，齿坯上与刀具中线相切的圆是（　　）。
  A. 基圆    B. 分度圆    C. 齿根圆    D. 齿顶圆

6-12 某齿条型刀具（滚刀）模数为 5mm，加工齿数为 46 的直齿圆柱齿轮。加工时，刀具中线到齿轮坯中心距为 120mm，这样加工出来的齿轮分度圆直径应为（　　）。
  A. 230mm    B. 232.5mm    C. 235mm    D. 240mm

6-13 齿轮泵采用齿数为 10 的一对直齿圆柱齿轮，为了避免根切，两个齿轮应是（　　）。
  A. 正常齿标准齿轮    B. 短齿制标准齿轮
  C. 正变位齿轮    D. 负变位齿轮

6-14 两个标准直齿圆柱齿轮的模数 $m = 2$mm，齿数 $z_1 = 18$，$z_2 = 31$，$h_a^* = 1$，$\alpha = 20°$。当安装中心距为 50mm 时，两齿轮的节圆直径 $d'$ 与分度圆直径 $d$ 比较，必有（　　）。
  A. $d' > d$  B. $d' = d$  C. $d' < d$  D. $d'_1 > d_1$，$d'_2 < d_2$

＊6-15 某直齿圆柱齿轮机构，已知 $m = 6$mm，$z_1 = 13$，$z_2 = 37$，$h_a^* = 1$，$\alpha = 20°$，安装中心距为 150mm。经分析，该传动应为（　　）。
  A. 标准齿轮传动    B. 正角度变位齿轮传动
  C. 高度变位齿轮传动    D. 负角度变位齿轮传动

6-16 斜齿圆柱齿轮啮合时两齿廓接触情况是（　　）。
   A. 点接触　　　　　　　　　　B. 与轴线平行的直线接触
   C. 不与轴线平行的直线接触　　D. 螺旋线接触

6-17 铣刀加工标准斜齿圆柱齿轮时，选择铣刀号所依据的齿数是（　　）。
   A. 实际齿数 $z$　　　　　　　　B. 当量齿数 $z_v$
   C. 最少齿数 $z_{min}$　　　　　D. 假想（相当）齿数 $z'$

6-18 已知某标准斜齿圆柱齿轮的 $\alpha = 20°$，$h_{an}^* = 1$ 和 $z = 13$，用滚刀加工而不产生根切的分度圆螺旋角至少应为（　　）。
   A. 12.68°　　B. 23.87°　　C. 29.02°　　D. 40.12°

6-19 中心距为 250mm，安装传动比最接近 3.2 的标准斜齿圆柱齿轮减速器。根据强度要求，模数取为 5mm，两轮的齿数应为（　　）。
   A. $z_1 = 24$，$z_2 = 77$　　　B. $z_1 = 24$，$z_2 = 76$
   C. $z_1 = 23$，$z_2 = 73$　　　D. $z_1 = 23$，$z_2 = 74$

6-20 润滑良好的闭式传动的软齿面齿轮，主要的失效形式是（　　）。
   A. 轮齿折断　　B. 齿面疲劳点蚀　　C. 齿面磨损　　D. 齿面胶合

6-21 齿面塑性变形一般容易发生在（　　）的情况。
   A. 硬齿面齿轮高速重载工作　　　B. 开式齿轮传动润滑不良
   C. 淬火钢或铸铁齿轮过载工作　　D. 软齿面齿轮低速重载工作

6-22 齿面疲劳点蚀首先发生在轮齿的（　　）。
   A. 接近齿顶处　　　　　　　　B. 靠近节线的齿顶部分
   C. 接近齿根处　　　　　　　　D. 靠近节线的齿根部分

6-23 下列材料中，适用于制造承受载荷较大而又无剧烈冲击齿轮的是（　　）。
   A. 45 钢正火　　　　　　　　　B. 40Cr 表面淬火
   C. 20CrMnTi 渗碳淬火　　　　　D. 38CrMoAlA 氮化

6-24 已知齿轮的制造工艺流程为：加工齿坯→滚齿→表面淬火→磨齿。该齿轮的材料应选用（　　）。
   A. 20Cr　　　B. 40Cr　　　C. QT450-10　　　D. 20CrMnTi

6-25 设计软—硬齿面的齿轮传动时，小齿轮的材料和热处理方式应选用（　　）。
   A. 35SiMn 调质　　B. 20Cr 表面淬火　　C. 35SiMnMo 调质　　D. 20Cr 渗碳淬火

6-26 齿轮传动计算中的载荷系数 $K$，主要是考虑了（　　）对齿轮强度的影响。
   A. 传递功率的大小　　　　　　B. 齿轮材料的品质
   C. 齿轮尺寸的大小　　　　　　D. 载荷集中和附加动载荷

6-27 在标准直齿外啮合圆柱齿轮传动中，齿形系数 $Y_F$ 只取决于（　　）。
   A. 齿数　　　B. 模数　　　C. 精度　　　D. 材料

6-28 有两对闭式直齿圆柱齿轮传动，它们的模数、齿数、齿宽、材料、热处理硬度、载荷、工作情况及制造精度均相同，而中心距分别为 $a_A = 135$mm，$a_B = 132$mm，则两对齿轮的接触强度相比较，其结果（　　）。

A. $A$ 对高  B. $B$ 对高  C. 一样高  D. 不一定

6-29 为了提高齿轮传动的齿面接触强度，有效的措施是（  ）。

A. 分度圆直径不变条件下增大模数

B. 增大分度圆直径

C. 分度圆直径不变条件下增加齿数

D. 减少齿宽

## （二）习　题

6-30 已知 C6150 型车床主轴箱内一对外啮合标准直齿圆柱齿轮，其齿数 $z_1 = 21$，$z_2 = 66$，模数 $m = 3.5$mm，压力角 $\alpha = 20°$，正常齿。试确定这对齿轮的传动比、分度圆直径、齿顶圆直径、全齿高、中心距、分度圆齿厚和分度圆齿槽宽。

6-31 已知一标准渐开线直齿圆柱齿轮，其齿顶圆直径 $d_{a1} = 77.5$mm，齿数 $z_1 = 29$。现要求设计一个大齿轮与其相啮合，传动的安装中心距 $a = 145$mm，试计算这对齿轮的主要参数及大齿轮的主要尺寸。

6-32 C3025 型转塔车床推动刀盘的一对外啮合标准直齿圆柱齿轮，其齿数 $z_1 = 24$，$z_2 = 120$，模数 $m = 2$mm，压力角 $\alpha = 20°$，正常齿。试求：1）两齿轮的公法线长度；2）两齿轮的固定弦齿厚与固定弦齿高。

6-33 用公法线千分尺测量一个齿数 $z = 24$ 的标准直齿圆柱齿轮，正常齿。当卡三个齿时测得公法线长度 $W_3 = 61.83$mm，卡两个齿时测得公法线长度 $W_2 = 37.55$mm。此外，又测得齿顶圆直径 $d_a = 208$mm。试确定该齿轮的模数和压力角。

6-34 已知一对标准直齿圆柱齿轮。当 $m = 5$mm，$z_1 = 25$，$z_2 = 50$，$\alpha = 20°$ 及 $h_a^* = 1$ 时，试求其重合度。

6-35 设计用于螺旋输送机的减速器中的一对直齿圆柱齿轮。已知传递的功率 $P = 10$kW，小齿轮由电动机驱动，其转速 $n_1 = 960$r/min，$n_2 = 240$r/min，单向传动，载荷比较平稳。

6-36 单级直齿圆柱齿轮减速器中，两齿轮的齿数 $z_1 = 35$，$z_2 = 97$，模数 $m = 3$mm，压力角 $\alpha = 20°$，齿宽 $b_1 = 110$mm，$b_2 = 105$mm，$n_1 = 720$r/min，单向传动，中等冲击载荷。减速器由电动机驱动，两齿轮均用 45 钢，小齿轮调质处理，齿面硬度为 220～250HBW，大齿轮正火处理，齿面硬度 180～200HBW，试确定这对齿轮允许传递的功率。

6-37 已知一对正常齿标准斜齿圆柱齿轮的模数 $m_n = 3$mm，齿数 $z_1 = 23$，$z_2 = 76$，分度圆螺旋角 $\beta = 8°6'34''$，试求其中心距、端面压力角、当量齿数、分度圆直径、齿顶圆直径和齿根圆直径。

6-38 图 6-55 为斜齿圆柱齿轮减速器。

1）已知主动轮 1 的螺旋角旋向及转向。为了使轮 2 和轮 3 的中间轴的轴向力最小，试确定轮 2、3、4 的螺旋角旋向和各轮产生的轴向力方向。

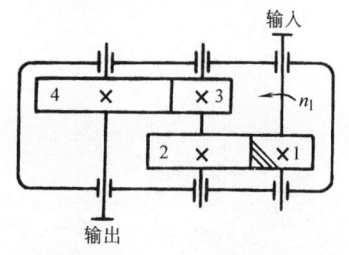

图 6-55　题 6-38 图

2)已知 $m_{n2} = 3\text{mm}$，$z_2 = 57$，$\beta_2 = 18°$，$m_{n3} = 4\text{mm}$，$z_3 = 20$，$\beta_3$ 应为多少时，才能使中间轴上两齿轮产生的轴向力互相抵消？

6-39 试设计斜齿圆柱齿轮减速器中的一对斜齿轮。已知两齿轮的转速 $n_1 = 720\text{r/min}$，$n_2 = 200\text{r/min}$，传递的功率 $P = 10\text{kW}$，单向传动，载荷有中等冲击，由电动机驱动。

# 第七章

# 非平行轴齿轮传动

> **教学要求**
>
> ● **知识要素**
> 1. 非平轴齿轮传动的类型、特点及应用场合。
> 2. 直齿锥齿轮传动的啮合传动；直齿锥齿轮传动的基本参数和几何尺寸计算。
> 3. 直齿锥齿轮传动的强度计算。
> 4. 交错轴斜齿轮传动：轴交角 $\Sigma$ 和螺旋角 $\beta_1$，$\beta_2$ 的关系；正确啮合条件，传动比计算。
> 5. 齿轮的结构设计。
>
> ● **能力要求**
> 1. 能根据已知公式正确计算直齿锥齿轮传动的几何尺寸。
> 2. 能根据工作要求正确设计直齿锥齿轮的结构。
>
> ● **学习重点与难点**
> 1. 直齿锥齿轮、交错轴斜齿轮传动的正确啮合条件；直齿锥齿轮传动的几何尺寸计算。
> 2. 直齿锥齿轮传动的强度计算（理解）。

## 第一节 概　述

当输入端与输出端回转轴线处于非平行状态时，可以采用非平行轴齿轮传动。非平行轴齿轮传动有相交轴与相错轴两类，其轴线交角 $\Sigma$ 可根据传递运动需要在 0°～180°选取。相交轴齿轮传动，因其单个齿轮呈锥状，而被称为锥齿轮。相错轴齿轮传动，其单个齿轮实际上就是圆柱斜齿轮，因此被称为交错轴斜齿轮传动（或螺旋齿轮传动）。

## 第二节 直齿锥齿轮传动

### 一、锥齿轮传动的特点和应用

锥齿轮用于传递两相交轴的运动和动力。其传动可看成是两个锥顶共点的圆锥体相互做纯滚动，如图 7-1 所示。两轴交角 $\Sigma$ 由传动要求确定，可为任意值，常用轴交角 $\Sigma=90°$。

锥齿轮有直齿、斜齿和曲线齿之分，其中直齿锥齿轮最常用，斜齿锥齿轮已逐渐被曲线齿锥齿轮代替。与圆柱齿轮相比，直齿锥齿轮的制造精度较低，工作时振动和噪声都较大，

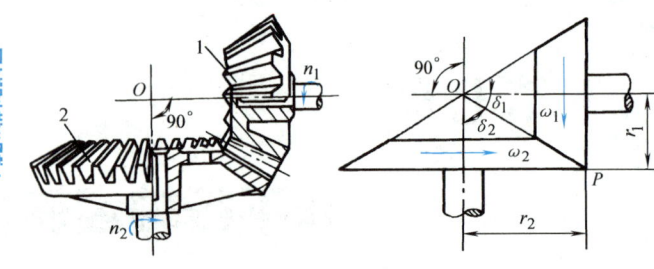

图 7-1  直齿锥齿轮传动

适用于低速轻载传动；曲线齿锥齿轮传动平稳，承载能力强，常用于高速重载传动，但其设计和制造较复杂。本节只讨论两轴相互垂直的标准直齿锥齿轮传动。

### 二、锥齿轮的背锥和当量齿轮

直齿锥齿轮的齿廓曲线为空间的球面渐开线，由于球面无法展开为平面，给设计计算及制造带来不便，故采用近似方法。

图 7-2 为锥齿轮的轴向半剖面图，△OAB 表示锥齿轮的分度圆锥。过点 A 作 $AO_1 \perp AO$ 交锥齿轮的轴线于点 $O_1$，以 $OO_1$ 为轴线，$O_1A$ 为母线作圆锥 $O_1AB$。这个圆锥称为背锥。背锥母线与球面切于锥齿轮大端的分度圆上，并与分度圆锥母线以直角相接。由图 7-2 可见，在点 A 和点 B 附近，背锥面和球面非常接近，且锥距 R 与大端模数 m 的比值越大，两者越接近，即背锥的齿形与大端球面上的齿形越接近。因此，可以近似地用背锥上的齿形来代替大端球面上的理论齿形。由于背锥面可以展开成平面，从而解决了锥齿轮的设计制造问题。

图 7-3 为一对啮合锥齿轮的轴向剖视图。将两背锥展成平面后得到两个扇形齿轮，该扇形齿轮的模数、压力角、齿顶高、齿根高及齿数 $z_1$ 和 $z_2$ 就是锥齿轮的相应参数，而扇形齿轮的分度圆半径 $r_{v1}$ 和 $r_{v2}$ 就是背锥的锥距。现将两扇形齿轮的轮齿补足，使其成为完整的圆柱齿轮，那么它们的齿数将增大为 $z_{v1}$ 和 $z_{v2}$，齿数 $z_{v1}$ 和 $z_{v2}$ 称为上述两锥齿轮的当量齿数，而补足轮齿后的虚拟圆柱齿轮称为该锥齿轮的当量齿轮。

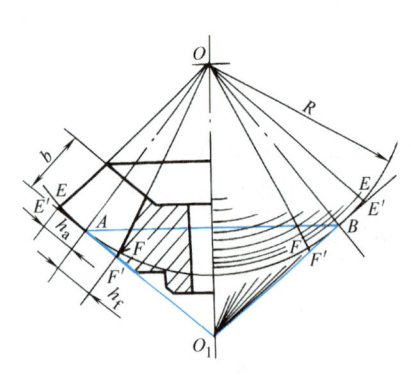

图 7-2  锥齿轮的背锥

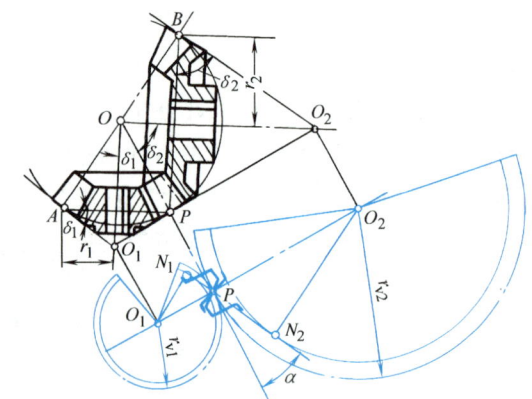

图 7-3  直齿锥齿轮的当量齿轮

当量齿数 $z_{v1}$ 和 $z_{v2}$ 与真实齿数 $z_1$ 和 $z_2$ 的关系，由图 7-3 可得

$$r_{v1} = r_1/\cos\delta_1 = mz_1/(2\cos\delta_1)$$

因

故得

同理

$$\left.\begin{array}{l}r_{v1} = mz_{v1}/2\\z_{v1} = z_1/\cos\delta_1\\z_{v2} = z_2/\cos\delta_2\end{array}\right\} \quad (7\text{-}1)$$

式中，$\delta_1$ 和 $\delta_2$ 分别为两轮的分锥角。

由于 $\cos\delta_1$ 和 $\cos\delta_2$ 恒小于 1，故 $z_{v1} > z_1$，$z_{v2} > z_2$，并且 $z_{v1}$ 和 $z_{v2}$ 不一定是整数。

当量齿轮在锥齿轮的制造和设计计算中有广泛应用。如：一般精度的锥齿轮常采用仿形法加工，铣刀的号码应按当量齿数来选择；在齿根抗弯强度计算时，要按当量齿数来查取齿形系数；此外，标准直齿锥齿轮不发生根切的最少齿数 $z_{\min}$ 也是根据当量齿轮的最小不根切齿数 $z_{v\min}$ 来确定的，即

$$z_{\min} = z_{v\min}\cos\delta \quad (7\text{-}2)$$

当 $h_a^* = 1$，$\alpha = 20°$ 时，$z_{v\min} = 17$。

### 三、直齿锥齿轮的啮合传动

#### 1. 基本参数的标准值

直齿锥齿轮传动的基本参数及几何尺寸是以轮齿大端为标准的。

规定锥齿轮大端模数 $m$ 与压力角 $\alpha$ 为标准值。大端模数 $m$ 由表 7-1 查取。

当 $m \leq 1\text{mm}$ 时，齿顶高系数 $h_a^* = 1$，顶隙系数 $c^* = 0.25$；当 $m > 1\text{mm}$ 时，齿顶高系数 $h_a^* = 1$，顶隙系数 $c^* = 0.2$。

#### 2. 正确啮合条件

直齿锥齿轮传动的正确啮合条件为两锥齿轮的大端模数和压力角分别相等，锥顶距亦相等且等于标准值，即

$$\left.\begin{array}{l}m_1 = m_2 = m\\\alpha_1 = \alpha_2 = \alpha\\R_1 = R_2 = R\end{array}\right\} \quad (7\text{-}3)$$

表 7-1　锥齿轮模数系列（GB/T 12368—1990）　　　　　　　　（单位：mm）

| | | | | | | | | |
|---|---|---|---|---|---|---|---|---|
| 0.1 | 0.35 | 0.9 | 1.75 | 3.25 | 5.5 | 10 | 20 | 36 |
| 0.12 | 0.4 | 1 | 2 | 3.5 | 6 | 11 | 22 | 40 |
| 0.15 | 0.5 | 1.125 | 2.25 | 3.75 | 6.5 | 12 | 25 | 45 |
| 0.2 | 0.6 | 1.25 | 2.5 | 4 | 7 | 14 | 28 | 50 |
| 0.25 | 0.7 | 1.375 | 2.75 | 4.5 | 8 | 16 | 30 | — |
| 0.3 | 0.8 | 1.5 | 3 | 5 | 9 | 18 | 32 | — |

#### 3. 传动比

如图 7-4 所示，一对标准直齿锥齿轮啮合时，因 $r_1 = OP\sin\delta_1$ 和 $r_2 = OP\sin\delta_2$，故传动比 $i_{12}$ 为

$$i_{12} = \frac{\omega_1}{\omega_2} = \frac{z_2}{z_1} = \frac{r_2}{r_1} = \frac{OP\sin\delta_2}{OP\sin\delta_1} = \frac{\sin\delta_2}{\sin\delta_1}$$

当轴交角 $\Sigma = \delta_1 + \delta_2 = 90°$ 时，则传动比

$$i_{12} = \cot\delta_1 = \tan\delta_2 \quad (7\text{-}4)$$

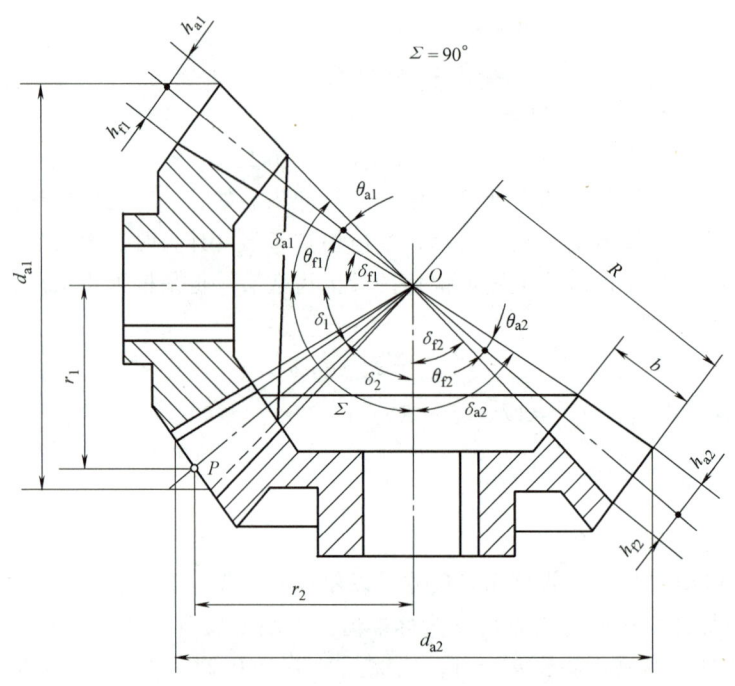

图 7-4 直齿锥齿轮几何尺寸

### 4. 几何尺寸计算

通常直齿锥齿轮的齿高由大端到小端逐渐收缩，称为收缩齿锥齿轮。收缩齿锥齿轮按顶隙不同可分为不等顶隙收缩齿（又称正常收缩齿）和等顶隙收缩齿，这里仅介绍不等顶隙收缩齿几何尺寸的计算，等顶隙收缩齿几何尺寸的计算可参阅有关设计手册。

图 7-4 所示为一对不等顶隙收缩齿标准直齿锥齿轮，其齿顶圆锥、齿根圆锥和分度圆锥具有同一个锥顶点 $O$，其节圆和分度圆重合，轴交角 $\Sigma = 90°$，两轮的各部分名称及主要几何尺寸的计算公式见表 7-2。

表 7-2 标准直齿锥齿轮传动（$\Sigma = 90°$）的主要几何尺寸计算公式

| 名 称 | 符号 | 计 算 公 式 | |
|---|---|---|---|
| | | 小 齿 轮 | 大 齿 轮 |
| 分锥角 | $\delta$ | $\delta_1 = \arctan(z_1/z_2)$ | $\delta_2 = 90° - \delta_1$ |
| 齿顶高 | $h_a$ | $h_{a1} = h_{a2} = h_a = h_a^* m$ | |
| 齿根高 | $h_f$ | $h_{f1} = h_{f2} = h_f = (h_a^* + c^*)m$ | |
| 分度圆直径 | $d$ | $d_1 = mz_1$ | $d_2 = mz_2$ |
| 齿顶圆直径 | $d_a$ | $d_{a1} = d_1 + 2h_a\cos\delta_1$ | $d_{a2} = d_2 + 2h_a\cos\delta_2$ |
| 齿根圆直径 | $d_f$ | $d_{f1} = d_1 - 2h_f\cos\delta_1$ | $d_{f2} = d_2 - 2h_f\cos\delta_2$ |
| 锥 距 | $R$ | $R_1 = R_2 = R = \dfrac{m}{2}\sqrt{z_1^2 + z_2^2}$ | |
| 齿顶角[①] | $\theta_a$ | $\theta_{a1} = \theta_{a2} = \theta_a = \arctan(h_a/R)$ | |
| 齿根角 | $\theta_f$ | $\theta_{f1} = \theta_{f2} = \theta_f = \arctan(h_f/R)$ | |

（续）

| 名　称 | 符号 | 计　算　公　式 ||
|---|---|---|---|
| | | 小　齿　轮 | 大　齿　轮 |
| 顶锥角 | $\delta_a$ | $\delta_{a1} = \delta_1 + \theta_a$ | $\delta_{a2} = \delta_2 + \theta_a$ |
| 根锥角 | $\delta_f$ | $\delta_{f1} = \delta_1 - \theta_f$ | $\delta_{f2} = \delta_2 - \theta_f$ |
| 顶　隙 | $c$ | $c_1 = c_2 = c = c^* m$ ||
| 分度圆齿厚 | $s$ | $s_1 = s_2 = s = \pi m/2$ ||

① 本表为不等顶隙收缩齿标准直齿锥齿轮传动的几何尺寸计算。对等顶隙收缩齿标准锥齿轮，$\theta_a = \theta_f$，其余公式相同。

### ⊙ 四、直齿锥齿轮传动的强度计算

**1. 直齿锥齿轮的受力分析**

图 7-5 所示为直齿锥齿轮传动中的主动轮轮齿受力情况。大端处单位齿宽上的载荷与小端处单位齿宽上的载荷不相等，其合力作用点实际偏于大端，通常近似地将法向力简化为作用于齿宽中点节线处的集中载荷 $F_n$，即作用在分度圆锥平均直径 $d_{m1}$ 处。若忽略接触面的摩擦力，则作用在分度圆平均

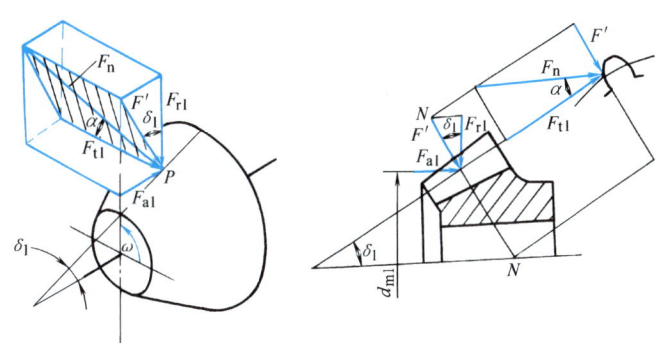

图 7-5　直齿锥齿轮的受力分析

直径 $d_{m1}$ 处法向剖面 $N$-$N$ 内的法向力可分解为三个互相垂直的空间分力：圆周力 $F_{t1}$、径向力 $F_{r1}$ 和轴向力 $F_{a1}$。这三个分力的大小由力矩平衡条件可得

$$\left. \begin{array}{ll} \text{圆周力} & F_{t1} = \dfrac{2T_1}{d_{m1}} \\[2mm] \text{径向力} & F_{r1} = F' \cos\delta_1 = F_{t1} \tan\alpha \cos\delta_1 \\[2mm] \text{轴向力} & F_{a1} = F' \sin\delta_1 = F_{t1} \tan\alpha \sin\delta_1 \\[2mm] \text{法向力} & F_n = \dfrac{F_{t1}}{\cos\alpha} \end{array} \right\} \quad (7\text{-}5)$$

式中，$T_1$ 为主动齿轮传递的转矩；$d_{m1}$ 可根据分度圆直径 $d_1$、锥距 $R$ 和齿宽 $b$ 确定，即

$$\frac{R - 0.5b}{R} = \frac{0.5 d_{m1}}{0.5 d_1}$$

则

$$d_{m1} = \frac{R - 0.5b}{R} d_1 = (1 - 0.5\psi_R) d_1 \quad (7\text{-}6)$$

式中，$\psi_R = b/R$ 为齿宽系数，通常取 $\psi_R \approx 0.3$。

诸力方向可用图矢方便标出：圆周力 $F_t$ 方向，主动轮上 $F_{t1}$ 与其回转方向相反，从动轮上 $F_{t2}$ 与其回转方向相同；径向力 $F_r$ 方向，都指向两轮各自的轮心；轴向力 $F_a$ 方向，分

别沿各自的轴线指向大端。根据作用力与反作用力原理，如图 7-6 所示，可得主动轮与从动轮上三个分力之间的关系

$$\left.\begin{array}{l}F_{t1} = -F_{t2}\\F_{r1} = -F_{a2}\\F_{a1} = -F_{r2}\end{array}\right\} \quad (7\text{-}7)$$

#### 2. 直齿锥齿轮传动的强度计算

直齿锥齿轮的失效形式及强度计算的依据与直齿圆柱齿轮基本相同，可近似地按齿宽中点的一对当量直齿圆柱齿轮传动来考虑。

将当量齿轮的有关参数代入直齿圆柱齿轮的强度计算公式和设计计算公式，经整理后得直齿锥齿轮传动的齿面接触疲劳强度校核公式和设计公式分别为

校核公式 $\sigma_H = Z_E Z_H \sqrt{\dfrac{4.7KT_1}{\psi_R(1-0.5\psi_R)^2 d_1^3 u}} \leq [\sigma_H]$ (7-8)

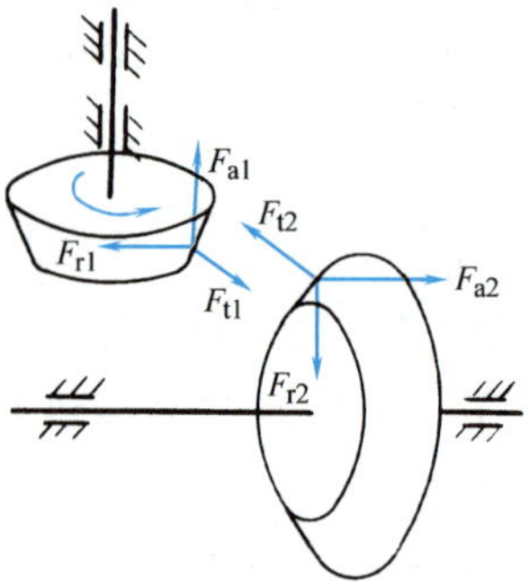

图 7-6 一对直齿锥齿轮的受力

设计公式 $d_1 \geq \sqrt[3]{\dfrac{4.7KT_1}{\psi_R(1-0.5\psi_R)^2 u}\left(\dfrac{Z_E Z_H}{[\sigma_H]}\right)^2}$ (7-9)

上两式中，$K$ 为载荷系数，可从表 6-9 中查得；$Z_E$ 为材料系数，可从表 6-10 中查得；$Z_H$ 为节点啮合系数，可从图 6-35 中得到；$[\sigma_H]$ 为许用接触应力，确定方法与直齿圆柱齿轮相同。

直齿锥齿轮传动的齿根弯曲疲劳强度的校核公式和设计公式分别为

$$\sigma_{bb} = \dfrac{4.7KT_1}{\psi_R(1-0.5\psi_R)^2 z_1^2 m^3 \sqrt{u^2+1}} Y_{FS} \leq [\sigma_{bb}] \quad (7\text{-}10)$$

$$m \geq \sqrt[3]{\dfrac{4.7KT_1}{\psi_R(1-0.5\psi_R)^2 z_1^2 [\sigma_{bb}] \sqrt{u^2+1}} Y_{FS}} \quad (7\text{-}11)$$

式中，$Y_{FS}$ 为复合齿形系数，应根据当量齿数 $z_v$（$z_v = z/\cos\delta$）由图 6-39 查得；$[\sigma_{bb}]$ 为许用弯曲应力，确定方法与直齿圆柱齿轮相同。

在设计锥齿轮传动时，可以直接用设计公式进行设计计算，对一些参数先作假设，然后再对所假设的参数进行校核并予以修正。

### ⊙ 第三节　交错轴斜齿轮传动

交错轴斜齿轮机构用于实现两任意交错轴之间的传动。若将一对斜齿轮安装成其轴线既不平行又不相交，就成为交错轴斜齿轮传动，也称之为螺旋齿轮传动。

#### 一、轴交角 Σ 与螺旋角 $\beta_1$ 和 $\beta_2$ 的关系

图 7-7 所示为一对互相啮合的交错轴斜齿轮。两轮的轴交角 Σ 与两轮的螺旋角 $\beta_1$ 和 $\beta_2$

存在着如下关系

$$\Sigma = |\beta_1 + \beta_2| \tag{7-12}$$

上式中，若两轮的螺旋线方向相同，$\beta_1$ 和 $\beta_2$ 均用正值代入；反之，若两轮的螺旋线方向相反，$\beta_1$ 和 $\beta_2$ 之一用正值代入，另一个用负值代入。

当轴交角 $\Sigma = 0°$ 时，则两齿轮的螺旋角大小相等、旋向相反，即 $\beta_1 = -\beta_2$。这时，交错轴斜齿轮传动变为平行轴斜齿轮传动（斜齿圆柱齿轮传动），故斜齿圆柱齿轮传动是交错轴斜齿轮传动的特例。又当 $\beta_1(\beta_2) = 0°$ 时，则轴角 $\Sigma = \beta_2$（或 $\beta_1$），这表明一个直齿轮和一个斜齿轮也可以组成交错轴斜齿轮传动。

## 二、几何尺寸

如图 7-7 所示，一对互相啮合的交错轴斜齿轮，其分度圆柱切于节点 $P$，故 $P$ 点必在两轴线的公垂线上，该公垂线的长度即两轮的中心距，用 $a$ 表示，其值为两轮分度圆半径之和，即

$$a = r_1 + r_2 \tag{7-13}$$

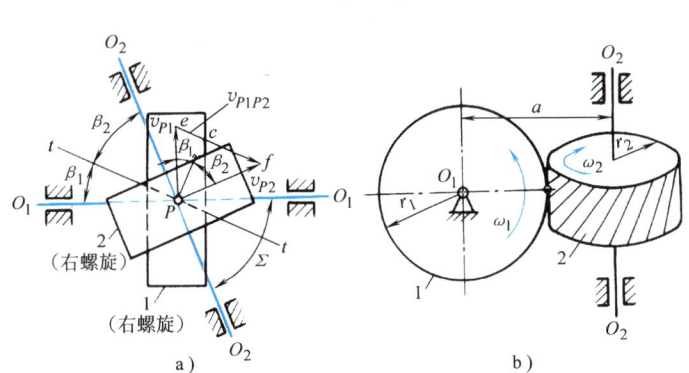

图 7-7 交错轴斜齿轮传动

交错轴斜齿轮的其他几何尺寸计算与斜齿圆柱齿轮相似，式（7-13）又可表示为

$$a = r_1 + r_2 = (m_{t1}z_1 + m_{t2}z_2)/2 = m_n z_1/(2\cos\beta_1) + m_n z_2/(2\cos\beta_2)$$

因此，交错轴斜齿轮机构也可通过改变螺旋角 $\beta_1$、$\beta_2$ 的值来凑中心距。

## 三、正确啮合条件

由于一对交错轴斜齿轮的轮齿仅在法面内啮合，所以其正确啮合条件为

$$\left.\begin{array}{l} m_{n1} = m_{n2} = m_n \\ \alpha_{n1} = \alpha_{n2} = \alpha_n \end{array}\right\} \tag{7-14}$$

因两轮的螺旋角 $\beta_1$ 和 $\beta_2$ 不一定相等，故其端面模数也不一定相等，但与螺旋角 $\beta$ 存在着对应关系 $m_{t1}/m_{t2} = \cos\beta_2/\cos\beta_1$。

## 四、齿向相对滑动速度和传动比

如图 7-7 所示，当一对交错轴斜齿轮啮合时，两轮在节点 $P$ 处的速度为 $v_{P1}$、$v_{P2}$，$v_{P1P2}$ 为两轮在节点 $P$ 处的相对滑动速度，根据运动学中点的速度合成定理，$v_{P2} = v_{P1} + v_{P1P2}$，其

值由图 7-7 通过几何关系可得

$$v_{P_1P_2} = v_{P_1}\sin\Sigma/\cos\beta_2 = v_{P_2}\sin\Sigma/\cos\beta_1$$

交错轴斜齿轮机构的传动比为

$$i_{12} = \frac{\omega_1}{\omega_2} = \frac{v_{P_1}/r_1}{v_{P_2}/r_2} = \frac{r_2\cos\beta_2}{r_1\cos\beta_1} \tag{7-15}$$

式（7-15）表明，传动比是由两轮分度圆半径和其螺旋角余弦乘积的比所决定的。

### 五、特点和应用

综上所述，一对交错轴斜齿轮啮合时轮齿间为点接触，相对滑动速度较大，故轮齿接触强度低，易磨损。同时，交错轴斜齿轮传动也有轴向力，不宜传递较大的动力，但可以用改变螺旋角的办法调整中心距和改变齿轮转动方向。除用于传递交错轴间运动的场合外，利用交错轴齿轮传动齿向相对滑动速度大的特点，此传动被广泛应用于齿轮的剃齿和珩齿等精细切削加工中。

## 第四节　齿轮的结构设计

通过齿轮传动的强度计算，只能确定齿轮的主要参数，如齿数、模数、齿宽、螺旋角、分度圆直径、齿顶圆直径等，而齿圈、轮辐、轮毂等结构型式及尺寸大小，通常都是由结构设计而定。

齿轮的结构设计与齿轮的几何尺寸、毛坯、材料、加工方法、使用要求及经济性等因素有关。进行齿轮的结构设计时，必须综合地考虑上述各方面的因素。通常是先按齿轮直径大小和所选材质选定合适的结构型式，然后再根据经验公式或数据，确定各部分尺寸，完成结构设计。

齿轮常用的结构型式有以下几种：

### 1. 齿轮轴

当齿轮齿顶圆直径不大或与相配轴直径相差很小时，则应将齿轮与轴制成一体，称为齿轮轴，如图 7-8 所示。通常，对钢制圆柱齿轮，其齿根圆至键槽底部的距离 $\delta \leqslant (2 \sim 2.5)m_n$（$m_n$ 为法向模数）时，或对锥齿轮，其小端齿根圆至键槽底部的距离 $\delta \leqslant (1.6 \sim 2)m$（$m$ 为大端模数）时，考虑采用齿轮轴。这时轴和齿轮必须用同一种材料制造，常用锻造毛坯。如果齿轮直径比轴的直径大得多，则不论是从制造还是从节约贵重材料的角度，都应把齿轮和轴分开。

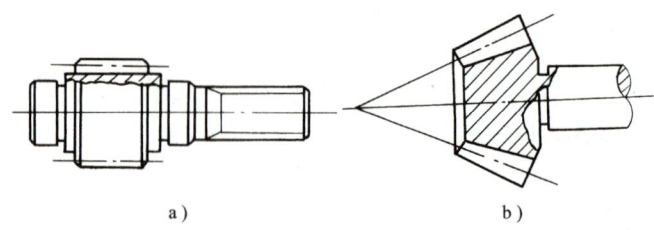

图 7-8　齿轮轴
a) 圆柱齿轮轴　b) 锥齿轮轴

## 2. 实体式齿轮

当齿顶圆直径 $d_a \leqslant 200\text{mm}$ 时，可采用实体式结构，如图 7-9 所示。这种齿轮一般采用锻造毛坯。

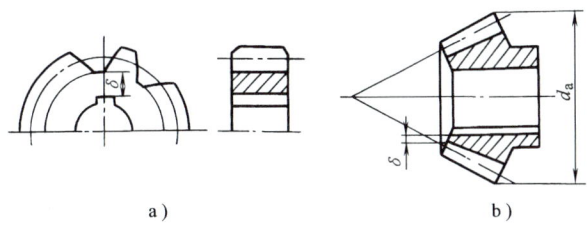

图 7-9　实体式齿轮

## 3. 腹板式齿轮

齿顶圆直径 $d_a \leqslant 500\text{mm}$ 的较大尺寸的齿轮，为了减轻质量和节约材料，可采用腹板式结构。此种齿轮常采用锻钢制造，也可采用铸造毛坯。其结构参见表 6-12 和图 7-10。对于铸造的腹板式锥齿轮，为提高轮坯强度，可采用带加强肋的腹板式结构（查机械零件手册）。齿轮各部分尺寸由图中经验公式确定。

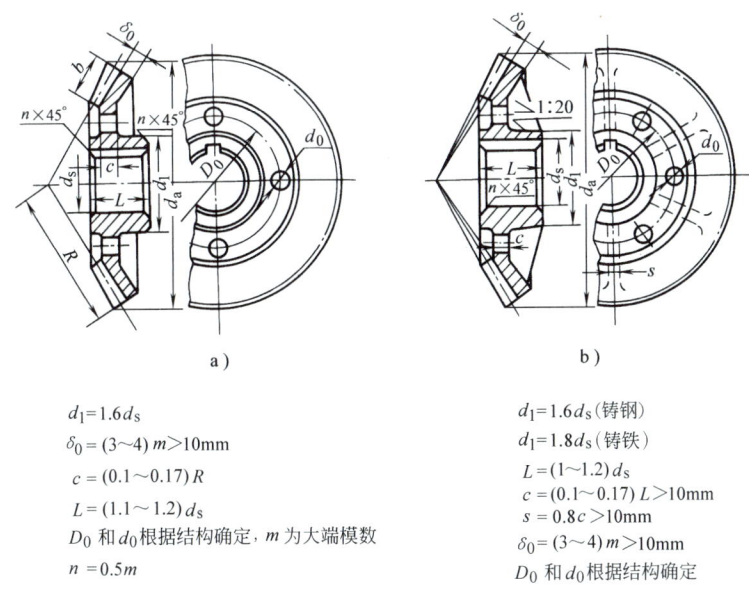

$d_1 = 1.6 d_s$
$\delta_0 = (3 \sim 4)m > 10\text{mm}$
$c = (0.1 \sim 0.17)R$
$L = (1.1 \sim 1.2)d_s$
$D_0$ 和 $d_0$ 根据结构确定，$m$ 为大端模数
$n = 0.5m$

$d_1 = 1.6 d_s$（铸钢）
$d_1 = 1.8 d_s$（铸铁）
$L = (1 \sim 1.2)d_s$
$c = (0.1 \sim 0.17)L > 10\text{mm}$
$s = 0.8c > 10\text{mm}$
$\delta_0 = (3 \sim 4)m > 10\text{mm}$
$D_0$ 和 $d_0$ 根据结构确定

图 7-10　腹板式锥齿轮

## 4. 轮辐式齿轮

当齿顶圆直径 $d_a \geqslant 400\text{mm}$ 时，齿轮毛坯因受锻造设备的限制，往往改用铸铁或铸钢浇铸成轮辐式，其结构参见表 6-12。

## 自测题与习题

### (一) 自 测 题

7-1 对轴交角 $\Sigma = 90°$ 的直齿锥齿轮传动，下列传动比公式中不对的是（　　）。

　　A. $i_{12} = \dfrac{d_2}{d_1}$　　B. $i_{12} = \dfrac{z_2}{z_1}$　　C. $i_{12} = \tan\delta_2$　　D. $i_{12} = \tan\delta_1$

7-2 某直齿锥齿轮的齿数为 18，分锥角为 $28°36'38''$，该锥齿轮的当量齿数应为（　　）。

　　A. 20.5　　B. 21　　C. 23.4　　D. 26

7-3 分锥角为 $90°$ 的直齿锥齿轮的当量齿轮是（　　）。

　　A. 直齿条　　B. 直齿轮　　C. 斜齿条　　D. 斜齿轮

7-4 一对标准直齿锥齿轮，$\Sigma = 90°$，$h_a^* = 0.8$，$\alpha = 20°$，欲在切制齿数 $z = 13$ 的小齿轮时不产生根切，则大齿轮齿数不应超过（　　）。

　　A. 15　　B. 32　　C. 39　　D. 70

7-5 直齿锥齿轮传动的重合度与相同参数的直齿圆柱齿轮传动的重合度相比较，结论是（　　）。

　　A. 锥齿轮传动的重合度大　　B. 圆柱齿轮传动的重合度大
　　C. 重合度一样大　　D. 难定论

7-6 $\Sigma = 90°$ 的直齿锥齿轮传动，已知 $z_1 = 17$，$z_2 = 43$，$m = 5\text{mm}$，$h_a^* = 1$，$\alpha = 20°$。那么，小齿轮的齿顶圆直径应为（　　）。

　　A. 115.60mm　　B. 94.3mm　　C. 161.30mm　　D. 231.20mm

7-7 腹板式钢齿轮的齿顶圆直径，一般不宜超过（　　）。

　　A. 1000mm　　B. 800mm　　C. 500mm　　D. 100mm

7-8 大批量生产的轮辐式齿轮，制造时通常采用的毛坯方式为（　　）。

　　A. 铸造　　B. 锻造　　C. 焊接　　D. 粉末冶金

7-9 直径较大的腹板式齿轮，常在腹板上制有几个小圆孔，其主要原因是（　　）。

　　A. 保持齿轮运转时的平衡　　B. 减小齿轮运转时的空气阻力
　　C. 减少加工面以降低加工费用　　D. 节省材料、减轻质量和便于装拆

7-10 交错轴斜齿轮传动，其正确啮合条件为（　　）。

　　A. $m_{n1} = m_{n2}$，$\alpha_{n1} = \alpha_{n2}$，$\beta_1 = \beta_2$　　B. $m_1 = m_2 = m$，$\alpha_1 = \alpha_2 = \alpha$，$\beta_1 + \beta_2 = 90°$
　　C. $m_{n1} = m_{n2} = m_n$，$\alpha_{n1} = \alpha_{n2} = \alpha_n$　　D. $m_{n1} = m_{n2} = m$，$\alpha_{n1} = \alpha_{n2}$，$\beta_1 = -\beta_2$

### (二) 习 题

7-11 一渐开线标准直齿锥齿轮传动，已知齿数 $z_1 = 18$，$z_2 = 50$，模数 $m = 3\text{mm}$，压力角 $\alpha = 20°$，正常齿制，两轴交角 $\Sigma = 90°$。试求齿轮 1 的齿顶圆直径 $d_a$，齿根圆直径 $d_f$，

锥距 $R$，齿顶高 $h_a$ 和齿根高 $h_f$。

7-12 已知一标准直齿锥齿轮传动，齿数 $z_1=24$，$z_2=60$，大端模数 $m=5\text{mm}$，分度圆压力角 $\alpha=20°$，齿顶高系数 $h_a^*=1$，轴交角 $\Sigma=90°$。试求两个锥齿轮的分度圆直径、分度圆锥角、齿顶圆直径、齿顶圆锥角、齿顶角、齿根角、锥距和当量齿数。

7-13 图 7-11 所示为标准直齿锥齿轮传动（两轴交角 $\Sigma=90°$），输入功率 $P_1=11\text{kW}$，小齿轮为主动轮，转速 $n_1=955\text{r/min}$，转向如图 7-11 所示，模数 $m=4\text{mm}$，齿数 $z_1=41$，分度圆锥角 $\delta_1=30°$，齿宽 $b=40\text{mm}$，不计摩擦力。试计算作用于两齿轮轮齿上各分力的大小和方向（方向在图上表示）。

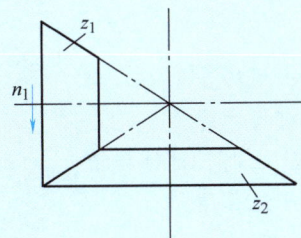

图 7-11 题 7-13 图

7-14 试确定一对直齿锥齿轮所允许传递的功率及齿轮上的作用力。已知两齿轮轴线间的夹角为 $90°$，齿数 $z_1=25$，$z_2=50$，模数 $m=5\text{mm}$，齿宽 $b=40\text{mm}$，小齿轮的转速 $n_1=400\text{r/min}$，齿轮的许用接触应力 $[\sigma_H]=520\text{MPa}$，许用弯曲应力 $[\sigma_{bb}]=200\text{MPa}$，单向传动载荷比较平稳，齿轮由电动机驱动。

# 第八章

# 蜗杆传动

> **教学要求**
>
> ● 知识要素
> 1. 蜗杆传动的类型、特点及应用场合。
> 2. 蜗杆传动的主要参数和几何尺寸计算。
> 3. 蜗杆传动的失效形式、设计准则、材料和精度。
> 4. 蜗杆传动的受力分析与强度计算简介。
>
> ● 能力要求
> 1. 能根据工作要求正确选择蜗杆类型,能根据公式正确计算蜗杆的几何尺寸。
> 2. 能根据已知工作要求正确设计蜗杆传动,合理选择蜗杆传动的主要参数。
>
> ● 学习重点与难点
> 1. 合理选择蜗杆传动的类型,正确计算蜗杆传动的几何尺寸。
> 2. 蜗杆传动的受力分析。
>
> ● 知识延伸
> 蜗杆传动的效率、润滑与热平衡计算。

## 第一节 概 述

蜗杆传动实际上是一对轴交角 $\Sigma=90°$ 的交错轴斜齿轮传动,它由蜗杆和蜗轮组成,如图 8-1 所示。为取得大传动比,可将小斜齿轮的齿数 $z_1$ 取得很少,此时螺旋角 $\beta_1$ 必须取得很大(为避免根切),这就是蜗杆;将大斜齿轮齿数 $z_2$ 取得很多,螺旋角 $\beta_2$ 必然较小(因 $\beta_2=90°-\beta_1$),同时,为了改善齿面接触情况,其齿顶制成与蜗杆相匹配的圆弧状,由此形成特殊的斜齿轮,称之为蜗轮。一般情况下,蜗杆为主动件,蜗轮为从动件。蜗杆传动广泛应用在机床、汽车、仪器、起重机械、冶金机械及其他机械制造工业中,其最大功率可达 750kW,通常在 50kW 以下。

### 一、蜗杆传动的特点

蜗杆传动与齿轮传动相比,具有如下特点:

1)传动比大。蜗杆传动的单级传动比在传递动力时,$i=5\sim80$,常用的为 $i=15\sim50$。分度传动时 $i$ 可达 1000,因而结构紧凑。

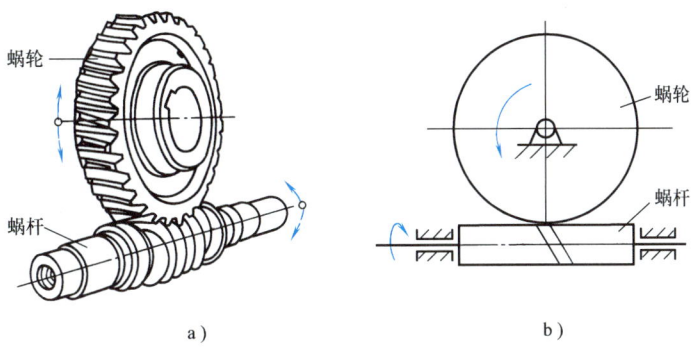

图 8-1 蜗杆传动

2）传动平稳。因蜗杆形如螺杆，其齿是一条连续的螺旋线，故传动平稳，噪声小。

3）有自锁性。当蜗杆的导程角小于轮齿间的当量摩擦角时，可实现自锁。

4）传动效率低。蜗杆传动由于齿面间相对滑动速度大，齿面摩擦严重，故在制造精度和传动比相同的条件下，蜗杆传动的效率比齿轮传动低。

5）制造成本高。为了降低摩擦，减小磨损，提高齿面抗胶合能力，蜗轮齿圈常用贵重的铜合金制造，因此成本较高。

## 二、蜗杆传动的类型

蜗杆传动按照蜗杆的形状不同可分为圆柱蜗杆传动（图 8-2a）、环面蜗杆传动（图 8-2b）和锥面蜗杆传动（图 8-2c）三种类型。

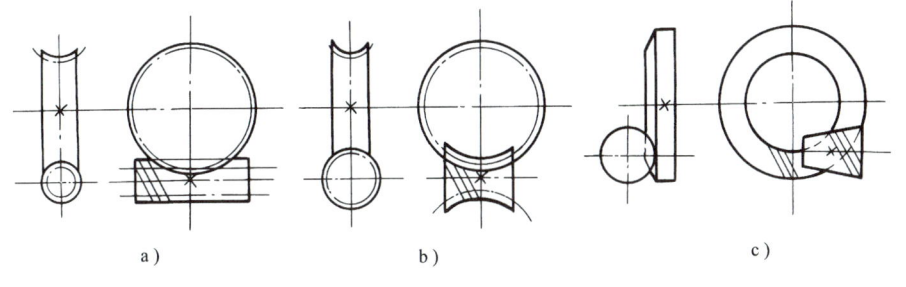

图 8-2 蜗杆传动类型
a）圆柱蜗杆传动　b）环面蜗杆传动　c）锥面蜗杆传动

### 1. 圆柱蜗杆传动

如图 8-1b 所示，与螺杆一样，蜗杆也有左、右旋之分。蜗杆的常用齿数（又称头数）$z_1=1\sim4$，头数越多，传动效率越高。蜗杆齿面多用直廓母线切削刃加工，由于刀具安装位置不同，产生的螺旋面在相对剖面内的齿廓曲线形状不同。按齿廓曲线的不同形状可分为：

1）阿基米德蜗杆（ZA 蜗杆）。如图 8-3a 所示，阿基米德蜗杆是齿面为阿基米德螺旋面的圆柱蜗杆。通常是在车床上用刃形角 $\alpha_0=20°$ 的车刀车制而成，切削刃平面通过蜗杆轴线，端面齿廓为阿基米德螺旋线。这种蜗杆车制简便，但无法用砂轮磨削出精确的齿形，齿的精度和表面质量不高，故传动精度和传动效率较低。蜗杆头数多时车削较困难。这种蜗杆常用于头数较少，载荷较小，低速或不太重要的场合。

2）渐开线蜗杆（ZI 蜗杆）。如图 8-3b 所示，渐开线蜗杆是齿面为渐开线螺旋面的圆柱蜗杆。

用车刀加工时，刀具切削刃平面与基圆柱相切，端面齿廓为渐开线。该蜗杆还可像圆柱齿轮那样用滚刀滚切，可简单地用单面砂轮磨齿，故制造精度、表面质量、传动精度及传动效率较高，适用于成批生产和大功率、高速、精密传动，是目前很多国家普遍采用的一种蜗杆传动。

3）法向直廓蜗杆（ZN 蜗杆）。如图 8-3c 所示，法向直廓蜗杆加工时，常将车刀的切削刃置于齿槽中线（或齿厚中线）处螺旋线的法向剖面内，端面齿廓为延伸渐开线。该蜗杆还常用端铣刀或小直径盘铣刀切制，加工较简便，利于加工多头蜗杆，可用砂轮磨齿。其加工精度和表面质量容易保证，常用于机床的多头精密蜗杆传动。

圆柱蜗杆传动的蜗轮是一个齿数较多、齿体中曲面呈环面的与圆柱蜗杆配对的一个斜齿轮，如图 8-1a 所示。为使啮合面的点接触变为线接触，蜗轮常用与蜗杆尺寸形状相近的滚刀（滚刀齿顶圆直径略大，以便加工出顶隙）展成切制，滚切蜗轮时滚刀和轮坯的中心距应和蜗杆蜗轮的中心距严格相等。

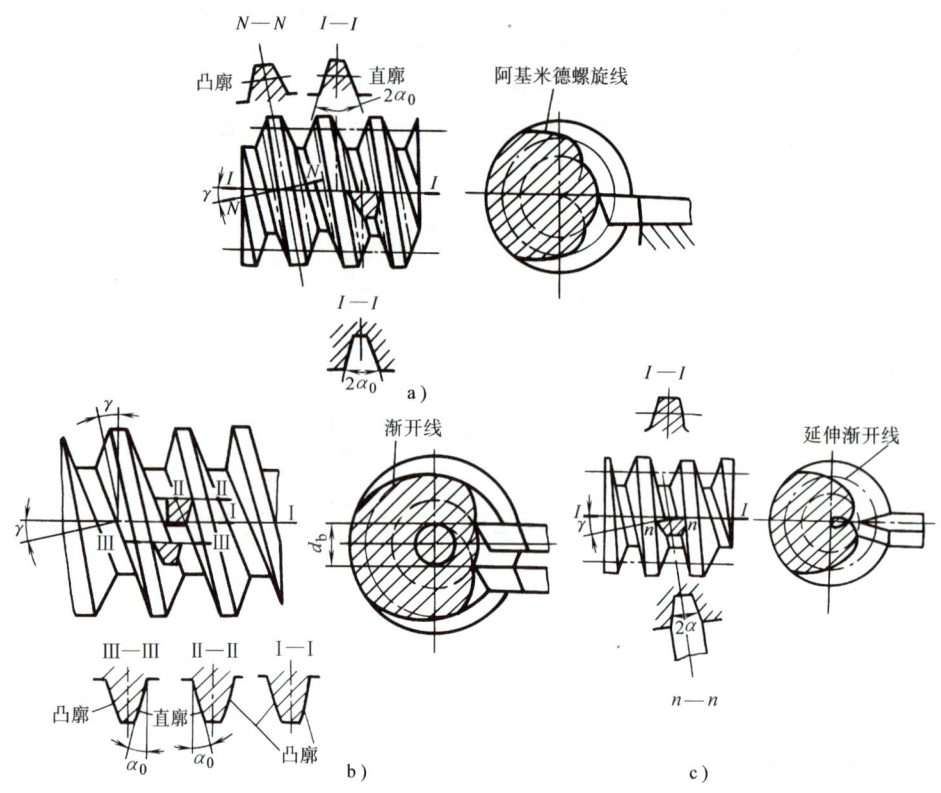

图 8-3 圆柱蜗杆的主要类型

a）阿基米德蜗杆　b）渐开线蜗杆　c）法向直廓蜗杆

### 2. 环面蜗杆传动

环面蜗杆传动与圆柱蜗杆传动比较，具有下列特点：

1）轮齿间具有较好的油膜形成条件，因而抗胶合的承载能力和效率都较高。

2）同时接触的齿数较多，因而其承载能力为圆柱蜗杆传动的 1.5～4 倍。

3）制造和安装较复杂，对精度要求较高。

4）需要考虑冷却方法。

### 3. 锥面蜗杆传动

锥面蜗杆传动的特点是：
1）啮合齿数多，重合度大，传动平稳，承载能力高。
2）蜗轮能用淬火钢制造，可以节约有色金属。

本章仅讨论轴交角 $\Sigma=90°$ 的圆柱蜗杆传动中的普通蜗杆（阿基米德蜗杆）传动。

## 第二节　蜗杆传动的主要参数和几何尺寸

对普通蜗杆，如图 8-4 所示，在垂直于蜗轮轴线且通过蜗杆轴线的中间平面（中平面）内，蜗杆齿廓与齿条相同，两侧边为直线。根据啮合原理，蜗杆蜗轮在中间平面内的啮合就相当于渐开线齿轮与齿条的啮合。在蜗杆的传动设计计算中，规定以中间平面参数及其几何尺寸关系，即蜗杆的轴向参数（下角标 x1）与蜗轮的端面参数（下角标 t2）为基准值。

### 一、主要参数

#### 1. 模数 $m$ 和压力角 $\alpha$

为便于设计和加工，GB/T 10088—2018 中将中平面的蜗杆轴向模数 $m_{x1}$ 和压力角 $\alpha_{x1}$ 规定为标准值，模数标准值参见表 8-1（摘自 GB/T 10085—2018），压力角 $\alpha_{x1}=20°$。与齿条齿轮啮合传动相似，蜗杆与蜗轮啮合时的正确啮合条件为

$$\left.\begin{array}{r}m_{x1}=m_{t2}=m\\ \alpha_{x1}=\alpha_{t2}=\alpha\\ \gamma=\beta\end{array}\right\} \quad (8-1)$$

式中，$m_{t2}$、$\alpha_{t2}$、$\beta$ 分别为蜗轮的模数、压力角和螺旋角；$\gamma$ 为蜗杆的导程角（蜗杆螺旋角 $\beta_1$ 的余角，$\beta_1$ 与蜗轮螺旋角的旋向相同），其推荐范围见表 8-2。

#### 2. 蜗杆导程角 $\gamma$

将蜗杆分度圆柱展开如图 8-5 所示，蜗杆分度圆柱上的导程角 $\gamma$ 为

$$\tan\gamma=\frac{z_1 p_{x1}}{\pi d_1}=\frac{z_1 m}{d_1} \quad (8-2)$$

式中，$p_{x1}$ 为蜗杆轴向齿距 (mm)，$p_{x1}=\pi m$；$\gamma$ 为导程角(°)。蜗杆传动的效率与导程角有关，导程角越大，传动效率越高。$\gamma$ 角的范围一般为 3.5°~33°，要求效率较高的传动时，常取 $\gamma=15°\sim 30°$，采用多头蜗

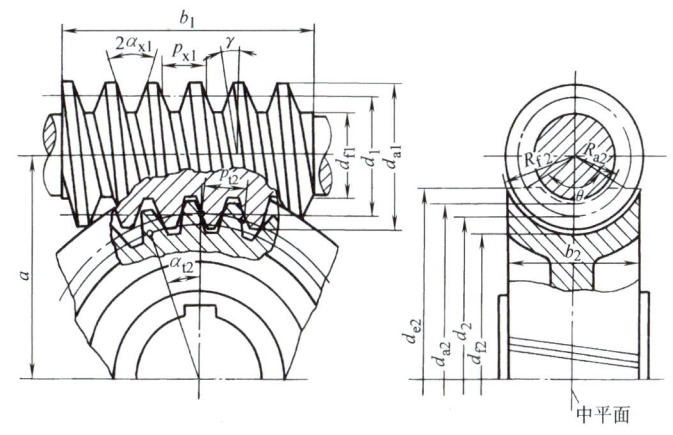

图 8-4　圆柱蜗杆传动的基本参数

杆；若蜗杆传动要求反向传动自锁时，则常取 $\gamma\leqslant 3°40'$ 的单头蜗杆。

### 3. 蜗杆分度圆直径 $d_1$

为保证蜗杆传动的正确啮合，切制蜗轮的滚刀除外径稍大些外，其他尺寸和齿形参数必须与相啮合的蜗杆尺寸相同。由式(8-2)可知，滚刀分度圆直径 $d_1$ 不仅与模数 $m$ 有关，而且与头数 $z_1$ 和导程角 $\gamma$ 有关。因此，即使模数 $m$ 相同，也有很多直径不同的蜗杆，亦即要求备有很多相应的滚刀，这给刀具的制造带来困难，也不经济。为了减少蜗轮滚刀数量，规定蜗杆分度圆直径 $d_1$ 为标准值，见表8-1。

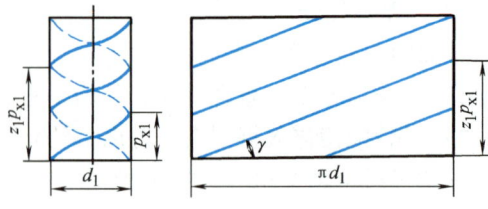

图 8-5　蜗杆导程角

表 8-1　圆柱蜗杆的模数 $m$ 和分度圆直径 $d_1$ 的匹配值

| 模数 $m$ /mm | 分度圆直径 $d_1$/mm | 蜗杆头数 $z_1$ | $m^2 d_1$/mm³ | 模数 $m$ /mm | 分度圆直径 $d_1$/mm | 蜗杆头数 $z_1$ | $m^2 d_1$/mm³ |
|---|---|---|---|---|---|---|---|
| 1 | 18 | 1(自锁) | 18 | 6.3 | (80) | 1,2,4 | 3175 |
| 1.25 | 20 | 1 | 31.25 | | 112 | 1(自锁) | 4445 |
| | 22.4 | 1(自锁) | 35 | 8 | (63) | 1,2,4 | 4032 |
| 1.6 | 20 | 1,2,4 | 51.2 | | 80 | 1,2,4,6 | 5120 |
| | 28 | 1(自锁) | 71.68 | | (100) | 1,2,4 | 6400 |
| 2 | (18) | 1,2,4 | 72 | | 140 | 1(自锁) | 8960 |
| | 22.4 | 1,2,4,6 | 89.6 | 10 | (71) | 1,2,4 | 7100 |
| | (28) | 1,2,4 | 112 | | 90 | 1,2,4,6 | 9000 |
| | 35.5 | 1(自锁) | 142 | | (112) | 1,2,4 | 11200 |
| 2.5 | (22.4) | 1,2,4 | 140 | | 160 | 1 | 16000 |
| | 28 | 1,2,4,6 | 175 | 12.5 | (90) | 1,2,4 | 14062 |
| | (35.5) | 1,2,4 | 221.9 | | 112 | 1,2,4 | 17500 |
| | 45 | 1(自锁) | 281 | | (140) | 1,2,4 | 21875 |
| 3.15 | (28) | 1,2,4 | 277.8 | | 200 | 1 | 31250 |
| | 35.5 | 1,2,4,6 | 352.2 | 16 | (112) | 1,2,4 | 28672 |
| | (45) | 1,2,4 | 446.5 | | 140 | 1,2,4 | 35840 |
| | 56 | 1(自锁) | 556 | | (180) | 1,2,4 | 46080 |
| 4 | (31.5) | 1,2,4 | 504 | | 250 | 1 | 64000 |
| | 40 | 1,2,4,6 | 640 | 20 | (140) | 1,2,4 | 56000 |
| | (50) | 1,2,4 | 800 | | 160 | 1,2,4 | 64000 |
| | 71 | 1(自锁) | 1136 | | (224) | 1,2,4 | 896000 |
| 5 | (40) | 1,2,4 | 1000 | | 315 | 1 | 126000 |
| | 50 | 1,2,4,6 | 1250 | 25 | (180) | 1,2,4 | 112500 |
| | (63) | 1,2,4 | 1575 | | 200 | 1,2,4 | 125000 |
| | 90 | 1(自锁) | 2250 | | (280) | 1,2,4 | 175000 |
| 6.3 | (50) | 1,2,4 | 1985 | | 400 | 1 | 250000 |
| | 63 | 1,2,4,6 | 2500 | | | | |

注：括号中的数字尽可能不采用。

导程角 $\gamma$ 大，虽然传动效率高，但会使蜗杆的强度、刚度降低。因此，在蜗杆轴刚度允许的情况下，设计蜗杆传动时，当要求传动效率高时，$d_1$ 可选小值；而当要求强度和刚度大时，$d_1$ 选大值。

4. 蜗杆头数 $z_1$、蜗轮齿数 $z_2$ 和传动比 $i$

蜗杆头数 $z_1$ 的选择与传动比、传动效率及制造的难易程度等有关。传动比大或要求自锁的蜗杆传动，例如分度机构中，常取 $z_1=1$；在动力传动中，为了提高传动效率，往往采用多头蜗杆。不同蜗杆头数对应的蜗杆导程角 $\gamma$ 的推荐范围见表 8-2。

表 8-2 蜗杆导程角 $\gamma$ 的推荐范围

| 蜗杆头数 $z_1$ | 1 | 2 | 4 | 6 |
|---|---|---|---|---|
| 蜗杆导程角 $\gamma$ | 3°~8° | 8°~16° | 16°~30° | 28°~33.5° |

蜗轮齿数根据传动比和蜗杆头数决定：$z_2=iz_1$，传递动力时，为增强传动平稳性，蜗轮齿数宜多取些，$z_2$ 不应少于 28 齿。但齿数越多，蜗轮尺寸越大，蜗杆轴越长，因而刚度越小，影响蜗杆传动的啮合精度，所以蜗轮的齿数 $z_2$ 一般不大于 100 齿，常取 $z_2=32\sim80$ 齿，$z_2$ 与 $z_1$ 最好互质，以利于磨损均匀。$z_2$、$z_1$ 的推荐值可参见表 8-3。

表 8-3 蜗杆头数 $z_1$ 和蜗轮齿数 $z_2$ 的推荐值

| 传动比 $i$ | 5~8 | 7~16 | 15~32 | 30~83 |
|---|---|---|---|---|
| 蜗杆头数 $z_1$ | 6 | 4 | 2 | 1 |
| 蜗轮齿数 $z_2$ | 30~48 | 28~64 | 30~64 | 30~83 |

蜗杆传动的传动比为主动蜗杆角速度与从动蜗轮角速度之比值，即

$$i = \omega_1/\omega_2 = n_1/n_2 = z_2/z_1 \tag{8-3}$$

式中，$\omega_1$、$\omega_2$ 分别为主动蜗杆和从动蜗轮的角速度（rad/s）；$n_1$、$n_2$ 分别为主动蜗杆和从动蜗轮的转速（r/min）。

应当注意，蜗杆传动的传动比 $i \neq d_2/d_1$。蜗杆传动减速器的传动比的公称值有：5，7.5，10*，12.5，15，20*，25，30，40*，50，60，70，80*，其中带 * 值为基本传动比，应优先选用。

5. 中心距 $a$

为便于大批生产，减少箱体类型，有利于标准化、系列化，GB/T 10085—2018 中对一般圆柱蜗杆减速装置的中心距 $a$（mm）推荐为：40，50，63，80，100，125，160，(180)，200，(225)，250，(280)，315，(355)，400，(450)，500。

## 二、蜗杆传动的几何尺寸

圆柱蜗杆传动主要几何尺寸的计算公式见表 8-4。

表 8-4 标准圆柱蜗杆传动的基本几何尺寸计算公式

| 名称 | 代号 | 关系式及说明 |
|---|---|---|
| 中心距 | $a$ | $a=(d_1+d_2)/2$ |
| 蜗杆头数 | $z_1$ | 常用 $z_1=1$、2、4、6 |
| 蜗轮齿数 | $z_2$ | $z_2=iz_1$，传动比 $i=n_1/n_2$ |
| 压力角（齿形角） | $\alpha$ | ZA 型 $\alpha_x=20°$，其余 $\alpha_n=20°$，$\tan\alpha_n=\tan\alpha_x\cos\gamma$ |

(续)

| 名　称 | 代　号 | 关 系 式 及 说 明 |
|---|---|---|
| 模数 | $m$ | 按强度计算确定，按表 8-1 选取标准值 |
| 蜗杆轴向齿距 | $p_{x1}$ | $p_{x1} = \pi m$ |
| 蜗杆分度圆直径 | $d_1$ | $d_1 = mz_1/\tan\gamma$，按强度计算确定，按表 8-1 选取 |
| 蜗杆导程角 | $\gamma$ | $\tan\gamma = mz_1/d_1$ |
| 蜗杆齿顶高 | $h_{a1}$ | $h_{a1} = m$（正常齿） |
| 蜗杆齿高 | $h_1$ | $h_1 = 2.2m$（正常齿） |
| 顶隙 | $c$ | $c = 0.2m$ |
| 蜗杆齿顶圆直径 | $d_{a1}$ | $d_{a1} = d_1 + 2h_{a1} = d_1 + 2m$ |
| 蜗杆齿根圆直径 | $d_{f1}$ | $d_{f1} = d_1 - 2(h_1 - h_{a1}) = d_1 - 2.4m$ |
| 蜗杆齿宽 | $b_1$ | $b_1 \approx 2m\sqrt{z_2+1}$ |
| 蜗轮分度圆直径 | $d_2$ | $d_2 = mz_2$ |
| 蜗轮齿顶高 | $h_{a2}$ | $h_{a2} = m$（正常齿） |
| 蜗轮齿高 | $h_2$ | $h_2 = h_1 = 2.2m$（正常齿） |
| 蜗轮喉圆直径 | $d_{a2}$ | $d_{a2} = d_2 + 2h_{a2} = d_2 + 2m$ |
| 蜗轮齿根圆直径 | $d_{f2}$ | $d_{f2} = d_2 - 2(h_2 - h_{a2}) = d_2 - 2.4m$ |
| 蜗轮顶圆直径 | $d_{e2}$ | 当 $z_1 = 1$ 时，$d_{e2} \leq d_{a2} + 2m$；$z_1 = 2 \sim 3$ 时，$d_{e2} \leq d_{a2} + 1.5m$；$z_1 = 4 \sim 6$ 时，$d_{e2} \leq d_{a2} + m$，或由结构设计确定 |
| 蜗轮齿宽 | $b_2$ | 当 $z_1 \leq 1 \sim 2$ 时，$b_2 \leq 0.75 d_{a1}$；$z_1 = 4 \sim 6$ 时，$b_2 \leq 0.67 d_{a1}$ |
| 蜗轮齿宽角 | $\theta$ | 一般 $\theta = 90° \sim 100°$ |
| 蜗轮齿顶圆弧半径 | $R_{a2}$ | $R_{a2} = d_1/2 - m$ |
| 蜗轮齿根圆弧半径 | $R_{f2}$ | $R_{f2} = d_{a1}/2 + 0.2m$ |

## 第三节　蜗杆传动的失效形式、材料和精度

### 一、蜗杆传动的失效形式及设计准则

#### 1. 失效形式

蜗杆传动的失效形式和齿轮传动类似，主要有齿面疲劳点蚀、胶合、磨损及轮齿折断等。由于蜗杆传动齿面间的相对滑动速度 $v_s$ 较大（图 8-6 所示速度直角三角形中的弦矢量），温升高，效率低，更容易出现胶合和磨粒磨损。

在润滑及散热不良时，闭式传动易出现胶合。由于蜗轮轮齿的材料通常比蜗杆材料软得多，在发生胶合时，蜗轮表面金属粘到蜗杆的螺旋面上，使蜗轮的工作齿面形成沟痕。

蜗轮轮齿的磨损比一般齿轮严重得多。在开式传动和润滑油不清洁的闭式传动中，轮齿磨损速度很快。

#### 2. 设计准则

由于蜗轮材料的强度、硬度低，失效总是先发生在蜗轮上，所以只对蜗轮轮齿做强度计算。目前，对胶合和磨损的计算还缺少适当的方法与数据。因此，对闭式蜗杆传动的蜗轮轮齿仍按齿面接触疲劳强度设计，按齿根弯曲疲劳强度校核。此外，由于蜗杆传动发热量大，还应做热平衡验算。对开式蜗杆传动，只按齿根弯曲疲劳强度设计。蜗杆由于常与轴制成一

体，设计时，按一般轴对蜗杆强度进行校核，必要时还应进行刚度验算。

## 二、蜗杆蜗轮常用材料及热处理

鉴于前面所述的各种失效特点，蜗杆和蜗轮的材料不但要有一定的强度，而且还要有良好的减摩性、耐磨性和抗胶合能力。因此，蜗杆传动常采用青铜（低速时用铸铁）制作蜗轮齿圈，与淬硬并磨制的钢制蜗杆相匹配。

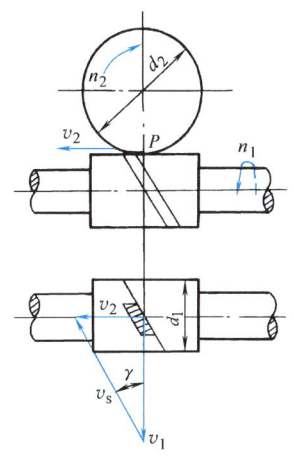

图 8-6 蜗杆传动的滑动速度

### 1. 蜗杆材料及热处理

制造蜗杆的材料列于表 8-5 中。一般不重要的蜗杆用 45 钢经调质处理；高速、重载但载荷平稳时用非合金钢、合金钢，经表面淬火处理；高速、重载且载荷变化大时，可采用合金钢经渗碳淬火处理。

### 2. 蜗轮材料及许用应力

制造蜗轮的材料列于表 8-6 和表 8-7 中。锡青铜的减摩性、耐磨性均好，抗胶合能力强，但价格高，用于相对滑动速度 $v_s \leqslant 25\text{m/s}$ 的高速重要蜗杆传动中；铸造铝青铜的强度好、耐冲击而且价格便宜，但抗胶合及耐磨性不如铸造锡青铜，一般用于 $v_s \leqslant 10\text{m/s}$ 的蜗杆传动中；灰铸铁主要用于 $v_s < 2\text{m/s}$ 的低速、轻载、不重要的蜗杆传动中。

表 8-5 蜗杆常用材料及热处理

| 材 料 牌 号 | 热处理 | 硬 度 | 齿面的表面粗糙度值 $Ra/\mu m$ |
|---|---|---|---|
| 45,42SiMn,37SiMn2MoV,40Cr,42CrMo,40CrNi | 表面淬火 | 45~55HRC | 1.6~0.8 |
| 15CrMn,20CrMn,20Cr,20CrNi,20CrMnTi | 渗碳淬火 | 58~63HRC | 1.6~0.8 |
| 45（用于不重要的传动） | 调质 | <270HBW | 6.3 |

表 8-6 蜗轮常用材料及许用应力（$[\sigma_H]$、$[\sigma_{bb}]$）

| 蜗轮材料 | 铸造方法 | 适用的滑动速度 $v_s/$(m/s) | 力学性能 $\sigma_{0.2}/$MPa | 力学性能 $\sigma_b/$MPa | $[\sigma_H]/$MPa 蜗杆齿面硬度 ≤350HBW | $[\sigma_H]/$MPa 蜗杆齿面硬度 >45HRC | $[\sigma_{bb}]/$MPa 一侧受载 | $[\sigma_{bb}]/$MPa 两侧受载 |
|---|---|---|---|---|---|---|---|---|
| ZCuSn10P1 | 砂 模 | ≤12 | 130 | 220 | 180 | 200 | 51 | 32 |
|  | 金属模 | ≤25 | 170 | 310 | 200 | 220 | 70 | 40 |
| ZCuSn5Pb5Zn5 | 砂 模 | ≤10 | 90 | 200 | 110 | 125 | 33 | 24 |
|  | 金属模 | ≤12 | 100 | 250 | 135 | 150 | 40 | 29 |
| ZCuAl10Fe3 | 砂 模 | ≤10 | 180 | 490 |  |  | 82 | 64 |
|  | 金属模 |  | 200 | 540 |  |  | 90 | 80 |
| ZCuAl10Fe3Mn2 | 砂 模 | ≤10 |  | 490 | 见表 8-7（与应力循环次数无关） |  | — | — |
|  | 金属模 |  |  | 540 |  |  | 100 | 90 |
| ZCuZn38Mn2Pb2 | 砂 模 | ≤10 |  | 245 |  |  | 62 | 56 |
|  | 金属模 |  |  | 345 |  |  | — | — |
| HT150 | 砂 模 | ≤2 | — | 150 |  |  | 40 | 25 |
| HT200 | 砂 模 | ≤2~5 |  | 200 |  |  | 48 | 30 |
| HT250 | 砂 模 | ≤2~5 |  | 250 |  |  | 56 | 35 |

表 8-7　铸造铝青铜、铸造黄铜及铸铁蜗轮的许用接触应力 $[\sigma_H]$　（单位：MPa）

| 蜗 轮 材 料 | 蜗杆材料 | 滑动速度 $v_s$/(m/s) | | | | | | | |
|---|---|---|---|---|---|---|---|---|---|
| | | 0.25 | 0.5 | 1 | 2 | 3 | 4 | 6 | 8 |
| ZCuAl10Fe3、ZCuAl10Fe3Mn2 | 钢经淬火① | — | 250 | 230 | 210 | 180 | 160 | 120 | 90 |
| ZCuZn38Mn2Pb2 | 钢经淬火① | — | 215 | 200 | 180 | 150 | 135 | 95 | 75 |
| HT200、HT150(120~150HBW) | 渗碳钢 | 160 | 130 | 115 | 90 | — | — | — | — |
| HT150(120~150HBW) | 调质或淬火钢 | 140 | 110 | 90 | 70 | — | — | — | — |

① 蜗杆如未经淬火，其 $[\sigma_H]$ 需降低 20%。

### 三、蜗杆传动的精度等级

由于蜗杆传动啮合轮齿的刚度较齿轮传动大，所以制造精度对传动的影响比齿轮传动更为显著。按 GB/T 10089—2018 的规定，蜗杆传动的精度有 12 个精度等级，1 级最高，12 级最低；对于传递动力用的蜗杆传动，一般可按照 6~9 级精度制造，6 级用于蜗轮速度较高的传动，9 级用于低速及手动传动。具体可根据表 8-8 选取。分度机构、测量机构等要求运动精度高的传动，要按照 5 级或 5 级以上的精度制造。

表 8-8　蜗杆传动精度等级的选择

| 精度等级 | 蜗轮圆周速度 /(m/s) | 蜗杆齿面的表面粗糙度值 $Ra$/μm | 蜗轮齿面的表面粗糙度值 $Ra$/μm | 使 用 范 围 |
|---|---|---|---|---|
| 6 | >5 | ≤0.4 | ≤0.8 | 中等精密机床的分度机构 |
| 7 | <7.5 | ≤0.8 | ≤0.8 | 中速动力传动 |
| 8 | <3 | ≤1.6 | ≤1.6 | 速度较低或短期工作的传动 |
| 9 | <1.5 | ≤3.2 | ≤3.2 | 不重要的低速传动或手动传动 |

## ○第四节　蜗杆传动的强度计算

### 一、蜗杆传动的受力分析

蜗杆传动轮齿上的作用力和斜齿相似。如图 8-7a 所示，若不计摩擦，则齿面上作用的法向力 $F_n$ 可分解为三个相互垂直的分力：圆周力 $F_t$、轴向力 $F_a$ 和径向力 $F_r$。由于蜗杆与蜗轮轴交角 $\Sigma=90°$，根据作用力与反作用力原理，蜗杆圆周力 $F_{t1}$ 与蜗轮轴向力 $F_{a2}$、蜗杆轴向力 $F_{a1}$ 与蜗轮圆周力 $F_{t2}$、蜗杆径向力 $F_{r1}$ 与蜗轮径向力 $F_{r2}$ 恰为一对作用力与反作用力，其大小相等、方向相反，如图 8-7b 所示，即

$$\begin{cases} F_{t1} = -F_{a2} = 2T_1/d_1 \\ F_{a1} = -F_{t2} = -2T_2/d_2 \\ F_{r1} = -F_{r2} = -F_{t2}\tan\alpha \end{cases} \tag{8-4}$$

式中，$T_1$、$T_2$ 分别为作用在蜗杆和蜗轮上的转矩（N·mm），$T_2 = T_1 i \eta$，$\eta$ 为蜗杆传动的效率；$d_1$、$d_2$ 分别为蜗杆和蜗轮的分度圆直径（mm）；$\alpha$ 为中间平面分度圆上的压力角，$\alpha = 20°$。

在确定蜗杆和蜗轮受力方向时，应首先判明主动件和从动件（一般蜗杆为主动件），蜗

杆、蜗轮螺旋线旋向，蜗杆的转向及其位置。蜗杆的旋向判别与斜齿轮的旋向判别方法相同，由于蜗杆传动轴交角 $\Sigma = 90°$，所以蜗轮旋向与蜗杆相同。

对于主动件蜗杆，圆周力 $F_{t1}$ 与回转方向相反，并可判定 $F_{t1}$ 的反作用力蜗轮轴向力 $F_{a2}$ 的方向。

径向力 $F_{r1}$ 和 $F_{r2}$ 的方向分别指向蜗杆和蜗轮的轮心。

蜗杆轴向力 $F_{a1}$ 的方向判别可套用判断斜齿轮轴向力的主动轮左右手法则。右旋蜗杆用右手（左旋用左手），四指顺着蜗杆转动方向弯曲，则大拇指所指方向即为轴向力 $F_{a1}$ 的方向，如图 8-8 所示。根据 $F_{a1}$ 的方向可以判别其反作用力蜗轮圆周力 $F_{t2}$ 的方向，从而可判定蜗轮的转向（其转向与圆周力 $F_{t2}$ 方向一致）。

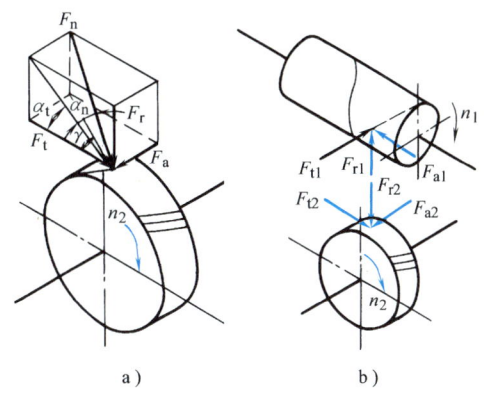

图 8-7 蜗杆蜗轮的作用力

## 二、蜗杆传动的强度计算

针对前述的蜗杆传动失效形式及设计准则，蜗杆传动的强度计算包括以下两个方面：①蜗轮齿面的接触疲劳强度计算；②蜗轮轮齿弯曲疲劳强度计算。

### 1. 蜗轮齿面的接触疲劳强度计算

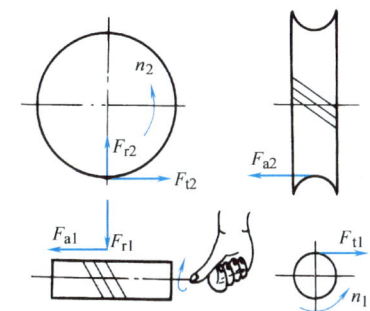

普通蜗杆传动在中间平面上，相当于齿条和齿轮的啮合传动，而蜗轮本身又相当于一个斜齿轮。因此，蜗轮齿面接触疲劳强度计算与斜齿轮相似，也是以节点处的相应参数代入渐开线圆柱齿轮传动的赫兹公式 (6-38)，从而导出钢制蜗杆与青铜或铸铁蜗轮（齿圈）配对的齿面接触疲劳强度计算公式为

$$\sigma_H = 480 \sqrt{\frac{KT_2 \cos\gamma}{d_1 d_2^2}} \leq [\sigma_H] \tag{8-5}$$

将上式代入 $d_2 = z_2 m$，整理后得设计公式为

$$m^2 d_1 \geq KT_2 \cos\gamma \left[\frac{480}{z_2 [\sigma_H]}\right]^2 \tag{8-6}$$

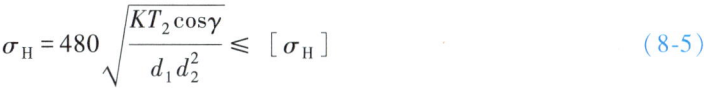

图 8-8 蜗杆传动作用力方向的判别

上面两式中，$T_2$ 为蜗轮传递的转矩（N·mm）；$K$ 为载荷系数，一般取 $K = 1 \sim 1.4$，当载荷平稳，蜗轮圆周速度 $v_2 \leq 3$m/s，7 级精度以上时取较小值，否则取较大值；$d_1$、$d_2$ 分别为蜗杆和蜗轮分度圆直径（mm）；$z_2$ 为蜗轮齿数；$\gamma$ 为蜗杆导程角（°），见表 8-2；$[\sigma_H]$ 为蜗轮材料的许用接触应力（MPa）。对于以疲劳点蚀失效为主的铸造锡青铜制造的蜗轮，$[\sigma_H]$ 值查表 8-6；对于以胶合失效为主的铸造铝青铜、铸造黄铜或铸铁制造的蜗轮，要根据蜗杆传动的抗胶合条件，即相对滑动速度 $v_s$ 的大小查表 8-7。

### 2. 蜗轮齿根弯曲疲劳强度计算

蜗轮轮齿的弯曲疲劳强度取决于轮齿模数的大小。由于轮齿齿形比较复杂，且在与中间平面距离不同截面上的齿厚并不相同，因此，蜗轮轮齿的弯曲疲劳强度难以精确计算，只能

进行条件性的概略估算。利用式（6-66），并根据蜗杆传动的特点，代入有关参数，经简化后可得

校核公式
$$\sigma_{bb} = \frac{1.64KT_2}{d_1 d_2 m} Y_{FS} Y_\beta \leq [\sigma_{bb}] \quad (8-7)$$

设计公式
$$m^2 d_1 \geq \frac{1.64KT_2}{z_2 [\sigma_{bb}]} Y_{FS} Y_\beta \quad (8-8)$$

上面两式中，$Y_\beta$ 为螺旋角系数，$Y_\beta = 1 - (\gamma/140°)$；$Y_{FS}$ 为蜗轮复合齿形系数，按当量齿数查图 6-39；$d_1$、$d_2$ 分别为蜗杆和蜗轮分度圆直径（mm）；$[\sigma_{bb}]$ 为蜗轮材料的许用弯曲应力（MPa），其值由表 8-6 查得。

在设计闭式蜗杆传动时，一般先根据传动的功用和传动比的要求，选择蜗杆头数 $z_1$ 和蜗轮齿数 $z_2$，然后根据强度设计计算公式 (8-6) 求出 $m^2 d_1$ 值，并在表 8-1 中选取与之相近而较大的 $m^2 d_1$ 值，再相应地确定模数 $m$ 和蜗杆分度圆直径 $d_1$。当上述主要参数确定后，可按表 8-4 计算蜗杆、蜗轮的几何尺寸。最后，按齿根弯曲疲劳强度校核，并做热平衡验算。

式 (8-8) 一般用于开式蜗杆传动的设计计算。由式 (8-8) 求出 $m^2 d_1$ 值后，按表 8-1 选取适当的模数 $m$ 与 $d_1$ 值，再根据表 8-4 计算蜗杆、蜗轮的几何尺寸。开式蜗杆传动设计一般不进行齿面接触疲劳强度校核。

蜗杆轴本身的强度校核，可按第十二章轴的强度校核方法处理。当蜗杆为细长轴时，还应校核其刚度，刚度计算方法可查阅相关手册。

## ⊙知识延伸——蜗杆传动的效率、润滑与热平衡计算

## 第五节　蜗杆和蜗轮的结构

蜗杆通常与轴做成整体。常见的蜗杆结构见表 8-9，车制蜗杆的轮齿两端应有退刀槽；铣制蜗杆的轮齿两侧直径较大，刚性较好。

直径较小的蜗轮及铸铁蜗轮采用整体式结构。直径较大时，为节省有色金属，常采用组合式，具体可分为齿圈压配式和螺栓联接式，结构见表 8-9。齿圈压配式蜗轮的齿圈通过过盈配合方式装在铸铁或铸钢的轮心上，常用的配合为 H7/r6。为了增加过盈配合的可靠性，沿着接合缝拧上紧定螺钉。当蜗轮直径较大时，还可采用螺栓联接，最好采用配合螺栓联接，以承受一定的切应力，其与螺栓的配合为 H7/m6。

**例 8-1**　有一螺旋输送机，电动机功率 $P_1 = 4.5 \mathrm{kW}$，额定转速 $n_1 = 960 \mathrm{r/min}$，拟用蜗杆减速器使输送螺旋得到工作传动比 $i = 20$，载荷平稳，连续单向运转，假设箱体散热面积 $A = 1.5 \mathrm{m}^2$，通风散热条件良好。

**解**　1) 选择传动类型、精度等级和材料。

此螺旋输送机构为一般机械，输入功率小，转速不高，载荷平稳，采用阿基米德蜗杆传动。精度 8C（GB/T 10089—2018）。蜗杆用 45 钢经表面淬火，表面硬度为 45~50HRC，表面粗糙度

$Ra$ 值不大于 $1.6\mu m$（表 8-5）。采用组合式蜗轮，轮缘采用铸锡青铜 ZCuSn10P1，砂型铸造。

表 8-9  蜗杆、蜗轮的结构

| 类型 | | 结构图 | 结构尺寸 |
|---|---|---|---|
| 蜗杆 | | （1）车制 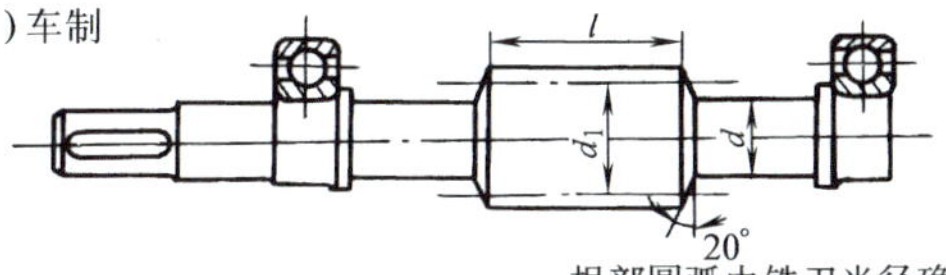<br>（2）铣制 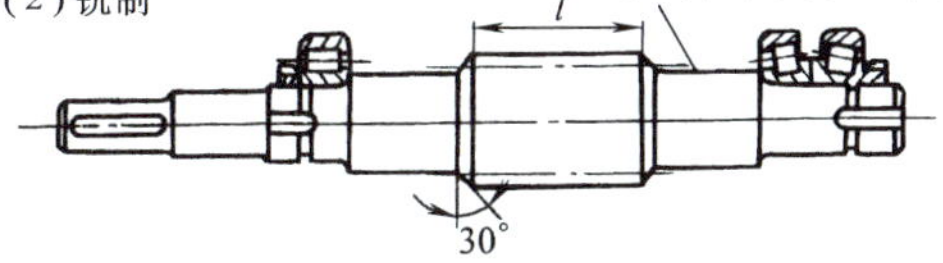<br>根部圆弧由铣刀半径确定 | |
| 蜗轮 | 整体式 | 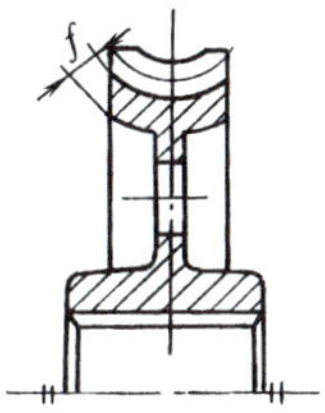 | $l=(1.2\sim1.8)d$<br>$c=1.5m\geqslant10mm$<br>$a=b=2m\geqslant10mm$<br>$R=4\sim5mm$<br>$d_3=(1.6\sim1.8)d$<br>$d_4=(1.2\sim1.5)m\geqslant6mm$<br>$l_1=3d_4$<br>$x=2\sim3mm$<br>$f\geqslant1.7m$<br>$n=2\sim3mm$<br>$\gamma=90°\sim110°$<br>$d_5$、$n_1$、$D_0$、$d_0$ 等由结构确定<br>$d_w$ 值：<br>当 $z_1=1$ 时，$d_w\leqslant d_{a2}+2m$<br>当 $z_1=2\sim3$ 时，$d_w\leqslant d_{a2}+1.5m$<br>当 $z_1=4$ 时，$d_w\leqslant d_{a2}+m$<br>$B$ 值：<br>当 $z_1=1\sim3$ 时，$B\leqslant0.75d_{a1}$<br>当 $z_1=4$ 时，$B\leqslant0.67d_{a1}$ |
| | 齿圈压配式 | 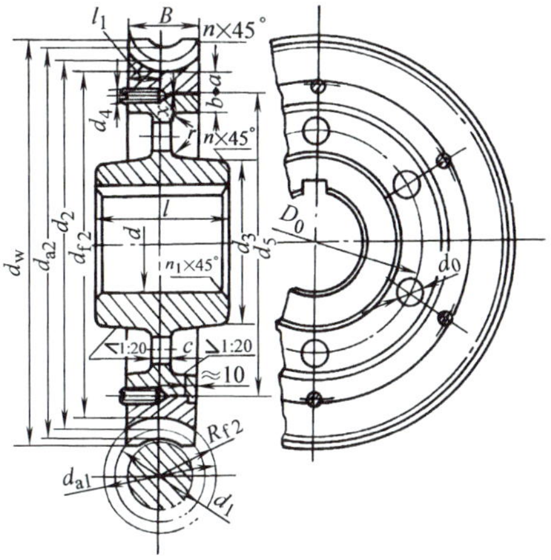 | |
| | 螺栓联接式 | 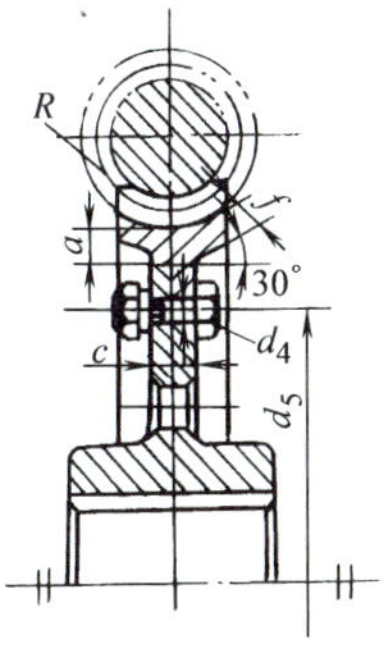 | |

2)确定齿数 $z_1$、$z_2$。

传动比 $i=20$,根据表 8-3 确定 $z_1=2$,$z_2=iz_1=20\times 2=40$,$z_2$ 在 30~64 之间,故合乎要求。

3)确定蜗杆传递的转矩 $T_2$。

估计效率:根据 $z_1=2$,取 $\eta=0.80$。

蜗轮传递转矩

$$T_2 = T_1 i\eta = 9.55\times 10^6 \frac{P_1}{n_1} i\eta$$
$$= (9.55\times 10^6 \times 4.5\times 20\times 0.80/960)\,\text{N}\cdot\text{mm}$$
$$= 7.16\times 10^5\,\text{N}\cdot\text{mm}$$

4)确定模数 $m$ 和蜗杆分度圆直径 $d_1$。

因载荷平稳,取载荷系数 $K=1.1$,估计 $v_s \leq 12\text{m/s}$。根据表 8-6 查得 $[\sigma_H]=200\text{MPa}$,由表 8-2 初取导程角 $\gamma=12°$,按式(8-6)可得

$$m^2 d_1 \geq KT_2\cos\gamma\left(\frac{480}{z_2[\sigma_H]}\right)^2 = 1.1\times 7.16\times 10^5\times \cos 12°\left(\frac{480}{40\times 200}\right)^2\,\text{mm}^3 = 2773.4\,\text{mm}^3$$

查表 8-1,取模数 $m=8\text{mm}$,$d_1=80\text{mm}$。

5)计算主要几何尺寸。

蜗轮分度圆直径:$d_2 = z_2 m = 40\times 8\text{mm} = 320\text{mm}$

蜗杆分度圆导程角:$\gamma = \arctan(mz_1/d_1) = \arctan(8\times 2/80) = \arctan 0.2 = 11.31°$

中心距:$a = (d_1+d_2)/2 = (80+320)\text{mm}/2 = 200\text{mm}$

6)验算相对滑动速度 $v_s$ 及传动效率 $\eta$。

蜗杆分度圆速度

$$v_1 = \frac{\pi d_1 n_1}{60\times 1000} = \frac{3.14\times 80\times 960}{60\times 1000}\,\text{m/s} = 4.02\,\text{m/s}$$

齿面相对滑动速度

$$v_s = v_1/\cos\gamma = (4.02/\cos 11.31°)\,\text{m/s} = 4.1\,\text{m/s} < 12\,\text{m/s}$$

满足原估计值。

蜗杆传动效率:按 $v_s=4.1\text{m/s}$,硬度 $\geq 45\text{HRC}$,蜗轮材料为铸造锡青铜,查相关手册得 $\rho_v=1.36°$,由"知识延伸——蜗杆传动的效率、润滑与热平衡计算"这部分的公式(1)得

$$\eta = (0.95\sim 0.97)\frac{\tan 11.31°}{\tan(11.31°+1.36°)} = 0.85\sim 0.86$$

与原估计值 $\eta=0.80$ 接近。

7)齿根弯曲疲劳强度校核。

根据式(8-7) $$\sigma_{bb} = \frac{1.64KT_2}{d_1 d_2 m}Y_{FS}Y_\beta \leq [\sigma_{bb}]$$

其中,蜗轮复合齿形系数 $Y_{FS}$,根据 $z_v = z_2/\cos^3\gamma = 40/\cos^3 11.31° = 42.42$,查图 6-39,得 $Y_{FS}=4.03$;螺旋角系数 $Y_\beta = 1-(11.31°/140°) = 0.92$;查表 8-6 得许用弯曲应力 $[\sigma_{bb}] = 51\text{MPa}$,则

$$\sigma_{bb} = \frac{1.64 \times 1.1 \times 7.16 \times 10^5}{80 \times 320 \times 8} \times 4.03 \times 0.92 \text{MPa} = 23.38 \text{MPa} < [\sigma_{bb}]$$

弯曲强度足够。

8）其他几何尺寸计算（略）。

## 自测题与习题

### （一）自测题

8-1 阿基米德圆柱蜗杆上，应符合标准数值的模数是（　　）。
A. 端面模数　　B. 法向模数　　C. 轴向模数　　D. 齿顶圆模数

8-2 多头、大升角的蜗杆，这类蜗杆传动通常应用在（　　）装置中。
A. 手动起重设备　　　　　B. 传递动力的设备
C. 传递运动的设备　　　　D. 需要自锁的设备

8-3 对蜗杆进行现场测绘时，为确定其模数，应通过测量（　　）来实现。
A. 蜗杆顶圆直径　　　　　B. 蜗杆轴向齿距
C. 蜗杆根圆直径　　　　　D. 蜗杆分度圆直径

8-4 当蜗杆的头数 $z_1$ 和润滑情况不变时，如把蜗杆直径 $d_1$ 增大时，则蜗杆传动的啮合效率将（　　）。
A. 提高　　B. 不变　　C. 降低　　D. 没有固定关系

8-5 在标准蜗杆传动中，如模数 $m$ 不变，当减小导程角 $\gamma$ 时，则蜗杆的刚度将（　　）。
A 增大　　B. 不变　　C. 减小　　D 可能增大，也可能减小

8-6 某标准蜗杆减速器的蜗轮已丢失，测知蜗杆头数 $z_1 = 2$，螺旋导程角 $\gamma = 14°02'10''$（右旋），模数 $m = 8$mm，中心距 $a = 240$mm。蜗轮的齿顶圆直径 $d_{a2}$ 应为（　　）。
A. 416mm　　B. 424mm　　C. 432mm　　D. 440mm

8-7 蜗杆传动容易发生的两种失效情况是（　　）。
A. 轮齿折断和齿面点蚀　　B. 齿面点蚀和齿面胶合
C. 轮齿折断和齿面磨损　　D. 齿面磨损和齿面胶合

8-8 蜗轮材料为HT200的开式蜗杆传动，其主要失效形式是（　　）。
A. 齿面点蚀　　B 齿面磨损　　C. 齿面胶合　　D. 蜗轮轮齿折断

8-9 蜗杆传动的失效形式，与之有关的因素是（　　）。
A. 蜗杆、蜗轮的材料　　　B. 载荷性质
C. 滑动速度　　　　　　　D. 蜗杆、蜗轮的加工方法

8-10 比较理想的蜗杆和蜗轮的材料组合是（　　）。
A. 钢和青铜　　B. 钢和铸铁　　C. 钢和钢　　D. 青铜和铸铁

8-11 高速重载的蜗杆需经渗碳淬火和磨削，故蜗杆的制造材料应选用（　　）。
A. 40Cr 或 35SiMn　　　　B. 45钢或40钢
C. 20Cr 或 20CrMnTi　　　D. ZQA19-4

8-12 某蜗杆传动，已知模数 $m=5$mm，螺旋导程角 $\gamma=14°02'10''$，蜗杆分度圆直径 $d_1=60$mm，转速 $n_1=1460$r/min，蜗轮分度圆直径 $d_2=240$mm。则蜗轮的转速 $n_2$ 应为（　　）。

    A. 91.25r/min    B. 182.5r/min    C. 273.75r/min    D. 365r/min

8-13 某蜗杆传动，已知蜗杆为双头右旋，模数 $m=5$mm，蜗杆分度圆直径 $d_1=40$mm，传动效率 $\eta=0.8$，蜗杆轴上的功率 $P_1=4$kW，转速 $n_1=955$r/min，传动比 $i=30$，则作用在蜗轮上的圆周力 $F_{t2}$ 为（　　）。

    A. 3200N    B. 6400N    C. 12800N    D. 25600N

8-14 由铸造锡青铜制造的蜗轮齿圈，与其齿面许用接触应力 $[\sigma_H]$ 无关的是（　　）。

    A. 滑动速度                  B. 蜗杆齿面硬度

    C. 蜗轮铸造方法            D. 工作是否长期连续

8-15 铸铁蜗轮及小直径的青铜蜗轮，宜采用的结构是（　　）。

    A. 整体式    B. 轮箍式    C. 镶铸式    D. 螺栓联接式

## （二）习　题

8-16 有一标准圆柱蜗杆传动，已知模数 $m=8$mm，传动比 $i=20$，蜗杆分度圆直径 $d_1=80$mm。蜗杆头数 $z_1=2$。试计算该蜗杆传动的主要几何尺寸（$d_{a1}$、$d_{f1}$、$d_2$、$d_{a2}$、$d_{f2}$、$a$）。

8-17 图8-9所示为一蜗杆斜齿圆柱齿轮传动，蜗杆由电动机驱动，转动方向如图所示。已知蜗轮轮齿的螺旋线方向为右旋，试选择斜齿轮的旋向，使Ⅱ轴所受轴向力为最小。

8-18 图8-10所示的蜗杆传动装置中，已知蜗杆头数 $z_1=1$，模数 $m=5$mm，蜗杆分度圆直径 $d_1=50$mm，传动比 $i=50$，传动效率 $\eta=0.4$，卷筒直径 $D=200$mm，重物的重力 $G=100$N。求提起重物时作用于蜗杆传动啮合处各分力的大小和方向。

8-19 试设计带式运输机的蜗杆传动。已知驱动蜗杆的电动机功率 $P_1=7.5$kW，转速 $n_1=970$r/min，传动比 $i=24$，工作载荷平稳，单向连续运转。

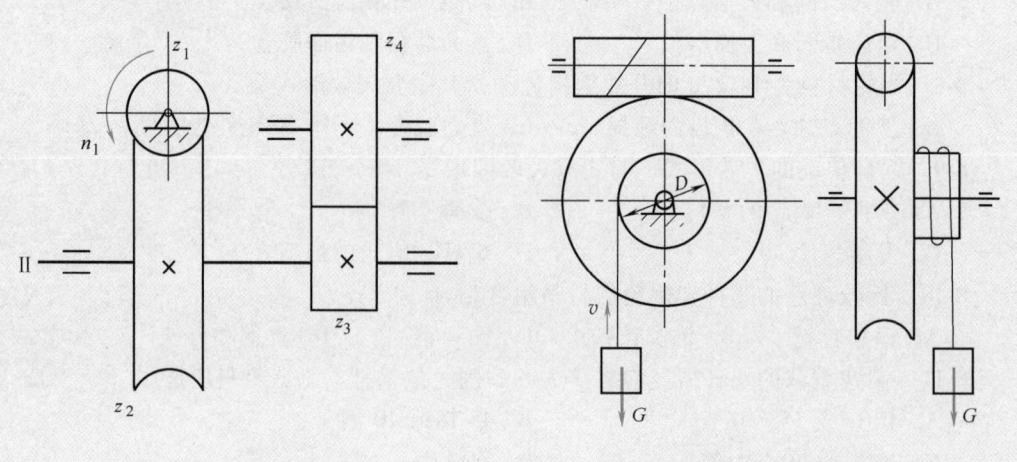

图 8-9 题 8-17 图        图 8-10 题 8-18 图

# 第九章

# 轮　系

> **教学要求**
>
> ● **知识要素**
> 1. 轮系的分类与功用：定轴轮系、行星轮系。
> 2. 定轴轮系传动比的计算。
> 3. 行星轮系传动比的计算。
>
> ● **能力要求**
> 1. 能根据工作要求正确选择轮系。
> 2. 能正确计算定轴轮系传动比。
> 3. 能正确计算行星轮系的传动比，正确分析各构件的相对运动速度。
>
> ● **学习重点与难点**
> 1. 定轴轮系传动比计算。
> 2. 行星轮系传动比计算。
>
> ● **知识延伸**
> 1. 混合轮系传动比的计算。
> 2. 认识 K-H-V 型行星轮减速器。

## 第一节　概　述

在实际机械传动中，仅用一对齿轮往往不能满足生产上的多种要求，通常由一系列相互啮合的齿轮联合组成的齿轮传动系统来完成工作任务。这种多齿轮的传动装置称为轮系（或齿轮系）。

轮系分为两大类：定轴轮系（定轴齿轮系）和行星轮系（动轴齿轮系或周转齿轮系）。若轮系中同时含有定轴轮系和行星轮系，则称为混合轮系。

### 一、定轴轮系

当轮系运转时，若其中各齿轮的轴线相对于机架的位置都是固定不变的，则该轮系称为定轴轮系。

完全由平行轴线齿轮（圆柱齿轮）组成的定轴轮系，称为平面定轴轮系，如图 9-1 所示。

轮系中包含有非平行轴线齿轮的定轴轮系，则称为空间定轴轮系，如图 9-2 所示。

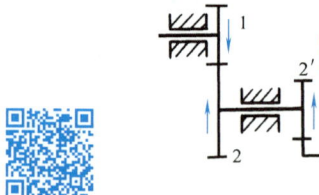 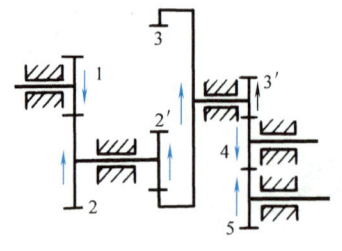 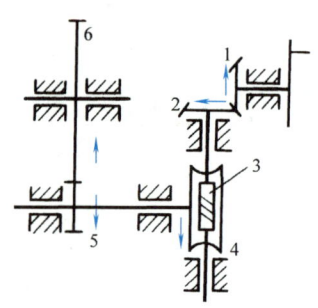

图 9-1　平面定轴轮系　　　　　图 9-2　空间定轴轮系

## 二、行星轮系

在轮系运转时，若至少有一个齿轮的几何轴线绕另一齿轮固定几何轴线转动，则该轮系称为行星轮系。如图 9-3 所示的行星轮系，主要由行星齿轮、行星架（系杆）和太阳轮所组成。图 9-4 为（单级）行星轮系的运动简图。

在行星轮系中，活套在构件 H 上的齿轮 2，一方面绕自身的轴线 $O'O'$ 回转，另一方面又随构件 H 绕固定轴线 $OO$ 回转，犹如天体中的行星，兼有自转和公转，故把做行星运动的齿轮 2 称为行星齿轮，支承行星齿轮的构件 H 则称为行星架或系杆。与行星齿轮相啮合且轴线固定的齿轮 1 和 3 称为太阳轮。其中，外齿太阳轮称为太阳轮；而内齿太阳轮称为内齿圈。

行星轮系中由于一般都以太阳轮或行星架作为运动的输入或输出构件，故称它们为行星轮系的基本构件。

根据结构复杂程度不同，行星轮系可分为以下三类：

（1）单级行星轮系　它是由一个行星架及其上的行星轮和相啮合的太阳轮所构成的轮系，简称单级行星轮系，如图 9-4 所示。

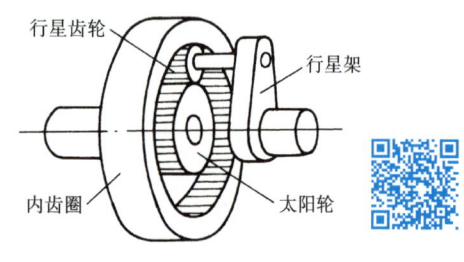

图 9-3　行星轮系结构图　　　　　图 9-4　（单级）行星轮系的运动简图

（2）多级行星轮系　它是由两级或两级以上同类型单级行星轮传动机构构成的轮系，如图 9-5 所示。

（3）混合行星轮系　它是由一级或多级行星轮系与定轴轮系所组成的轮系，如图 9-6 所示。

根据行星轮系自由度的不同，可分为两类：

（1）差动轮系　自由度为 2 的行星轮系称为差动轮系。其太阳轮均不固定，如图 9-4 所示。

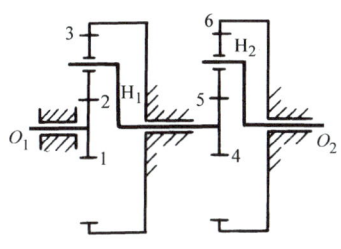

图 9-5　多级行星轮系

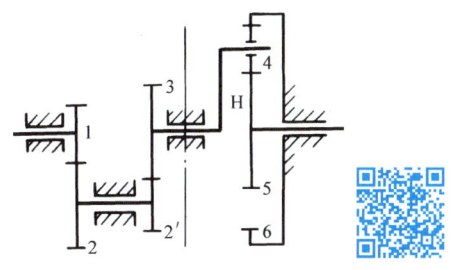

图 9-6　混合轮系

（2）简单行星轮系　自由度为 1 的行星轮系称为简单行星轮系，如图 9-7 所示。在此行星轮系中有固定的太阳轮。

行星轮系按太阳轮个数的不同又可分为如下三种类型：

（1）2K-H 型行星轮系　它由两个太阳轮（2K）和一个行星架（H）所组成，如图 9-7 所示。

（2）3K 型行星轮系　它是由三个太阳轮（3K）所组成的行星齿轮传动机构，如图 9-8 所示。

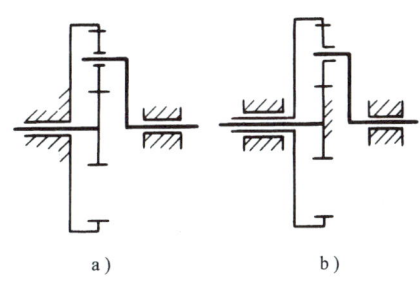

图 9-7　简单行星轮系

（3）K-H-V 型行星轮系　它是由一个太阳轮（K）、一个行星架（H）和一个输出机构组成的行星轮传动机构，如图 9-9 所示。行星轮与输出轴 V 之间用等角速比输出机构连接，以实现等速比的运动输出，此等角速比输出机构简称为输出机构（或 W 机构）。当前使用比较广泛的渐开线少齿差行星齿轮传动和摆线少齿差传动，皆属于 K-H-V 型行星轮系。

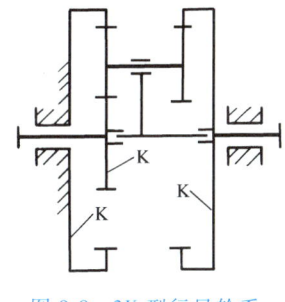

图 9-8　3K 型行星轮系

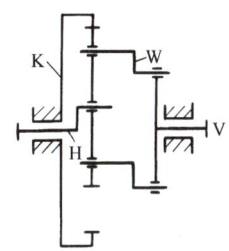

图 9-9　K-H-V 型行星轮系

## 第二节　定轴轮系传动比的计算

### 一、轮系的传动比

在轮系中，输入轴和输出轴角速度（或转速）之比，称为轮系的传动比，常用字母"$i$"表示，并在其右下角用下标表明其对应的两轴。例如：$i_{17}$ 表示轴 1 与轴 7 的传动比。

确定轮系的传动比包含以下两方面：

1）计算传动比 $i$ 的大小。
2）确定输出轴（轮）的转动方向。

## 二、传动比的计算

图 9-10a 所示为一对外啮合圆柱齿轮，两轮转向相反，其传动比规定为负，可表示为 $i_{12} = \dfrac{n_1}{n_2} = -\dfrac{z_2}{z_1}$。图 9-10b 所示为一对内啮合圆柱齿轮，两轮转向相同，其传动比规定为正，可表示为：$i_{12} = \dfrac{n_1}{n_2} = +\dfrac{z_2}{z_1} = \dfrac{z_2}{z_1}$。

转向的确定除用上述正负号表示外，也可用画箭头的方法。对外啮合齿轮，可用反方向箭头表示（图 9-10a）；内啮合时，则用同方向箭头表示（图 9-10b）；对锥齿轮传动，可用两箭头同时指向或背离啮合处来表示两轴的实际转向（图 9-10c）。至于蜗杆传动转向，可根据蜗杆旋向及转向按第八章所述有关规则确定。

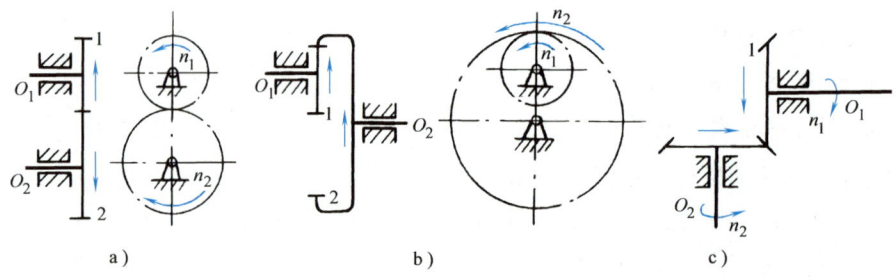

图 9-10 不同类型的简单定轴轮系

图 9-11 所示空间定轴轮系，各轮齿数为 $z_1$，$z_2$，$z_3$，$z_{3'}$，$z_4$；轴 Ⅰ、Ⅱ、Ⅲ、Ⅳ 的转速分别为 $n_1$，$n_2$，$n_3$，$n_4$。为确定其传动比的大小，可由该轮系中各对齿轮的传动比求出，即

$$i_{12} = \frac{n_1}{n_2} = \frac{z_2}{z_1}; \quad i_{23} = \frac{n_2}{n_3} = \frac{z_3}{z_2}; \quad i_{3'4} = \frac{n_{3'}}{n_4} = \frac{z_4}{z_{3'}};$$

$$i_{14} = \frac{n_1}{n_4} = \frac{n_1}{n_2} \frac{n_2}{n_3} \frac{n_{3'}}{n_4} = i_{12} i_{23} i_{3'4} = \frac{z_2}{z_1} \frac{z_3}{z_2} \frac{z_4}{z_{3'}} = \frac{z_3 z_4}{z_1 z_{3'}}$$

因图示轮系中含有空间齿轮传动（锥齿轮传动），故只能用画箭头的方法确定其转向。

设输入轴Ⅰ的转向为已知，如图 9-11 所示箭头方向；然后，按其传动路线逐一画箭头示出转向关系，最后即确定输出轴Ⅳ的转向，如图 9-11 所示。

由以上分析可推得确定定轴轮系传动比的一般计算公式。设轮 1 为首轮，轮 $k$ 为末轮，其间共有 $(k-1)$ 对相啮合齿轮，则可得定轴轮系传动比的计算方法：

1）定轴轮系的总传动比等于组成该轮系的各对齿轮传动比的连乘积，即

$$i_{1k} = i_{12} i_{23} i_{34} \cdots i_{(k-1)k} \tag{9-1}$$

2）定轴轮系总传动比的大小，等于各对啮合齿轮中所有从动轮齿数的连乘积与所有主动轮齿数的连乘积之比，即

$$i_{1k} = \frac{\omega_1}{\omega_k} = \frac{n_1}{n_k} = \frac{\text{从首轮至末轮所有从动轮齿数的乘积}}{\text{从首轮至末轮所有主动轮齿数的乘积}} \tag{9-2}$$

3) 定轴轮系主、从动轮的转向，可用两种方法判定。画箭头的方法用于包含空间齿轮传动的一般情况。若定轴轮系中主、从动轮轴线相互平行，则其传动比有正、负可言，其含义为主、从动轮转向相同或相反。对全部由圆柱齿轮组成的定轴轮系，其传动比的正、负取决于外啮合齿轮的对数 $m$，因为有一对外啮合齿轮，两轴转向即改变一次，因此可用 $(-1)^m$ 判定。此时，可直接由下式计算

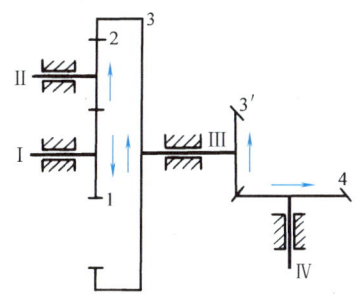

图 9-11 空间定轴轮系

$$i_{1k} = \frac{\omega_1}{\omega_k} = \frac{n_1}{n_k} = (-1)^m \frac{\text{从 1 至 } k \text{ 各从动轮齿数的乘积}}{\text{从 1 至 } k \text{ 各主动轮齿数的乘积}}$$

（9-3）

注意：在图 9-11 中，齿轮 2 同时与齿轮 1、3 相啮合。它既是前一级啮合传动的从动轮，又是后一级啮合传动的主动轮，因而它的齿数不影响传动比的大小，但却增加了外啮合次数，改变了传动比的符号，使轮系的从动轮转向改变。这种不影响传动比大小，但影响传动比符号，即改变轮系的从动轮转向的齿轮，称为惰轮或过桥齿轮。

**例 9-1** 一提升装置如图 9-12 所示。其中各轮齿数为 $z_1 = 20$，$z_2 = 50$，$z_{2'} = 16$，$z_3 = 30$，$z_{3'} = 1$，$z_4 = 40$，$z_{4'} = 18$，$z_5 = 52$。试求传动比 $i_{15}$，并指出当提升重物时手柄的转向。

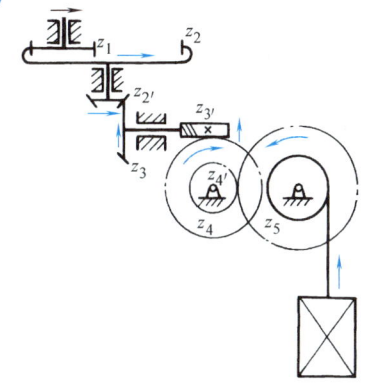

图 9-12 提升装置

**解** 因为轮系中有空间齿轮，故只能用式（9-2）计算轮系传动比的大小

$$i_{15} = \frac{z_2 z_3 z_4 z_5}{z_1 z_{2'} z_{3'} z_{4'}} = \frac{50 \times 30 \times 40 \times 52}{20 \times 16 \times 1 \times 18} = 541.67$$

当提升重物时，主动件 1 的转向用画箭头的方法确定，如图 9-12 中箭头所示。

## 第三节 行星轮系传动比的计算

### 一、单级行星轮系传动比的计算

对于行星轮系，其传动比的计算显然不能直接利用定轴轮系传动比的计算公式。这是因为行星轮除绕本身轴线自转外，还随行星架绕固定轴线公转。

为了利用定轴轮系传动比的计算公式，间接求出单级行星齿轮系的传动比，可采用转化机构法。即假设给整个单级行星轮系加上一个与行星架 H 的转速大小相等、方向相反的附加转速"$-n_H$"，则根据相对运动原理，此时单级行星轮系中各构件间的相对运动关系不变，正如钟表各指针的相对运动关系并不会因整个钟表做相对的附加反转运动而改变一样。但反转后行星架的转速为零，即原来运动的行星架转化为静止。这样，原来的单级行星轮系就转化为一个假想的定轴轮系。这个假想的定轴轮系称为原单级行星轮系的转化轮系。对于转化

轮系的传动比，可按定轴轮系传动比的公式进行计算。原来单级行星轮系的传动比，可通过转化轮系传动比计算公式间接求出。

图 9-13a 所示为差动轮系，图 9-13b 表示其转化轮系。转化前、后各构件的转速见表 9-1。表中，$n_1^H$、$n_2^H$、$n_3^H$、$n_H^H$ 分别表示各构件在转化轮系中的转速。

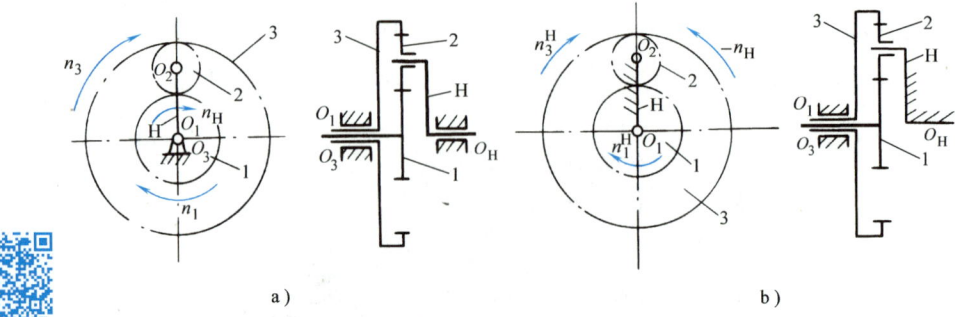

图 9-13 行星轮系及其转化轮系

表 9-1 转化前、后轮系中各构件的转速

| 构 件 | 原轮系中的转速 | 转化轮系中的转速 |
| --- | --- | --- |
| 1 | $n_1$ | $n_1^H = n_1 - n_H$ |
| 2 | $n_2$ | $n_2^H = n_2 - n_H$ |
| 3 | $n_3$ | $n_3^H = n_3 - n_H$ |
| H | $n_H$ | $n_H^H = n_H - n_H = 0$ |

对于转化轮系的传动比 $i_{13}^H$，则可用定轴轮系传动比的计算方法求出，即

$$i_{13}^H = \frac{n_1^H}{n_3^H} = \frac{n_1 - n_H}{n_3 - n_H} = -\frac{z_3}{z_1} \tag{9-4}$$

式中，负号表示齿轮 1 和齿轮 3 在转化轮系中的相对转向相反。

式 (9-4) 虽没有直接表示出该行星轮系的传动比，但式中已包含了各基本构件转速与各轮齿数之间的关系。在计算轮系传动比时，各轮齿数一般是已知的。若在 $n_1$、$n_3$、$n_H$ 三个运动参数中已知任意两个（包括大小和方向），就可确定第三个，从而可求出该行星轮系中任意两轮的传动比。

推广到一般情况，单级行星轮系中任意两轮 G、K 以及行星架 H 的转速与齿数的关系为

$$i_{GK}^H = \frac{n_G^H}{n_K^H} = \frac{n_G - n_H}{n_K - n_H} = (-1)^m \frac{G、K 间各从动轮齿数的乘积}{G、K 间各主动轮齿数的乘积} \tag{9-5}$$

式中，G 为主动轮，K 为从动轮，中间各轮的主从地位也应按此假定判定；m 为齿轮 G 至 K 间外啮合的对数。

应用式 (9-5) 求行星轮系传动比时，必须注意以下几点：

1) $n_G$、$n_K$、$n_H$ 必须是轴线之间互相平行或重合的相应齿轮的转速。其原因在于公式推导过程中附加转速（$-n_H$）与各构件原来的转速是代数相加的，因而 $n_G$、$n_K$、$n_H$ 必须是平行矢量。正因为如此，对于锥齿轮所组成的差动轮系，如图 9-14 所示，其两太阳轮之间

或太阳轮与行星架之间的传动比，可用上述公式求解。但行星轮的转速则不能用上式求解。

2) 将 $n_G$、$n_K$、$n_H$ 的已知值代入公式时必须带正号或负号。在假定其中一已知转速的转向为正号以后，则另一已知转速的转向与其相同时取正号，与其相反时取负号。

3) $i_{GK}^H \neq i_{GK}$。$i_{GK}^H$ 为转化轮系中轮 G 与轮 K 的转速之比，其大小与方向应按定轴轮系传动比的计算方法确定。$i_{GK}$ 是行星轮系中轮 G 与轮 K 的绝对转速之比，其大小与正负号必须由计算结果确定。

对于单级简单行星轮系，由于有一个太阳轮固定，因此只要有一个构件的转速已知，即可求出另一构件的转速。此时有

$$i_{13}^H = \frac{n_1 - n_H}{0 - n_H} = 1 - i_{1H}$$

即

$$i_{1H} = \frac{n_1}{n_H} = 1 - i_{13}^H \qquad (9-6)$$

利用式（9-6）和式（9-4）即可求解单级简单行星轮系的传动比及各构件的转速。

图 9-14　锥齿轮差动轮系

**例 9-2**　一差动轮系如图 9-15a 所示。已知各轮齿数为：$z_1 = 18$，$z_2 = 24$，$z_3 = 72$；轮 1 和轮 3 的转速为：$n_1 = 100 \text{r/min}$，$n_3 = 400 \text{r/min}$，转向如图示。试求 $n_H$ 和 $i_{1H}$。

**解**　由式（9-5）可得

$$i_{13}^H = \frac{n_1 - n_H}{n_3 - n_H} = (-1)^1 \frac{z_3}{z_1}$$

由题意可知，轮 1、轮 3 转向相反。

将 $n_1$、$n_3$ 及各轮齿数代入上式，则得

$$\frac{100 - n_H}{-400 - n_H} = -\frac{72}{18} = -4$$

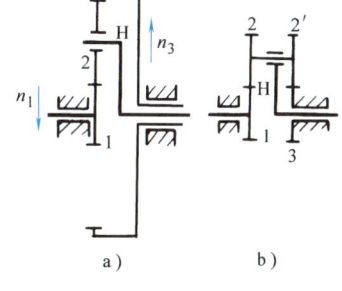

图 9-15　行星轮系

解之得

$$n_H = -300 \text{r/min}$$

由此可求得

$$i_{1H} = \frac{n_1}{n_H} = -\frac{1}{3}$$

式中的负号表示行星架的转向与齿轮 1 相反，与齿轮 3 相同。

**例 9-3**　图 9-15b 为简单行星轮系。已知各轮齿数 $z_1 = 100$，$z_2 = 99$，$z_{2'} = 100$，$z_3 = 101$。试求 $i_{H1}$。

**解**　由式（9-5）得

$$i_{13}^H = \frac{n_1 - n_H}{n_3 - n_H} = \frac{n_1 - n_H}{0 - n_H} = (-1)^2 \frac{z_2 z_3}{z_1 z_{2'}} = \frac{99 \times 101}{100 \times 100}$$

即

$$-i_{1H} + 1 = \frac{9999}{10000}$$

得

$$i_{1H} = \frac{1}{10000}$$

所以

$$i_{H1} = 10000$$

式中，$i_{H1}$ 符号为正，说明行星架的转向与齿轮 1 转向相同。

**例 9-4** 图 9-16 所示锥齿轮差动轮系中，已知齿数 $z_1 = 35$，$z_3 = 70$，两太阳轮同向回转，转速 $n_1 = 110\text{r/min}$，$n_3 = 200\text{r/min}$。试求转臂的转速 $n_H$。

**解**
$$i_{13}^H = \frac{n_1 - n_H}{n_3 - n_H} = -\frac{z_3}{z_1}$$

式中负号表示转化机构轮 1 与轮 3 反向。由题意知，轮 1 与轮 3 同向回转，故 $n_1$ 与 $n_3$ 以同号代入上式则有

$$\frac{110 - n_H}{200 - n_H} = -\frac{70}{35} = -2$$

解之可得

$$n_H = 170\text{r/min}$$

由计算得 $n_H$ 为正，故 $n_H$ 与 $n_1$ 转向相同。

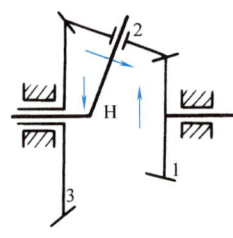

图 9-16 锥齿轮差动轮系

## 二、多级行星轮系传动比的计算

多级行星轮系传动比的计算是建立在各单级行星轮系传动比计算的基础上的。其具体步骤是，首先把整个轮系划分为若干个单级行星轮系，分别列出各单级行星轮系转化传动比的计算式，最后再根据相应关系联立求解。

划分各单级行星轮系的方法如下：

1）首先找出行星轮（即几何轴线运动的齿轮）。

2）找出支承行星轮运动的构件，即行星架。应当注意，行星架的形状不一定是简单的杆状。

3）找出与此行星轮相啮合的太阳轮，则由行星轮、行星架、太阳轮和机架组成的轮系就是一个单级行星轮系。

在多级行星轮系中，划分出一个单级行星轮系后，对剩下的部分可按上述方法继续划分出相应的单级行星轮系，直至其所有齿轮皆被正确划分出来为止。下面举实例说明之。

**例 9-5** 某直升机主减速器的行星轮系如图 9-17 所示，发动机直接带动太阳轮 1。已知各轮齿数为：$z_1 = z_5 = 39$，$z_2 = 27$，$z_3 = 93$，$z_{3'} = 81$，$z_4 = 21$。求主动轴 I 与螺旋桨轴 III 之间的传动比 $i_{I\text{III}}$。

**解** 图 9-17 所示行星轮系为多级行星轮系。根据上述方法分析，可划分成：1—2—3—$H_1$ 及 5—4—$3'$—$H_2$ 两个单级行星轮系，该行星轮系由它们串联而成。因为

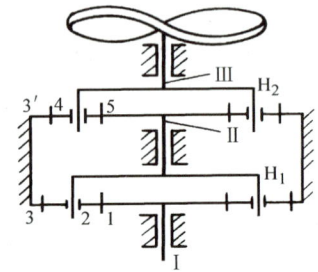

图 9-17 直升机主减速器上的行星轮系

$$i_{I\text{III}} = i_{1H_2} = i_{1H_1} i_{5H_2}$$

在轮系 1—2—3—$H_1$ 中 $\quad i_{1H_1} = 1 - i_{13}^{H_1} = 1 + \frac{z_3}{z_1} = 1 + \frac{93}{39} = \frac{132}{39}$

在轮系 5—4—$3'$—$H_2$ 中 $\quad i_{5H_2} = 1 - i_{53'}^{H_2} = 1 + \frac{z_{3'}}{z_5} = 1 + \frac{81}{39} = \frac{120}{39}$

所以
$$i_{\text{I\,III}} = i_{1\text{H}_2} = \frac{132}{39} \times \frac{120}{39} = 10.41$$

正号表明轴Ⅰ与轴Ⅲ转向相同。

### ⊙知识延伸——混合轮系传动比的计算

## 第四节　轮系的功用

由上述可知，轮系广泛用于各种机械设备中，其功用如下：

（1）传递相距较远的两轴间的运动和动力　当两轴间的距离 $a$ 较大时，若仅用一对齿轮来传动，则齿轮尺寸过大，既占空间，又浪费材料，且制造安装都不方便。若改用轮系传动，就可克服上述缺点，如图 9-18 所示。

（2）可获得大的传动比　当两轴之间需要较大的传动比时，如果仅用一对齿轮传动，不仅外廓尺寸大，且小齿轮易损坏。一般一对定轴齿轮的传动比不宜大于 5~7。为此，当需要获得较大的传动比时，可用几个齿轮组成行星轮系来达到目的。如例 9-3 所述的简单行星轮系。

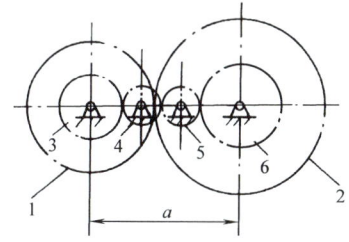

图 9-18　远距离两轴间的传动

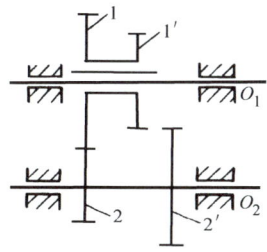

图 9-19　可变速的轮系

（3）可实现变速、变向传动　在主动轴转速不变的条件下，应用轮系可使从动轴获得多种转速，此种传动则称为变速传动。汽车、机床、起重设备等多种机器设备都需要变速传动。图 9-19 为最简单的变速传动轮系。主动轴 $O_1$ 转速不变，移动双联齿轮 1—1′，使之与从动轴 $O_2$ 上两个齿数不同的齿轮 2、2′分别啮合，即可使从动轴 $O_2$ 获得两种不同的转速，从而达到变速的目的。

当主动轴转向不变时，可利用轮系中的惰轮来改变从动轴的转向。如图 9-20 中的轮系，主动轮 1 转向不变，则可通过扳动手柄，改变中间轮 2、3 的位置，以改变它们外啮合的次数，从而达到使从动轮 4 变向的目的。

（4）用于运动的合成或分解　如图 9-21 所示锥齿轮差速器，齿轮 2（2′）为行星轮，与太阳轮 1、3 啮合，有

$$i_{13}^{\text{H}} = \frac{n_1 - n_{\text{H}}}{n_3 - n_{\text{H}}} = -\frac{z_3}{z_1}$$

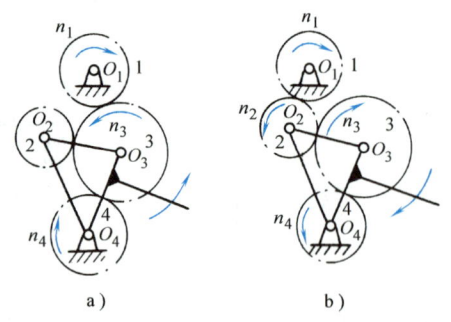
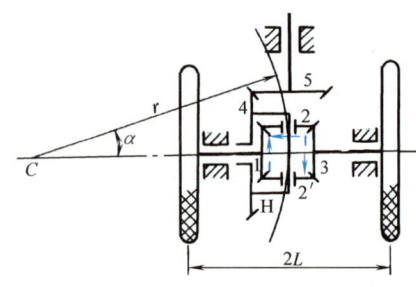

图 9-20 可变向的轮系　　　　　　　图 9-21 汽车后桥差速器

由于差速器中 $z_1 = z_3$，代入上式后得

$$2n_H = n_1 + n_3 \tag{9-7}$$

式（9-7）表明，利用差速器可以将 1、3 两构件的运动合成为 H 构件的运动；也可以在 H 构件输入一个运动，分解为 1、3 两构件的运动。

图 9-22 所示船用航向指示器传动是运动合成的实例。太阳轮 1 的传动由右舷发动机通过定轴轮系 4—1′传来；太阳轮 3 的传动由左舷发动机通过定轴轮系 5—3′传来。当船舶直线行驶时，两发动机转速相同，航向指针不变。如想使船舶航向发生变化，只需变化两发动机的转速。两发动机的转速差越大，指针 M 偏转越大，即航向转角越大。

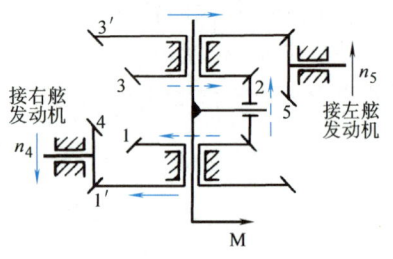

图 9-22 船用航向指示器传动简图

图 9-21 所示汽车差速器是运动分解的实例。

当汽车直线行驶时，左、右两轮转速相同，行星轮不发生自转，齿轮 1、2、3 如一整体，一起随齿轮 4 转动，此时 $n_1 = n_3 = n_4$。

当汽车拐弯时，为了保证两车轮与地面做纯滚动，显然左、右两车轮行走的距离应不相同，即要求左、右轮的转速也不相同。此时，可通过差速器将发动机传到齿轮 5 的转速分配给汽车后面的左、右两车轮。如当汽车向左拐弯时，整个汽车可看作绕瞬时回转中心 C 转动，故左、右两车轮滚过的弧长应与两车轮到瞬心 C 的距离成正比，即

$$\frac{n_1}{n_3} = \frac{s_1}{s_3} = \frac{\alpha(r-L)}{\alpha(r+L)} = \frac{r-L}{r+L} \tag{a}$$

式中，r 为平均转弯半径；2L 为两后轮轮距；$s_1$、$s_3$ 分别为左、右两轮滚过的弧长；α 为其相应的转角。

分析差动轮系 1—3—2（2′）—H 和定轴轮系 4—5，考虑到 $n_4 = n_H$，可求得

$$\left.\begin{array}{l} n_1 = \left(\dfrac{r-L}{r}\right)\dfrac{z_5}{z_4}n_5 \\[2mm] n_3 = \left(\dfrac{r+L}{r}\right)\dfrac{z_5}{z_4}n_5 \end{array}\right\} \tag{b}$$

由此可见，此差速器可将齿轮 5 的一个转速，在保证车轮与地面间为纯滚动的条件下，分解为齿轮 1、3 两个不同的转速；并能根据转弯半径的变化，自动调节左、右两后轮的转速。

差速器广泛应用于汽车、飞机、船舶、农机、起重机以及其他机械的动力传动中。

## ⊙知识延伸——K-H-V 型行星轮系简介

## 自测题与习题

### （一）自　测　题

9-1　轮系的下列功用中，必须依靠行星轮系实现的功用是（　　）。

　　A. 变速传动　　B. 大的传动比　　C. 分路传动　　D. 运动的合成和分解

9-2　定轴轮系有下列情况：1）所有齿轮轴线都不平行；2）所有齿轮轴线平行；3）首末两轮轴线平行；4）所有齿轮之间是外啮合；5）所有齿轮都是圆柱齿轮。其中适用$(-1)^m$（$m$ 为外啮合次数）决定传动比正负号的有（　　）。

　　A. 1 种　　B. 2 种　　C. 3 种　　D. 4 种

9-3　某人总结过惰轮在轮系中的作用如下：1）改变从动轮转向；2）改变从动轮转速；3）调节齿轮轴间距离；4）提高齿轮强度。其中正确的有（　　）。

　　A. 1 条　　B. 2 条　　C. 3 条　　D. 4 条

9-4　图 9-23 所示为一手摇提升装置，其中各轮齿数如图所注，试问传动比 $i_{18}$ 及提升重物时手柄的转向如何？（　　）

　　A. 270，↑　　B. 270，↓　　C. 600，↑　　D. 600，↓

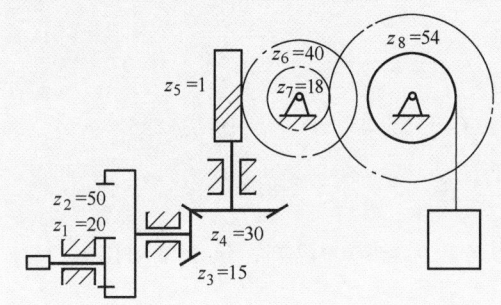

图 9-23　题 9-4 图

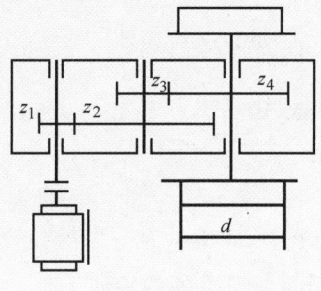

图 9-24　题 9-5 图

9-5　图 9-24 所示为行车传动简图，电动机转速为 960r/min，车轮直径 $d=400$mm，行车运行速度 $v=1.2$m/s，又 $i_{12}=1.3i_{34}$，齿数比 $z_1/z_2$ 和 $z_3/z_4$ 应为（　　）。

　　A. $z_1/z_2=5.7$，$z_3/z_4=4.4$　　　　B. $z_1/z_2=4.67$，$z_3/z_4=3.59$

　　C. $z_1/z_2=9.47$，$z_3/z_4=7.25$　　　D. $z_1/z_2=2.6$，$z_3/z_4=2$

9-6　在图 9-25 所示的机构中，$z_1=z_2=z_3$，当杆 H 转动 180°时，齿轮 3 转动（　　）。

　　A. 0°　　B. 90°　　C. 180°　　D. 360°

9-7 图 9-26 所示的机构中有（　　）太阳轮。

A. 1 个　　　　B. 2 个　　　　C. 3 个　　　　D. 4 个

9-8 图 9-26 所示的机构属于（　　）。

A. 定轴轮系　　B. 简单行星轮系　　C. 差动轮系　　D. 混合轮系

9-9 图 9-27 所示的悬链式输送机用减速器，其中（　　）是太阳轮。

A. 2、3 和 7　　B. 2、3、5 和 7　　C. 3、5 和 7　　D. 3 和 7

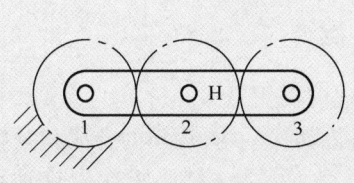

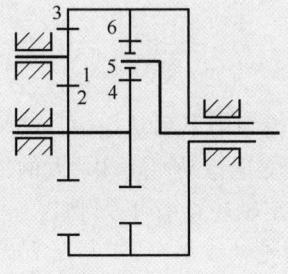

图 9-25　题 9-6 图　　　　　　　　　　图 9-26　题 9-7、9-8 图

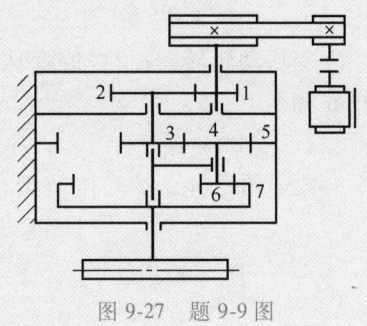

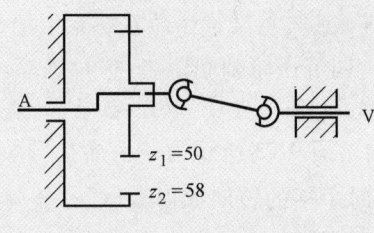

图 9-27　题 9-9 图　　　　　　　　　　图 9-28　题 9-10 图

9-10 如图 9-28 所示，$\dfrac{n_A}{n_V}$ 应为（　　）。

A. 58/59　　　B. 59/58　　　C. -25/4　　　D. -4/25

## （二）习　题

9-11 图 9-29 所示为一手摇提升装置，其中各轮齿数均为已知，试求传动比 $i_{15}$，并画出当提升重物时手柄的转向。

9-12 图 9-30 所示时钟系统，齿轮的模数为 $m_B = m_C$，$z_1 = 15$，$z_2 = 12$，那么 $z_B$ 和 $z_C$ 各为多少？

9-13 用于自动化照明灯具上的一行星轮系如图 9-31 所示。已知输入轴转速 $n_1 = 19.5\text{r/min}$，$z_1 = 60$，$z_2 = z_{2'} = 30$，$z_3 = z_4 = 40$，$z_5 = 120$，试求箱体转速。

9-14 在图 9-32 所示的自行车里程表的机构中，$C$ 为车轮轴。已知 $z_1 = 17$，$z_3 = 23$，$z_4 = 19$，$z_{4'} = 20$，$z_5 = 24$，设轮胎受压变形后车轮的有效直径为 0.7m。当车行 1km 时，表上指针刚好回转一周，求齿轮 2 的齿数。

9-15 在图 9-33 所示的轮系中，括号中数字为齿数。

1)若轴 $C$ 固定,齿轮 2 以 $n_2=800\text{r/min}$ 顺时针回转,求轴 $B$ 的转速和转向;

2)若轴 $B$ 固定,轴 $C$ 以转速 380r/min 逆时针回转,求轴 $A$ 的转速和转向;

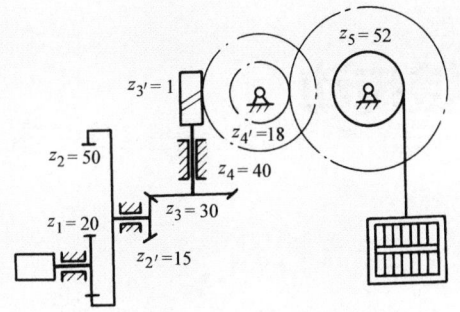

图 9-29  题 9-11 图

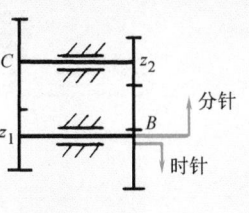

图 9-30  题 9-12 图

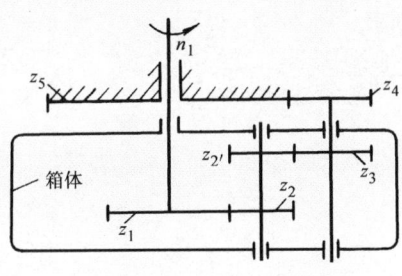

图 9-31  题 9-13 图

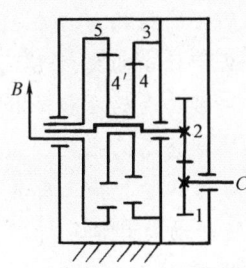

图 9-32  题 9-14 图

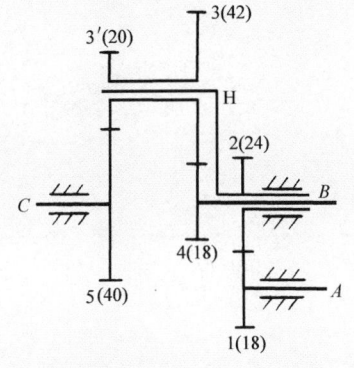

图 9-33  题 9-15 图

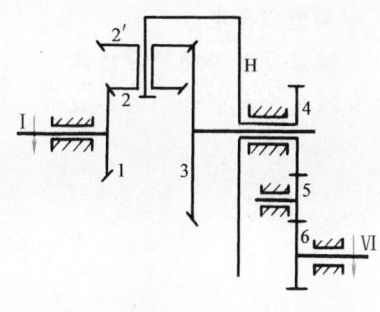

图 9-34  题 9-16 图

3)若轴 $A$、$B$ 都以转速 360r/min 逆时针回转,求轴 $C$ 的转速和转向;

4)若轴 $A$ 以转速 360r/min 顺时针回转,轴 $B$ 以转速 360r/min 逆时针回转,求轴 $C$ 的转速和转向。

9-16  在图 9-34 所示轮系中,各轮齿数 $z_1=32$,$z_2=34$,$z_{2'}=36$,$z_3=64$,$z_4=32$,$z_5=17$,$z_6=24$。轴 Ⅰ 按图示方向以 1250r/min 的转速回转,而轴 Ⅵ 按图示方向以 600r/min 的转速回转。试求轮 3 的转速 $n_3$。

# 第十章

# 带传动与链传动

**教学要求**

● 知识要素

1. 带传动的类型、特点及其应用。
2. 带传动的受力分析和应力分析，带传动的弹性滑动及传动比。
3. 普通 V 带的结构与标准，V 带轮的结构与材料。
4. 普通 V 带传动的失效形式与设计准则。
5. 普通 V 带传动的参数选择和设计计算。
6. 普通 V 带传动的张紧、安装和维护。
7. 链传动的类型、特点及其应用。
8. 滚子链传动的结构与标准。

● 能力要求

1. 能根据工作要求正确设计普通 V 带传动。
2. 能合理选用滚子链的型式。

● 学习重点与难点

1. 普通 V 带传动的设计计算。
2. 合理选择 V 带传动的参数。

● 知识延伸

滚子链传动的失效形式与设计准则。

## 第一节 概　述

采用可适当变形的元件作为联接件以实现预定功能的传动，称为挠性传动。带传动和链传动都是挠性传动，两者的区别是其环形挠性曳引元件的不同。

带传动是由带和带轮组成的传递运动和动力的传动，其挠性曳引元件是由具有良好变形能力的弹性材料制成，能适应不同工作需要的各种形式传动带。按工作原理，可分为摩擦型带传动和啮合型带传动。摩擦型带传动靠带与带轮接触面上的摩擦力来传递运动与动力；啮合型带传动靠齿形带与带轮间的啮合来实现传动。

链传动是由链和链轮组成的传递运动和动力的传动，其挠性曳引元件为各种形式的链条，它实际上是由刚性零件构成的可动联接的串联组合。链传动通过链条的各个链节与链轮轮齿相互啮合实现传动。

本章主要讨论摩擦型带传动设计与滚子链传动设计的相关问题。

## 第二节　带传动的类型、特点及其应用

带传动是一种常用的机械传动装置，如图 10-1 所示，它由主动带轮 1、从动带轮 2 和环形挠性件组成。

### 一、带传动的主要类型

#### 1. 摩擦带传动

按带的剖面形状可分为平带传动（图 10-2a）、V 带传动（图 10-2b）、多楔带传动（图 10-2c）以及圆带传动（图 10-2d）等类型。

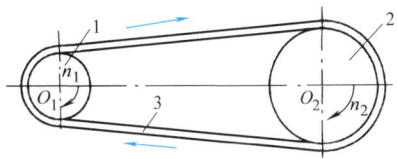

图 10-1　带传动的组成

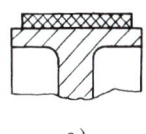  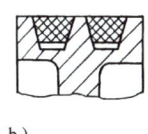 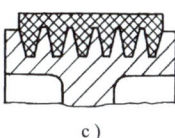 

a)　　　　　　b)　　　　　　c)　　　　　　d)

图 10-2　摩擦带传动

平带以其与带轮面相接触的内表面为工作面。材料有橡胶帆布、锦纶、棉布等。普通平带一般用特制的金属接头或粘接接头将带接成环形，而高速平带无接头。如图 10-3a 所示，平带与轮面间的极限摩擦力为

$$F_\mathrm{f} = F_\mathrm{N}\mu = F_\mathrm{Q}\mu$$

V 带以其与带轮槽相接触的两侧面为工作面，楔角 $\alpha = 40°$，如图 10-3b 所示。

V 带工作时，除有与轮槽两侧面产生的切向摩擦外，还有带切入或脱出轮槽时产生的径向摩擦。根据静力平衡原理可得

$$F_\mathrm{Q} = 2F_\mathrm{N}[\sin(\alpha/2) + \mu\cos(\alpha/2)]$$

故 V 带与带轮间的摩擦力 $F'_\mathrm{f}$ 的大小为

$$F'_\mathrm{f} = 2F_\mathrm{N}\mu = \frac{F_\mathrm{Q}\mu}{\sin\left(\dfrac{\alpha}{2}\right) + \mu\cos\left(\dfrac{\alpha}{2}\right)} = \mu_\mathrm{v}F_\mathrm{Q}$$

$$\mu_\mathrm{v} = \frac{\mu}{\sin\left(\dfrac{\alpha}{2}\right) + \mu\cos\left(\dfrac{\alpha}{2}\right)}$$

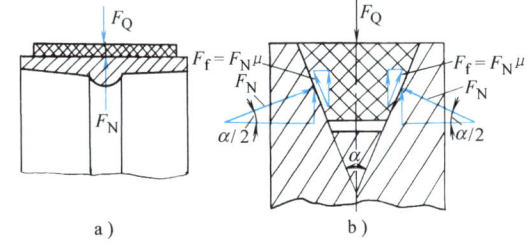

图 10-3　平带和 V 带传动受力的比较

a）平带传动　b）V 带传动

式中，$F'_\mathrm{f}$ 为 V 带与带轮间的摩擦力（N）；$F_\mathrm{N}$ 为带轮对带的正压力（N）；$F_\mathrm{Q}$ 为压紧力（N）；$\mu$ 为带与带轮间的摩擦因数；$\mu_\mathrm{v}$ 为 V 带传动的当量摩擦因数；$\alpha$ 为 V 带轮的轮槽角，通常 $\alpha$ 有 32°、34°、36°、38°四种。当 $\alpha = 38°$时代入，可得 $\mu_\mathrm{v} \approx 3f$，即在张紧力相同的情况下，V 带传动的承载能力是平带传动的 3 倍。

## 2. 啮合带传动

啮合带传动有以下两种类型：

（1）同步带传动　工作时，带工作面上的齿与带轮上的齿相互啮合，以传递运动和动力，如图 10-4 所示。

（2）齿孔带传动　工作时，带上的孔与轮上的齿相互啮合，以传递运动和动力，如图 10-5 所示。

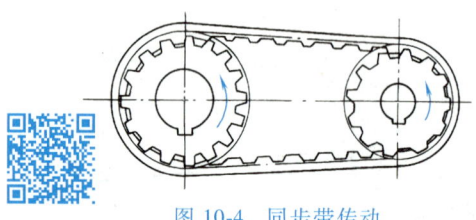

图 10-4　同步带传动

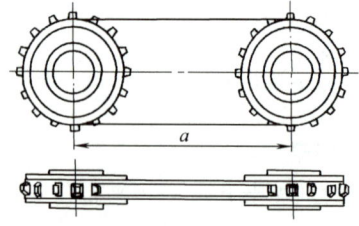

图 10-5　齿孔带传动

## 二、带传动的特点和应用

摩擦带传动有如下主要特点：

1）带有弹性，能缓和冲击，吸收振动，故传动平稳、噪声小。
2）过载时，带会在带轮上打滑，具有过载保护作用。
3）结构简单，制造成本低，且便于安装和维护。
4）带与带轮间存在弹性滑动，不能保证传动比恒定不变。
5）带必须张紧在带轮上，增加了对轴的压力。
6）不适用于高温、易爆及有腐蚀介质的场合。

摩擦带传动适用于传动平稳、传动比要求不是很严格及中心距较大的场合。

由于啮合带传动中的同步带传动能保证准确的传动比，其适应的速度范围广（$v \leqslant 50\text{m/s}$），传动比大（$i \leqslant 12$），传动效率高（$\eta = 0.98 \sim 0.99$），传动结构紧凑，故广泛用于电子计算机、数控机床及纺织机械中。啮合带传动中的齿孔带传动，常用于放映机、打印机中，以保证同步运动。

# 第三节　普通 V 带与 V 带轮

## 一、普通 V 带的结构和标准

图 10-6 所示为 V 带的结构，由顶胶 1、抗拉体 2、底胶 3 以及包布 4 组成。V 带的拉力基本由抗拉体承受，抗拉体有帘布和线绳两种结构。帘布结构制造方便，型号多；而线绳结构柔性好，抗弯强度高，有利于提高 V 带寿命。为提高承载能力，已普遍采用化学纤维物。顶胶采用弹性好的胶料，分别承受传动时的拉伸和压缩，包布材料采用橡胶帆布，可起耐磨和保护作用。

普通 V 带是标准件，GB/T 11544—2012 规定，普通 V 带按截面尺寸分为 Y、Z、A、B、C、D、E 七种型号，其截面尺寸见表 10-1。

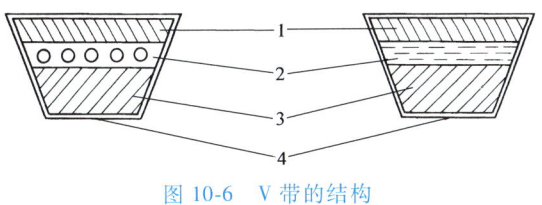

图 10-6　V 带的结构

表 10-1　普通 V 带截面尺寸

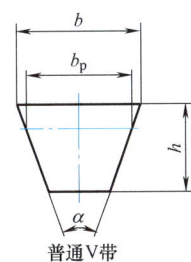

普通V带

| 型　号 | Y | Z | A | B | C | D | E |
|---|---|---|---|---|---|---|---|
| 节宽 $b_p$/mm | 5.3 | 8.5 | 11.0 | 14.0 | 19.0 | 27.0 | 32.0 |
| 顶宽 $b$/mm | 6.0 | 10.0 | 13.0 | 17.0 | 22.0 | 32.0 | 38.0 |
| 高度 $h$/mm | 4.0 | 6.0 | 8.0 | 11.0 | 14.0 | 19.0 | 23.0 |
| 楔形角 α | 40° | | | | | | |
| 每米带长的质量 $q$/(kg/m) | 0.04 | 0.06 | 0.10 | 0.17 | 0.30 | 0.60 | 0.87 |

V 带绕在带轮上产生弯曲，外层受拉伸变长，内层受压缩变短，两层间存在一长度不变的中性层。中性层面称为节面，其宽为节宽 $b_p$；与节宽 $b_p$ 相对应的带轮直径称为基准直径，用 $d_d$ 表示，为公称直径。在规定的张紧力下，位于带轮基准直径上的周线长度称为基准长度，用 $L_d$ 表示。表 10-2 所示为普通 V 带基准长度系列。

表 10-2　普通 V 带的基准长度系列（摘自 GB/T 11544—2012）　　（单位：mm）

| 截面型号 | | | | | | |
|---|---|---|---|---|---|---|
| Y | Z | A | B | C | D | E |
| 200 | 406 | 630 | 930 | 1565 | 2740 | 4660 |
| 224 | 475 | 700 | 1000 | 1760 | 3100 | 5040 |
| 250 | 530 | 790 | 1100 | 1950 | 3330 | 5420 |
| 280 | 625 | 890 | 1210 | 2195 | 3730 | 6100 |
| 315 | 700 | 990 | 1370 | 2420 | 4080 | 6850 |
| 355 | 780 | 1100 | 1560 | 2715 | 4620 | 7650 |
| 400 | 920 | 1250 | 1760 | 2880 | 5400 | 9150 |
| 450 | 1080 | 1430 | 1950 | 3080 | 6100 | 12230 |
| 500 | 1330 | 1550 | 2180 | 3520 | 6840 | 13750 |
| | 1420 | 1640 | 2300 | 4060 | 7620 | 15280 |

（续）

| \ | \ | \ | 截面型号 | \ | \ | \ |
|---|---|---|---|---|---|---|
| Y | Z | A | B | C | D | E |
|  | 1540 | 1750 | 2500 | 4600 | 9140 | 16800 |
|  |  | 1940 | 2700 | 5380 | 10700 |  |
|  |  | 2050 | 2870 | 6100 | 12200 |  |
|  |  | 2200 | 3200 | 6815 | 13700 |  |
|  |  | 2300 | 3600 | 7600 | 15200 |  |
|  |  | 2480 | 4060 | 9100 |  |  |
|  |  | 2700 | 4430 | 10700 |  |  |
|  |  |  | 4820 |  |  |  |
|  |  |  | 5370 |  |  |  |
|  |  |  | 6070 |  |  |  |

注：1. 带的标记已压印在带的外表面上，以便识别和选购。

2. V带的标记型号为：截型 基准长度 标准号 。例如，截型为A型，基准长度 $L_d$ = 1430mm 的普通V带，标记为：A 1430 GB/T 1171。

### 二、V带轮的材料与结构

当带轮的圆周速度为 25m/s 以下时，带轮的材料一般采用铸铁 HT150 或 HT200；速度较高时，应采用铸钢带轮或钢板焊接成的带轮。在小功率带轮传动中，也可采用铸铝或塑料带轮。

V带轮由轮缘（用于安装V带轮的部分，制有相应的V形轮槽）、轮毂（带轮与轴相联接的部分）以及轮辐（轮缘与轮毂相联接的部分）三部分组成，轮槽尺寸见表 10-3。根据带轮直径的大小，普通V带轮有实心式、辐板式、孔板式以及椭圆辐轮式四种典型结构，如图 10-7 所示。

表 10-3 普通V带轮轮槽尺寸 （单位：mm）

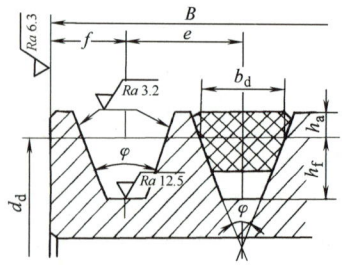

（续）

| 项　　目 | 符　　号 | Y | Z | A | B | C | D | E |
|---|---|---|---|---|---|---|---|---|
| 基准下槽深 | $h_{fmin}$ | 4.7 | 7.9 | 8.7,11 | 10.8,14 | 14.3,19 | 19.9 | 23.4 |
| 基准上槽深 | $h_{amin}$ | 1.6 | 2.0 | 2.75 | 3.5 | 4.8 | 8.1 | 9.6 |
| 槽间距 基本值 | $e$ | 8 | 12 | 15 | 19 | 25.5 | 37 | 44.5 |
| 槽间距 极限偏差 | | ±0.3 | ±0.3 | ±0.3 | ±0.4 | ±0.5 | ±0.6 | ±0.7 |
| 第一槽对称面至端面的距离 | $f_{min}$ | 6 | 7 | 9 | 11.5 | 16 | 23 | 28 |
| 基准宽度 | $b_d$ | 5.3 | 8.5 | 11.0 | 14.0 | 19.0 | 27.0 | 32.0 |
| 最小轮缘宽 | $\delta_{min}$ | 5 | 5.5 | 6 | 7.5 | 10 | 12 | 15 |
| 带轮宽 | $B$ | \multicolumn{7}{c}{$B=(z-1)e+2f$（$z$ 为轮槽数）} |
| 轮槽角与基准直径 32° | $\varphi$ $d_d$/mm | ≤60 | — | — | — | — | — | — |
| 轮槽角与基准直径 34° | | — | ≤80 | ≤118 | ≤190 | ≤315 | — | — |
| 轮槽角与基准直径 36° | | >60 | — | — | — | — | ≤475 | ≤600 |
| 轮槽角与基准直径 38° | | — | >80 | >118 | >190 | >315 | >475 | >600 |

注：V 带轮的标记格式为：

|名称|带轮槽形|轮槽数×标准直径|带轮结构型式代号|标准编号|

例如，A 型槽，3 轮槽，基准直径 200mm，P-Ⅱ型辐板 V 带轮，标记为：带轮 A3×200P-Ⅱ

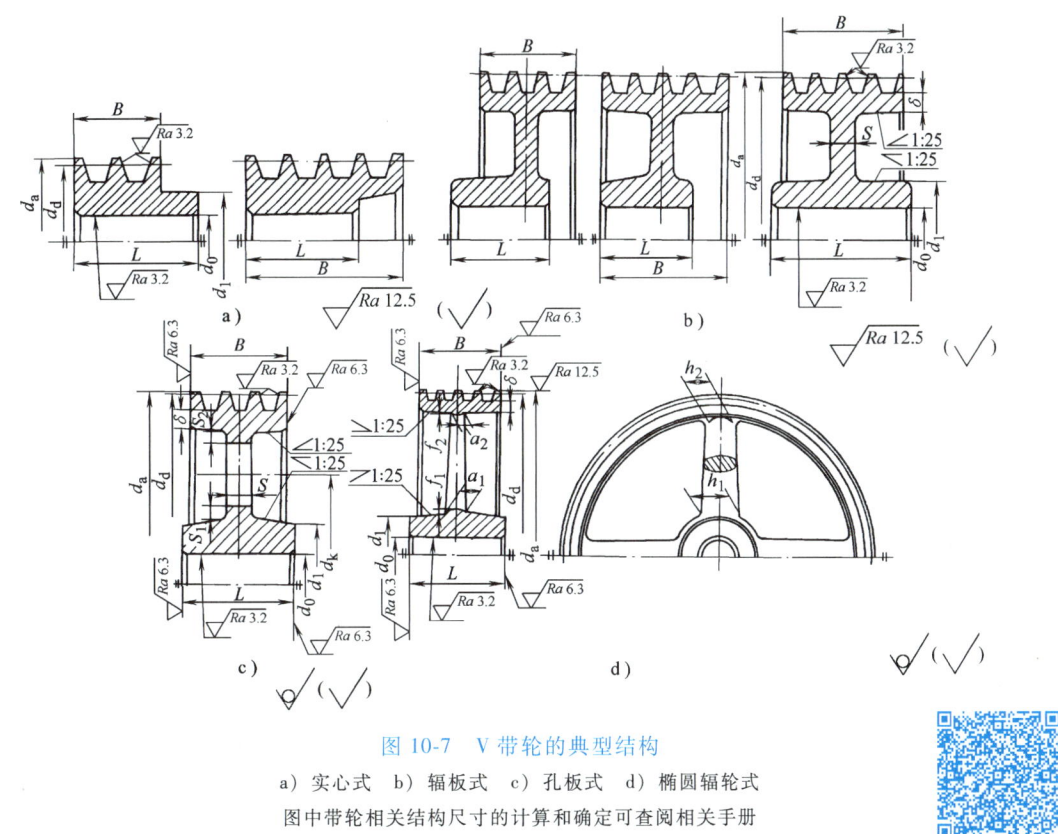

图 10-7　V 带轮的典型结构

a）实心式　b）辐板式　c）孔板式　d）椭圆辐轮式

图中带轮相关结构尺寸的计算和确定可查阅相关手册

## 第四节 带传动的受力分析和应力分析

### 一、带传动的受力分析

带传动未承载时，带的上、下两边都受到相等的张紧力 $F_0$，即为初拉力，如图 10-8a 所示。

当主动带轮在转矩作用下以转速 $n_1$ 旋转时，其对带的摩擦力 $F_f$ 与带的运动方向一致，带又以摩擦力驱动从动带轮以转速 $n_2$ 转动，从动带轮对带的摩擦力 $F_f$ 与带的运动方向相反。所以带进入主动带轮的一边被拉紧，该边称为紧边，紧边拉力记作 $F_1$；离开主动带轮的一边被放松，该边称为松边，松边拉力记为 $F_2$，如图 10-8b 所示。

假设工作前后带的总长度保持不变，且认为带是弹性体，则带的紧边拉力的增加量等于松边拉力的减少量，即

$$\left. \begin{array}{l} F_1 - F_0 = F_0 - F_2 \\ F_1 + F_2 = 2F_0 \end{array} \right\} \tag{10-1}$$

有效圆周力
$$F_e = F_1 - F_2 \tag{10-2}$$

在初拉力一定的情况下，带与带轮之间的摩擦力是有极限的。当所要传递的圆周力超过该极限值时，带将在带轮上打滑。

以平带传动为例，带即将打滑时 $F_1$ 与 $F_2$ 之间的关系，可用柔韧体的欧拉公式表示，即

$$F_1 = e^{\mu\alpha} F_2 \tag{10-3}$$

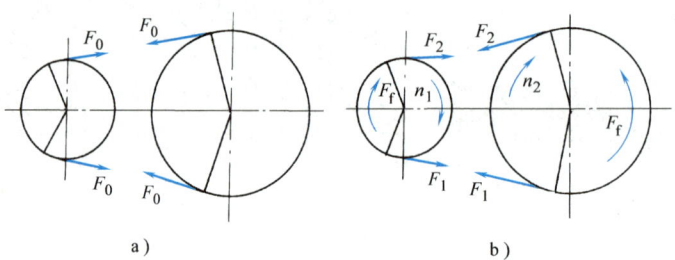

图 10-8 带传动的受力分析

式中，$F_1$、$F_2$ 分别为紧边和松边的拉力（N）；e 为自然对数的底数；$\mu$ 为摩擦因数；$\alpha$ 为小带轮的包角（rad）。

在 V 带传动中，应以当量摩擦因数 $\mu_v$ 代入式（10-3），即有

$$F_1 = F_2 e^{\mu_v \alpha} \tag{10-4}$$

联立解式（10-1）、式（10-2）和式（10-4）可得

$$F_e = 2F_0 \frac{e^{\mu_v \alpha} - 1}{e^{\mu_v \alpha} + 1} = 2F_0 \left(1 - \frac{2}{e^{\mu_v \alpha} + 1}\right) \tag{10-5}$$

由式（10-5）可知，带传动的最大有效圆周力不仅与摩擦因数和包角有关，而且还与初拉力有关。摩擦因数、包角和初拉力越大，有效圆周力亦越大。但初拉力过大会使带的摩擦加剧，降低带的寿命，而初拉力过小又会造成带的工作能力不足。因此，在带传动中，正确

地选择和保持传动的初拉力是非常重要的。

## 二、带传动的应力分析

带传动时,带产生的应力有:

### 1. 两边拉力产生的拉应力

紧边拉应力 $\sigma_1 = F_1/A$

松边拉应力 $\sigma_2 = F_2/A$

式中,$\sigma_1$、$\sigma_2$ 分别为紧边拉应力和松边拉应力(MPa);$F_1$、$F_2$ 分别为紧边拉力和松边拉力(N);$A$ 为带的横截面积(mm$^2$)。

### 2. 离心力产生的拉应力

带在带轮上做圆周运动时,由于离心力作用于全部带长,它产生的离心应力为

$$\sigma_c = F/A = qv^2/A$$

式中,$\sigma_c$ 为离心力产生的拉应力(MPa);$q$ 为每米带长的质量(kg/m),见表 10-1;$v$ 为带速(m/s)。

### 3. 弯曲应力

带绕在带轮上的部分产生弯曲应力。V 带外层处的弯曲应力最大。由材料力学公式可得

$$\sigma_{bb} = 2Eh_a/d_d$$

大、小带轮上带的弯曲应力分别为

$$\sigma_{bb1} = 2Eh_a/d_{d1}$$
$$\sigma_{bb2} = 2Eh_a/d_{d2}$$

式中,$\sigma_{bb1}$、$\sigma_{bb2}$ 分别为小带轮和大带轮上带的弯曲应力(MPa);$E$ 为带的弹性模量(MPa);$h_a$ 为带的最外层到节面的距离(mm);$d_{d1}$、$d_{d2}$ 分别为小带轮和大带轮的基准直径(mm)。

由上式可知,当 $h_a$ 越大,$d_d$ 越小时,带的弯曲应力 $\sigma_{bb}$ 就越大。如果带传动的两个带轮直径不同,则带绕上小带轮时弯曲应力比较大。为了防止弯曲应力过大,对每种型号的 V 带都规定了相应的最小带轮基准直径 $d_{dmin}$,见表 10-4。

表 10-4 V 带轮的最小直径 $d_{dmin}$ (单位:mm)

| 槽型 | Y | Z | A | B | C | D | E |
|---|---|---|---|---|---|---|---|
| $d_{dmin}$ | 20 | 50 | 75 | 125 | 200 | 355 | 500 |

带工作时,传动带中各截面的应力分布如图 10-9 所示,最大应力发生在紧边绕上主动轮处,其值为

$$\sigma_{max} = \sigma_1 + \sigma_c + \sigma_{bb1} \tag{10-6}$$

式中,$\sigma_{max}$ 为带的最大应力(MPa);$\sigma_1$ 为带的紧边拉应力(MPa);$\sigma_c$ 为离心力产生的拉应力(MPa);$\sigma_{bb1}$ 为小带轮上带的弯曲应力(MPa)。

由于带是在变应力状态下工作的,当应力循环次数达到一定值时,带就会发生疲劳破坏。

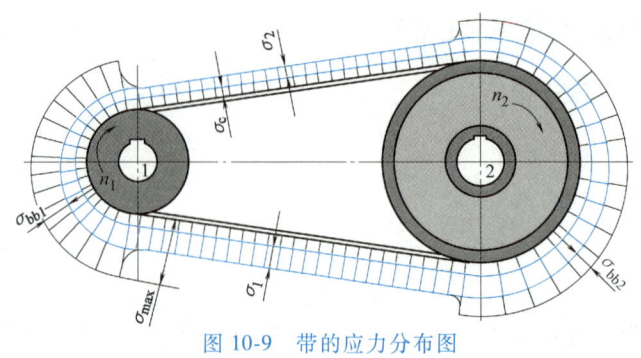

图 10-9 带的应力分布图

## 第五节 带传动的弹性滑动及其传动比

由于带是弹性体，受力后将会产生弹性变形，且紧边拉力 $F_1$ 大于松边拉力 $F_2$，因此紧边的伸长率大于松边的伸长率。如图 10-10 所示，当主动带轮靠摩擦力使带一起运转时，带轮从 $A_1$ 点转到 $B_1$ 点。由于带缩短 $\Delta l$，原来应与带轮 $B_1$ 重合的点滞后 $\Delta l$，只能运动到 $B_1'$ 点，因此带的速度 $v$ 略小于主动带轮的速度 $v_1$。同理，当带使从动带轮运转时，由于带的拉力由 $F_2$ 逐渐增大至 $F_1$，带伸长 $\Delta l$（设带总长不变），带的 $B_2'$ 点超越从动带轮的相应点 $B_2$，即带的速度 $v$ 略大于从动带轮的速度 $v_2$。

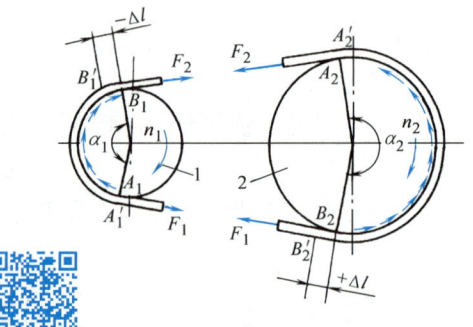

图 10-10 带传动的弹性滑动

这种由于带两边拉力不相等致使两边弹性变形不同，从而引起带与带轮间滑动的现象称为带传动的弹性滑动。它是摩擦带传动中不可避免的现象。

由于弹性滑动引起的从动轮圆周速度的降低率，称为带传动的滑动因数，用 $\varepsilon$ 表示，即

$$\varepsilon = \frac{v_1 - v_2}{v_1} = \frac{\pi d_{d1} n_1 - \pi d_{d2} n_2}{\pi d_{d1} n_1} = 1 - \frac{d_{d2} n_2}{d_{d1} n_1} \tag{10-7}$$

从动轮转速的计算式为

$$n_2 = \frac{n_1 d_{d1}}{d_{d2}} (1 - \varepsilon) \tag{10-8}$$

上两式中，$v_1$、$v_2$ 分别为主动带轮和从动带轮的速度（mm/s）；$d_{d1}$、$d_{d2}$ 分别为主动带轮和从动带轮的基准直径（mm）；$n_1$、$n_2$ 分别为主动带轮和从动带轮的转速（r/min）。

通常带传动的滑动因数 $\varepsilon = 0.01 \sim 0.02$。因 $\varepsilon$ 值较小，故非精确计算时可以忽略不计。

## 第六节 普通 V 带传动的失效形式与计算准则

### 一、带传动的失效形式

带传动的失效形式主要有两种：

1) 打滑。由于过载,带在带轮上打滑而不能正常传动。

2) 带的疲劳破坏。带在变应力状态下工作,当应力循环次数达到一定值时,带将发生疲劳破坏,如脱层、撕裂和拉断。

## 二、带传动的计算准则

带传动的计算准则是:①保证带传动不打滑;②带在一定时限内具有足够的疲劳强度和使用寿命,不发生疲劳破坏。

根据带传动不打滑的条件,带在有打滑趋势时的有效圆周力为

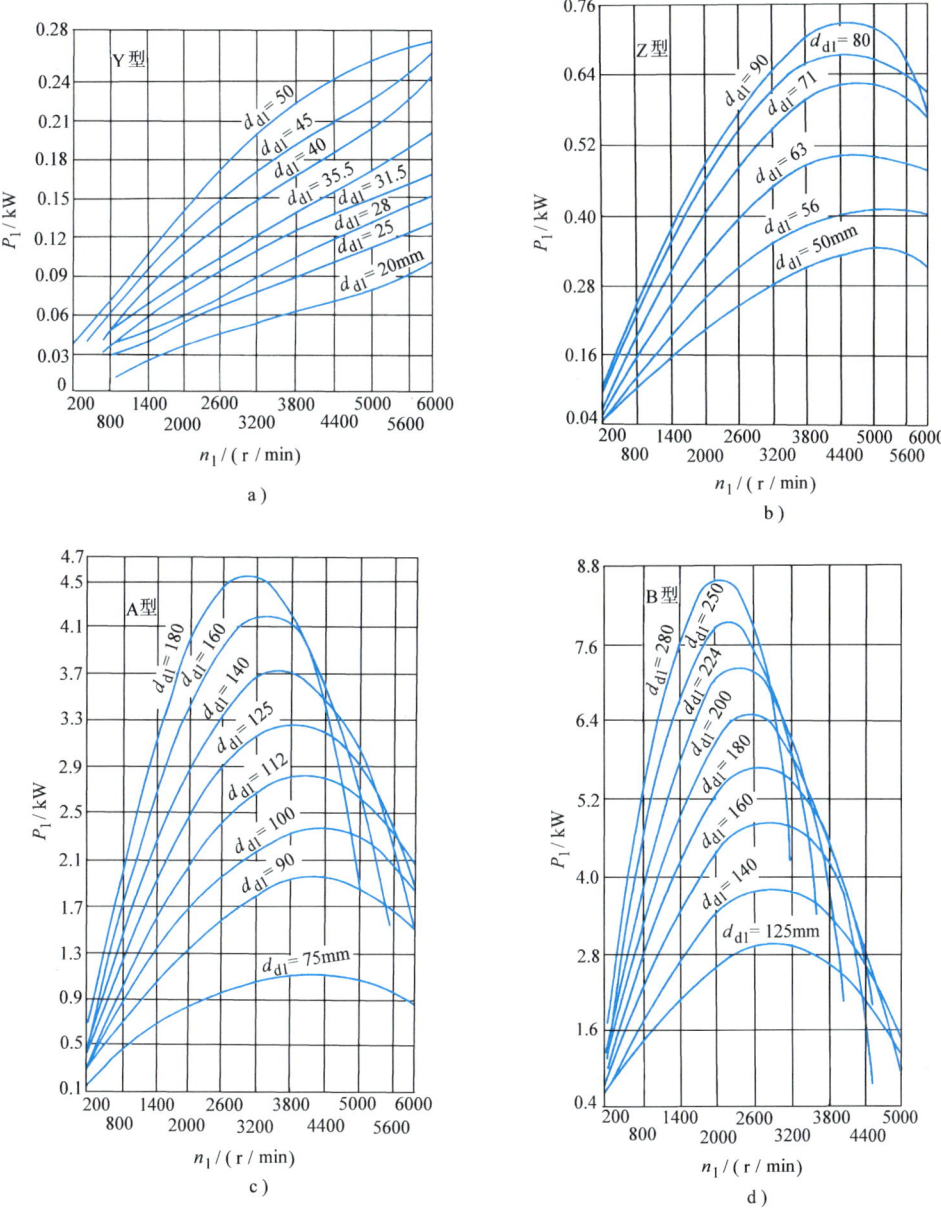

图 10-11　普通 V 带的额定功率

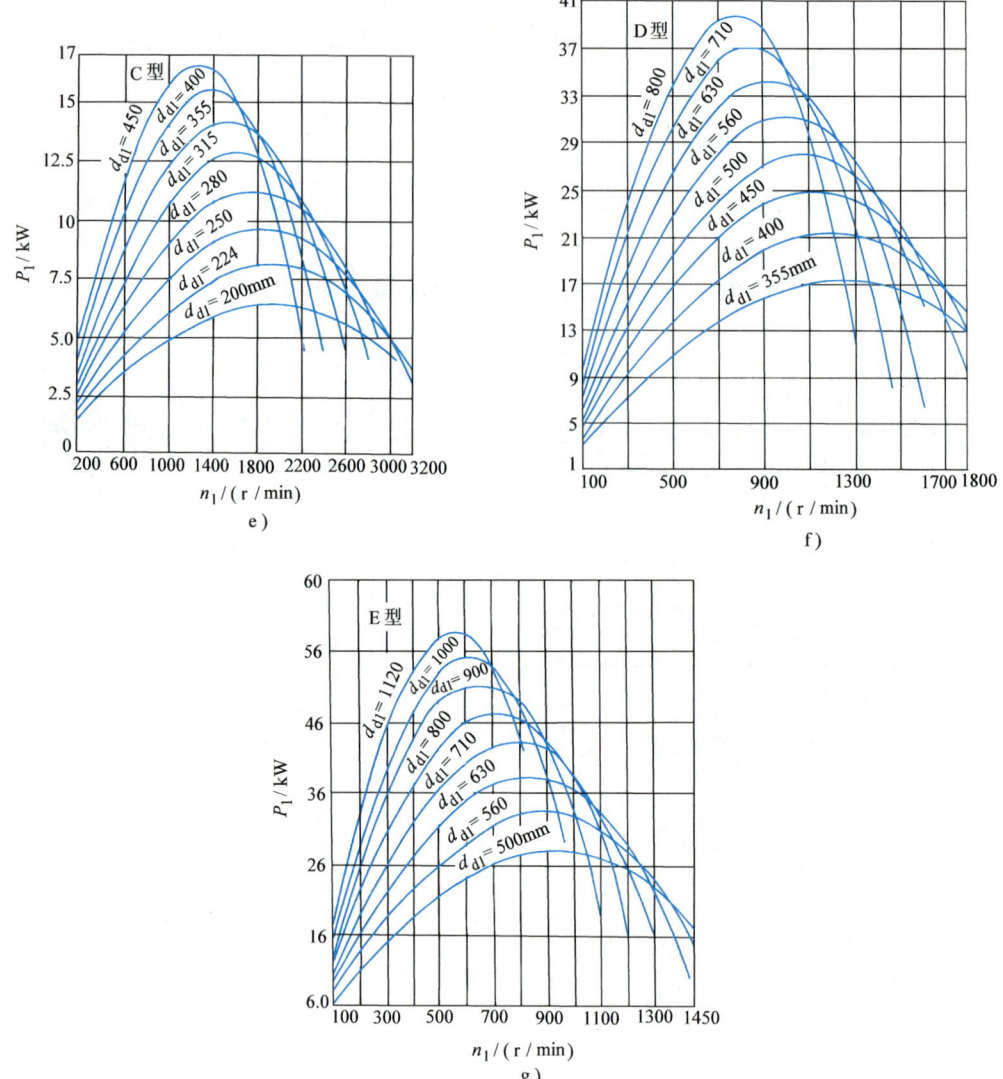

图 10-11 普通 V 带的额定功率（续）

$$F_{\text{emax}} = F_1\left(1 - \frac{1}{e^{\mu_v \alpha}}\right) = \sigma_1 A\left(1 - \frac{1}{e^{\mu_v \alpha}}\right) \tag{10-9}$$

带的疲劳强度为

$$\sigma_{\max} = \sigma_1 + \sigma_c + \sigma_{bb1} \leqslant [\sigma] \tag{10-10}$$

式中，$[\sigma]$ 为一定条件下，由带的疲劳强度决定的许用应力（MPa）。

带传动所能传递的功率 $P$（kW）为

$$P = \frac{Fv}{1000} \tag{10-11}$$

式中，$F$ 为最大有效圆周力（即 $F_{\text{emax}}$）（N）；$v$ 为带速（m/s），$v = \pi d_{d1} n_1/(60 \times 1000)$。

在载荷平稳、传动比 $i=1$ 和特定的带长、抗拉体材质为化纤的条件下，求得各种型号单根 V 带所能传递的基本额定功率 $P_1$，将其绘制成图，如图 10-11 所示。

当实际使用条件与实验条件不相符时，应对 $P_1$ 值进行修正。因此，单根 V 带在实际工作条件下可允许传递的功率为

$$[P_1] = (P_1 + \Delta P_1)K_\alpha K_l \tag{10-12}$$

式中，$[P_1]$ 为单根 V 带在实际工作条件下可传递的额定功率（kW）；$P_1$ 为单根 V 带所能传递的基本额定功率（kW）；$\Delta P_1$ 为 $i \neq 1$ 时单根 V 带的额定功率增量（kW），见表 10-5；$K_\alpha$ 为包角修正系数，见表 10-6；$K_l$ 为带长修正系数，见表 10-7。

表 10-5　$i \neq 1$ 时单根 V 带的额定功率增量 $\Delta P_1$　　　　　　　　（单位：kW）

| 型号 | 主动轮转速 $n_1$/(r/min) | 传动比 $i$ | | | | | | | | |
|---|---|---|---|---|---|---|---|---|---|---|
| | | 1.00~1.01 | 1.02~1.04 | 1.05~1.08 | 1.09~1.12 | 1.13~1.18 | 1.19~1.24 | 1.25~1.34 | 1.35~1.50 | 1.51~1.99 | ≥2.00 |
| Z | 400 | 0.00 | | | | | 0.01 | | | | |
| | 700 | | | | | | | | | | |
| | 800 | | | | | | | | | | |
| | 950 | | | | | | | | | | |
| | 1200 | | | | | | | | | | |
| | 1450 | | | | | | | | 0.02 | | |
| | 1600 | | | | | | | | | | |
| | 2000 | | | | | | | | | | |
| | 2400 | | | | | | | | | | |
| | 2800 | | | | | | | | | 0.03 | 0.04 |
| A | 400 | 0.00 | 0.01 | 0.01 | 0.02 | 0.02 | 0.03 | 0.03 | 0.04 | 0.04 | 0.05 |
| | 700 | | 0.01 | 0.02 | 0.03 | 0.04 | 0.05 | 0.06 | 0.07 | 0.08 | 0.09 |
| | 800 | | 0.01 | 0.02 | 0.03 | 0.04 | 0.05 | 0.06 | 0.08 | 0.09 | 0.10 |
| | 950 | | 0.01 | 0.03 | 0.04 | 0.05 | 0.06 | 0.07 | 0.08 | 0.10 | 0.11 |
| | 1200 | | 0.02 | 0.03 | 0.05 | 0.07 | 0.08 | 0.10 | 0.11 | 0.13 | 0.15 |
| | 1450 | | 0.02 | 0.04 | 0.06 | 0.08 | 0.09 | 0.11 | 0.13 | 0.15 | 0.17 |
| | 1600 | | 0.02 | 0.04 | 0.06 | 0.09 | 0.11 | 0.13 | 0.15 | 0.17 | 0.19 |
| | 2000 | | 0.03 | 0.06 | 0.08 | 0.11 | 0.13 | 0.16 | 0.19 | 0.22 | 0.24 |
| | 2400 | | 0.03 | 0.07 | 0.10 | 0.13 | 0.16 | 0.19 | 0.23 | 0.26 | 0.29 |
| | 2800 | | 0.04 | 0.08 | 0.11 | 0.15 | 0.19 | 0.23 | 0.26 | 0.30 | 0.34 |
| B | 400 | 0.00 | 0.01 | 0.03 | 0.04 | 0.06 | 0.07 | 0.08 | 0.10 | 0.11 | 0.13 |
| | 700 | | 0.02 | 0.05 | 0.07 | 0.10 | 0.12 | 0.15 | 0.17 | 0.20 | 0.22 |
| | 800 | | 0.03 | 0.06 | 0.08 | 0.11 | 0.14 | 0.17 | 0.20 | 0.23 | 0.25 |
| | 950 | | 0.03 | 0.07 | 0.10 | 0.13 | 0.17 | 0.20 | 0.23 | 0.26 | 0.30 |
| | 1200 | | 0.04 | 0.08 | 0.13 | 0.17 | 0.21 | 0.25 | 0.30 | 0.34 | 0.38 |
| | 1450 | | 0.05 | 0.10 | 0.15 | 0.20 | 0.25 | 0.31 | 0.36 | 0.40 | 0.46 |
| | 1600 | | 0.06 | 0.11 | 0.17 | 0.23 | 0.28 | 0.34 | 0.39 | 0.45 | 0.51 |
| | 2000 | | 0.07 | 0.14 | 0.21 | 0.28 | 0.35 | 0.42 | 0.49 | 0.56 | 0.63 |
| | 2400 | | 0.08 | 0.17 | 0.25 | 0.34 | 0.42 | 0.51 | 0.59 | 0.68 | 0.76 |
| | 2800 | | 0.10 | 0.20 | 0.29 | 0.39 | 0.49 | 0.59 | 0.69 | 0.79 | 0.89 |

（续）

| 型号 | 主动轮转速 $n_1$/(r/min) | 传动比 $i$ | | | | | | | | |
|---|---|---|---|---|---|---|---|---|---|---|
| | | 1.00~1.01 | 1.02~1.04 | 1.05~1.08 | 1.09~1.12 | 1.13~1.18 | 1.19~1.24 | 1.25~1.34 | 1.35~1.50 | 1.51~1.99 | ≥2.00 |
| C | 200 | 0.00 | 0.02 | 0.04 | 0.06 | 0.08 | 0.10 | 0.12 | 0.14 | 0.16 | 0.18 |
| | 300 | | 0.03 | 0.06 | 0.09 | 0.12 | 0.15 | 0.18 | 0.21 | 0.24 | 0.26 |
| | 400 | | 0.04 | 0.08 | 0.12 | 0.16 | 0.20 | 0.23 | 0.27 | 0.31 | 0.35 |
| | 500 | | 0.05 | 0.10 | 0.15 | 0.20 | 0.24 | 0.29 | 0.34 | 0.39 | 0.44 |
| | 600 | | 0.06 | 0.12 | 0.18 | 0.24 | 0.29 | 0.35 | 0.41 | 0.47 | 0.53 |
| | 700 | | 0.07 | 0.14 | 0.21 | 0.27 | 0.34 | 0.41 | 0.48 | 0.55 | 0.62 |
| | 800 | | 0.08 | 0.16 | 0.23 | 0.31 | 0.39 | 0.47 | 0.55 | 0.63 | 0.71 |
| | 950 | | 0.09 | 0.19 | 0.27 | 0.37 | 0.47 | 0.56 | 0.65 | 0.74 | 0.83 |
| | 1200 | | 0.12 | 0.24 | 0.35 | 0.47 | 0.59 | 0.70 | 0.82 | 0.94 | 1.06 |
| | 1450 | | 0.14 | 0.28 | 0.42 | 0.58 | 0.71 | 0.85 | 0.99 | 1.14 | 1.27 |
| D | 200 | 0.00 | 0.07 | 0.14 | 0.21 | 0.28 | 0.35 | 0.42 | 0.49 | 0.56 | 0.63 |
| | 300 | | 0.10 | 0.21 | 0.31 | 0.42 | 0.52 | 0.62 | 0.73 | 0.83 | 0.94 |
| | 400 | | 0.14 | 0.28 | 0.42 | 0.56 | 0.70 | 0.83 | 0.97 | 1.11 | 1.25 |
| | 500 | | 0.17 | 0.35 | 0.52 | 0.70 | 0.87 | 1.04 | 1.22 | 1.39 | 1.56 |
| | 600 | | 0.21 | 0.42 | 0.62 | 0.83 | 1.04 | 1.25 | 1.46 | 1.67 | 1.88 |
| | 700 | | 0.24 | 0.49 | 0.73 | 0.97 | 1.22 | 1.46 | 1.70 | 1.95 | 2.19 |
| | 800 | | 0.28 | 0.56 | 0.83 | 1.11 | 1.39 | 1.67 | 1.95 | 2.22 | 2.50 |
| | 950 | | 0.33 | 0.66 | 0.99 | 1.32 | 1.60 | 1.92 | 2.31 | 2.64 | 2.97 |
| | 1200 | | 0.42 | 0.84 | 1.25 | 1.67 | 2.09 | 2.50 | 2.92 | 3.34 | 3.75 |
| | 1450 | | 0.51 | 1.01 | 1.51 | 2.02 | 2.52 | 3.02 | 3.52 | 4.03 | 4.53 |
| E | 200 | 0.00 | 0.14 | 0.28 | 0.41 | 0.55 | 0.69 | 0.83 | 0.96 | 1.10 | 1.24 |
| | 300 | | 0.21 | 0.41 | 0.62 | 0.83 | 1.03 | 1.24 | 1.45 | 1.65 | 1.86 |
| | 400 | | 0.28 | 0.55 | 0.83 | 1.00 | 1.38 | 1.65 | 1.93 | 2.20 | 2.48 |
| | 500 | | 0.34 | 0.64 | 1.03 | 1.38 | 1.72 | 2.07 | 2.41 | 2.75 | 3.10 |
| | 600 | | 0.41 | 0.83 | 1.24 | 1.65 | 2.07 | 2.48 | 2.89 | 3.31 | 3.72 |
| | 700 | | 0.48 | 0.97 | 1.45 | 1.93 | 2.41 | 2.89 | 3.38 | 3.86 | 4.34 |
| | 800 | | 0.55 | 1.10 | 1.65 | 2.21 | 2.76 | 3.31 | 3.86 | 4.41 | 4.96 |
| | 950 | | 0.65 | 1.29 | 1.95 | 2.62 | 3.27 | 3.92 | 4.58 | 5.23 | 5.89 |

表 10-6 包角修正系数 $K_\alpha$

| 包角 $\alpha$/(°) | 180 | 170 | 160 | 150 | 140 | 130 | 120 | 110 | 100 | 90 |
|---|---|---|---|---|---|---|---|---|---|---|
| $K_\alpha$ | 1.00 | 0.98 | 0.95 | 0.92 | 0.89 | 0.86 | 0.82 | 0.78 | 0.74 | 0.69 |

表 10-7 带长修正系数 $K_l$

| 基准长度 $L_d$/mm | 带型 | | | | | | |
|---|---|---|---|---|---|---|---|
| | Y | Z | A | B | C | D | E |
| 200 | 0.81 | | | | | | |
| 224 | 0.82 | | | | | | |
| 250 | 0.84 | | | | | | |
| 280 | 0.87 | | | | | | |
| 315 | 0.89 | | | | | | |
| 355 | 0.92 | | | | | | |
| 400 | 0.96 | | | | | | |
| 405 | | 0.87 | | | | | |
| 450 | 1.00 | | | | | | |
| 475 | | 0.90 | | | | | |
| 500 | 1.02 | | | | | | |
| 530 | | 0.93 | | | | | |
| 625 | | 0.96 | | | | | |
| 630 | | | 0.81 | | | | |
| 700 | | 0.99 | 0.83 | | | | |
| 780 | | 1.00 | | | | | |
| 790 | | | 0.85 | | | | |
| 890 | | | 0.87 | | | | |
| 920 | | 1.04 | | | | | |
| 930 | | | | 0.83 | | | |
| 990 | | | 0.89 | | | | |
| 1000 | | | | 0.84 | | | |
| 1080 | | 1.07 | | | | | |
| 1100 | | | 0.91 | 0.86 | | | |
| 1210 | | | | 0.87 | | | |
| 1250 | | | 0.93 | | | | |
| 1330 | | 1.13 | | | | | |
| 1370 | | | | 0.90 | | | |
| 1420 | | 1.14 | | | | | |
| 1430 | | | 0.96 | | | | |
| 1540 | | 1.54 | | | | | |
| 1550 | | | 0.98 | | | | |
| 1560 | | | | 0.92 | | | |
| 1565 | | | | | 0.82 | | |
| 1640 | | | 0.99 | | | | |
| 1750 | | | 1.00 | | | | |
| 1760 | | | | 0.94 | 0.85 | | |
| 1940 | | | 1.02 | | | | |
| 1950 | | | | 0.97 | 0.87 | | |
| 2050 | | | 1.04 | | | | |
| 2180 | | | | 0.99 | | | |
| 2195 | | | | | 0.90 | | |

（续）

| 基准长度 $L_d$/mm | 带型 | | | | | | |
|---|---|---|---|---|---|---|---|
| | Y | Z | A | B | C | D | E |
| 2200 | | | 1.06 | | | | |
| 2300 | | | 1.07 | 1.01 | | | |
| 2420 | | | | | 0.92 | | |
| 2480 | | | 1.09 | | | | |
| 2500 | | | | 1.03 | | | |
| 2700 | | | 1.10 | 1.04 | | | |
| 2715 | | | | | 0.94 | | |
| 2740 | | | | | | 0.82 | |
| 2870 | | | | 1.05 | | | |
| 2880 | | | | | 0.95 | | |
| 3080 | | | | | 0.97 | | |
| 3100 | | | | | | 0.86 | |
| 3200 | | | | 1.07 | | | |
| 3330 | | | | | | 0.87 | |
| 3520 | | | | | 0.99 | | |
| 3600 | | | | 1.09 | | | |
| 3730 | | | | | | 0.90 | |
| 4060 | | | | 1.13 | 1.02 | | |
| 4080 | | | | | | 0.91 | |
| 4430 | | | | 1.15 | | | |
| 4600 | | | | | 1.05 | | |
| 4620 | | | | | | 0.94 | |
| 4660 | | | | | | | 0.91 |
| 4820 | | | | 1.17 | | | |
| 5040 | | | | | | | 0.92 |
| 5370 | | | | 1.20 | | | |
| 5380 | | | | | 1.08 | | |
| 5400 | | | | | | 0.97 | |
| 5420 | | | | | | | 0.94 |
| 6070 | | | | 1.24 | | | |
| 6100 | | | | | 1.11 | 0.99 | 0.96 |
| 6815 | | | | | 1.14 | | |
| 6840 | | | | | | 1.02 | |
| 6850 | | | | | | | 0.99 |
| 7600 | | | | | 1.17 | | |
| 7620 | | | | | | 1.05 | |
| 7650 | | | | | | | 1.01 |
| 9100 | | | | | 1.21 | | |
| 9140 | | | | | | 1.08 | |
| 9150 | | | | | | | 1.05 |
| 10700 | | | | | 1.24 | 1.13 | |
| 12200 | | | | | | 1.16 | |
| 12230 | | | | | | | 1.11 |
| 13700 | | | | | | 1.19 | |
| 13750 | | | | | | | 1.15 |
| 15200 | | | | | | 1.21 | |
| 15280 | | | | | | | 1.17 |
| 16800 | | | | | | | 1.19 |

## ○ 第七节　普通 V 带传动的参数选择和设计计算方法

### 一、V 带传动的参数选择

在 V 带传动设计中，通常已知条件为：①传动的用途；②传递的功率；③工作情况；④主、从动轮转速 $n_1$ 和 $n_2$ 或传动比；⑤外廓尺寸要求。

V 带传动设计的主要参数有：V 带的型号、长度和根数；传动的中心距；带轮的基准直径和结构尺寸；初拉力和作用在轴上的压力等。

### 二、V 带传动的设计计算方法

#### 1. 确定计算功率 $P_c$

计算功率是根据需要传递的额定功率并且考虑载荷性质和每天运转时间等因素而确定的，即

$$P_c = K_A P \tag{10-13}$$

式中，$P_c$ 为计算功率（kW）；$K_A$ 为工作情况系数，查表 10-8；$P$ 为传递的名义功率（kW）。

表 10-8　工作情况系数 $K_A$（摘自 GB/T 13575.1—2022）

| 工况 | 适用范围 | 载荷类型 | | | | | |
|---|---|---|---|---|---|---|---|
| | | 空、轻载起动 | | | 重载起动 | | |
| | | 每天工作时间/h | | | | | |
| | | <10 | 10~16 | >16 | <10 | 10~16 | >16 |
| 载荷变动最小 | 液体搅拌机、通风机和鼓风机（$P \leq 7.5$kW）、离心机水泵和压缩机、轻型输送机 | 1.0 | 1.1 | 1.2 | 1.1 | 1.2 | 1.3 |
| 载荷变动小 | 带式输送机（不均匀载荷）、通风机（$P > 7.5$kW）、发电机、金属切削机床、印刷机、旋转筛、木工机械 | 1.1 | 1.2 | 1.3 | 1.2 | 1.3 | 1.4 |
| 载荷变动较大 | 制砖机、斗式提升机、往复式水泵和压缩机、起重机、磨粉机、冲剪机床、橡胶机械、振动筛、纺织机械、重型输送机、木材加工机械 | 1.2 | 1.3 | 1.4 | 1.4 | 1.5 | 1.6 |
| 载荷变动很大 | 破碎机、磨碎机、卷扬机、橡胶压延机、压出机 | 1.3 | 1.4 | 1.5 | 1.5 | 1.6 | 1.8 |

注：1. 空、轻载起动适用于电动机（交流起动、△起动、直流并励）、四缸以上的内燃机，装有离心式离合器、液力联轴器的动力机。
　　2. 重载起动适用于电动机（联机交流起动、直流复励或串励）、四缸以下的内燃机。
　　3. 在反复起动、正反转频繁、工作条件恶劣等场合，$K_A$ 应取为表值的 1.2 倍。

#### 2. 带型号的选择

据计算功率 $P_c$ 和小带轮的转速 $n_1$，按图 10-12 选取。

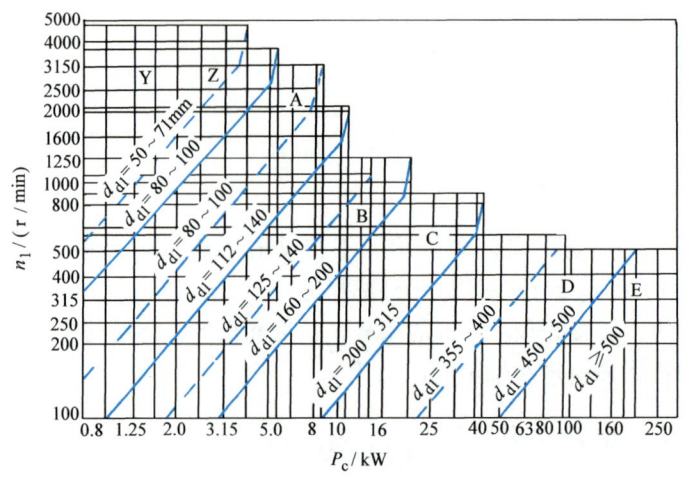

图 10-12 普通 V 带选型图

### 3. 确定带轮的基准直径

带轮直径较小时，结构紧凑，但弯曲应力大，且基准直径较小时，圆周速度较小，单根 V 带所能传递的基本额定功率也较小，从而造成带的根数增多，因此一般取 $d_{d1} \geq d_{dmin}$，并取标准值。表 10-4 规定了最小带轮基准直径 $d_{dmin}$。

大带轮的基准直径 $d_{d2}$ 由下式算出

$$d_{d2} = id_{d1}(1-\varepsilon) \qquad (10\text{-}14)$$

然后再按表 10-9 选取。

表 10-9 带轮基准直径

| $d_d$/mm | Y | Z | A | B | $d_d$/mm | Z | A | B | C | D | E |
|---|---|---|---|---|---|---|---|---|---|---|---|
| 63 | * | * |   |   | 200 | * | * | * | * |   |   |
| 71 | * | * |   |   | 212 |   |   |   | * |   |   |
| 75 |   | * | * |   | 224 | * | * | * | * |   |   |
| 80 | * | * | * |   | 236 |   |   |   | * |   |   |
| 85 |   |   | * |   | 250 | * | * | * | * |   |   |
| 90 | * | * | * |   | 265 |   |   |   | * |   |   |
| 95 |   |   | * |   | 280 | * | * | * | * |   |   |
| 100 | * | * | * |   | 315 | * | * | * | * |   |   |
| 106 |   |   |   |   | 355 |   | * | * | * | * |   |
| 112 | * | * | * |   | 375 |   |   |   |   | * |   |
| 118 |   |   | * |   | 400 | * | * | * | * |   |   |
| 125 | * | * | * |   | 425 |   |   |   |   | * |   |
| 132 |   |   | * |   | 450 |   |   |   |   | * |   |
| 140 |   |   | * |   | 475 |   |   |   |   | * |   |
| 150 |   |   | * | * | 500 | * | * | * | * | * | * |
| 160 |   |   | * | * | 530 |   |   |   |   | * | * |
| 170 |   |   |   | * | 560 |   |   |   |   | * | * |
| 180 |   |   | * | * | 630 |   | * | * | * | * | * |

注：* 为推荐使用。

### 4. 验算带速

当传递功率一定时，若带速过低，则需要很大的圆周力，带的根数要增多；而带速过高则使离心力增大，减小了带与带轮间的压力，容易造成打滑。所以，带传动需要验算带速，将带速控制在 5~25m/s 范围内，否则需要调整小带轮的基准直径 $d_{d1}$。为充分发挥 V 带的传动能力，应使带速 $v \approx 20$m/s 为最佳。带速 $v$ 为

$$v = \pi d_{d1} n_1 / (60 \times 1000)$$

式中，$v$ 为带速（m/s）；$d_{d1}$ 为小带轮基准直径（mm）；$n_1$ 为小带轮转速（r/min）。

### 5. 确定中心距 $a$ 和带的基准长度 $L_d$

中心距取大些有利于增大包角，但中心距过大会造成结构不紧凑，在载荷变化或高速运转时将引起带的抖动，从而降低带传动的工作能力；若中心距过小则带短，应力循环次数增多，使带易发生疲劳破坏，同时还使小带轮包角减小，也降低了带传动的工作能力。故一般初定中心距 $a_0$ 为

$$0.7(d_{d1} + d_{d2}) \leqslant a_0 \leqslant 2(d_{d1} + d_{d2}) \tag{10-15}$$

如果已给定了中心距，则 $a_0$ 应取给定值。

由初定中心距 $a_0$，再按下式初定带的基准长度 $L_{d0}$

$$L_{d0} = 2a_0 + \pi \frac{d_{d2} + d_{d1}}{2} + \frac{(d_{d2} - d_{d1})^2}{4a_0} \tag{10-16}$$

由 $L_{d0}$ 和 V 带型号，查表 10-2，选取相应的基准长度 $L_d$，然后计算出实际的中心距 $a$，即

$$a \approx a_0 + \frac{L_d - L_{d0}}{2} \tag{10-17}$$

考虑安装、调整或补偿等因素，中心距 $a$ 要有一定的调整范围，一般为

$$a_{max} = a + 0.03 L_d$$

$$a_{min} = a - 0.015 L_d$$

### 6. 验算小带轮包角

要求 $\alpha_1 \geqslant 120°$，若 $\alpha_1$ 过小，可以加大中心距、改变传动比或增设张紧轮。$\alpha_1$ 可由下式计算

$$\alpha_1 = 180° - \frac{(d_{d2} - d_{d1}) \times 57.3°}{a} \tag{10-18}$$

### 7. 确定带的根数 $Z$

为了保证带传动不打滑，并具有一定的疲劳强度，必须保证每根 V 带所传递的功率不超过它所能传递的额定功率，有

$$Z \geqslant P_c / [P_1] \tag{10-19}$$

式中，$Z$ 为带的根数；$P_c$ 为计算功率（kW）；$[P_1]$ 为单根 V 带在实际工作条件下可传递的额定功率（kW）。

带的根数 $Z$ 不应过多，否则会使带受力不均匀，因此 $Z$ 不应超过最多使用根数 $Z_{max}$。各种型号 V 带推荐最多使用根数 $Z_{max}$，见表 10-10。

表 10-10 V 带最多使用根数 $Z_{max}$

| V 带型号 | Y | Z | A | B | C | D | E |
| --- | --- | --- | --- | --- | --- | --- | --- |
| $Z_{max}$ | 1 | 2 | 5 | 6 | 8 | 8 | 9 |

### 8. 确定单根 V 带的初拉力 $F_0$

初拉力 $F_0$（N）若过小，则带易在带轮上打滑；而 $F_0$ 若过大，则轴承及轴受力较大。$F_0$ 可由下式确定

$$F_0 = 500\left(\frac{2.5}{K_\alpha} - 1\right)\frac{P_c}{Zv} + qv^2 \qquad (10\text{-}20)$$

式中，$v$ 为带速（m/s）；$q$ 为每米带长的质量（kg/m），查表 10-1。

### 9. 计算带对轴的压力 $F_Q$

为了进行轴和轴承的计算，须求出 V 带对轴的压力 $F_Q$，它等于 V 带紧边拉力 $F_1$ 与松边拉力 $F_2$ 的合力，如图 10-13 所示。

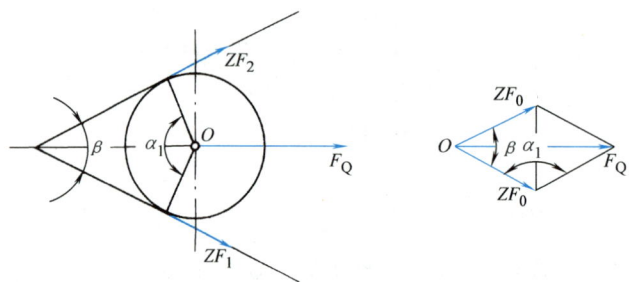

图 10-13 带作用在轴上的压力

$$F_Q = Z\sqrt{F_1^2 + F_2^2 + 2F_1F_2\cos\beta}$$

若不考虑两边的拉力差，可近似地按两边均为 $ZF_0$ 计算

$$F_Q \approx 2ZF_0\cos\frac{\beta}{2} = 2ZF_0\sin\frac{\alpha_1}{2}$$

下面以设计实例来说明带传动的设计方法与步骤。

**例 10-1** 设计一台铣床电动机与主轴箱之间的普通 V 带传动。已知电动机额定功率 $P = 4\text{kW}$，转速 $n_1 = 1440\text{r/min}$，从动轮转速 $n_2 = 400\text{r/min}$，两班制工作，两轴间距离约为 500mm。

**解** 见表 10-11。

表 10-11 解题步骤

| 序号 | 计算项目 | 计算内容 | 计算结果 |
|---|---|---|---|
| 1 | 计算功率 | $P_c = K_A P = 1.2 \times 4\text{kW} = 4.8\text{kW}$ | $K_A = 1.2$<br>$P_c = 4.8\text{kW}$ |
| 2 | 选择带型 | 据 $P_c = 4.8\text{kW}$ 和 $n_1 = 1440\text{r/min}$<br>由图 10-12 选取 | A 型 |
| 3 | 确定带轮基准直径 | 由表 10-9 确定 $d_{d1}$<br>$d_{d2} = id_{d1}(1-\varepsilon) = \frac{1440}{400} \times 100 \times (1-0.02)\text{mm}$，查表 10-9 取标准值 | $d_{d1} = 100\text{mm}$<br>$d_{d2} = 355\text{mm}$ |
| 4 | 验算带速 | $v = \frac{\pi d_{d1} n_1}{60 \times 1000} = \frac{\pi \times 100 \times 1440}{60 \times 1000}\text{m/s} = 7.54\text{m/s}$ | 因为 5m/s < v < 25m/s，故符合要求 |

(续)

| 序号 | 计算项目 | 计算内容 | 计算结果 |
|---|---|---|---|
| 5 | 验算带长 | 初定中心距 $a_0 = 500$mm<br>$L_{d0} = 2a_0 + \dfrac{\pi(d_{d1}+d_{d2})}{2} + \dfrac{(d_{d2}-d_{d1})^2}{4a_0}$<br>$= \left[2\times 500 + \dfrac{\pi(100+355)}{2} + \dfrac{(355-100)^2}{4\times 500}\right]$mm<br>$= 1747.2$mm<br>由表 10-2 选取相近的 $L_d = 1750$mm | $L_d = 1750$mm |
| 6 | 确定中心距 | $a \approx a_0 + (L_d - L_{d0})/2$<br>$= [500 + (1750 - 1747.2)/2]$mm<br>$= 501.4$mm<br>$a_{\min} = a - 0.015L_d = (510 - 0.015\times 1750)$mm $= 483.75$mm<br>$a_{\max} = a + 0.03L_d = (510 + 0.03\times 1750)$mm $= 562.5$mm | 取 $a = 510$mm |
| 7 | 验算小带轮包角 | $\alpha_1 = 180° - 57.3°\times(d_{d2} - d_{d1})/a$<br>$= 180° - 57.3°\times(355 - 100)/510$<br>$= 151.35°$ | 因 $\alpha_1 > 120°$,故符合要求 |
| 8 | 单根 V 带传递的额定功率 | 据 $d_{d1}$ 和 $n_1$ 查图 10-11c 得<br>$P_1 = 1.4$kW | $P_1 = 1.4$kW |
| 9 | $i \neq 1$ 时单根 V 带的额定功率增量 | 据带型及 $i$ 查表 10-5 得<br>$\Delta P_1 = 0.17$kW | $\Delta P_1 = 0.17$kW |
| 10 | 确定带的根数 | 查表 10-6: $K_\alpha = 0.92$<br>查表 10-7: $K_l = 1.00$<br>$Z \geq P_c / [(P_1 + \Delta P_1)K_\alpha K_l]$<br>$= 4.8 / [(1.4 + 0.17)\times 0.92\times 1.00] = 3.32$ | 取 $Z = 4$ |
| 11 | 单根 V 带的初拉力 | 查表 10-1<br>$q = 0.10$kg/m<br>$F_0 = 500\left(\dfrac{2.5}{K_\alpha} - 1\right)\left(\dfrac{P_c}{Zv}\right) + qv^2$<br>$= \left[500(2.5/0.92 - 1)\left(\dfrac{4.8}{4\times 7.54}\right) + 0.10\times 7.54^2\right]$N<br>$= 142.35$N | $F_0 = 142.35$N |
| 12 | 作用在轴上的力 | $F_Q = 2ZF_0\sin(\alpha_1/2) = [2\times 4\times 142.35\sin(151.35°/2)]$N<br>$= (2\times 4\times 142.35\sin 75.68°)$N $= 1103.42$N | $F_Q = 1103.42$N |
| 13 | 带轮的结构和尺寸 | 以小带轮为例确定其结构和尺寸,由图 10-7 选定小带轮为实心轮,轮槽尺寸及轮宽按表 10-3 计算,并参查相关手册,从而画出小带轮工作图,见图 10-14 | |

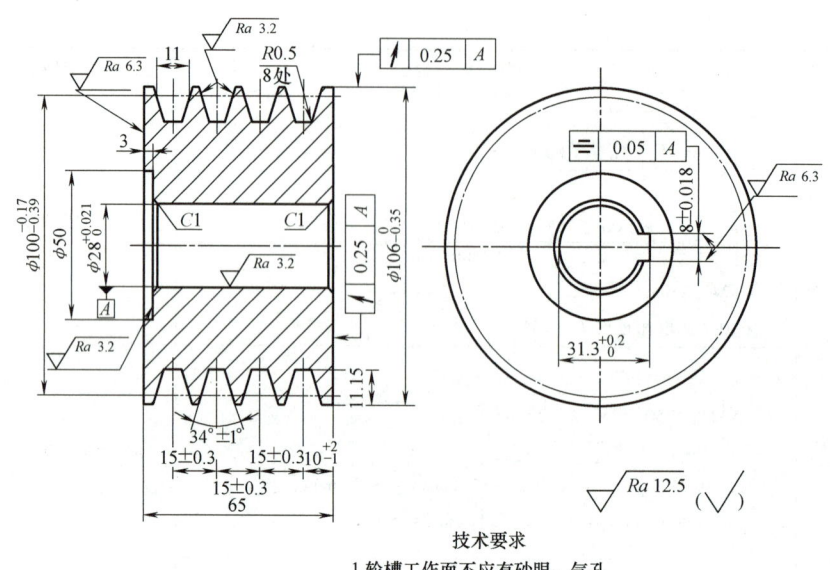

技术要求
1. 轮槽工作面不应有砂眼、气孔
2. 各轮槽间距的累积误差不得超过±0.8，材料为HT200。
3. 各轮槽槽底表面结构要求为 $\sqrt{Ra\ 6.3}$ 。
4. 未注倒角C0.5。

图 10-14 小带轮工作图

## 第八节 V带传动的张紧、安装和维护

### 一、V带传动的张紧

V带在张紧状态下工作了一定时间后会产生塑性变形，因而造成了V带传动能力下降。为了保证带传动的传动能力，必须定期检查与重新张紧，常用的方法有下述两种：

（1）调整中心距 如图10-15a所示，通过调节螺钉3，使电动机1在滑道2上移动，直到所需位置；如图10-15b所示，通过螺栓4使电动机1绕定轴O摆动而张紧，也可依靠电动机和机架的自重使电动机摆动实现自动张紧，如图10-15c所示。

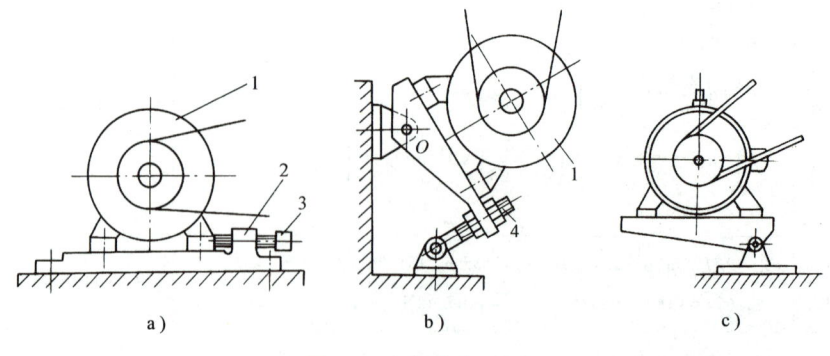

图 10-15 调整中心距

（2）采用张紧轮 当中心距固定不变无法调整时，可采用张紧轮定期张紧，如图10-16

所示。张紧轮应安装在松边尽量靠大轮处。

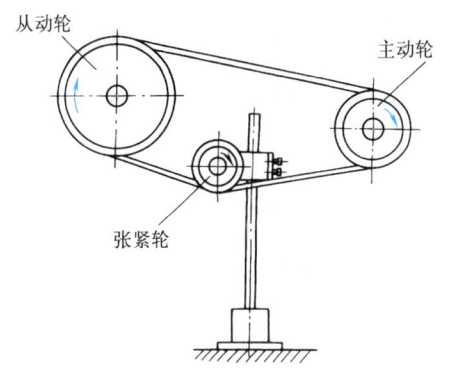

图 10-16  采用张紧轮

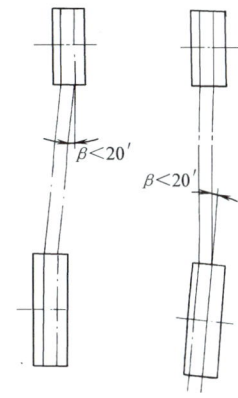

图 10-17  V带轮的安装位置

## 二、带传动的安装和维护

1）安装 V 带时，先将中心距缩小后将带套入，然后慢慢调整中心距，直至张紧。

2）安装 V 带时，两带轮轴线应相互平行，各带轮相对应的轮槽的对称平面应重合，其偏角误差不得超过 20′，如图 10-17 所示。

3）多根 V 带传动时，为避免受力不均，各带的制造偏差应控制在规定的公差范围内。

4）新旧带不能同时混合使用，更换时，要求全部同时更换。

5）定期对 V 带进行检查，以便及时调整中心距或更换 V 带。

6）为了保证安全，带传动应加防护罩，同时应防止油、酸、碱等对 V 带的腐蚀。

## 第九节  链传动的类型、特点及其应用

如图 10-18 所示，链传动由轴线平行的主动链轮 1、从动链轮 2、链条 3 以及机架组成，靠链轮齿和链的啮合来传递运动和动力。

### 一、链传动的类型

按用途的不同，链传动分为传动链、起重链和牵引链。起重链和牵引链用于起重机械和运输机械。传动链主要用于一般机械传动。

在传动链中，又分为短节距精密滚子链（简称滚子链）、短节距精密套筒链（简称套筒链）、齿形链和成形链，如图 10-19 所示。

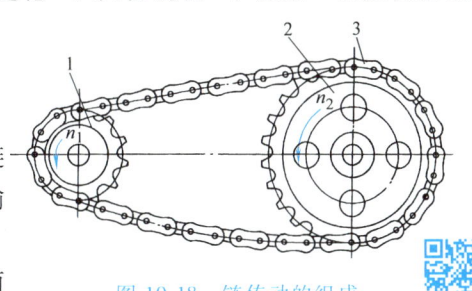

图 10-18  链传动的组成

套筒链的结构比滚子链简单，也已标准化，但因套筒较易磨损，故只用于 $v<2m/s$ 的低速传动；齿形链传动平稳，振动与噪声较小，亦称为无声链，但因其结构比滚子链复杂，制造较难且成本高，故多用于高速或运动精度要求较高的传动装置中；成形链结构简单、装拆

方便，常用于 $v<3\mathrm{m/s}$ 的一般传动及农业机械中。

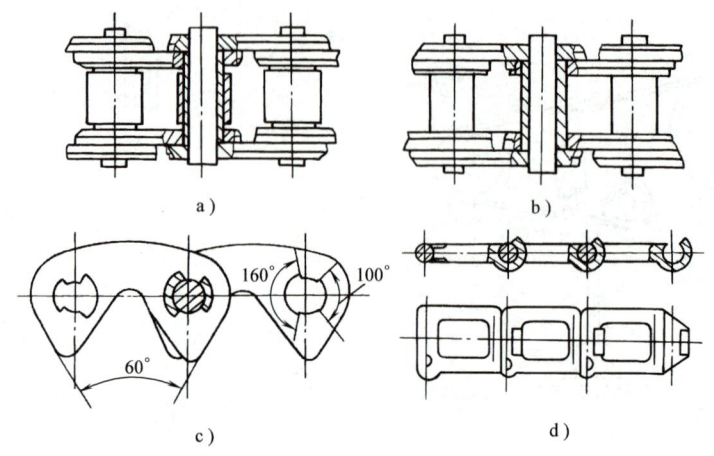

图 10-19 传动链的类型
a) 滚子链　b) 套筒链　c) 齿形链　d) 成形链

## 二、链传动的特点和应用

链传动与其他传动相比，主要有以下特点：

1) 由于链传动是有中间挠性件的啮合传动，无弹性滑动和打滑现象，因而能保证平均传动比不变。

2) 链传动无须初拉力，对轴的作用力较小。

3) 链传动可在高温、低温、多尘、油污、潮湿、泥沙等恶劣环境下工作。

4) 由于链传动的瞬时传动比不恒定，传动平稳性较差，有冲击和噪声，且磨损后易发生跳齿，不宜用于高速和急速反向传动的场合。

链传动适用于两轴线平行且距离较远、瞬时传动比无严格要求以及工作环境恶劣的场合，广泛用于农业、采矿、冶金、石油化工及运输等各种机械中。目前，链传动所能传递的功率可达 3600kW，常用于 100kW 以下；链速 $v$ 可达 $30\sim40\mathrm{m/s}$，常用 $v\leqslant15\mathrm{m/s}$；传动比最大可达 15，一般 $i\leqslant6$；效率 $\eta=0.91\sim0.97$。

## 第十节　链传动的运动不均匀性

如图 10-20 所示，当链条绕上链轮时，在啮合区域的部分链将折成正多边形。该正多边形的边长相当于链节距 $p$（mm）。链轮每转一周，链条转过的链长为 $zp$，故链速

$$v = z_1 p n_1/(60\times1000) = z_2 p n_2/(60\times1000) \tag{10-21}$$

式中，$v$ 为链速（m/s）；$z_1$、$z_2$ 分别为主动链轮和从动链轮的齿数；$n_1$、$n_2$ 分别为主动链轮和从动链轮的转速（r/min）。

链传动的平均传动比 $i$

$$i = n_1/n_2 = z_2/z_1 \tag{10-22}$$

由上述两个公式求出的链速及传动比均为平均值。实际上，即使主动链轮的角速度 $\omega_1$

为常数，链条的瞬时速度和瞬时传动比也是变化的。

如图 10-20 所示，设链传动的主动边始终处于水平位置，当链条绕上链轮时，其销轴中心的位置随链轮的转动而不断变化。当销轴中心位于 $\beta$ 角这一瞬时，销轴中心的圆周速度 $v_A = \omega_1 r_1$，水平方向的链速 $v_{x1} = v_A \cos\beta = \omega_1 r_1 \cos\beta$，垂直方向的分速度 $v_{y1} = v_A \sin\beta = \omega_1 r_1 \sin\beta$。设一个链节所对的中心角为 $\varphi_1$，$\varphi_1 = 360°/z_1$，

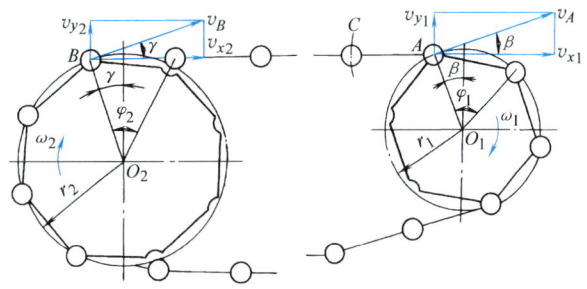

图 10-20 链传动的运动分析

则 $\beta$ 角在 $-\varphi_1/2$ 到 $+\varphi_1/2$ 间变化。当 $\beta = \pm\varphi_1/2$ 时，水平方向的链速最小，即 $v_{x1\min} = \omega_1 r_1 \cos(\varphi_1/2)$；当 $\beta = 0°$ 时，水平方向的链速最大，即 $v_{x1\max} = \omega_1 r_1$。同理，$v_{y1}$ 的大小也是周期性变化的，这一变化导致链条的上下抖动。

由上述分析可知，每绕过一个链节，链速周期性地由小变大，再由大变小。正是这样的变化，造成链传动速度的不均匀性。链节距越大，链轮齿数越少，链速的不均匀性越明显。

在从动链轮上，每个链节在啮合过程中所对的中心角为 $\varphi_2 = 360°/z_2$，$\gamma$ 角在 $-\varphi_2/2$ 到 $+\varphi_2/2$ 间变化。

由于链速 $v$ 及 $\gamma$ 角的变化，使从动轮的角速度 $\omega_2$ 也变化
$$v = \omega_1 r_1 \cos\beta = \omega_2 r_2 \cos\gamma$$
链传动的瞬时传动比
$$i = \omega_1/\omega_2 = r_2\cos\gamma/(r_1\cos\beta)$$

由上式可知，链传动的瞬时传动比是变化的。只有当 $r_1 = r_2$，即 $z_1 = z_2$，且链传动的中心距为链节距 $p$ 的整数倍时，$\beta$ 才会和 $\gamma$ 时时相等，传动比方能恒定不变（恒为1）。

## 第十一节　滚子链传动的结构和标准

### 一、滚子链的结构和标准

滚子链有单排、双排和多排。单排滚子链的结构如图 10-21 所示，由内链板 1、外链板 2、销轴 3、套筒 4 及滚子 5 组成。其中，内链板与套筒、外链板与销轴均为过盈配合，套筒与销轴、滚子与套筒之间分别采用间隙配合，因此，内、外链板在链节屈伸时可相对转动。当链与链轮啮合时，链轮齿面与滚子之间形成滚动摩擦，可减轻链条与链轮轮齿的磨损。链板制成 ∞ 字形，可使其剖面的抗拉强度大致相等，同时亦可减小链条的自重和惯性力。

滚子链上相邻两销轴中心的距离称为节距，用 $p$ 表示，它是链传动的基本特性参数。节距越大，链传动的功率也越大，但链的各元件的尺寸也越大，且当链轮齿数确定后，节距大会使链轮直径增大。因此，当传递的功率较大时，可采用多排链，图 10-22 所示为常用的双排链，排距用 $p_t$ 表示。

多排链的承载能力与排数成正比。由于受到制造精度的影响，各排受力难以均匀，故排数不宜过多，一般不超过四排。

滚子链的基本参数与尺寸见表 10-12。表内的链号数乘以（25.4/16）mm 即为节距值。链号中的后缀表示系列。其中，A 系列是我国滚子链的主体，供设计用；B 系列主要供维修用。

滚子链的标记规定为：链号-排数　国标编号。如，B 系列、节距 12.7mm、双排的滚子链标记为：08B-2　GB/T 1243—2006（注：仅以单排形式使用的链条 081，083，084 或 085 无后缀"-"及排数）。

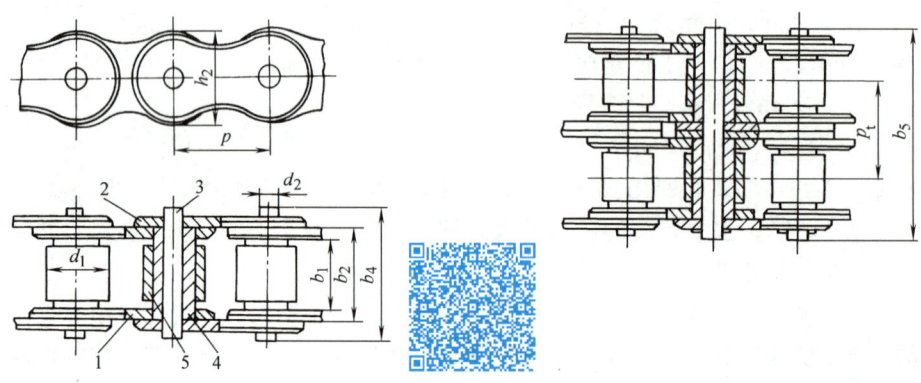

图 10-21　单排滚子链结构　　　　　　　图 10-22　双排滚子链结构

表 10-12　滚子链的基本参数与尺寸（摘自 GB/T 1243—2006）

| 链号 | 节距 $p$/mm | 排距 $p_t$/mm | 滚子外径 $d_1$/mm | 内链节内宽 $b_1$/mm | 销轴直径 $d_2$/mm | 内链节外宽 $b_2$/mm | 销轴长度 单排 $b_4$/mm | 销轴长度 双排 $b_5$/mm | 内链板高度 $h_2$/mm | 极限拉伸载荷 $F_{Qmin}$/N 单排 | 极限拉伸载荷 $F_{Qmin}$/N 双排 | 单排质量 $q$/(kg/m)（概略值）|
|---|---|---|---|---|---|---|---|---|---|---|---|---|
| 05B | 8.00 | 5.64 | 5.00 | 3.00 | 2.31 | 4.77 | 8.6 | 14.3 | 7.11 | 4400 | 7800 | 0.18 |
| 06B | 9.252 | 10.24 | 6.35 | 5.72 | 3.28 | 8.53 | 13.5 | 23.8 | 8.26 | 8900 | 16900 | 0.40 |
| 08B | 12.7 | 13.92 | 8.51 | 7.75 | 4.45 | 11.30 | 17.0 | 31.0 | 11.81 | 17800 | 31100 | 0.70 |
| 08A | 12.7 | 14.38 | 7.92 | 7.85 | 3.98 | 11.17 | 17.8 | 32.3 | 12.07 | 13900 | 27800 | 0.6 |
| 10A | 15.875 | 18.11 | 10.16 | 9.40 | 5.09 | 13.84 | 21.8 | 39.9 | 15.09 | 21800 | 43600 | 1.0 |
| 12A | 19.05 | 22.78 | 11.91 | 12.57 | 5.96 | 17.75 | 26.9 | 49.8 | 18.10 | 31300 | 62600 | 1.5 |
| 16A | 25.4 | 29.29 | 15.88 | 15.75 | 7.94 | 22.60 | 33.5 | 62.7 | 24.13 | 55600 | 111200 | 2.6 |
| 20A | 31.75 | 35.76 | 19.05 | 18.90 | 9.54 | 27.45 | 41.1 | 77 | 30.17 | 87000 | 174000 | 3.8 |
| 24A | 38.10 | 45.44 | 22.23 | 25.22 | 11.11 | 35.45 | 50.8 | 96.3 | 36.20 | 125000 | 250000 | 5.6 |
| 28A | 44.45 | 48.87 | 25.4 | 25.22 | 12.71 | 37.18 | 54.9 | 103.6 | 42.23 | 170000 | 340000 | 7.5 |
| 32A | 50.8 | 58.55 | 28.58 | 31.55 | 14.29 | 45.21 | 65.5 | 124.2 | 48.26 | 223000 | 446000 | 10.1 |
| 40A | 63.5 | 71.55 | 39.68 | 37.85 | 19.85 | 54.94 | 80.3 | 151.9 | 60.33 | 347000 | 694000 | 16.1 |
| 48A | 76.2 | 87.83 | 47.63 | 47.35 | 23.81 | 67.81 | 95.5 | 183.4 | 72.39 | 500000 | 1000000 | 22.6 |

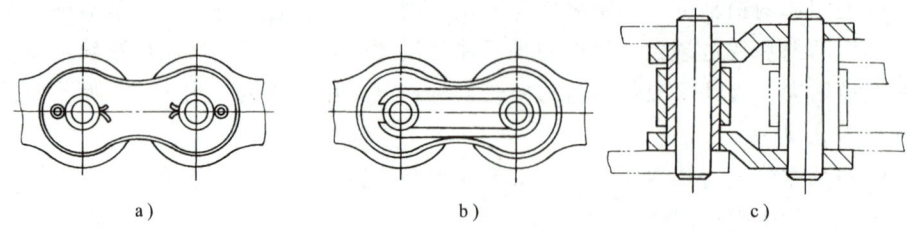

图 10-23　滚子链的接头形式

滚子链的接头形成如图 10-23 所示。当链条的链节数为偶数时，联接方式采用可拆卸的外链板联接，接头处用开口销或弹簧卡固定（图 10-23a、b）；当链条的链节数为奇数时，须采用过渡链节（图 10-23c）。由于过渡链板是弯的，承载后其承受附加弯矩，所以链节数尽量不用奇数。

## 二、滚子链链轮的结构

滚子链链轮是链传动的主要零件。链轮齿形满足下列要求：①保证链条能平稳而顺利地进入和退出啮合；②受力均匀，不易脱链；③便于加工。

链轮的齿形有国家标准。GB/T 1243—2006 规定了滚子链链轮的端面齿槽形状，如图 10-24 所示。

由于链轮采用标准齿形，所以在链轮工作图上不必绘制其端面齿形，只需在图的右上角注明基本参数和"齿形按 GB/T 1243—2006 制造"字样即可。

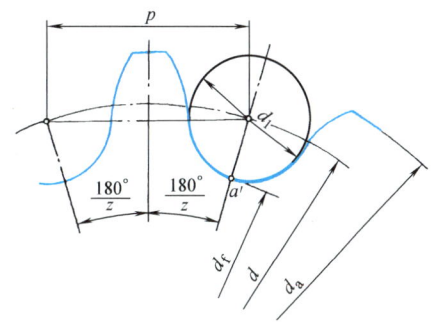

图 10-24 链轮端面齿形

链轮的主要尺寸及计算公式见表 10-13。链轮的轴向齿廓可查表 10-14。

表 10-13 滚子链链轮主要尺寸及计算公式　　　　　　　　　　　（单位：mm）

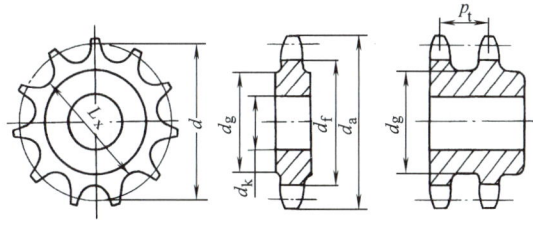

| 名　称 | 符号 | 公　　式 | 说　　明 |
|---|---|---|---|
| 分度圆直径 | $d$ | $d = p/\sin(180°/z)$ | |
| 齿顶圆直径 | $d_a$ | $d_{amax} = d + 1.25p - d_1$<br>$d_{amin} = d + (1 - 1.6/z)p - d_1$ | 可在 $d_{amax}$ 与 $d_{amin}$ 范围内选取，但当选择 $d_{amax}$ 时，应注意用展成法加工时，$d_a$ 要取整数；$d_i$ 为链轮齿沟圆弧直径，且 $d_{imin} = 1.1d_1$，$d_1$ 为滚子外径，查表 10-12 |
| 分度圆弦齿高 | $h_a$ | $h_{amax} = (0.625 + 0.8/z)p - 0.5d_1$<br>$h_{amin} = 0.5(p - d_1)$ | $h_a$ 是为简化放大齿形图的绘制而引入的辅助尺寸。$h_{amax}$ 相应于 $d_{amax}$，$h_{amin}$ 相应于 $d_{amin}$ |
| 齿根圆直径 | $d_f$ | $d_f = d - d_1$ | |
| 最大齿根距离 | $L_x$ | 奇数齿：$L_x = d\cos(90°/z) - d_1$<br>偶数齿：$L_x = d_f - d_1$ | |
| 最大齿侧凸缘（或排间槽）直径 | $d_g$ | $d_g < p\cot(180°/z) - 1.04h_2 - 0.76$ | $h_2$ 为内链板高度，$d_g$ 要取为整数 |

注：$d_K$ 为链轮的轴孔直径，根据轴的强度计算确定。

链轮的结构如图 10-25 所示，小直径链轮可制成实心式（图 10-25a），中等直径可制成辐板式（图 10-25b）和孔板式（图 10-25c），较大直径时可用焊接式结构（图 10-25d）或组合式结构（图 10-25e）。制图时链轮的相关结构尺寸确定可查设计手册。

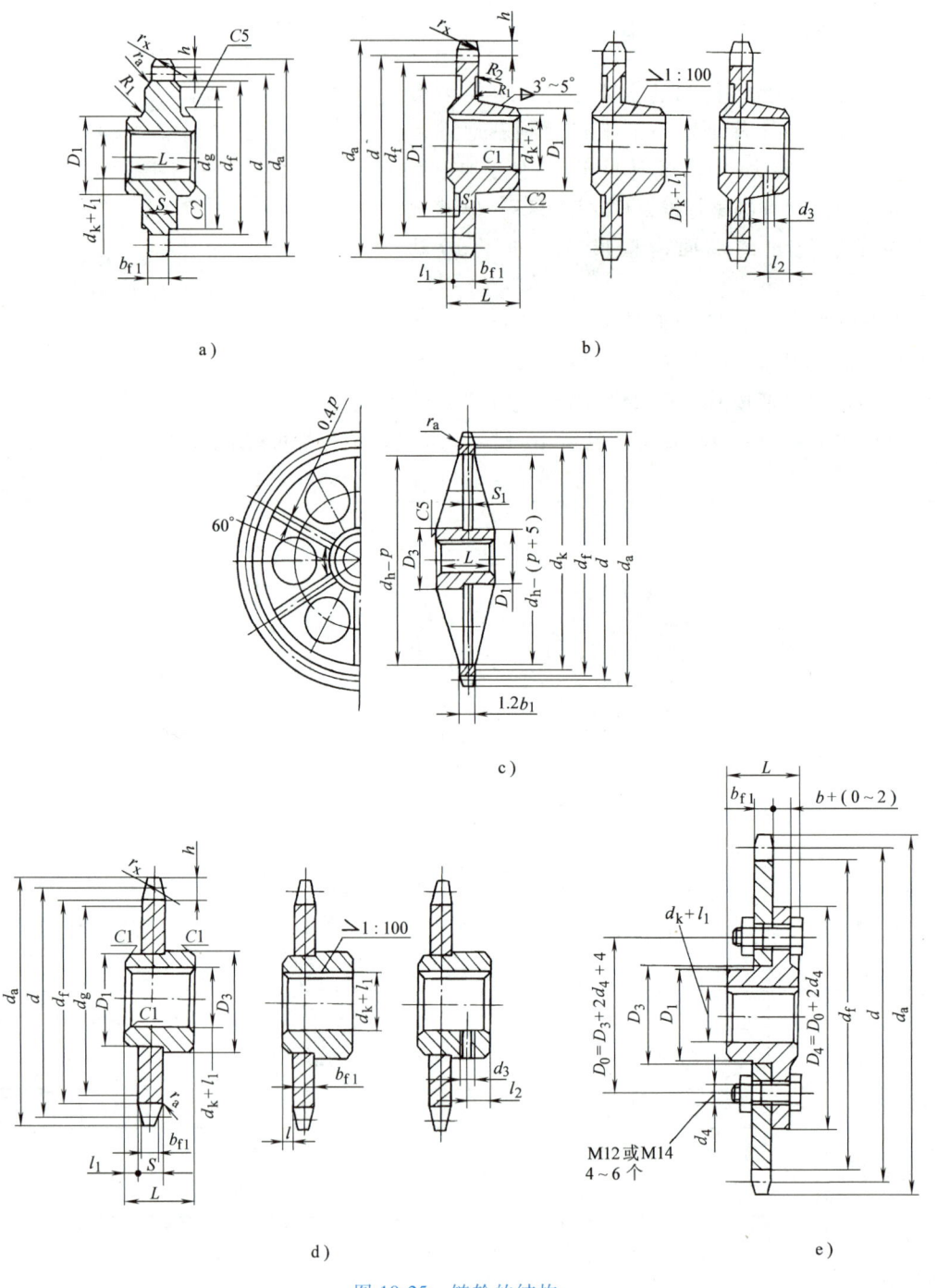

图 10-25 链轮的结构
a）实心式 b）辐板式 c）孔板式 d）焊接式 e）组合式

表 10-14　轴向齿廓（摘自 GB/T 1243—2006）　　　　　　　　　（单位：mm）

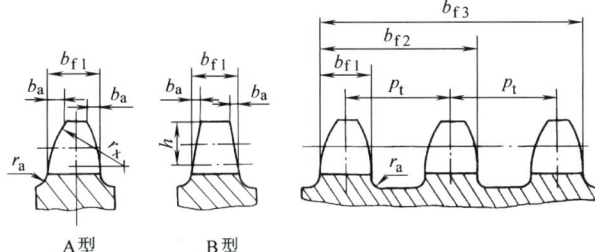

| 名　称 | | 计算公式 | |
|---|---|---|---|
| | | $p \leqslant 12.7$ | $p > 12.7$ |
| 齿宽 | 单排 | $0.93b_1$ | $0.95b_1$ |
| | 双排、三排 | $0.91b_1$ | $0.93b_1$ |
| | 四排以上 | $0.88b_1$ | $0.93b_1$ |
| 齿边倒角宽 $b_a$ | | 081，083，084，085 | 其他 |
| | | $b_a = 0.06p$ | $b_a = 0.13p$ |
| 齿侧半径 $r_x$ | | $r_x = p$ | |
| 倒角深 $h$ | | $h = 0.5p$ | |
| 齿侧凸缘（或排间槽）圆角半径 $r_a$ | | $r_a \approx 0.04p$ | |
| 链轮齿全宽 $b_{fm}$ | | $b_{fm} = (m-1)p_t + b_{f1}$（$m$ 为排数） | |

## ⊙知识延伸——滚子链传动的失效形式与设计准则

## 自 测 题 与 习 题

### （一）自 测 题

10-1　在普通 V 带的外表面上压印的标记"B　2240　GB/T 1171"中"2240"表示（　　）。

　　A. 基准长度　　　　　　　　　　B. 内周长度
　　C. 外周长度　　　　　　　　　　D. 内外周长度的平均值

10-2　普通 V 带的楔角是（　　）。
　　A. 34°　　　　B. 36°　　　　C. 38°　　　　D. 40°

10-3　V 带中，横剖面积最小的带的型号是（　　）。
　　A. A 型　　　　B. D 型　　　　C. Z 型　　　　D. E 型

10-4　实现减速传动的带传动中，带的最大应力发生在（　　）。
　　A. 进入主动轮处　　　　　　　　B. 退出主动轮处
　　C. 进入从动轮处　　　　　　　　D. 退出从动轮处

10-5 带传动工作时，主动带轮圆周速度 $v_1$、从动带轮圆周速度 $v_2$、带速 $v$ 之间的关系是（　　）。

　　A. $v_1=v=v_2$　　B. $v_1>v>v_2$　　C. $v_1<v<v_2$　　D. $v>v_1>v_2$

10-6 带传动的打滑现象首先发生在（　　）。

　　A. 小带轮上　　　　　　　　B. 大带轮上

　　C. 大、小带轮上同时开始　　D. 大、小带轮都可能

10-7 选择标准 V 带型号的主要依据是（　　）。

　　A. 传递功率和小带轮转速　　B. 计算功率和小带轮转速

　　C. 带的线速度　　　　　　　D. 带的圆周力

10-8 运输机的 V 带传动，采用 B 型胶带。已知两带轮的基准直径分别为 $d_{d1}=180\text{mm}$、$d_{d2}=250\text{mm}$，初定中心距 $a_0=550\text{mm}$，则带的基准长度 $L_d$ 应为（　　）。

　　A. 1800mm　　B. 2000mm　　C. 2240mm　　D. 2500mm

10-9 带传动的中心距取得过大，会导致（　　）。

　　A. 带的寿命缩短　　　　　B. 带在工作时颤动严重

　　C. 带的弹性滑动加剧　　　D. 带容易磨损

10-10 下列措施中，不能提高带传动传递功率能力的是（　　）。

　　A. 加大中心距　　　　　　B. 适当增加带的初拉力

　　C. 加大带轮直径　　　　　D. 增加带轮表面粗糙度

10-11 当带轮的最大圆周速度 $v\leq 25\text{m/s}$ 时，制造带轮的材料一般采用（　　）。

　　A. 灰铸铁　　B. 铸钢　　C. 优质碳素钢　　D. 合金钢

10-12 图 10-26 所示为四种 V 带在带轮轮槽的安装情况，安装正确的是（　　）。

A. a　　　　B. b　　　　C. c　　　　D. d

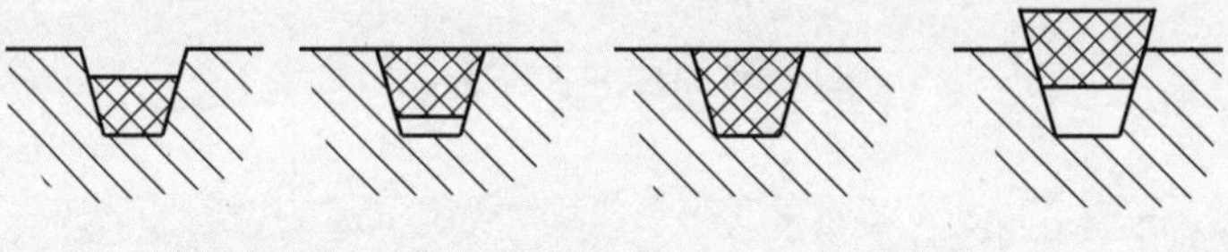

图 10-26　题 10-12 图

10-13 某机床的 V 带传动中有四根胶带，工作较长时间后，有一根产生疲劳撕裂而不能继续使用，正确更换的方法是（　　）。

　　A. 更换已撕裂的一根　　　B. 更换 2 根

　　C. 更换 3 根　　　　　　　D. 全部更换

10-14 链号为 12A 的滚子链，节距为（　　）。

　　A. 12mm　　B. 19.05mm　　C. 24mm　　D. 25.4mm

10-15 链轮齿沟圆直径 $d_i$ 大于滚子链滚子直径 $d_1$ 的原因是（　　）。

　　A. 便于链传动的装配　　　　B. 保证必要的润滑间隙

　　C. 为弥补滚子的制造误差　　D. 为保证链传动有必要的张紧余地

10-16 在滚子链中尽量避免使用过渡链节的主要原因是（　　）。

A. 过渡链节制造困难 B. 装配较困难
C. 要使用较长的销轴 D. 弯链板要受到附加弯矩

10-17 链条的链节总数宜选择（   ）。
A. 奇数 B. 偶数
C. 5 的倍数 D. 任意的奇、偶数

10-18 在同样功率的情况下，尽量选用小节距的链传动的原因是（   ）。
A. 便于安装 B. 制造费用低
C. 提高传动的平稳性 D. 结构紧凑

10-19 润滑良好的条件下，决定链传动能力的主要因素是（   ）。
A. 链板的疲劳强度 B. 销轴和套筒的抗胶合能力
C. 链条的静力强度 D. 滚子、套筒的冲击疲劳强度

10-20 当载荷较大时，采用节距较小的多排链传动，但一般不多于 4 排，其原因是（   ）。
A. 安装困难 B. 套筒或滚子会产生疲劳点蚀
C. 各排受力不均匀 D. 链板会产生疲劳断裂

## （二）习 题

10-21 试设计一普通 V 带传动，主动轮转速 $n_1 = 960$ r/min，从动轮转速 $n_2 = 320$ r/min，查图 10-12，带型为 A 型，电动机功率 $P = 4$ kW，两班制工作，载荷平稳。

10-22 已知一普通 V 带传动，主动轮基准直径 $d_{d1} = 250$ mm，从动轮基准直径 $d_{d2} = 900$ mm，$n_1 = 1440$ r/min，V 带型为 C 型，$L_d = 4000$ mm，电动机为空载起动，工作时载荷变动较小，三班制工作，试计算该 V 带传动所能传递的功率及其作用在轴上的力。

# 第十一章

# 联 接

> **教学要求**
>
> ● **知识要素**
> 1. 螺纹联接的类型、预紧和防松。
> 2. 螺纹联接工作能力分析，螺栓组联接结构设计。
> 3. 键、花键、销联接的类型与应用场合。
> 4. 平键联接尺寸选择和强度计算。
> 5. 其他联接方式简介。
>
> ● **能力要求**
> 1. 能根据工作要求选择合适的联接方式。
> 2. 能合理选择螺纹联接的防松方式，正确预紧螺纹联接。
> 3. 能根据工作要求正确选择键联接、销联接和其他联接形式。
> 4. 能根据工作要求正确设计平键联接。
>
> ● **学习重点与难点**
> 1. 螺栓组联接结构设计。
> 2. 平键联接的设计计算。
>
> ● **知识延伸**
> 弹簧联接。

## 第一节 概　　述

由于使用、结构、制造、安装、运输和维修等方面的原因，机械中广泛使用各种联接。所谓联接，就是指被联接件与联接件的组合结构。起联接作用的零件，如螺栓、螺母、键以及铆钉等，称为联接件；需要联接起来的零件，如齿轮与轴等，称为被联接件。有些联接没有联接件，如成形联接等。

按组成联接件的两零件间相对位置是否变动，联接可分为静联接和动联接。相对位置不发生变动的联接，称为静联接，如减速器中箱体和箱盖的联接；相对位置要发生变动的联接，称为动联接，如变速器中滑移齿轮与轴的联接。

联接还可分为可拆联接和不可拆联接。可拆联接是指联接拆开时，不会损坏联接件和被联接件，如螺纹联接、键联接、花键联接、成形联接和销联接等。不可拆联接是指联接拆开时，要损坏联接件或被联接件，如铆接、焊接和粘接等。过盈配合介于可拆联接与不可拆联接之间，一般用做不可拆联接，这是因为过盈量稍大时，拆卸后配合面受损，虽还能使用，但承载能力将大大下降。过盈量小时，该联接可多次使用，比如滚动轴承内圈与轴的配合。

由于大多数机器的失效破坏出现在联接处，故应对联接设计给予高度重视。设计时，应充分考虑强度、刚度、结构和经济性等基本问题。

## 第二节 螺纹联接

螺纹联接是利用螺纹零件构成的可拆联接，其结构简单、装拆方便、成本低，广泛用于各类机械设备中。

联接螺纹采用自锁性好的普通螺纹。最常用的普通螺纹，牙型角 $\alpha = 60°$，根据螺距不同有粗牙和细牙之分。一般联接采用粗牙螺纹，因细牙螺纹经常拆装容易产生滑牙。但细牙螺纹螺距小，小径和中径较大，升角小，自锁性好，所以细牙螺纹多用于强度要求较高的薄壁零件或受变载、冲击及振动的联接中。例如，轴上零件固定用的圆螺母就是细牙螺纹。

### 一、螺纹联接类型、结构尺寸及应用场合

螺纹联接的主要类型有螺栓联接、双头螺柱联接、螺钉联接以及紧定螺钉联接。它们的结构尺寸、特点及应用，参看表11-1。

### 二、标准螺纹联接件

螺纹联接件的类型很多，其中常用的有螺栓、螺钉、双头螺柱、螺母、垫圈等，这些零件的结构型式和尺寸均已标准化。其公称尺寸均为螺纹大径，设计时，可根据公称尺寸的大小在相应的标准或机械设计手册中查出其他尺寸。

表 11-1 螺纹联接类型、结构尺寸、特点及应用

| 类型 | 构造 | 主要尺寸关系 | 特点、应用 |
|---|---|---|---|
| 螺栓联接 | 普通螺栓联接 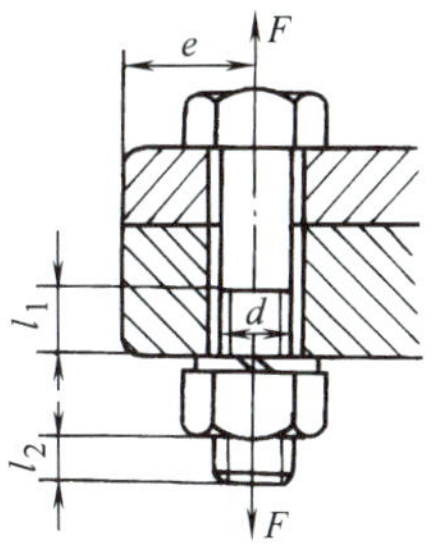 | 螺纹余留长度 $l_1$<br>普通螺栓联接<br>静载荷 $l_1 \geq (0.3 \sim 0.5)d$<br>变载荷 $l_1 \geq 0.75d$<br>冲击、弯曲载荷 $l_1 \geq d$<br>铰制孔用螺栓联接 $l_1$ 尽可能小<br>螺纹伸出长度 $l_2 \approx (0.2 \sim 0.3)d$<br>螺栓轴线到被联接件边缘的距离<br>$e = d + (3 \sim 6 mm)$ | 被联接件都不切制螺纹，使用不受被联接件材料的限制。构造简单，装拆方便，成本低，应用最广<br>用于通孔，能从被联接件两边进行装配的场合 |
| | 铰制孔用螺栓联接 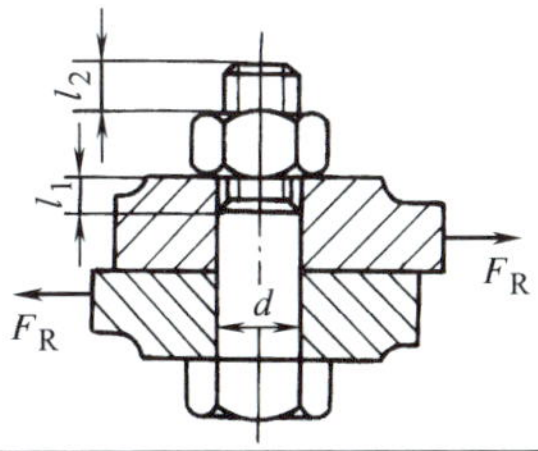 | | 铰制孔用螺栓联接，螺栓杆与孔之间紧密配合，有良好的承受横向载荷的能力和定位作用 |

(续)

| 类型 | 构造 | 主要尺寸关系 | 特点、应用 |
|---|---|---|---|
| 双头螺柱联接 | 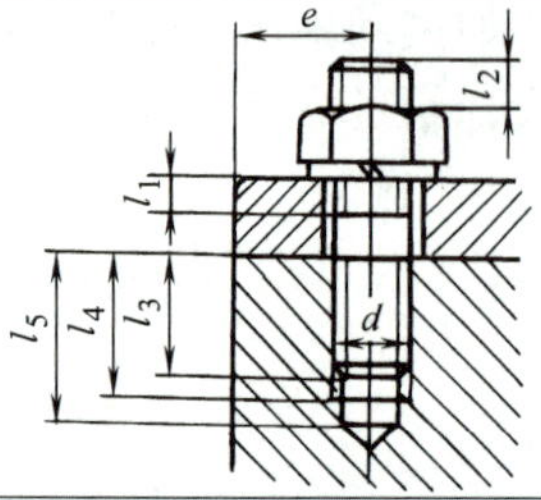 | 螺纹旋入深度 $l_3$，当螺纹孔零件为：<br>钢或青铜 $l_3 \approx d$<br>铸铁 $l_3 \approx (1.25 \sim 1.5)d$<br>合金 $l_3 \approx (1.5 \sim 2.5)d$<br>螺纹孔深度 $l_4 \approx l_3 + (2 \sim 2.5)P$<br>钻孔深度 $l_5 \approx l_4 + (0.5 \sim 1)d$<br>$l_1$、$l_2$、$e$ 同螺栓联接 | 双头螺柱的两端都有螺纹，其一端紧固地旋入被联接件之一的螺纹孔内，另一端与螺母旋合而将两被联接件联接<br>用于不能用螺栓联接且又需经常拆卸的场合 |
| 螺钉联接 | 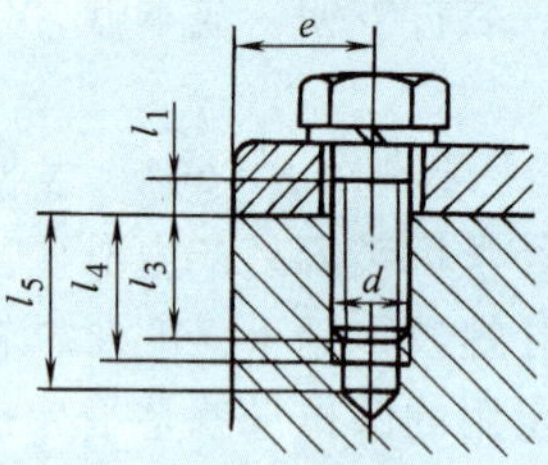 | $l_1$、$l_3$、$l_4$、$l_5$、$e$ 同双头螺柱联接 | 不用螺母，而且能有光整的外露表面，应用与双头螺柱相似，但不宜用于经常拆卸的联接，以免损坏被联接件的螺纹孔 |
| 紧定螺钉联接 | 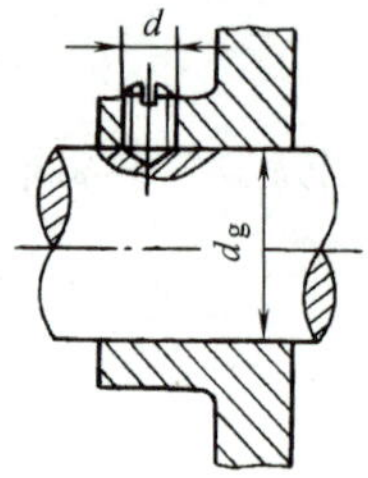 | $d \approx (0.2 \sim 0.3)d_g$<br>转矩大时取大值 | 旋入被联接件之一的螺纹孔中，其末端顶住另一被联接件的表面或顶入相应的坑中，以固定两个零件的相互位置，并可传递不大的转矩 |

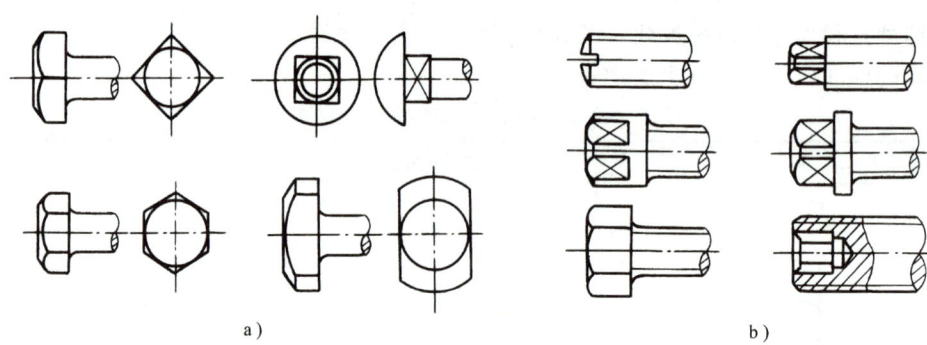

图 11-1 螺栓、螺钉头部形状

a) 螺栓头部形状 b) 螺钉头部形状

各种螺纹联接件的结构多种多样，图 11-1、图 11-2 所示分别为螺栓、螺钉头部和尾部形状。六角头的螺栓、螺母和螺钉所需扳手空间小，因此应用最广泛；方头的螺栓、螺母和螺钉所需扳手空间大，但能承受较大的扳手力矩；小六角头或内六角头的螺栓、螺母和螺钉可节省扳手空间和减轻机器重量。在紧定螺钉中，用于一般固定时，可选凹端紧定螺钉；为了保证定位和传递较大的转矩，应选尾部形状为锥端的；既要经常调整又要承

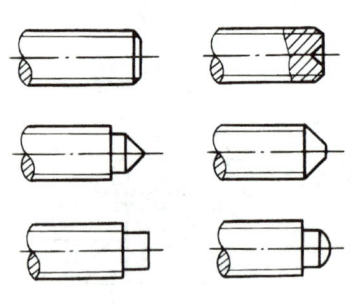

图 11-2 螺钉尾部形状

受较大的载荷时，可采用尾部形状为平端的。设计时应结合实际合理选用。

### 三、螺纹联接的预紧和防松

#### （一）螺纹联接的预紧

生产实际中，绝大多数螺栓联接都是紧螺栓联接，即在装配时必须拧紧螺母，使螺纹联接在承受工作载荷前就受到预紧力的作用。螺纹联接预紧的目的是增加联接的刚度、紧密性和提高防松能力。一般螺栓联接的预紧力规定为

合金钢螺栓　　　　　　　　$F' \leq (0.5 \sim 0.6) \sigma_s A_1$

碳素钢螺栓　　　　　　　　$F' \leq (0.6 \sim 0.7) \sigma_s A_1$

式中，$\sigma_s$ 为螺栓材料的屈服强度（MPa）；$A_1$ 为螺杆最小横截面（按螺纹小径计算）的面积（$mm^2$）。

对一般螺纹联接，可凭经验控制；对重要螺纹联接，通常借助测力矩扳手或定矩扳手来控制其大小。对于 M10～M68mm 的粗牙普通螺纹，拧紧力矩 $T$（N·mm）的经验公式为

$$T \approx 0.2 F' d$$

式中，$F'$ 为预紧力（N）；$d$ 为螺纹公称直径（mm）。

由于摩擦因数不稳定和加在扳手上的力难以准确控制，有时可能拧得过紧而使螺杆拧断，因此在重要的联接中如果不能严格控制预紧力的大小，不宜使用直径小于 12mm 的螺栓。

#### （二）螺纹联接的防松

在静载荷和温度不变的情况下，联接螺纹能满足自锁条件，因为标准的联接螺纹升角为 1.5°～3.5°，小于当量摩擦角 8°，同时螺母和螺栓头等支承面处的摩擦力也有防松作用。因此，螺纹联接一般不会自动松脱。但在冲击、振动、变载或温度变化很大时，螺纹副间的摩擦阻力就会出现瞬时消失或减小的现象。这种现象多次出现，联接就会松开，导致机器不能正常工作或发生严重事故。因此，在设计螺纹联接时，必须考虑防松措施。

防松的实质就是防止螺纹副的相对转动。防松的措施很多，按工作原理可分为摩擦力防松、机械方法防松和破坏螺纹副关系防松三类。

##### 1. 摩擦力防松

这种防松方法是设法使螺纹副间产生附加的摩擦力，即使螺杆上的轴向外载荷减小，甚至消失，螺纹副间的正压力（附加摩擦力）依然存在。这种正压力可以通过螺纹副沿轴向或径向张紧来产生。

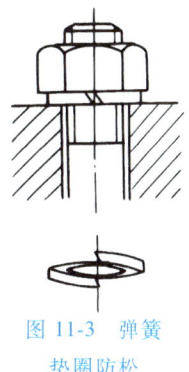

图 11-3　弹簧垫圈防松

1) 弹簧垫圈防松。如图 11-3 所示，它是靠拧紧螺母时，垫圈被压平后产生的弹性反力使螺纹副轴向张紧，从而达到防松目的。应当指出，垫圈的斜口尖端顶住螺母及被联接件的支承面，也有防松作用。这种方法结构简单、使用方便。但在冲击、振动很大的情况下，防松效果不是十分可靠，一般用于不太重要的联接。

2) 双螺母防松。如图 11-4 所示，两个螺母对顶拧紧，螺杆旋合段受拉而螺母受压，使螺纹副轴向张紧，从而达到防松目的。这种防松方法用于平稳、低速和重载的联接。其缺点是在载荷剧烈变化时不是十分可靠，而且螺杆增长，螺母增多，结构尺寸变大。

3）自锁螺母防松。如图 11-5 所示，螺母一端制成非圆形收口或开缝后径向收口。当螺母拧紧后，收口胀开，利用收口的弹力使螺纹副径向张紧，达到防松目的。这种防松方法结构简单，防松可靠，多次拆装也不降低防松能力。

图 11-4　双螺母防松　　　　　　　　　　图 11-5　自锁螺母防松

4）双头螺柱拧入端的紧定，多采用摩擦力防松的方法，图 11-6 所示是常用的三种形式。其中图 11-6a 利用螺纹的收尾部分（不完全螺纹）挤入螺纹孔中而构成局部径向张紧；图 11-6b 利用过盈配合螺纹而构成沿旋合全长的径向张紧；图 11-6c 利用螺杆端部抵紧螺纹孔底面构成轴向张紧。第一种比较简单，后两种比较可靠。

### 2. 机械方法防松

机械方法防松是利用便于更换的防松元件，直接防止螺纹副的相对运动，常用的有以下几种：

1）开口销防松。如图 11-7 所示，螺母拧紧后，把开口销插入螺母槽与螺栓尾部孔内，并将开口销尾部扳开，阻止了螺母与螺栓的相对转动。此方法防松可靠，但安装困难，且不经济，故只用于冲击、振动较大的重要联接。

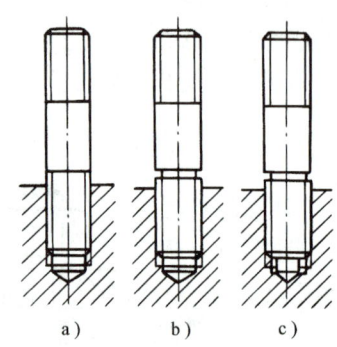
图 11-6　双头螺柱拧入端紧定法

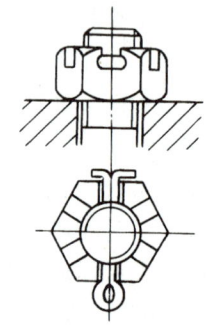
图 11-7　开口销防松

2）止动垫圈防松。如图 11-8a 所示，圆螺母用止动垫圈，安装时把内舌插入轴上预制的槽中，并把外舌之一弯入圆螺母的缺口中，此方法防松可靠，适用于轴上螺纹的防松。图 11-8b 所示为双耳式止动垫圈，垫圈的一边弯起贴在螺母的侧面上，另一边弯起贴在被联接件的侧壁上，以防止螺母松脱。此方法经济可靠，但需有容纳弯耳之处。

3）串联钢丝防松。如图 11-9 所示，将钢丝穿入各螺钉头部的孔内，使其相互制约，达到防松的目的。此方法防松可靠，但装拆不便，特别要注意钢丝的穿绕方向，仅适用于螺钉组的联接。

3. **破坏螺纹副关系防松**

如果联接不需拆开，可把螺纹副转化为非运动副，从而排除相对运动的可能，这是以破坏螺纹副关系来达到防松目的。如图 11-10 所示，常用的方法有：

1）冲点法。螺母拧紧后，利用冲头在螺栓尾部与螺母旋合的末端冲 2～3 点，这种方法防松可靠，适合不拆卸的联接。

2）焊接法。将螺母与螺栓焊在一起，防松可靠，不能拆卸。

3）粘接法。用黏结剂涂于螺纹旋合表面，拧紧螺母待黏结剂固化，即将螺栓与螺母粘在一起。这种方法简单有效，并能保证密封；不过，时间长了其防松能力就差了，须拆开重新涂黏结剂装配。

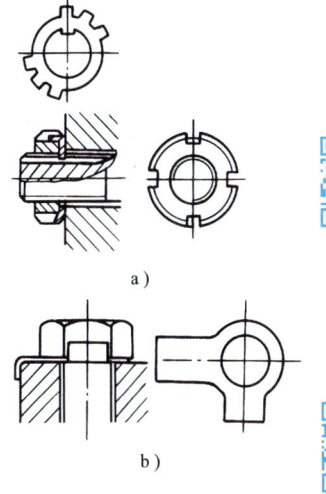

图 11-8 止动垫圈防松
a）圆螺母用 b）双耳式

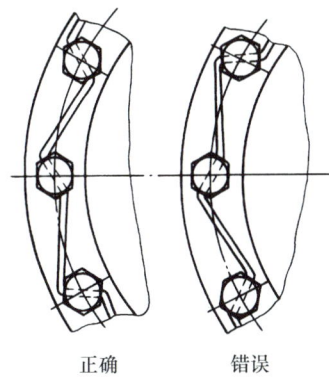

图 11-9 串联钢丝防松

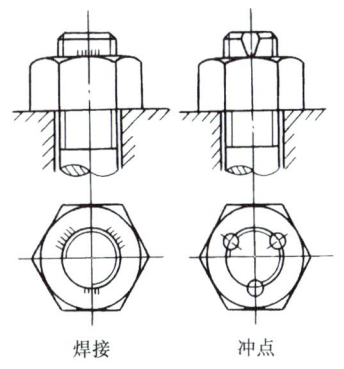

图 11-10 破坏螺纹副关系防松

## 四、工作能力分析

由于螺纹联接件是标准件，其工作能力分析，主要是螺栓的受力及强度计算。强度计算主要是确定或验算最危险截面的尺寸（一般是螺纹的小径），其他尺寸按标准选，因为制订标准时已考虑了各部分的强度要求。

（一）**工作情况分析**

对于重要的工作场合，可根据螺栓联接的具体工作情况，在表 11-2 中选取相应强度公式进行计算。

（二）**螺纹联接件常用材料及许用应力**

1. **螺纹联接件常用材料**

一般螺纹联接件为 Q215、Q235、35 和 45 钢；对于重要的或有特殊要求的联接件，可采用 15Cr、40Cr、15MnVB、30CrMnSi 等力学性能高的合金钢。联接件常用材料力学性能见表 11-3。

表 11-2　螺纹联接的工作情况分析

| 图　　例 | 预紧及特点 | 联接受载方向 | 螺栓受载情况 | 强度计算公式 |
|---|---|---|---|---|
| (图：松联接吊钩) | 松联接：螺栓和孔间有间隙，应用较少。不预紧 | 轴向 | 不受预紧力，工作时受轴向静载荷 $F$，螺栓杆受拉 | $\sigma = \dfrac{4F}{\pi d_1^2} \leq [\sigma]$　(11-1)<br>$F$—轴向作用力(N)<br>$d_1$—螺纹小径(mm)<br>$[\sigma]$—许用拉应力(MPa)<br>　$[\sigma] = \sigma_s/(1.2 \sim 1.7)$<br>$\sigma_s$—螺栓屈服强度(MPa)，查表 11-3 |
| (图：横向受载紧联接) | 紧联接：螺栓和孔间有间隙，应用较多。要预紧 | 横向 | 受预紧力：工作时螺栓杆受拉，轴向拉力为 $F'$。由联接件结合面的摩擦力传递横向载荷 $F_R$ | (由摩擦力平衡横向载荷)<br>$znF'\mu \geq CF_R$<br>所以 $F' \geq CF_R/(zn\mu)$<br>$z$—螺栓数目<br>$F_R$—横向载荷(N)<br>$\mu$—结合面摩擦因数<br>$n$—结合面数<br>$F'$—预紧力(N)<br>$C$—可靠性系数，一般为 1.1~1.3<br>$\sigma = \dfrac{5.2F'}{\pi d_1^2} \leq [\sigma]$　(11-2)<br>许用拉应力 $[\sigma] = \sigma_s/S$<br>$\sigma_s$—螺栓屈服强度(MPa)，查表 11-3<br>$S$—安全系数，查表 11-4 |
| (图：压力容器螺栓) | 紧联接：螺栓和孔间有间隙，应用较多。要预紧 | 轴向 | 同时受预紧力和 $F$；螺栓杆受拉，其轴向总载荷用 $F_\Sigma$ 表示 | $F_\Sigma = KF$<br>$F$—工作轴向力(N)<br>$K$—被联接件的紧固系数<br>　$K = 2.5 \sim 2.8$，要求紧固<br>　$K = 1.6 \sim 2$，要求紧固，动载荷<br>　$K = 1.2 \sim 1.6$，要求紧固，静载荷<br>$\sigma = \dfrac{5.2F_\Sigma}{\pi d_1^2} \leq [\sigma]$　(11-3)<br>许用拉应力 $[\sigma] = \sigma_s/S$<br>$F_\Sigma$—轴向总载荷(N)<br>$\sigma_s$—螺栓屈服强度(MPa)，查表 11-3<br>$S$—安全系数，查表 11-4 |
| (图：铰制孔螺栓) | 螺栓杆和铰制孔采用基孔制过渡配合，理论上是松联接，实际上要拧紧 | 横向 | 工作时受横向载荷 $F_R$，螺栓杆受剪切和挤压 | $\tau = \dfrac{4F_R}{n\pi d_0^2} \leq [\tau]$　(11-4)<br>$[\tau]$—许用切应力(MPa)<br>$n$—受剪面数<br>$d_0$—螺栓受剪直径(mm)<br>$\sigma_p = \dfrac{F_R}{d_0 \delta} \leq [\sigma_p]$　(11-5)<br>$[\sigma_p]$—许用挤压应力(MPa)查表 11-5<br>$\delta$—挤压面积最小的厚度(mm) |

表 11-3  螺纹联接件常用材料力学性能

| 钢 号 | 抗拉强度 $\sigma_b$/MPa | 屈服强度 $\sigma_s$/MPa | 疲劳极限/MPa | |
|---|---|---|---|---|
| | | | 弯曲 $\sigma_{-1}$ | 抗拉 $\sigma_{-1\tau}$ |
| Q215 | 340~420 | 220 | | |
| Q235 | 410~470 | 240 | 170~220 | 120~160 |
| 35 | 540 | 320 | 220~300 | 170~220 |
| 45 | 610 | 360 | 250~340 | 190~250 |
| 40Cr | 750~1000 | 650~900 | 320~440 | 240~340 |

**2. 螺纹联接许用应力**

螺纹联接许用应力与联接是否拧紧、是否控制预紧力、受力性质（静载荷、动载荷）和材料等有关。

紧螺栓联接的许用应力  $$[\sigma]=\sigma_s/S \qquad (11-6)$$

式中，$\sigma_s$ 为屈服强度（MPa），见表 11-3；$S$ 为安全系数，见表 11-4。

表 11-4  受拉紧联接螺栓联接的安全系数 $S$

| 控制预紧力 | 1.2~1.5 | | | | | |
|---|---|---|---|---|---|---|
| 不控制预紧力 | 材料 | 静载荷 | | | 动载荷 | |
| | | M6~M16 | M16~M30 | M30~M60 | M6~M16 | M16~M30 |
| | 碳钢 | 4~3 | 3~2 | 2~1.3 | 10~6.5 | 6.5 |
| | 合金钢 | 5~4 | 4~2.5 | 2.5 | 7.5~5 | 5 |

铰制孔用螺栓的许用应力由被联接件的材料决定，其值见表 11-5。

表 11-5  铰制孔用螺栓的许用应力

| | 被联接件材料 | 剪 切 | | 挤 压 | |
|---|---|---|---|---|---|
| | | 许用应力 | $S$ | 许用应力 | $S$ |
| 静载荷 | 钢 | $[\tau]=\sigma_s/S$ | 2.5 | $[\sigma_p]=\sigma_s/S$ | 1.25 |
| | 铸铁 | | | $[\sigma_p]=\sigma_b/S$ | 2~2.5 |
| 动载荷 | 钢、铸铁 | $[\tau]=\sigma_s/S$ | 3.5~5 | $[\sigma_p]$ 按静载荷取值的 70%~80% 计 | |

**例 11-1**  试确定一压力容器盖的螺栓直径（见表 11-2 中带 * 的图）。已知气缸直径 $D=280\text{mm}$，气缸压力 $p=0~0.8\text{MPa}$，螺栓数 $z=10$，缸盖厚度为 20mm，装配时不控制预紧力。

**解**  1）单个螺栓承受的工作载荷 $F$

$$F=\frac{\pi D^2}{4z}p=\left(\frac{\pi \times 280^2}{4\times 10}\times 0.8\right)\text{N}=4926\text{N}$$

2）单个螺栓承受的总工作载荷 $F_\Sigma$。由于压力容器有紧密性要求，由表 11-2 中选取 $K=2.5$，故总工作载荷为

$$F_\Sigma=KF=2.5\times 4926\text{N}=12315\text{N}$$

3）选择螺栓材料，确定螺栓直径 $d$。选择螺栓材料为 45 钢，由表 11-3，$\sigma_s=360\text{MPa}$；初步选择螺栓直径 $d=16\text{mm}$，由表 11-4 取安全因数 $S=3$；许用拉应力 $[\sigma]=\sigma_s/S=(360/3)\text{MPa}=120\text{MPa}$。

由表 11-2、式（11-3）可知

$$d_1 \geqslant \sqrt{\frac{5.2 \times F_\Sigma}{\pi \times [\sigma]}} = \sqrt{\frac{5.2 \times 12315}{\pi \times 120}} \text{mm} = 13.03 \text{mm}$$

查螺纹标准可知，取螺栓直径 $d = 16$mm 合适。

### 五、螺纹联接结构设计要点

机器设备中螺栓联接一般都是成组使用的，如何尽可能地使各个螺栓接近均匀地承担载荷，是设计、安装螺栓联接时要解决的主要问题。因此，合理布置同组内各个螺栓的位置是十分重要的。在结构设计时，应考虑以下几方面的问题：

1) 螺栓组的布置应尽可能对称，以使结合面受力比较均匀。一般都将结合面设计成对称的简单几何形状，并应使螺栓组的对称中心与结合面的形心重合，如图 11-11 所示。

2) 当螺栓联接承受弯矩和转矩时，还须将螺栓尽可能地布置在靠近结合面边缘的地方，以减少螺栓中的载荷。如果普通螺栓联接受到较大的横向载荷，则可用套筒、键、销等零件来分担横向载荷，以减小螺栓的预紧力和结构尺寸，如图 11-12 所示。

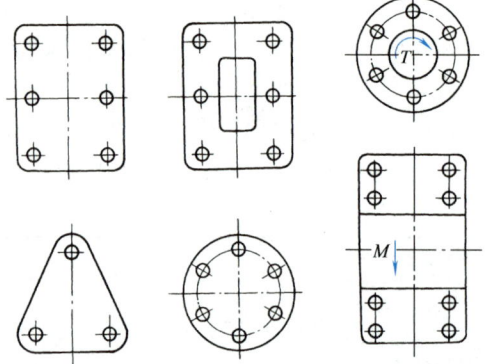

图 11-11 螺栓组的布置

3) 分布在同一圆周上的螺栓数，应取为 3、4、6、8 等易于等分的数目，以便于加工。

4) 在一般情况下，为了安装方便，同一组螺栓中不论其受力大小，均采用同样的材料和尺寸（螺栓直径、长度）。

5) 螺栓布置要有合理的距离。在布置螺栓时，螺栓中心线与机体壁之间、螺栓相互之间的距离，要根据扳手活动所需的空间大小来决定，如图 11-13 所示。扳手空间的尺寸可查有关手册。

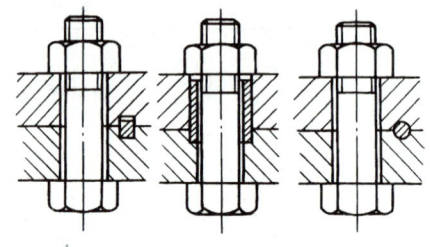

图 11-12 减载装置

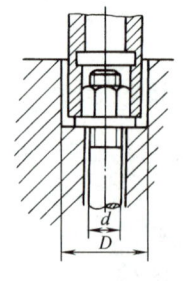 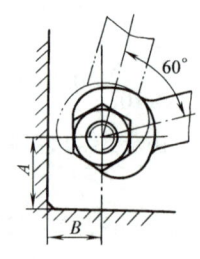 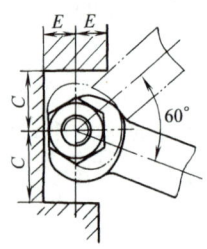

图 11-13 扳手空间

6）避免承受附加弯曲应力。引起附加弯曲应力的因素很多，除制造、安装上的误差及被联接件的变形等因素外，螺栓、螺母支承面不平或倾斜，都可能引起附加弯曲应力。支承面应为加工面，为了减少加工面，常将支承面做成凸台、凹坑。为了适应特殊的支承面（倾斜的支承面、球面），可采用斜垫圈、球面垫圈等方法，如图 11-14 所示。

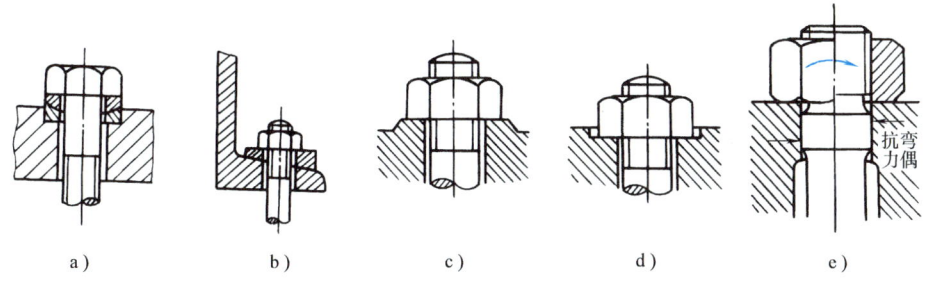

图 11-14 避免承受附加弯曲应力的措施

## 第三节 键和花键联接

键和花键联接主要用于轴与轴上零件（比如齿轮、带轮）的周向固定并传递转矩，其中有些还可以实现轴上零件的轴向固定。

### 一、键联接的类型、特点及应用

#### （一）平键联接

图 11-15 所示为普通平键，它的两侧面为工作面，工作时依靠键的侧面与键槽接触传递转矩；而它的上面与键槽底之间有间隙。这种键联接对中性好，结构简单，拆装方便，因此应用最为广泛。但这种键联接对轴上零件无轴向固定作用，零件的轴向固定需其他件来完成。它按用途不同可分为普通平键、导向平键和滑键。

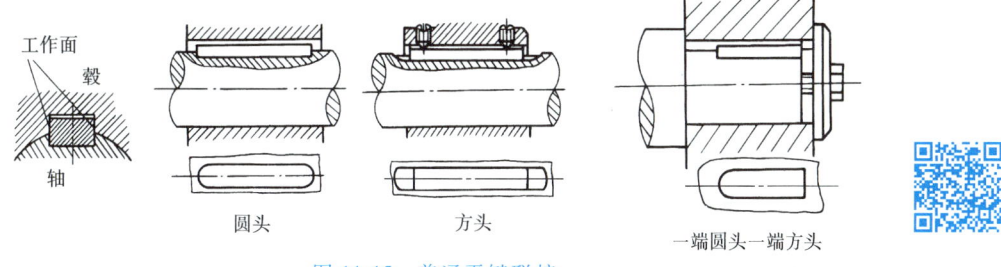

图 11-15 普通平键联接

**1. 普通平键**

普通平键用于静联接，即轮毂与轴之间无相对移动的联接。按键的结构可分为 A 型（圆头）、B 型（方头）、C 型（半圆头）三类。平键联接尺寸标准参见表 11-6。

如图 11-16 所示，使用圆头平键时，轴上键槽是用指状铣刀加工的，键放置于与之形状相同的键槽中，因此键的轴向固定好，应用最广泛，但键槽对轴的应力集中较大。使用方头平键时，轴上键槽用圆盘铣刀加工，因而避免了圆头平键的缺点，但键在键槽中的固定不好，常用螺钉紧定。半圆头平键常用于轴端与轴上零件的联接。不论采用哪类键联接，由于轮毂上的键槽是用插刀或拉刀加工的，因此都是开通的。

表 11-6　平键联接尺寸（摘自 GB/T 1095、1096—2003）　　　（单位：mm）

| 轴 | 键 | 键 槽 | | | | | | | | | | |
|---|---|---|---|---|---|---|---|---|---|---|---|---|
| | | 宽度 $b$ | | | | | | 深 度 | | | | 半径 $r$ |
| | | | 极 限 偏 差 | | | | | | | | | |
| 基本尺寸 $d$ | 基本尺寸 $b\times h$ | 基本尺寸 $b$ | 较松联接 | | 正常联接 | | 紧密联接 | 轴 $t_1$ | | 毂 $t_2$ | | |
| | | | 轴 H9 | 毂 D10 | 轴 N9 | 毂 JS9 | 轴和毂 P9 | 基本尺寸 | 极限偏差 | 基本尺寸 | 极限偏差 | 最小　最大 |
| >17~22 | 6×6 | 6 | +0.030　0 | +0.078　+0.030 | 0　−0.030 | ±0.015 | −0.012　−0.042 | 3.5 | +0.1　0 | 2.8 | +0.1　0 | 0.16　0.25 |
| >22~30 | 8×7 | 8 | +0.036　0 | +0.098　+0.040 | 0　−0.036 | ±0.018 | −0.015　−0.051 | 4.0 | | 3.3 | | |
| >30~38 | 10×8 | 10 | | | | | | 5.0 | | 3.3 | | |
| >38~44 | 12×8 | 12 | +0.043　0 | +0.120　+0.050 | 0　−0.043 | ±0.0215 | −0.018　−0.061 | 5.0 | +0.2　0 | 3.3 | +0.2　0 | 0.25　0.40 |
| >44~50 | 14×9 | 14 | | | | | | 5.5 | | 3.8 | | |
| >50~58 | 16×10 | 16 | | | | | | 6.0 | | 4.3 | | |
| >58~65 | 18×11 | 18 | | | | | | 7.0 | | 4.4 | | |
| >65~75 | 20×12 | 20 | +0.052　0 | +0.149　+0.065 | 0　−0.052 | ±0.026 | −0.022　−0.074 | 7.5 | | 4.9 | | 0.40　0.60 |
| >75~85 | 22×14 | 22 | | | | | | 9.0 | | 5.4 | | |
| 键的长度系列 | 14,16,18,20,22,25,28,32,36,40,45,50,56,63,70,80,90,100,110,125,140,160,180,200,220,250 | | | | | | | | | | | |

注：1. 在工作图中，轴槽深用 $t_1$ 或 $d-t_1$ 标注，轮毂槽深用 $d+t_2$ 标注。
　　2. $d-t_1$ 和 $d+t_2$ 两组组合尺寸的极限偏差按相应的 $t_1$ 和 $t_2$ 的极限偏差选取，但 $d-t_1$ 的极限偏差应取负值。
　　3. 在 2003 年的标准中，轴的基本尺寸 $d$ 已取消，这里给出的值只作为参考。

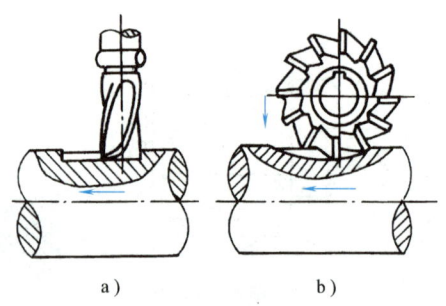

图 11-16　键槽加工

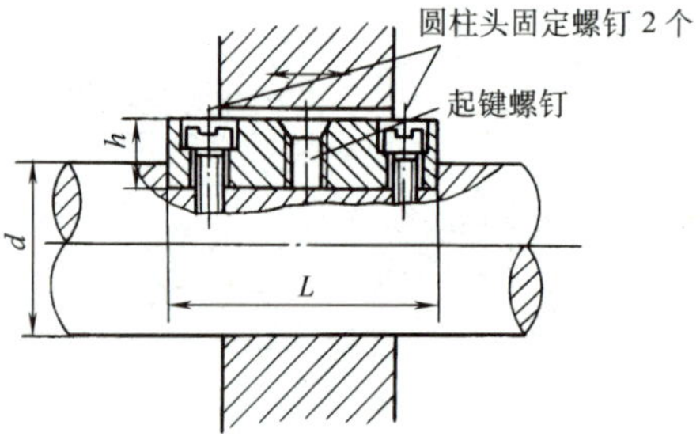

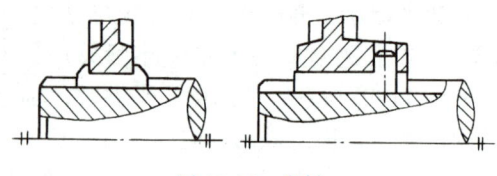

图 11-17　导向平键

### 2. 导向平键和滑键

用于动联接，即轮毂与轴之间有轴向相对移动的联接。如图 11-17 所示，导向平键是一种较长的平键，用螺钉固定在轴槽中，轮毂可沿键做轴向滑移。当轴上零件滑移距离较大时，宜采用滑键，因为滑移距离较大

图 11-18　滑键

时，用过长的平键，制造困难。滑键（图 11-18）固定在轮毂上，轮毂带动滑键在轴槽中做轴向移动，因而需要在轴上加工长的键槽。

### （二）半圆键联接

如图 11-19 所示，用半圆键联接时，轴上键槽用半径与键相同的盘状铣刀铣出，因而键在槽中能摆动，以适应轮毂键槽的斜度。

半圆键用于静联接，键的侧面为工作面。这种联接的优点是工艺性较好，缺点是轴上键槽较深，对轴的强度削弱较大，故主要用于轻载荷和锥形轴端的联接。

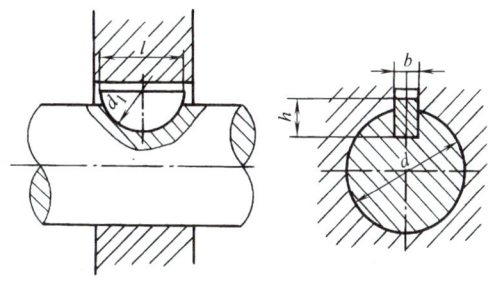

图 11-19　半圆键联接

### （三）楔键联接

楔键联接只用于静联接，如图 11-20 所示，楔键的上表面和轮毂槽底面均具有 1∶100 的斜度。装配后，键的上、下表面与毂和轴上键槽的底面压紧，因此键的上、下表面为工作面。工作时，靠键与轮毂、轴之间的摩擦力传递转矩；也可以承受单方向的轴向力。这类键由于装配楔紧时破坏了轴与轮毂的对中性，因此主要用于定心精度要求不高、载荷平稳、速度较低的场合，比如某些农业、建筑机械等。

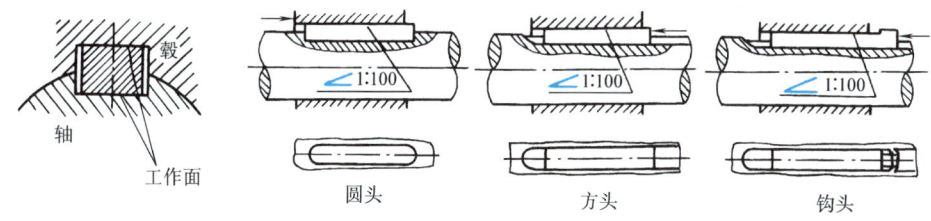

图 11-20　楔键联接

楔键分为普通楔键和钩头型楔键，普通楔键又分圆头和方头两类。钩头型楔键便于拆装，用在轴端时，为了安全，应加防护罩。

### （四）切向键联接

切向键联接只用于静联接。切向键的联接结构如图 11-21 所示，由两个普通的楔键组成。装配时，把两个键从轮毂的两端打入并楔紧，因此会影响到轴与轮毂的对中性；工作时，靠工作面的挤压和轴与

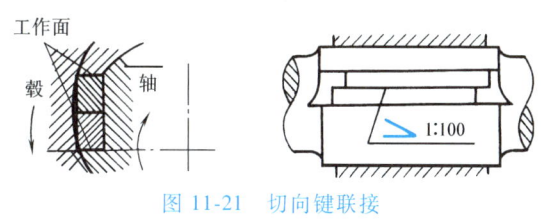

图 11-21　切向键联接

轮毂间的摩擦力传递较大的转矩，但只能传递单向转矩。当要传递双向转矩时，需两组切向键，并应错开 120°~130°布置。切向键联接主要用于轴径 $d>100mm$，对中要求不高而载荷很大的重型机械，比如矿山用大型绞车的卷筒、齿轮与轴的联接等。

## 二、平键联接尺寸选择和强度计算

### 1. 键的选择

（1）键的类型选择　选择键的类型应考虑以下一些因素：对中性的要求；传递转矩的

大小；轮毂是否需要沿轴向滑移及滑移的距离大小；键在轴的中部或端部等。

（2）键的尺寸选择　在标准中，根据轴的直径可查出键的截面尺寸（$b \times h$），键的长度 $L$ 根据轮毂的宽度确定，一般键长略短于轮毂宽度并符合标准的规定。

#### 2. 平键的强度计算

键联接的失效形式有压溃、磨损和剪断。由于键为标准件，其剪切强度足够，因此用于静联接的普通平键主要失效形式是工作面的压溃；对于滑键、导向平键的动联接，主要失效形式是工作面的磨损。因此，通常只按工作面的最大挤压应力 $\sigma_p$（动联接用最大压强 $p$）（MPa）进行条件性强度计算。如图 11-22 所示，由平键联接受力分析可知：

静联接　　$\sigma_p = \dfrac{4T}{dhl} \leqslant [\sigma_p]$　　（11-7）

动联接　　$p = \dfrac{4T}{dhl} \leqslant [p]$　　（11-8）

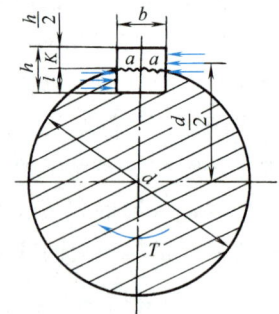

图 11-22　平键受力分析

式中，$d$ 为轴的直径（mm）；$h$ 为键的高度（mm）；$l$ 为键的工作长度（mm）；$T$ 为转矩（N·mm）；$[\sigma_p]$ 为许用挤压应力（MPa），见表 11-7；$[p]$ 为许用压强（MPa），见表 11-7。

表 11-7　键联接的许用应力　　　　　　　　　　　　　　（单位：MPa）

| 许用值 | 联接方式 | 联接中薄弱零件的材料 | 载荷性质 | | |
|---|---|---|---|---|---|
| | | | 静载荷 | 轻微冲击 | 冲击 |
| $[\sigma_p]$ | 静联接 | 铸铁 | 70~80 | 50~60 | 30~45 |
| | | 钢 | 125~150 | 100~120 | 60~90 |
| $[p]$ | 动联接（如滑键） | 钢 | 50 | 40 | 30 |

如果键联接计算不能满足强度要求，可采用以下措施来解决：①适当增加轮毂及键的长度。②采用相距 180°的双平键（图 11-23）。由于双平键载荷分布不均匀性，强度计算时，应按 1.5 个键计。③可与过盈联接配合使用。

#### 3. 键槽尺寸及公差

轮毂键槽深度为 $t_2$，轴上键槽深度为 $t_1$，它们的宽度与键的宽度相同。键联接按配合情况分为：松联接、正常联接和紧密联接。据此从表 11-6 中可查出相应的极限偏差并标注在图中。图 11-24 是轴直径为 45mm 的普通平键联接的键槽尺寸及偏差。

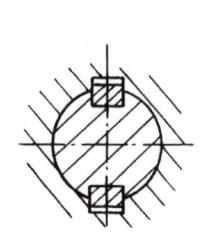

图 11-23　双平键联接

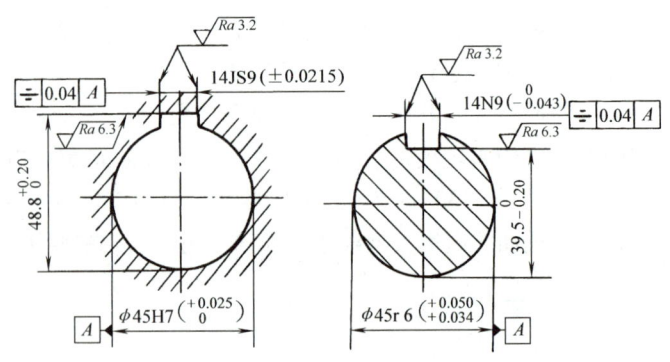

图 11-24　键槽尺寸及偏差举例

### 三、花键联接

如图 11-25 所示，花键联接是由周向均布多个键齿的花键轴和多个键槽的花键毂构成的联接。花键联接具有以下特点：由于其工作面为均布多齿的齿侧面，故承载能力高；轴上零件和轴的对中性好；导向性好；键槽浅，齿根应力集中小，对轴和毂的影响小；但加工时需要专用设备，精度要求高，成本较高。

#### 1. 花键联接的类型和特点

花键已标准化，按其剖面齿形分为矩形花键、渐开线花键等。

（1）矩形花键　矩形花键的齿侧为直线，加工方便；标准中规定，用热处理后磨削过的小径定心，定心精度高，稳定性好，因此应用广泛。

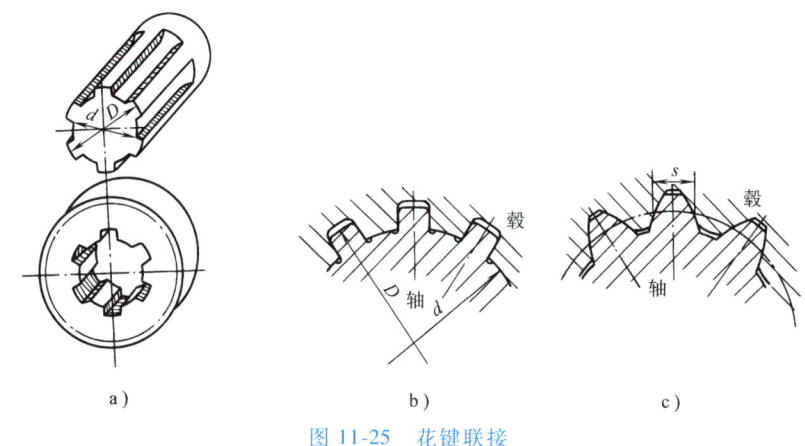

图 11-25　花键联接

a) 花键联接轴测图　b) 矩形花键　c) 渐开线花键

（2）渐开线花键　渐开线花键的侧面齿廓为渐开线，因此具有以下特点：工艺性好，可利用加工齿轮的方法加工渐开线花键；联接强度高、寿命长，因为齿根较厚，齿根圆较大，应力集中较小；采用了渐开线齿侧自动定心，定心精度高；但加工小尺寸的花键拉刀时，成本较高。因此，它适用于载荷较大、定心精度要求高和尺寸较大的联接。渐开线花键的标准压力角为 30° 和 45°。

#### 2. 花键联接的工作分析

花键联接与平键联接相类似，它的工作面受到挤压（静联接）、磨损（动联接），齿根受到剪切和弯曲。实践证明，挤压破坏、磨损是主要失效形式。因此，一般只进行挤压和耐磨性的条件性计算。

## 第四节　销　联　接

销联接主要用于固定零部件之间的相互位置（定位销），是装配机器时的重要辅件；同时也可用于轴与轮毂的联接并传递不大的载荷，如图 11-26 所示。

销可分为圆柱销、圆锥销、开口销、异形销等。圆柱销利用微量过盈固定在铰制孔中，多次拆装后定位精度会下降；圆锥销利用 1∶50 的锥度装入铰制孔中，装拆方便，多次拆装对定位精度影响较小，所以应用较广泛，圆锥销的小端直径为公称值；带螺纹的销联接常用

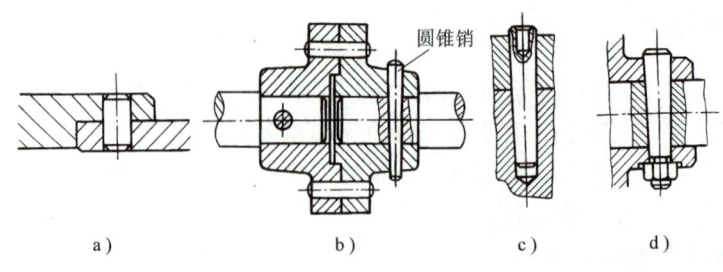

图 11-26 销联接

a）圆柱销　b）圆锥销　c）、d）带螺纹的销联接

于不通孔（图 11-26c）（便于拆卸）和有冲击的场合（图 11-26d）（防止销脱出）。

开口销结构简单，工作可靠，装拆方便，主要用于联接的防松，不能用于定位。

## 第五节　其他常用联接

除螺纹联接，键、花键联接，销联接外，机械中还经常用到其他一些联接，如铆接、焊接、粘接、过盈配合以及成形联接等，这里只就其基本知识做简单介绍。

弹性元件弹簧是一种具有特殊功能的联接件（实现机械能与变形能的相互转换。读者可以从本节最后所附⊙知识延伸中进行学习）。

### 一、铆接

铆接是将铆钉穿过被联接件上的预制孔，经铆合而成的一种不可拆联接（图 11-27）。铆接具有设备简单、耐冲击载荷等优点，但结构笨重，铆合时有剧烈的噪声。目前除桥梁、飞机制造等工业部门采用外，应用已逐渐减少，并被焊接、粘接所代替。

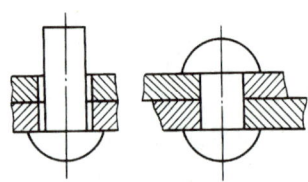

图 11-27　铆接

### 二、焊接

焊接是利用局部加热的方法将被联接件联接成一体的不可拆联接。在机械工业中，常用的焊接方法有电弧焊、电阻焊和气焊等。在焊接时，被联接件接缝处的金属和焊条熔化、混合并填充接缝处空隙而形成焊缝。最常见的焊缝形式有正接角焊缝、搭接角焊缝和对接焊缝等多种（图 11-28）。

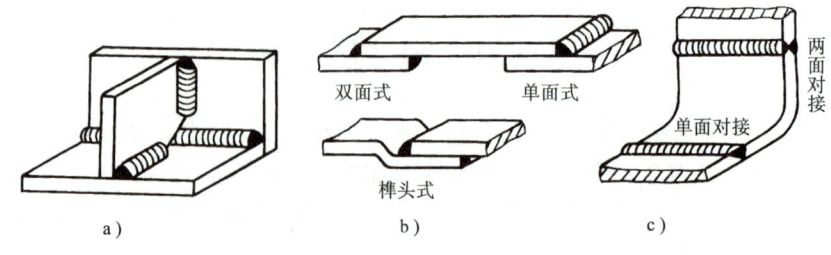

图 11-28　焊缝形式

a）正接角焊缝　b）搭接角焊缝　c）对接焊缝

影响焊接质量及强度的因素很多，比如为了保证焊接质量，避免未焊透或未熔合现象（图11-29），焊缝应按被联接件的厚度制成如图11-30所示的相应的坡口形式，或进行一般的倒棱，并对坡口进行清洗；焊条应合理选择；焊后应进行热处理（如退火），以消除残余应力等。

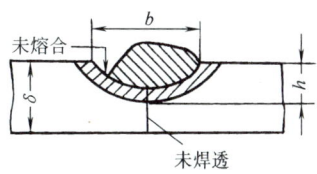

图11-29 未焊透或缺焊现象

与铆接相比，焊接具有工艺简单、强度高等优点，所以应用日益广泛。在单件生产、技术革新、新产品试制等情况下，采用焊接结构，一般周期短、成本低。图11-31为焊接的应用实例。

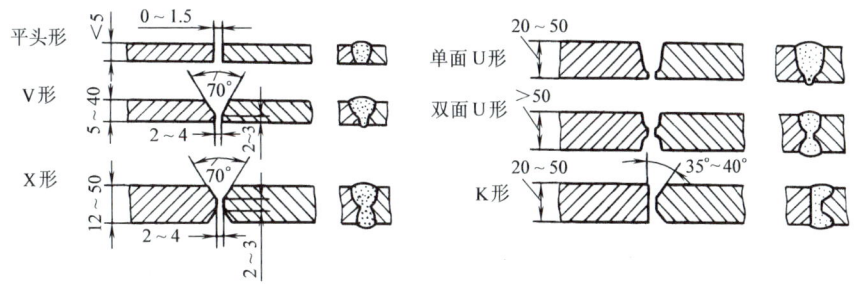

图11-30 坡口形式

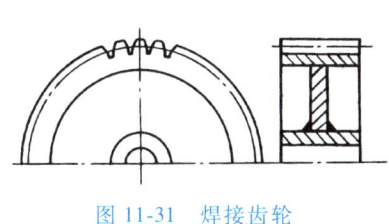

图11-31 焊接齿轮

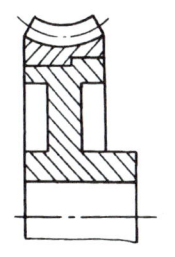

图11-32 粘接组合蜗轮

## 三、粘接

粘接是用黏结剂将被联接件联接成一体的不可拆联接。常用的黏结剂有酚醛-乙烯、聚氨酯、环氧树脂等。图11-32所示为粘接零件的实例。

粘接接头设计时，应尽可能使接头只受剪切，避免受拉伸、剥离和扯离；也应避免使接头承受弯曲载荷（图11-33）。

粘接的优点是工艺简单、无残余应力、质量轻、密封性好以及可用于不同材料的联接等；缺点是对粘接接头载荷的方向有限制且不宜承受严重的冲击载荷，也不适用于高温等。

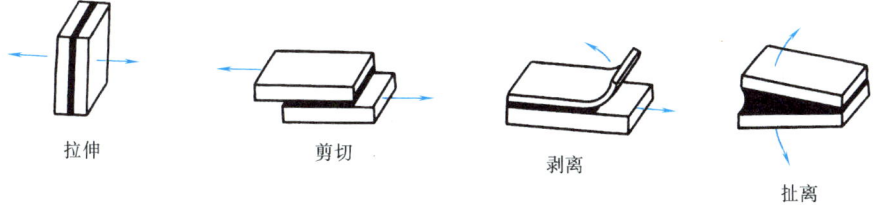

图11-33 粘接接头的承载形式

### 四、过盈配合联接

过盈配合联接是利用两个被联接件间的过盈配合来实现的联接,这种联接可做成可拆联接(过盈量较小),也可做成不可拆联接(过盈量较大),如图 11-34 所示。装配后,由于结合处的弹性变形和过盈量,在配合表面将产生很大的正压力;工作时,靠配合表面产生的摩擦力来传递载荷。这种联接结构简单,同轴性好,耐冲击性能强,但配合表面的加工精度要求较高,装配不方便。

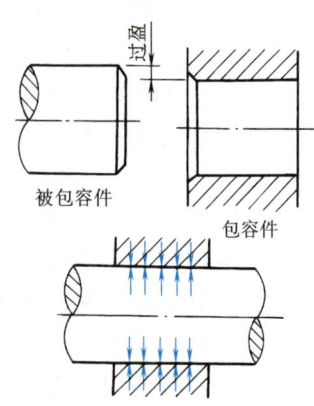

图 11-34 圆柱面过盈配合联接

通过圆柱面过盈配合联接进行装配时,若过盈较小,一般用压入法装配,这种方法易擦伤表面,减少了过盈量,降低了联接的可靠性;过盈量和直径较大时,用温差法装配,一般在油中(150℃)或电炉中加热,冷却多用液态空气(沸点-79℃),温差法装配不易擦伤表面,联接质量好,但装配工艺较复杂。

圆锥面过盈配合联接可用高压油来装拆。如图 11-35 所示,当高压油进入配合面,迫使配合面处内径胀大,外径缩小,装拆方便,不擦伤表面,多次装拆不影响联接强度,但对配合表面接触精度要求高(接触率大于 75%)。

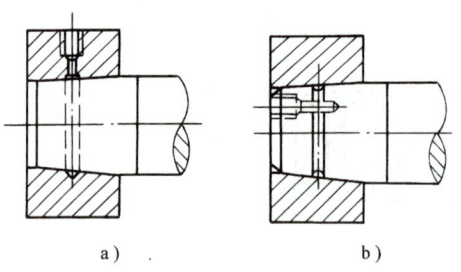

图 11-35 用高压油装拆的圆锥面过盈联接

### 五、成形联接

成形联接是利用非圆面的轴与相应的毂孔构成的可拆联接,如图 11-36 所示。轴和毂孔做成柱形,只能传递转矩;轴和毂孔做成锥形,既能传递转矩,也能传递轴向力。

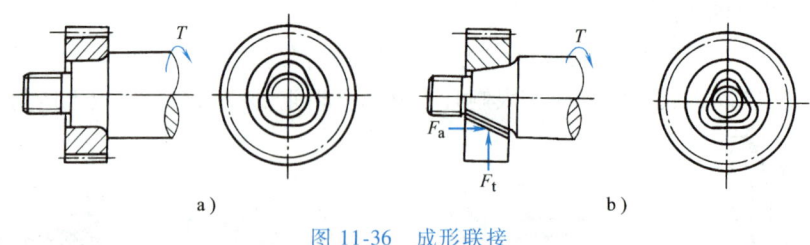

图 11-36 成形联接
a) 柱形  b) 锥形

这种联接没有应力集中源,定心性好,承载能力强,装拆方便;但加工比较复杂,因此目前应用并不普遍。方形、六方形及切边圆形等面容易加工,但定心性差。

## ⊙ 知识延伸——弹簧联接

## 自测题与习题

### （一）自 测 题

11-1 图 11-37 所示轴的端部键槽，加工方法通常采用（　　）。
　A. 在插床上用插刀进行插削　　　　　B. 在牛头刨床上用盘铣刀加工
　C. 在卧式铣床上用盘铣刀加工　　　　D. 在立式铣床上用端铣刀加工

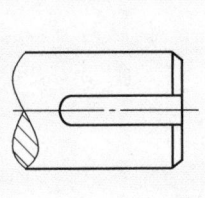 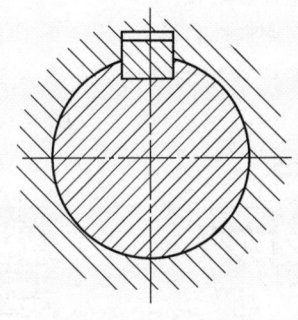 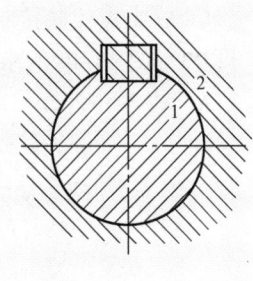

图 11-37　题 11-1 图　　　　图 11-38　题 11-4 图　　　　图 11-39　题 11-5 图

11-2 某滑动齿轮与轴相联接，要求轴向移动量不大时，宜采用的键联接为（　　）。
　A. 普通平键联接　　B. 导向平键联接　　C. 花键联接　　D. 切向键联接

11-3 当轴做单向回转时，平键的工作面为（　　）。
　A. 上、下两面　　B. 上面或下面　　C. 两侧面　　D. 一侧面

11-4 根据制图规范，可以判定图 11-38 所示联接是（　　）。
　A. 半圆键联接　　B. 切向键联接　　C. 楔键联接　　D. 平键联接

11-5 图 11-39 所示零件 1 和 2 采用了（　　）。
　A. 切向键联接　　B. 楔键联接　　C. 平键联接　　D. 半圆键联接

11-6 键的长度主要根据（　　）从标准中选定。
　A. 传递功率的大小　　B. 传递转矩的大小　　C. 轮毂的长度　　D. 轴的直径

11-7 平键联接中，材料强度较弱零件的主要失效形式是（　　）。
　A. 工作面的疲劳点蚀　　B. 工作面的挤压压溃　　C. 压缩破裂　　D. 弯曲折断

11-8 经校核，平键联接强度不够，有人建议采取下列措施：1）适当增加轮毂和键的长度；2）适当增大轴的直径；3）配置两个平键；4）键联接加过盈配合；5）改变键的材料。其中有效的有（　　）。
　A. 1）和 3）　　　　　　　　　　　　B. 1）、2）、3）和 4）
　C. 1）、2）和 3）　　　　　　　　　　D. 1）、2）、3）、4）和 5）

11-9 轻载荷时，某薄壁套筒零件与轴采用花键静联接，宜选用（　　）。
  A. 矩形齿          B. 渐开线齿
  C. 三角形齿        D. 矩形齿和渐开线齿均可以

11-10 渐开线花键联接，定心应用较广的为（　　）。
  A. 外径定心    B. 内径定心    C. 齿形定心    D. 同心圆

11-11 某人认为圆锥销用来固定两个零件的相互位置的优点是：1）便于安装；2）联接牢固；3）能传递较大的载荷；4）多次装拆后对定心精度影响较小。其中有正确的有（　　）。
  A. 1 条       B. 2 条       C. 3 条       D. 4 条

11-12 铸造铝合金 ZL104 的箱体与箱盖用螺纹联接，箱体被联接处厚度较大，要求联接结构紧凑，且需经常拆卸箱盖进行修理，一般宜采用（　　）。
  A. 螺钉联接        B. 螺栓联接
  C. 双头螺柱联接    D. 紧定螺钉联接

11-13 图 11-40 所示四种螺栓联接的结构图中，正确的是（　　）。
  A. a          B. b          C. c          D. d

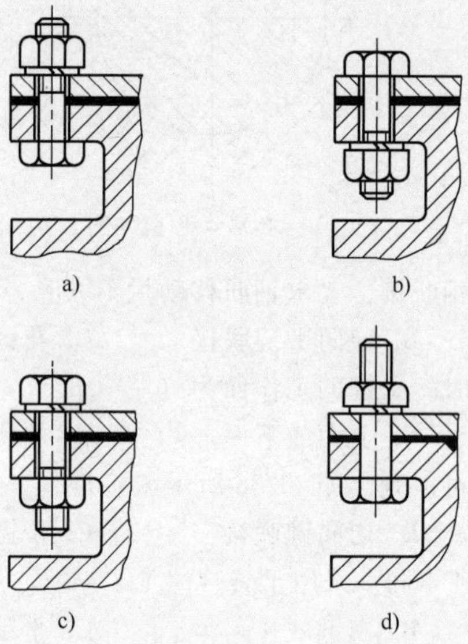

图 11-40　题 11-13 图

11-14 图 11-41 所示四种螺纹联接结构中，有可能产生偏心载荷而降低联接强度的是（　　）。
  A. a                         B. b
  C. c                         D. d

11-15 在通用机械中，同一螺栓组的螺栓即使受力不同，一般也应采用相同的材料和尺寸，其主要理由是（　　）
  A. 为了外形美观              B. 便于降低成本和购买零件
  C. 便于装配                  D. 使结合面受力均匀

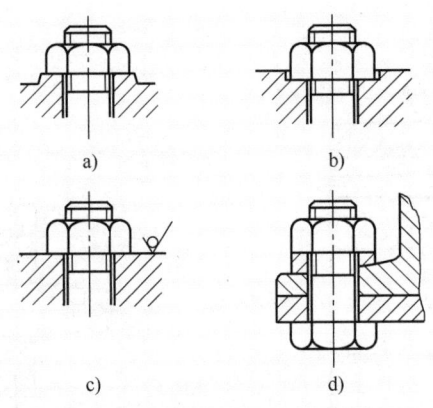

图 11-41 题 11-14 图

## （二）习　题

11-16　按图 11-42 所示给定的尺寸（单位：mm）确定联接件（螺栓、螺母、螺钉等）的尺寸，并做出标记。

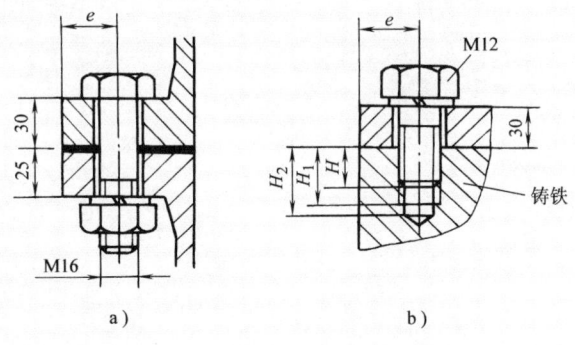

图 11-42 题 11-16 图

11-17　图 11-43 所示为一刚性联轴器，由铸铁 HT200 制成，传递的转矩 $T=800\mathrm{N\cdot m}$，用 8 个普通螺栓联接，均布在直径 $D_1=180\mathrm{mm}$ 的圆周上，螺栓材料为 Q235，凸缘厚度 $\delta=23\mathrm{mm}$，摩擦因数取 0.15。计算螺纹直径并选定螺栓、螺母。

11-18　图 11-44 所示为轴承端盖与箱体用 4 个螺钉联接，轴承端盖受均布的轴向力 $F_a=4500\mathrm{N}$，螺钉材料为 Q235，保证总载荷 $F=2.5F_a$，轴承端盖厚度 $\delta=25\mathrm{mm}$。计算螺纹直径并确定螺钉型号。

11-19　一铸铁 V 带轮与钢轴用 A 型普通平键联接。已知轴径 50mm，带轮轮毂长 100mm，传递转矩 $T=450\mathrm{N\cdot m}$。试选择键联接（键的尺寸、代号标注、强度校核），作图标出键槽尺寸和极限偏差。

11-20　在题 11-17 中，联轴器两轴孔直径 $d=70\mathrm{mm}$，长度尺寸 $L_0=289\mathrm{mm}$，$L=142\mathrm{mm}$，选择平键并验算键的联接强度。

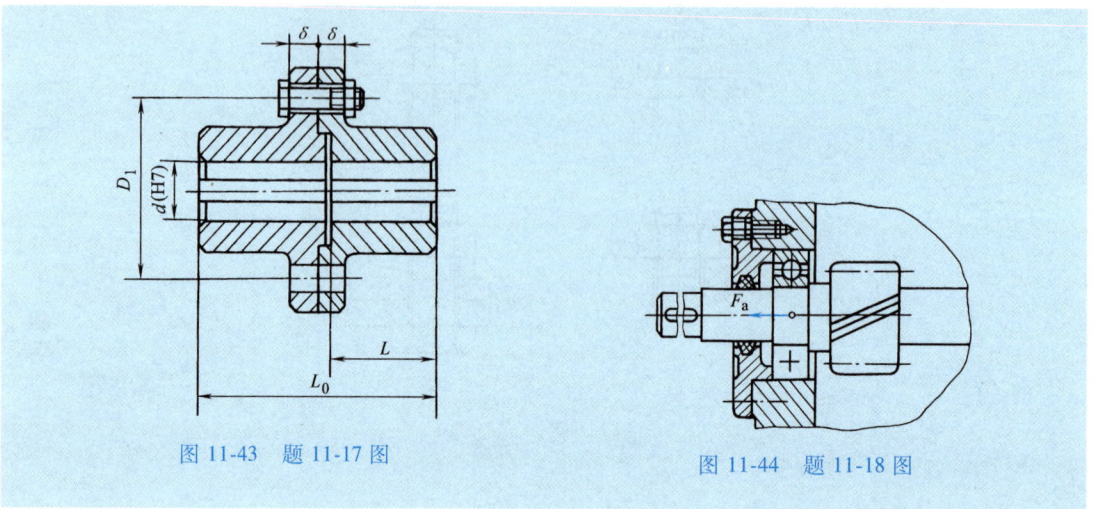

图 11-43　题 11-17 图　　　　　　图 11-44　题 11-18 图

# 第十二章

# 轴

## 教学要求

● **知识要素**
1. 轴的功用、分类与应用。
2. 轴的结构设计：轴上零件的定位与固定。
3. 轴结构的工艺要求。轴的材料选择。轴设计的步骤。
4. 轴的强度计算。

● **能力要求**
1. 能根据工作要求进行轴的结构设计。
2. 能对转轴按弯扭组合强度进行正确计算。

● **学习重点与难点**
1. 轴的结构设计。
2. 轴的强度计算。

## 第一节 概 述

### 一、轴的功用和分类

轴是组成机器的重要零件之一，其主要功用是用来支承回转零件（如齿轮、带轮等）并传递运动和转矩。

根据轴在工作中承受载荷的特点，可分为转轴、心轴和传动轴。

（1）转轴 既承受弯矩又承受转矩的轴称为转轴，如图 12-1 所示齿轮轴。

（2）心轴 只承受弯矩的轴称为心轴。按其是否与轴上零件一起转动，又可分为转动心轴（图 12-2）和固定心轴（图 12-3）。

（3）传动轴 只承受转矩而不承受弯矩（或同时承受很小的弯矩）的轴称为传动轴。图 12-4 所示汽车变速器与后桥间的轴即为传动轴。

根据轴的结构形状不同，可分为以下类型：

$$\text{轴}\begin{cases}\text{直轴}\begin{cases}\text{光轴（轴各截面直径相等）}\\\text{阶梯轴（图 12-1）}\end{cases}\\\text{曲轴（图 12-5）}\\\text{挠性轴（图 12-6）}\end{cases}$$

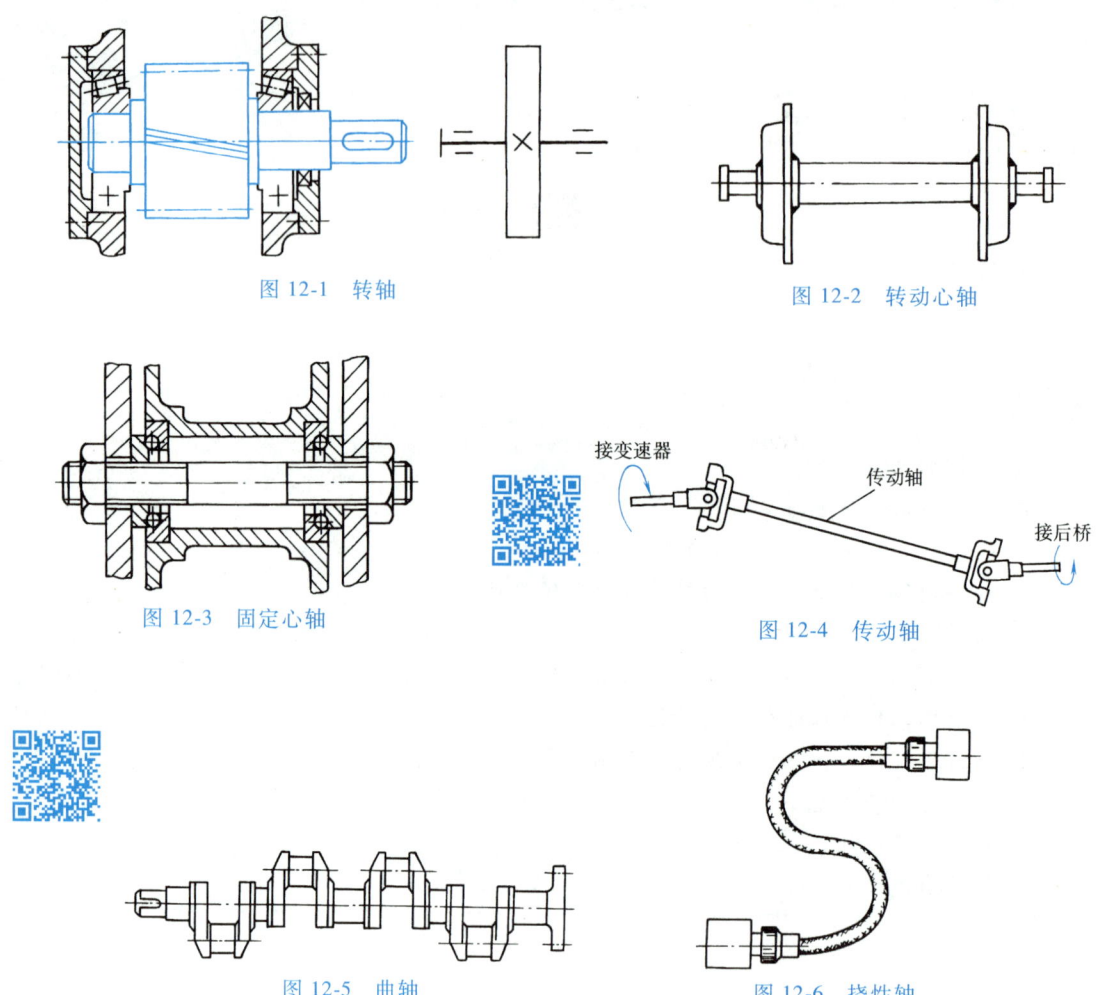

图 12-1 转轴

图 12-2 转动心轴

图 12-3 固定心轴

图 12-4 传动轴

图 12-5 曲轴

图 12-6 挠性轴

## 二、轴的材料

轴工作时主要承受弯矩和转矩，且多为交变应力作用，其主要失效形式为疲劳破坏。因此，轴的材料应满足强度、刚度、耐磨性、耐蚀性等方面的要求，并且对应力集中的敏感性小。另外，选择轴的材料时还应考虑易于加工和经济性的因素。

轴的常用材料主要有碳素钢和合金钢。

碳素钢对应力集中的敏感性较低且价格相对低廉，经热处理后可改善其综合力学性能，因此应用广泛。常用的优质碳素钢有 35、40、45 钢等，尤以 45 钢应用最多。碳素钢一般应经过调质或正火处理，以改善其力学性能。受载较小或不重要的轴，也可采用 Q235、Q275 等碳素结构钢制造。

合金钢具有较高的力学性能和良好的热处理性能，但对应力集中比较敏感，价格较贵，因此对于承受重载荷或较重载荷且尺寸、质量受到一定限制，要求提高轴颈耐磨性以及在高温、低温条件下工作的轴，宜采用合金钢制造。由于在常温下合金钢和非合金钢的弹性模量相差很小，用合金钢代替非合金钢不能提高轴的刚度。

球墨铸铁吸振性好，对应力集中不敏感且价格低廉，故适用于制造形状复杂的轴，如凸轮轴、曲轴等。

轴的毛坯一般采用轧制的圆钢或锻件。

轴的常用材料及其力学性能见表 12-1。

表 12-1 轴的常用材料及其力学性能

| 材料 | 牌号 | 热处理类型 | 毛坯直径 /mm | 硬度 HBW | 硬度 HRC（表面淬火） | 力学性能/MPa 抗拉强度 $\sigma_b$ | 力学性能/MPa 屈服强度 $\sigma_s$ | 力学性能/MPa 弯曲疲劳强度 $\sigma_{-1}$ | 备注 |
|---|---|---|---|---|---|---|---|---|---|
| 碳素结构钢 | Q235 | | | | | 440 | 240 | 200 | 用于受载较小或不重要的轴 |
| 碳素结构钢 | Q275 | | | | | 580 | 280 | 230 | 用于受载较小或不重要的轴 |
| 优质碳素结构钢 | 45 | 正火 | 25 | ≤241 | 55～61 | 600 | 360 | 260 | 应用最广泛。用于要求强度较高、韧性中等的轴，通常经调质或正火后使用 |
| 优质碳素结构钢 | 45 | 正火 | ≤100 | 170～217 | 55～61 | 600 | 300 | 275 | |
| 优质碳素结构钢 | 45 | 回火 | >100～300 | 162～217 | 55～61 | 580 | 290 | 270 | |
| 优质碳素结构钢 | 45 | 调质 | ≤200 | 217～255 | 55～61 | 650 | 360 | 300 | |
| 合金钢 | 20Cr | 渗碳淬火回火 | 15 | | 表面 56～62 | 835 | 540 | 375 | 用于要求强度和韧性均较高的轴 |
| 合金钢 | 20Cr | 渗碳淬火回火 | ≤60 | | 表面 56～62 | 650 | 400 | 280 | |
| 合金钢 | 20CrMnTi | 渗碳淬火回火 | 15 | | 表面 56～62 | 1080 | 835 | 525 | |
| 合金钢 | 35SiMn | 调质 | 25 | | 45～55 | 885 | 735 | 460 | 性能接近40Cr，用作中小型轴类 |
| 合金钢 | 35SiMn | 调质 | ≤100 | 229～286 | 45～55 | 800 | 520 | 400 | |
| 合金钢 | 35SiMn | 调质 | >100～300 | 217～269 | 45～55 | 750 | 450 | 350 | |
| 合金钢 | 40Cr | 调质 | 25 | | 48～55 | 980 | 785 | 500 | 用于载荷较大且无很大冲击的重要的轴 |
| 合金钢 | 40Cr | 调质 | ≤100 | 241～266 | 48～55 | 750 | 550 | 350 | |
| 合金钢 | 40Cr | 调质 | >100～300 | 241～266 | 48～55 | 700 | 550 | 340 | |
| 球墨铸铁 | QT400-18 | | | 130～180 | | 400 | 250 | 145 | 用于制造形状复杂的轴 |
| 球墨铸铁 | QT600-3 | | | 190～270 | | 600 | 370 | 215 | |

## 三、轴设计的基本要求和设计步骤

轴设计的基本要求是：

（1）具有足够的承载能力　即轴必须具有足够的强度和刚度，以保证轴能正常工作。

（2）具有合理的结构形状　应使轴上零件能定位正确、固定可靠且易于装拆，同时应使轴加工方便，成本降低。

轴的设计步骤可用下列框图表示。

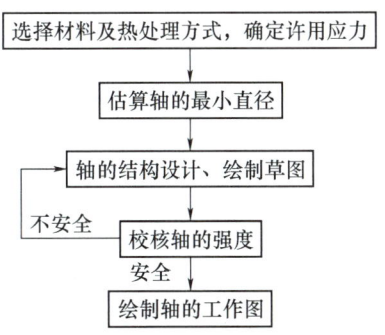

## 第二节 轴的结构设计

轴的结构设计包括确定轴的合理外形和全部结构尺寸。轴作为机器中重要的支承零件，除了与齿轮、带轮等旋转零件联接外，还要与轴承组合并通过轴承与机座相联，图12-7所示为单级圆柱齿轮减速器中的低速轴。该轴系由联轴器1、轴2、轴承盖3、轴承4、套筒5、齿轮6以及轴承7等组成。因此在确定轴的结构、尺寸时必须注意：

1）轴及轴上零件应准确定位，固定可靠，不允许零件沿轴向及周向有相对运动。

2）应具有良好的加工工艺性及装配工艺性，即轴应便于加工，轴上零件应装拆方便。

3）尽量减小应力集中。

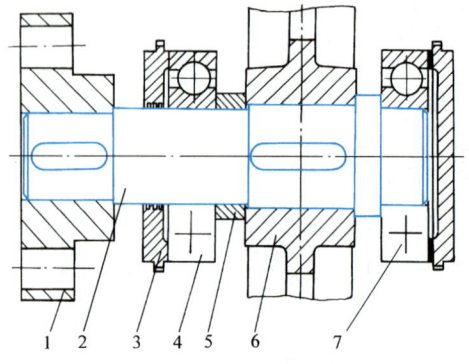

图 12-7 减速器输出轴

### 一、轴上零件的轴向定位和固定

零件轴向定位的方式常取决于轴向力的大小，常用的轴向定位和固定方式及其特点和应用见表12-2。

表 12-2 常用轴上零件的轴向定位和固定方式

| 轴向定位和固定方式 | | 特点和应用 |
|---|---|---|
| 轴肩和轴环 | 轴肩　轴环　I放大　$h>R>r$　$h>C>r$ | 能承受较大的轴向力，加工方便，定位可靠，应用最广泛<br>为使零件端面与轴肩（轴环）贴合，轴肩（轴环）的高度 $h$、零件孔端的圆角 $R$（或倒角 $C$）与轴肩（轴环）的圆角 $r$ 应满足左图的关系。与滚动轴承相配时，$h$ 值按轴承标准中的安装尺寸获得。$h$、$R$、$C$ 可参阅有关手册<br>轴环的宽度 $b$ 一般取 $b \approx 1.4h$ |
| 套筒 | 套筒 | 定位可靠，加工方便，可简化轴结构。用于轴上间距不大的两零件间的轴向定位和固定<br>与滚动轴承组合时，套筒的厚度不应超过轴承内圈的厚度，以便轴承拆卸 |

（续）

| 轴向定位和固定方式 | 特点和应用 |
|---|---|
| 圆螺母和止动垫圈 | 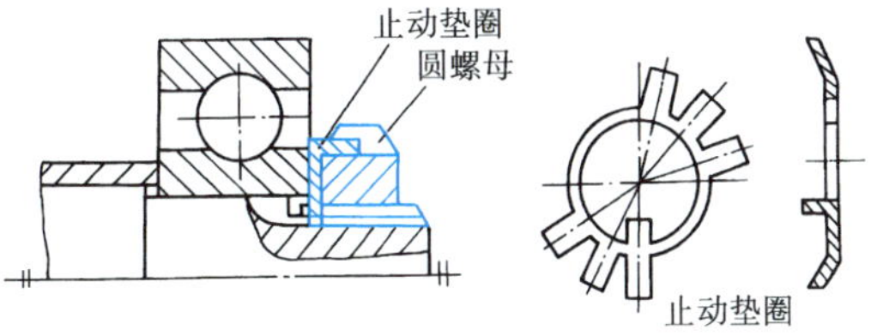 固定可靠，能承受较大的轴向力 |
| 轴端挡圈 | 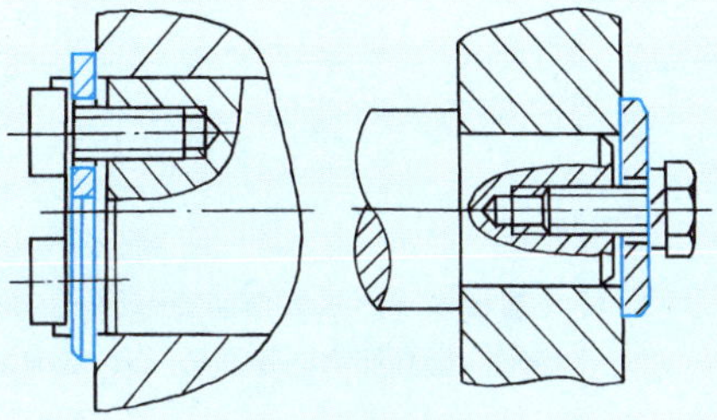 能承受较大的轴向力及冲击载荷，需采用防松措施。常用于轴端零件的固定 |
| 圆锥面 | 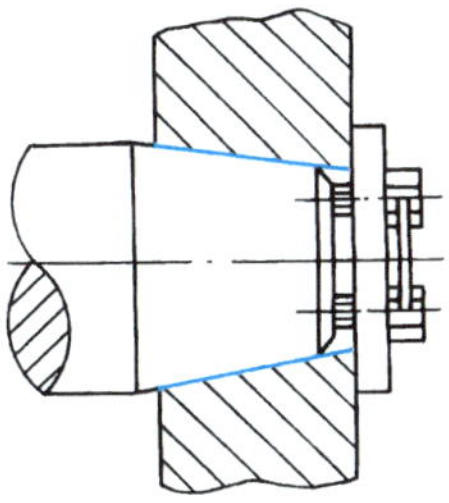 能承受冲击载荷，装拆方便，常用于轴端零件的定位和固定。但配合面加工比较困难 |
| 弹性挡圈 | 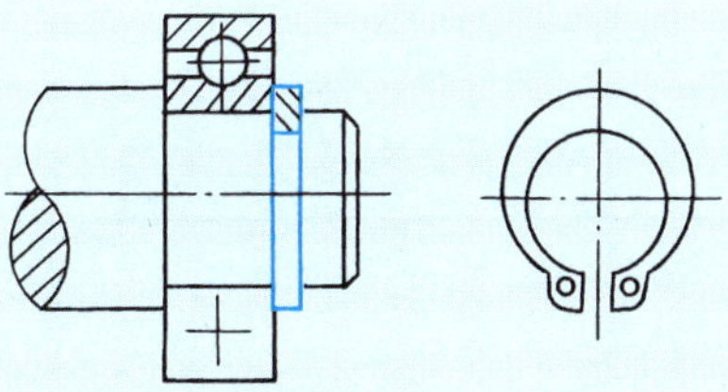 能承受较小的轴向力，结构简单，装拆方便，但可靠性差。常用于固定滚动轴承和滑移齿轮的限位 |

## 二、轴上零件的周向固定

轴上零件的周向固定是为了防止零件与轴之间的相对转动。常用的固定方式有键联接、花键联接和过盈配合等。对于传递转矩不大的场合，也可采用紧定螺钉或圆锥销作为轴向固定和周向固定，详见表 12-3。

表 12-3　轴上零件的周向固定方式

| 周向固定方式 | | 特点及应用 |
|---|---|---|
| 过盈配合 | 过盈配合 | 对中性好，承载能力高，适用于不常拆卸的部位。可与平键联合使用，能承受较大的交变载荷 |
| 键 | 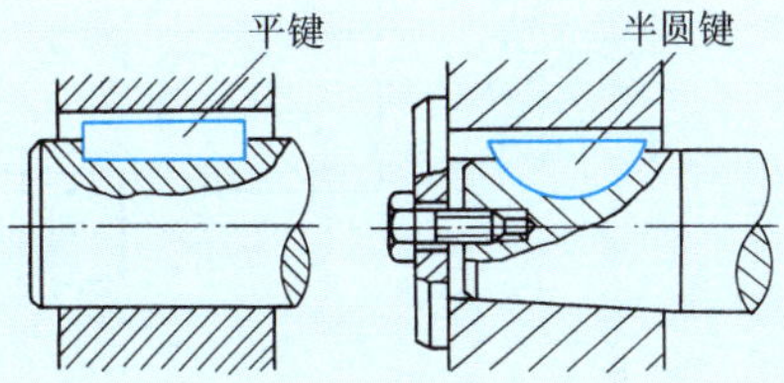 平键　　半圆键 | 平键对中性好，可用于较高精度、高转速及受冲击或交变载荷作用的场合<br>半圆键装配方便，特别适合锥形轴端的联接。但对轴的削弱较大，只适于轻载 |

(续)

| 周向固定方式 | 特点及应用 |
|---|---|
| 花键 | 承载能力强，定心精度高，导向性好。但制造成本较高 |
| 紧定螺钉 | 只能承受较小的周向力，结构简单，可兼做轴向固定。在有冲击和振动的场合，应有防松措施 |
| 圆锥销 | 用于受力不大的场合，可做安全销使用 |

### 三、轴结构的工艺要求

1）一般将轴设计成阶梯轴，目的是提供用于零件定位和固定的轴肩、轴环，区别不同的精度和表面粗糙度以及配合的要求，同时也便于零件的装拆和固定（图 12-7），可将齿轮、套筒、轴承、轴承盖等零件依次装入，既使零件有可靠的定位，又不易划伤配合表面。轴的两端和各阶梯端面应有倒角，使相配零件易于导入，且不易划伤人手及相配零件。

2）轴上要求磨削的表面，如与滚动轴承配合处，需在轴肩处留出砂轮越程槽，如图 12-8 所示，使砂轮边缘可磨削到轴肩端部，以保证轴肩的垂直度。对于轴上需车削螺纹的部分，应有退刀槽，以保证车削时能退刀，如图 12-9 所示。对于轴上有多个键槽时，为加工

 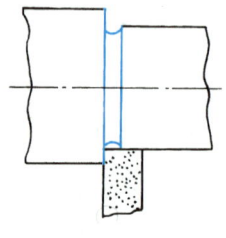

图 12-8　砂轮越程槽

 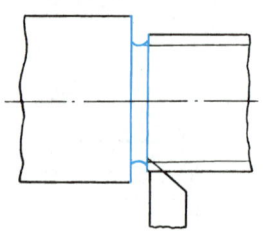

图 12-9　螺纹退刀槽

方便，应使键槽尽量布置在同一母线上，另外键槽尺寸应按标准设计。

轴的两端可采用中心孔作为加工和测量基准。

关于砂轮越程槽、螺纹退刀槽、键槽、中心孔的尺寸可参阅有关手册。

3）轴的直径除了应满足强度和刚度的要求外，还应注意尽量采用标准直径（表12-4）。另外，与滚动轴承配合处，必须符合滚动轴承内径的标准系列；螺纹处的直径应符合螺纹标准系列；安装联轴器处的轴径应按联轴器孔径设计。

表12-4 标准直径（摘自 GB/T 2822—2005） （单位：mm）

| 10 | 11 | 12 | 14 | 16 | 18 | 20 | 22 | 25 | 28 | 30 | 32 | 36 |
|----|----|----|----|----|----|----|----|----|----|----|----|----|
| 40 | 45 | 50 | 56 | 60 | 63 | 71 | 75 | 80 | 85 | 90 | 95 | 100 |

在用套筒、圆螺母、挡圈等定位时，轴段长度应小于相配零件的宽度，以保证定位和固定可靠。图12-10所示的齿轮宽度，应大于相配轴段长度。另外，应考虑旋转零件与箱体或支架等固定件之间留出适当距离，以免旋转时相碰。

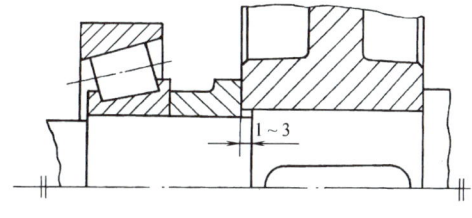

图12-10 轴段长度

4）为了减小轴径突变处的应力集中，阶梯轴截面尺寸变化处应采用圆角过渡，圆角半径不宜过小。如圆角半径过大影响轴上零件定位，也可采用凹切圆角或中间环来增大圆角半径，缓和应力集中，如图12-11所示。

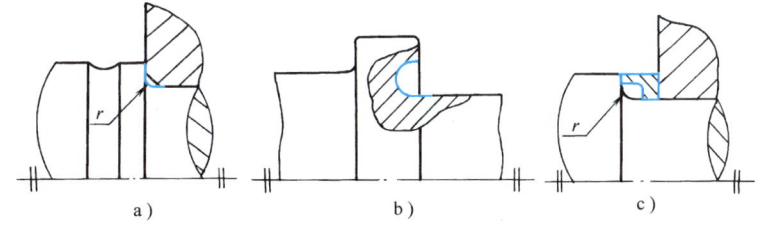

图12-11 缓和应力集中方式
a）圆角 b）凹切圆角 c）中间环

轴上开槽、切口会产生应力集中，设计时应尽量避免。如为必需的结构，设计时应考虑避免尺寸突然变化而引起应力集中，例如可用渐开线花键代替矩形花键。

此外，轴的表面质量对疲劳强度影响很大，可采取降低轴的表面粗糙度值或用滚压、喷丸等表面强化措施来提高轴的疲劳强度。

## 第三节 轴的强度计算

### 一、按扭转强度计算

对于圆截面的传动轴，其扭转强度条件为

$$\tau_{\max}=\frac{T}{W_{\mathrm{T}}}\leqslant[\tau] \tag{12-1}$$

式中，$\tau_{max}$ 为轴的最大扭转切应力（MPa）；$[\tau]$ 为许用扭转切应力（MPa）；$T$ 为轴传递的转矩（N·mm），$T = 9.55 \times 10^6 P/n$；$W_T$ 为抗扭截面系数（mm³），对于圆截面轴 $W_T = 0.2d^3$；$P$ 为轴传递的功率（kW）；$n$ 为轴的转速（r/min）；$d$ 为轴的直径（mm）。

当轴的材料选定后，则许用应力 $[\tau]$ 已确定，可按上述强度条件估算轴的最小直径

$$d \geqslant \sqrt[3]{\frac{9.55 \times 10^6}{0.2[\tau]} \frac{P}{n}} = C\sqrt[3]{\frac{P}{n}} \tag{12-2}$$

式中，$C$ 为与轴的材料和承载情况有关的系数，可由表 12-5 查取。

对于转轴，也可按式（12-2）初步估算轴的直径，但考虑到弯矩对轴强度的影响，必须将轴的许用切应力 $[\tau]$ 适当降低。

当轴截面上开有键槽时，会削弱轴的强度，则计算得到的直径应适当加大。一般轴截面上有一个键槽时，轴径加大 3% 左右；有两个键槽时，轴径加大 7% 左右，然后再按表 12-4 圆整为标准直径。

表 12-5 轴常用材料的 $[\tau]$ 值和 $C$ 值

| 轴的材料 | Q235、20 | 35 | 45 | 40Cr、35SiMn、2Cr13 |
|---|---|---|---|---|
| $[\tau]$/MPa | 12~20 | 20~30 | 30~40 | 40~52 |
| $C$ | 160~135 | 135~118 | 118~106 | 106~97 |

注：当作用在轴上的弯矩比转矩小或只受转矩作用时，$[\tau]$ 取较大值，$C$ 取较小值；反之，则 $[\tau]$ 取较小值，$C$ 取较大值。

## 二、按弯扭组合强度计算

对于转轴，应按弯扭组合强度计算危险截面上的轴径。设计转轴过程中，一般按扭转强度估算轴的最小直径，在进行轴系结构设计后，支点位置及轴上所受载荷的大小、方向、作用点已确定，须再按弯扭组合强度进行校核。

轴的结构初步确定后，应首先画出轴的受力简图，确定轴的受力情况，然后再作出水平面弯矩图、垂直面弯矩图、合成弯矩图、转矩图和当量弯矩图，最后按弯扭组合强度校核轴的强度。

对于一般钢制的轴，可按第三强度理论进行强度计算。强度条件为

$$\sigma_e = \frac{M_e}{W} = \frac{\sqrt{M^2 + (\alpha T)^2}}{0.1d^3} \leqslant [\sigma_{-1}]_{bb} \tag{12-3}$$

$$M_e = \sqrt{M^2 + (\alpha T)^2} \qquad M = \sqrt{M_H^2 + M_V^2}$$

式中，$\sigma_e$ 为当量应力（MPa）；$M_e$ 为当量弯矩（N·mm）；$M$ 为合成弯矩（N·mm）；$M_H$、$M_V$ 分别为水平面和垂直面的弯矩（N·mm）；$T$ 为轴传递的转矩（N·mm）；$W$ 为轴的危险截面的抗弯截面系数（mm³），$W = 0.1d^3$；$\alpha$ 为根据转矩性质而定的折合系数。

大多数转轴的弯曲应力为对称循环变化的，而其扭转切应力则因所受转矩性质不同常常为非对称循环变化的应力（如频繁起动、停机时应力为脉动循环变化）。

对于不变的转矩，取 $\quad \alpha = \dfrac{[\sigma_{-1}]_{bb}}{[\sigma_{+1}]_{bb}} \approx 0.3$

对于脉动循环的转矩，取 $\quad \alpha = \dfrac{[\sigma_{-1}]_{bb}}{[\sigma_0]_{bb}} \approx 0.6$

对于对称循环的转矩，取 $\alpha = \dfrac{[\sigma_{-1}]_{bb}}{[\sigma_{-1}]_{bb}} = 1$

式中，$[\sigma_{+1}]_{bb}$、$[\sigma_0]_{bb}$、$[\sigma_{-1}]_{bb}$ 分别为材料在静应力、脉动循环应力和对称循环应力下的许用弯曲应力，见表 12-6。

表 12-6 轴的许用弯曲应力　　　　　　　　　　　　　　　　　　（单位：MPa）

| 材　料 | $\sigma_{bb}$ | $[\sigma_{+1}]_{bb}$ | $[\sigma_0]_{bb}$ | $[\sigma_{-1}]_{bb}$ |
|---|---|---|---|---|
| 碳　钢 | 400<br>500<br>600<br>700 | 130<br>170<br>200<br>230 | 70<br>75<br>95<br>110 | 40<br>45<br>55<br>65 |
| 合金钢 | 800<br>900<br>1000<br>1200 | 270<br>300<br>330<br>400 | 130<br>140<br>150<br>180 | 75<br>80<br>90<br>110 |

计算轴径时可将式（12-3）写成

$$d \geqslant \sqrt[3]{\dfrac{M_e}{0.1[\sigma_{-1}]_{bb}}} \quad (12\text{-}4)$$

同样，若计算的截面处开有键槽，应将求得的轴径加大 3%~7%。计算出的轴径还应与结构设计中初步确定的轴径进行比较，若小于或等于原定的轴径，说明原定结构强度足够；反之，表示轴的强度不够，需要重新设计轴段尺寸。

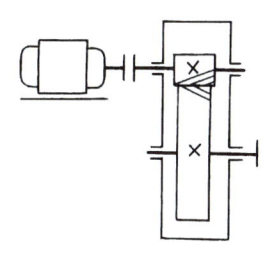

图 12-12　例 12-1 图

**例 12-1**　设计如图 12-12 所示的单级斜齿圆柱齿轮减速器的低速轴。轴输出端与联轴器相接。已知：该轴传递功率为 $P = 4\text{kW}$，转速 $n = 130\text{r/min}$，轴上齿轮分度圆直径 $d = 300\text{mm}$，齿宽 $b = 90\text{mm}$，螺旋角 $\beta = 12°$，法向压力角 $\alpha_n = 20°$。载荷基本平稳，工作时单向运转。

**解**　列表计算如下。

| 计算及说明 | 主要结果 |
|---|---|
| 一、选择轴的材料，确定许用应力<br>选用轴的材料为 45 钢，调质处理，查表 12-1 可知<br>$\sigma_b = 650\text{MPa}$，$\sigma_s = 360\text{MPa}$，查表 12-6 可知 $[\sigma_{+1}]_{bb} = 215\text{MPa}$，$[\sigma_0]_{bb} = 102\text{MPa}$，$[\sigma_{-1}]_{bb} = 60\text{MPa}$<br>二、按扭转强度估算轴的最小直径<br>单级齿轮减速器的低速轴为转轴，输出端与联轴器相接，从结构要求考虑，输出端轴径应最小。最小直径为<br>$$d \geqslant C\sqrt[3]{P/n}$$<br>查表 12-5 可得，45 钢取 $C = 118$，则<br>$$d \geqslant 118 \times \sqrt[3]{4/130}\text{mm} = 36.98\text{mm}$$<br>考虑键槽的影响以及联轴器孔径系列标准，取 $d = 38\text{mm}$ | $\sigma_b = 650\text{MPa}$<br>$[\sigma_{-1}]_{bb} = 60\text{MPa}$<br><br><br><br><br><br><br><br>$d = 38\text{mm}$ |

(续)

| 计算及说明 | 主要结果 |
|---|---|
| 三、齿轮上作用力的计算<br>齿轮所受的转矩为<br>$T = 9.55 \times 10^6 P/n = (9.55 \times 10^6 \times 4/130) \text{N} \cdot \text{mm} = 2.94 \times 10^5 \text{N} \cdot \text{mm}$<br>齿轮作用力：<br>圆周力　　$F_t = 2T/d = (2 \times 2.94 \times 10^5/300) \text{N} = 1960 \text{N}$<br>径向力　　$F_r = F_t \tan\alpha_n / \cos\beta = (1960 \tan 20° / \cos 12°) \text{N} = 729 \text{N}$<br>轴向力　　$F_a = F_t \tan\beta = (1960 \tan 12°) \text{N} = 417 \text{N}$ | $T = 2.94 \times 10^5 \text{N} \cdot \text{mm}$<br><br>$F_t = 1960 \text{N}$<br>$F_r = 729 \text{N}$<br>$F_a = 417 \text{N}$ |
| 四、轴的结构设计<br>轴结构设计时，需同时考虑轴系中相配零件的尺寸以及轴上零件的固定方式，按比例绘制轴系结构草图<br>(1) 联轴器的选取。可采用弹性柱销联轴器，查设计手册可得规格为：<br>LX3 联轴器　38×82　GB/T 5014—2017<br>(2) 确定轴上零件的位置及固定方式。单级齿轮减速器，将齿轮布置在箱体内壁的中央，轴承对称布置在齿轮两边，轴外伸端安装联轴器<br>　　齿轮靠轴环和套筒实现轴向定位和固定，靠平键和过盈配合实现周向固定；两端轴承靠套筒实现轴向定位，靠过盈配合实现周向固定；轴通过两端轴承盖实现轴向定位；联轴器靠轴肩、平键和过盈配合分别实现轴向定位和周向固定<br>(3) 确定各段轴的直径。将估算轴径 $d = 38$mm 作为外伸端直径 $d_1$，与联轴器相配，如图 12-13 所示，考虑联轴器用轴肩实现轴向定位，取第二段直径为 $d_2 = 45$mm。齿轮和左端轴承从左侧装入，考虑装拆方便及零件固定的要求，装轴承处轴径 $d_3$ 应大于 $d_2$，考虑滚动轴承直径系列，取 $d_3 = 50$mm。为便于齿轮装拆，与齿轮配合处轴径 $d_4$ 应大于 $d_3$，取 $d_4 = 52$mm。齿轮左端用套筒固定，右端用轴环定位，轴环直径 $d_5$ 满足齿轮定位的同时，还应满足右侧轴承的安装要求，根据选定轴承型号确定。右端轴承型号与左端轴承相同，取 $d_6 = 50$mm<br>(4) 选取轴承型号。初选轴承型号为深沟球轴承，代号 6310。查手册可得：轴承外径 $D = 110$mm，轴承宽度 $B = 27$mm，圆角半径 $r = 2$mm，轴承内圈定位轴肩高度 $h$ 应略大于 $r$，取定位直径尺寸 $D_1 = 60$mm，故轴环直径 $d_5 = 60$mm<br>(5) 确定各段轴的长度。综合考虑轴上零件的尺寸及其与减速器箱体尺寸的关系，确定各段轴的长度<br>(6) 画出轴的结构草图。如图 12-13 所示 | 联轴器规格：<br>LX3 联轴器　38×82<br>GB/T 5014—2017<br><br><br><br><br><br><br><br>$d_1 = 38$mm<br>$d_2 = 45$mm<br>$d_3 = 50$mm<br>$d_4 = 52$mm<br><br><br>$d_6 = 50$mm<br><br>轴承 6310<br><br>$d_5 = 60$mm |
| 五、校核轴的强度<br>(1) 画出轴的受力简图、计算支反力和弯矩。由轴的结构简图，可确定轴承支点跨距，由此可画出轴的受力简图，如图 12-13 所示<br>水平面支反力 $F_{RBX} = F_{RDX} = (1/2) F_t = (1/2) \times 1960 \text{N} = 980 \text{N}$<br>水平面弯矩 $M_{CH} = F_{RBX} \times 73.5 \text{mm} = (980 \times 73.5) \text{N} \cdot \text{mm} = 72030 \text{N} \cdot \text{mm}$<br>垂直面支反力由静力学平衡方程可求得<br>$F_{RBZ} = 790 \text{N}$，$F_{RDZ} = 61 \text{N}$(方向向下) | $F_{RBX} = F_{RDX} = 980 \text{N}$<br>$M_{CH} = 72030 \text{N} \cdot \text{mm}$<br>$F_{RBZ} = 790 \text{N}$<br>$F_{RDZ} = 61 \text{N}$(方向向下) |

（续）

| 计算及说明 | 主要结果 |
| --- | --- |
| 垂直面弯矩<br>$M_{CV}^- = F_{RBZ} \times 73.5\text{mm} = (790 \times 73.5)\text{N} \cdot \text{mm} = 58065\text{N} \cdot \text{mm}$<br>$M_{CV}^+ = -F_{RDZ} \times 73.5\text{mm} = (-61 \times 73.5)\text{N} \cdot \text{mm} = -4484\text{N} \cdot \text{mm}$<br>合成弯矩<br>$\quad M_C^- = \sqrt{M_{CH}^2 + M_{CV}^{-2}}$<br>$\quad\quad = \sqrt{72030^2 + 58065^2}\text{N} \cdot \text{mm} = 92520\text{N} \cdot \text{mm}$<br>$\quad M_C^+ = \sqrt{M_{CH}^2 + M_{CV}^{+2}}$<br>$\quad\quad = \sqrt{72030^2 + (-4484)^2}\text{N} \cdot \text{mm} = 72169\text{N} \cdot \text{mm}$<br>画出各平面弯矩图和扭矩图。如图 12-13 所示<br><br>(2) 计算当量弯矩 $M_e$。转矩按脉动循环考虑，应力折合系数为<br>$$\alpha = \frac{[\sigma_{-1}]_{bb}}{[\sigma_0]_{bb}} = \frac{60}{102} \approx 0.59$$<br>$C$ 剖面最大当量弯矩为<br>$\quad M_{Ce}^- = \sqrt{(M_C^-)^2 + (\alpha T)^2}$<br>$\quad\quad = \sqrt{92520^2 + (0.59 \times 294000)^2}\text{N} \cdot \text{mm}$<br>$\quad\quad = 196592\text{N} \cdot \text{mm}$<br>画出当量弯矩图，如图 12-13 所示<br><br>(3) 校核轴径。由当量弯矩图可知，$C$ 剖面上当量弯矩最大，为危险截面，校核该截面直径<br>$d_C = \sqrt[3]{M_{Ce}^-/(0.1[\sigma_{-1}]_{bb})} = \sqrt[3]{196592/(0.1 \times 60)}\text{mm} = 32\text{mm}$<br>考虑该截面上键槽的影响，直径增加 3%<br>$\quad d_C = 1.03 \times 32\text{mm} = 33\text{mm}$<br>结构设计确定的直径为 52mm，强度足够<br>六、绘制轴的零件工作图，如图 12-14 所示 | $M_{CV}^- = 58065\text{N} \cdot \text{mm}$<br>$M_{CV}^+ = -4484\text{N} \cdot \text{mm}$<br><br><br>$M_C^- = 92520\text{N} \cdot \text{mm}$<br><br><br>$M_C^+ = 72169\text{N} \cdot \text{mm}$<br>$T = 294000\text{N} \cdot \text{mm}$<br><br><br>$\alpha = 0.59$<br><br><br><br>$M_{Ce}^- = 196592\text{N} \cdot \text{mm}$<br><br><br><br>$d_C = 33\text{mm}$ |

轴在工作时，若刚度不够会使轴产生较大的弹性变形，从而影响轴的正常工作。例如，齿轮轴变形后不仅会加大齿轮间磨损，产生噪声，还会加大轴和轴承间的磨损，降低轴和轴承的寿命。因此，在设计重要的轴时，必须对轴的刚度进行校核。

另外，轴在回转时，由于轴和轴上旋转零件结构不对称、材料组织不均匀、加工有误差以及安装对中不好等原因，使得旋转件的重心与几何轴线间总有一微小的偏心距，而产生以离心力为表征的周期性干扰力，从而引起轴的弯曲振动（或成为横向振动）；当轴由于传递的功率有周期性变化而产生周期性的扭转变形时，会引起扭转振动；而当轴受到周期性的轴向力作用时，则会产生纵向振动。弯曲振动、扭转振动、纵向振动均为强迫振动。如果强迫振动的频率与轴的固有频率相同或接近时，就会产生共振现象，振幅很大时会产生很大的动载荷和噪声，使轴或机器不能正常工作，甚至破坏。

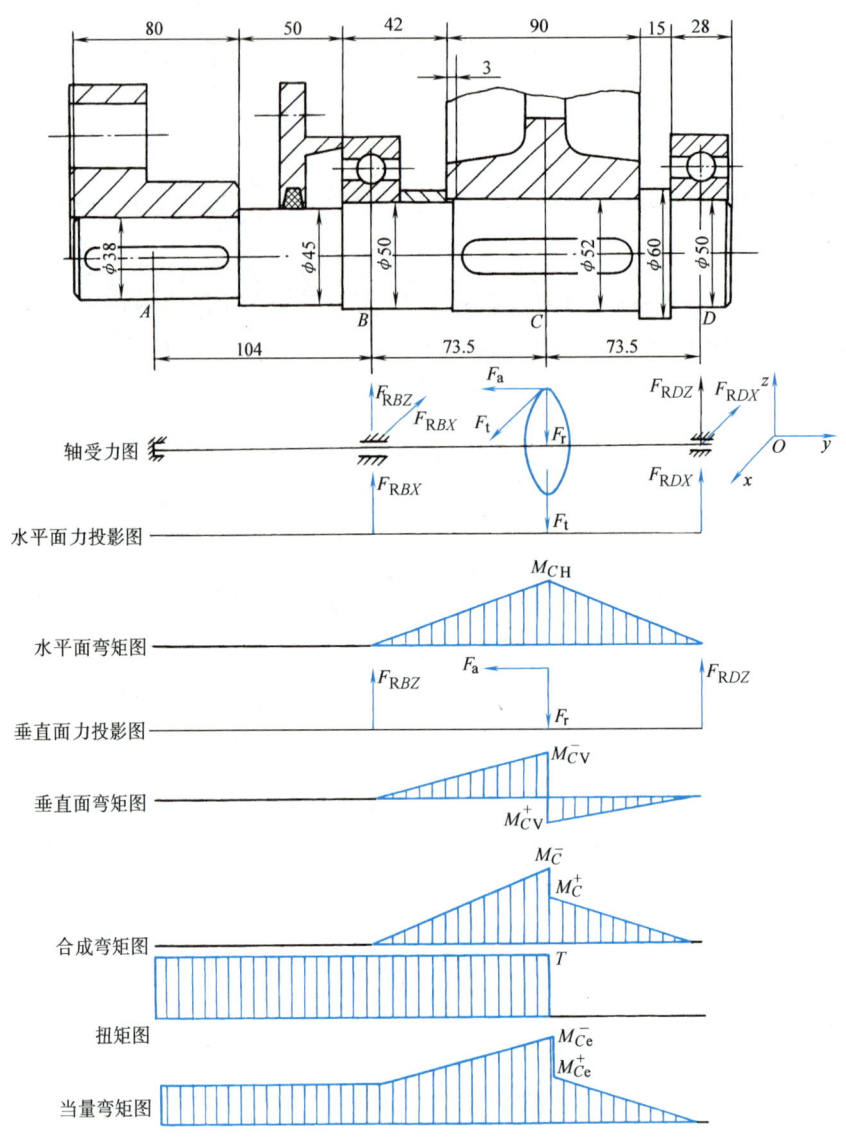

图 12-13　轴系受力及弯、扭矩图

轴发生共振时的转速称为临界转速 $n_c$，它是轴系结构本身所固有的。如果轴的转速提高，振动就会减弱而趋于平稳，所以应使轴的工作转速 $n$ 避开临界转速 $n_c$，尤其对于高速轴必须计算出临界转速 $n_c$，并使轴的工作转速 $n$ 避开临界转速 $n_c$，以免发生共振。

# 第十二章 轴

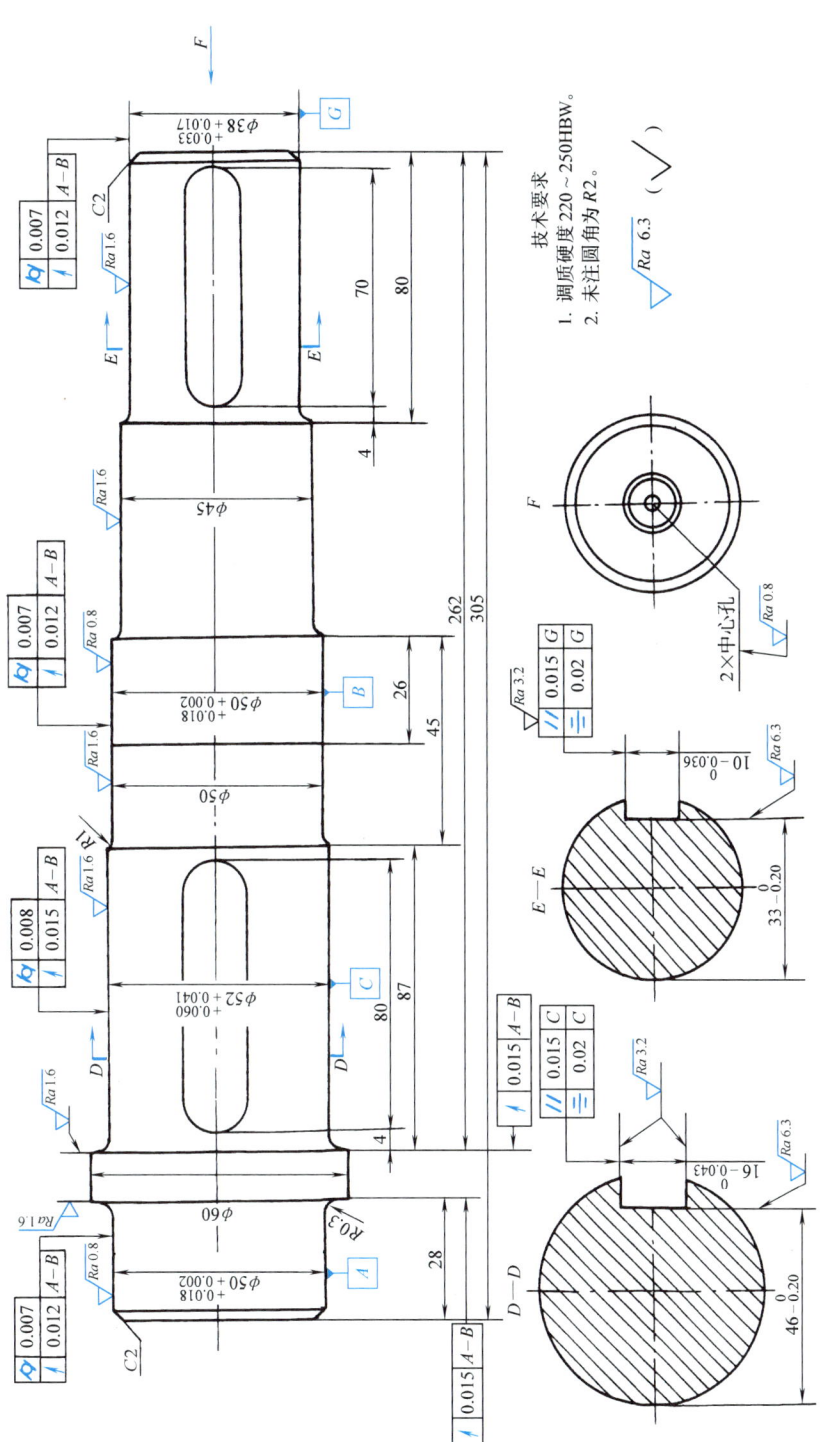

图 12-14 轴零件工作图

自 测 题 与 习 题

## （一）自 测 题

12-1 下列各轴中，（　　）为传动轴。
　　A. 带轮轴　　B. 蜗杆轴　　C. 链轮轴　　D. 汽车下部变速器与后桥间的轴

12-2 汽轮发电机转子轴在高温、高速和重载条件下工作，其材料应采用（　　）。
　　A. Q275 钢　　　　　　　　B. 45 钢
　　C. 38CrMoAlA 钢　　　　　D. QT600-2

12-3 尺寸较大的轴及重要的轴，其毛坯宜采用（　　）。
　　A. 锻制毛坯　　B. 轧制圆钢　　C. 铸造件　　D. 焊接件

12-4 当受轴向力较大，零件与轴承的距离较远，且位置能够调整时，零件的轴向固定应采用（　　）。
　　A. 弹性挡圈　　B. 圆螺母与止动垫圈　　C. 紧定螺钉　　D. 套筒

12-5 为便于拆卸滚动轴承，轴肩处的直径 $D$（或轴环直径）与滚动轴承内圈的外径 $D_1$ 应保持（　　）的关系。
　　A. $D>D_1$　　B. $D<D_1$　　C. $D=D_1$　　D. 两者无关

12-6 增大阶梯轴圆角半径的主要目的是（　　）。
　　A. 使零件的轴向定位可靠　　B. 降低应力集中，提高轴的疲劳强度
　　C. 使轴的加工方便　　　　　D. 外形美观

12-7 轴表面进行喷丸或辗压的目的是（　　）。
　　A. 使尺寸精确　　　　　B. 降低应力集中的敏感性
　　C. 提高轴的耐腐蚀性　　D. 美观

12-8 轴表面进行渗碳淬火、高频淬火的目的是（　　）。
　　A. 降低轴表面的应力　　　　B. 提高轴的疲劳强度
　　C. 降低应力集中的敏感性　　D. 提高轴的刚度

12-9 设计制造轴时，采用了下列措施：1）减缓轴剖面的变化；2）采用圆盘铣刀代替立铣刀加工键槽；3）增大过盈配合处的直径；4）螺纹尾部留有退刀槽；5）设置砂轮越程槽；6）轴上的圆角半径尽可能相同；7）轴的表面进行热处理。其中能提高轴的疲劳强度的有（　　）。
　　A. 4 条　　B. 5 条　　C. 6 条　　D. 7 条

12-10 在图 12-15 所示轴的结构中，不合理的为（　　）处。
　　A. 1、2、3、4　　　　B. 2、3、4、5
　　C. 2、3、4、5、6　　D. 1、3、4、5、6

12-11 在图 12-16 所示轴的结构中，不合理的为（　　）处。
　　A. 1、3、4、5　　B. 2、3、5、6　　C. 1、4、5、6　　D. 1、2、5、6

12-12 在图 12-17 所示轴的结构中，不合理的为（　　）处。

A. 1、2、3、4　　B. 2、3、4、5　　C. 3、4、5、6　　D. 1、2、3、5、6

12-13 图 12-18 所示为斜齿圆柱齿轮减速器，功率经联轴器Ⅰ输入，经齿轮传动由联轴器Ⅱ输出。指出两根轴受弯扭组合作用的是（　　）段。

A. *OC* 和 *DG*　　B. *OB* 和 *EG*　　C. *AC* 和 *DF*　　D. *AB* 和 *EF*

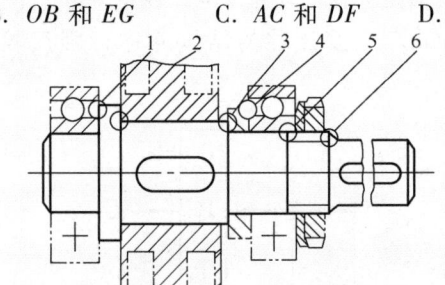

图 12-15　题 12-10 图

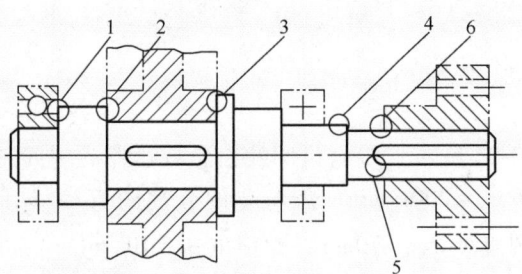

图 12-16　题 12-11 图

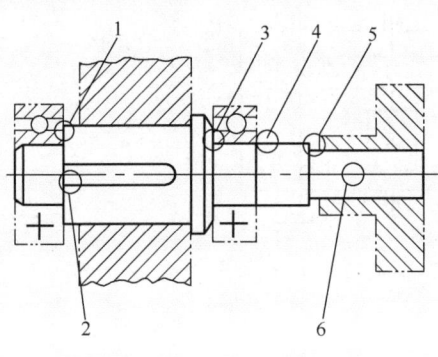

图 12-17　题 12-12 图

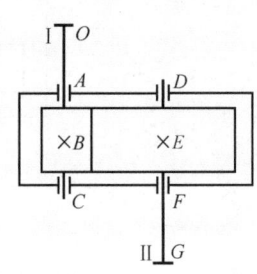

图 12-18　题 12-13 图

12-14 一传动轴，直径 $d=40\text{mm}$，转速 $n=950\text{r/min}$。轴的材料是 45 钢，调质处理，许用扭转剪应力 $[\tau]=35\text{N/mm}^2$，则该轴能传递的功率是（　　）。

A. 41.75kW　　B. 43.75kW　　C. 50.26kW　　D. 53.75kW

12-15 计算当量弯矩 $M_e=\sqrt{M^2+(\alpha T)^2}$ 时，若扭矩大小经常变化，折合系数 $\alpha$ 应取（　　）。

A. 0.3　　B. 0.6　　C. 1　　D. 1.4

## （二）习　题

**12-16**　已知一转轴在直径 $d=55\text{mm}$ 处受不变的转矩 $T=1540\text{N}\cdot\text{m}$ 和弯矩 $M=710\text{N}\cdot\text{m}$ 作用，轴材料为 45 钢，经调质处理。问该轴能否满足强度要求？

**12-17**　已知图 12-19 中轴系传递的功率 $P=2.2\text{kW}$，转速 $n=95\text{r/min}$，标准圆柱齿轮的齿数 $z=79$，模数 $m=2\text{mm}$。试设计轴的结构并进行强度校核（电动机驱动，载荷平稳）。

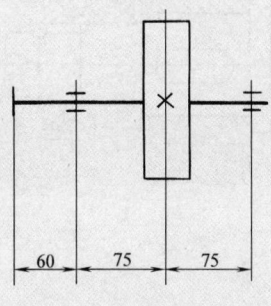

图 12-19　题 12-17 图

**12-18**　试设计图 12-20 所示二级斜齿圆柱齿轮减速器的中间轴Ⅱ。已知中间轴Ⅱ输入功率 $P=40\text{kW}$，转速 $n_2=200\text{r/min}$；齿轮 2 的分度圆直径 $d_2=688\text{mm}$，螺旋角 $\beta_2=12°51'$；齿轮 3 的分度圆直径 $d_3=170\text{mm}$，螺旋角 $\beta_3=10°29'$。

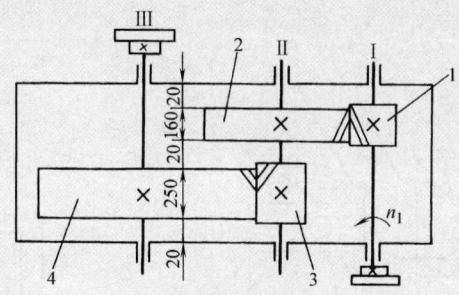

图 12-20　题 12-18 图

# 第十三章

# 轴　承

> **教学要求**
>
> ● **知识要素**
> 1. 非液体摩擦滑动轴承的主要类型、结构和材料。
> 2. 非液体摩擦滑动轴承的设计计算。
> 3. 滚动轴承的结构、类型和代号，滚动轴承的选择。
> 4. 滚动轴承组合设计。
> 5. 滚动轴承的失效形式、寿命计算和静强度计算。
>
> ● **能力要求**
> 1. 能根据工作要求合理选择滚动轴承的类型和尺寸。
> 2. 能对常用滚动轴承进行寿命计算和静强度计算。
> 3. 能根据工作要求进行轴承组合设计。
>
> ● **学习重点与难点**
> 1. 滚动轴承类型选择与尺寸确定。
> 2. 滚动轴承的寿命计算。
> 3. 滚动轴承的组合设计。
>
> ● **知识延伸**
> 1. 滚动轴承的失效形式、寿命计算和静强度计算。
> 2. 机械装置的润滑与密封。

## 第一节　概　述

　　轴承是支承轴的部件。根据工作时的摩擦性质不同，轴承可分为滑动摩擦轴承（简称滑动轴承）和滚动摩擦轴承（简称滚动轴承）。根据承受载荷方向不同，轴承又可分为承受径向载荷的向心轴承和承受轴向载荷的推力轴承。

　　滑动轴承结构简单、易于制造、便于安装，且具有工作平稳、无噪声、耐冲击和承载能力强等优点，但润滑不良会使滑动轴承迅速失效，并且轴向尺寸较大。

　　滑动轴承工作表面的摩擦状态有液体摩擦和非液体摩擦之分。摩擦表面完全被润滑油隔开的轴承称为液体摩擦滑动轴承。这种轴承与轴的表面不直接接触，因此避免了磨损。液体摩擦滑动轴承制造成本高，多用于高速、精度要求较高或低速、重载的场合。摩擦表面不能被润滑油完全隔开的轴承称为非液体摩擦滑动轴承。这种轴承的摩擦表面容易磨损，但结构简单，制造精度要求较低，用于一般转速、载荷不大或精度要求不高的场合。一般机械设备中使用的滑动轴承大多属于此类。

滚动轴承的摩擦阻力小，载荷、转速及工作温度的适用范围广，有专门厂家大批量生产，质量可靠，供应充足，润滑、维修方便，但径向尺寸较大，有振动和噪声。

由于滚动轴承的机械效率较高，对轴承的维护要求较低，因此在中、低转速以及精度要求较高的场合得到广泛应用。

## 第二节　非液体摩擦滑动轴承的主要类型、结构和材料

根据轴承所能承受的载荷方向，非液体摩擦滑动轴承分为径向滑动轴承和止推滑动轴承。径向滑动轴承用于承受径向载荷，止推滑动轴承用于承受轴向载荷。

### 一、径向滑动轴承

#### 1. 结构型式

这类轴承的结构型式有整体式、剖分式、调心式和间隙可调式四种。

（1）整体式滑动轴承。图 13-1a 为无轴承座的整体式滑动轴承，它是在机架或箱体上直接制出轴承孔，有时在孔内再安装轴套。图 13-1b 为有轴承座的整体式滑动轴承，它由轴承座和轴瓦组成。使用时，将轴承座用螺栓固定在机架上。

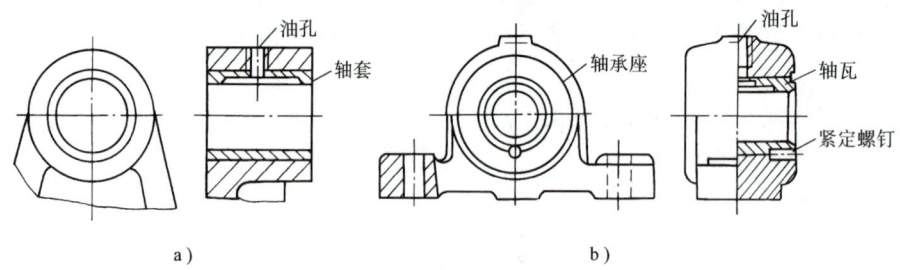

图 13-1　整体式滑动轴承
a) 无轴承座　b) 有轴承座

这种轴承的结构简单，成本低廉，但是摩擦表面磨损后，轴颈与轴瓦之间的间隙无法调整，而且装拆时轴承或轴必须做轴向移动，使装拆不便，所以整体式轴承只用于轻载、间歇工作且不重要的场合。

（2）剖分式滑动轴承。图 13-2 为剖分式滑动轴承的常见形式。它由轴承座 1、剖分轴瓦 2、轴承盖 3、螺栓 4、润滑油杯 5 组成。为便于装配时的对中和防止轴瓦横向错动，在轴承盖与轴承座的剖分面上设置有阶梯形止口，并且可放置少量垫片，以调整摩擦表面磨损后轴颈与轴瓦之间的间隙。

考虑到承受载荷方向的不同，剖分式滑动轴承分为水平式和斜开式两种。选用时，应保证径向载荷的作用线不超出剖分面垂直中心线左右各 35°的范围。

（3）调心式滑动轴承。图 13-3a 为调心式滑动轴承，它的特点是把轴瓦的支承面做成球面，利用轴瓦与轴承座间的球面配合使轴瓦可在一定角度范围内摆动，以适应轴受力后产生

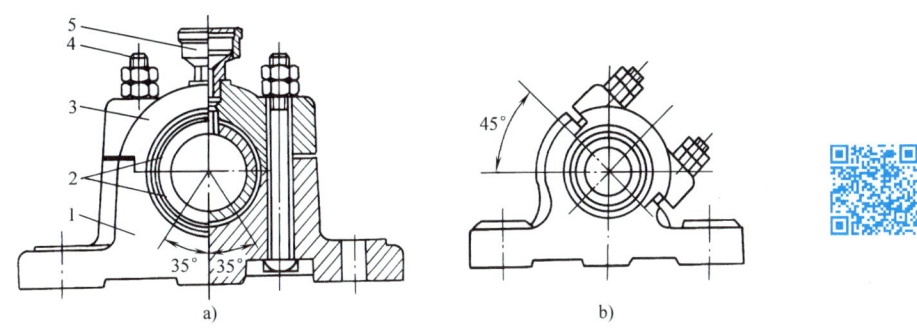

图 13-2 剖分式滑动轴承
a) 水平式 b) 斜开式

的弯曲变形，避免图 13-3b 所出现的轴与轴承两端局部接触而产生的磨损。但球面不易加工，只用于轴承宽度 $B$ 与直径 $d$ 之比大于 1.5~1.75 的场合。

（4）间隙可调式滑动轴承。调节轴承间隙是保持轴承回转精度的重要手段。使用中，常采用锥形轴套进行间隙调整。如图 13-4 所示，带锥形轴套的滑动轴承由螺母 1、轴套 2、销 3 和轴 4 组成。

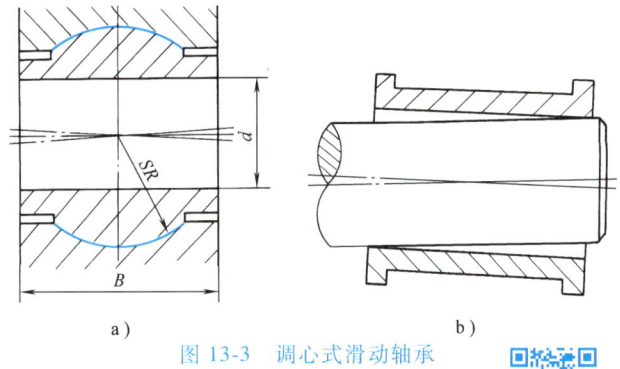

图 13-3 调心式滑动轴承

转动轴套上两端的圆螺母使轴套做轴向移动，即可调节轴承间隙。

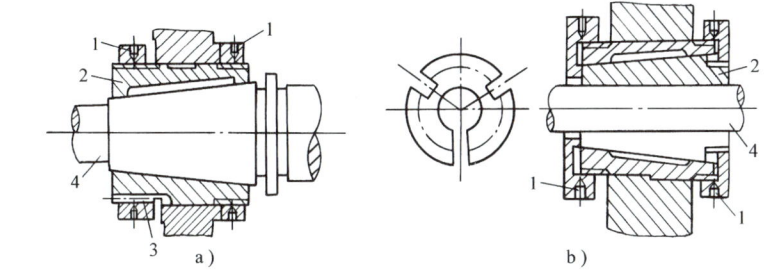

图 13-4 带锥形轴套的滑动轴承

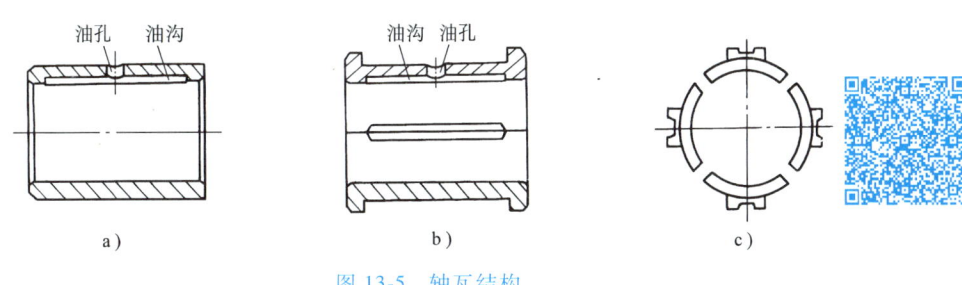

图 13-5 轴瓦结构
a) 整体式 b) 剖分式 c) 分块式

235

**2. 轴瓦**

轴瓦是轴承与轴颈直接接触的零件，有整体式、剖分式和分块式三种（图13-5）。整体式轴瓦用于整体式轴承；剖分式轴瓦用于剖分式轴承；为了便于运输、装配，大型滑动轴承一般采用分块式轴瓦。为了把润滑油导入摩擦表面，在轴瓦的非承载区内制出油孔与油沟。

为了使润滑油能均匀分布在整个轴颈上，油沟的长度应适宜。若油沟过长，会使润滑油从轴瓦端部大量流失；而油沟过短，会使润滑油流不到整个接触表面。通常可取油沟的长度为轴瓦长度的80%左右。剖分式轴瓦的油沟形式如图13-6所示。

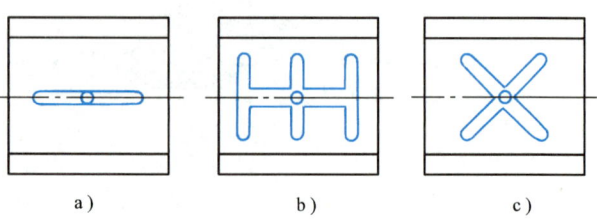

图13-6 剖分式轴瓦的油沟形式

**3. 轴承衬**

为了改善轴瓦表面的摩擦性能，提高承载能力，对于重要轴承，常在轴瓦内表面上浇铸一层减摩材料，称为轴承衬（简称轴衬）。轴承衬的厚度从0.5mm至6mm不等。为了保证轴承衬与轴瓦结合牢固，在轴瓦的内表面应制出沟槽（图13-7）。

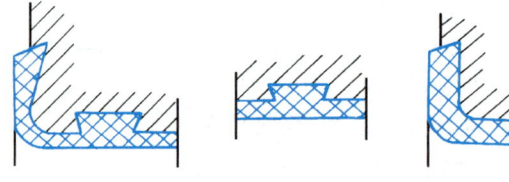

图13-7 轴承衬

## 二、止推滑动轴承

止推滑动轴承的结构如图13-8所示，由轴承座1、衬套2、径向轴瓦3、推力轴瓦4和销钉5组成。轴的端面与推力轴瓦是轴承的主要工作部分，轴瓦的底部为球面，可以自动进行位置调整，以保证轴承摩擦表面的良好接触。销钉是用来防止推力轴瓦随轴转动的。工作时润滑油由下部注入，从上部油管导出。

图13-9为止推滑动轴承轴颈的几种常见型式。载荷较小时可采用空心端面轴颈（图13-9a）和环形轴颈（图13-9b），载荷较大时采用多环轴颈（图13-9c）。

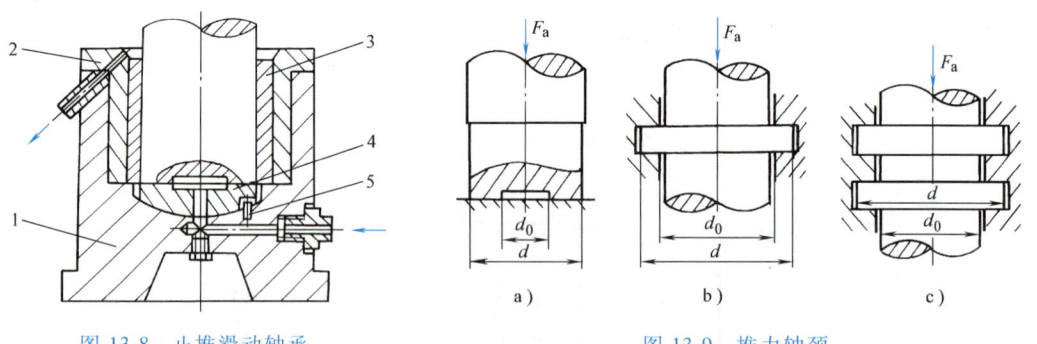

图13-8 止推滑动轴承　　　　图13-9 推力轴颈

## 三、轴承材料

轴承材料是指与轴颈直接接触的轴瓦或轴衬的材料。轴承材料应具有以下性能：

1) 足够的强度（包括抗压、抗冲击、抗疲劳等强度），以保证较大的承载能力。

2) 良好的减摩性、耐磨性和磨合性，以提高轴承的效率及延长使用寿命。

3) 良好的导热性、耐蚀性、工艺性以及价格低廉等。

但是，任何一种材料不可能同时具备上述性能，因而设计时应根据具体工作条件，按主要性能来选择轴承材料。常用的轴承材料有铸造轴承合金、铸造铜合金、铸铁等金属材料，其性能和应用见表13-1。

除了上述几种材料外，还可采用非金属材料（如塑料、尼龙、橡胶）以及粉末冶金等作为轴瓦材料。

表 13-1 常用轴承材料的性能和应用

| 轴承材料 | | 最大许用值[①] | | | 最高工作温度/℃ | 硬度[②] HBW | 性能比较[③] | | | | 备 注 |
|---|---|---|---|---|---|---|---|---|---|---|---|
| | | $[p]$/MPa | $[v]$/(m/s) | $[pv]$/(MPa·m/s) | | | 抗胶合性 | 顺嵌应入性性 | 耐蚀性 | 耐疲劳 | |
| 锡基轴承合金 | ZSnSb11Cu6 | 平稳载荷 | | | 150 | $\dfrac{150}{20\sim30}$ | 1 | 1 | 1 | 5 | 用于高速、重载下工作的重要轴承。变载荷下易于疲劳。价贵 |
| | | 25(40) | 80 | 20(100) | | | | | | | |
| | ZSnSb8Cu4 | 冲击载荷 | | | | | | | | | |
| | | 20 | 60 | 15 | | | | | | | |
| 铅基轴承合金 | ZPbSb16Sn16Cu | 12 | 12 | 10(50) | 150 | $\dfrac{150}{15\sim30}$ | 1 | 1 | 3 | 5 | 用于中速、中等载荷的轴承。不宜受显著冲击。可作为锡锑轴承合金的代用品 |
| | ZPbSb15Sn5Cu3 | 5 | 8 | 5 | | | | | | | |
| 铜基轴承合金 | ZCuSn10P1 | 15 | 10 | 15(25) | 280 | $\dfrac{200}{50\sim100}$ | 3 | 5 | 1 | 1 | 用于中速、重载及受变载荷的轴承 |
| | ZCuSn5Pb5Zn5 | 8 | 3 | 15 | | | | | | | 用于中速、中载的轴承 |
| | ZCuPb30 | 25 | 12 | 30(90) | | $\dfrac{300}{40\sim280}$ | 3 | 4 | 4 | 2 | 用于高速、重载轴承，能承受变载和冲击 |
| 铝青铜 | ZCuAl9Fe4Ni4Mn2 | 15(30) | 4(10) | 12(60) | 280 | $\dfrac{200}{100\sim120}$ | 5 | 5 | 5 | 2 | 最宜用于润滑充分的低速、重载轴承 |
| | ZCuAl10Fe3Mn2 | 20 | 5 | 15 | | | | | | | |
| 黄铜 | ZCuZn38Mn2Pb2 | 10 | 1 | 10 | 200 | $\dfrac{200}{80\sim150}$ | 3 | 5 | 1 | 1 | 用于低速、中载轴承 |
| 铝基轴承合金 | 20高锡铝合金 | 28~35 | 14 | | 140 | $\dfrac{300}{45\sim50}$ | 4 | 3 | 1 | 2 | 用于高速、中载轴承，是较新的轴承材料。其强度高、耐腐蚀、表面性能好 |
| | 铝硅合金 | | | | | | | | | | |
| 铸铁 | HT150、HT200、HT250 | 2~4 | 0.5~1 | 1~4 | | $\dfrac{200\sim250}{160\sim180}$ | 4 | 5 | 1 | 1 | 宜用于低速、轻载的不重要轴承、价廉 |

① ( ) 内为极限值，其余为一般值（润滑良好）。对于液体动压轴承，限制 $[pv]$ 值无甚意义，因其与散热等条件关系很大。

② 分子数值为最小轴颈硬度，分母数值为合金硬度。

③ 性能比较：1—最佳；2—良；3—较好；4——般；5—最差。

## 第三节　非液体摩擦滑动轴承的设计计算

### 一、计算准则

非液体摩擦滑动轴承的主要失效形式是磨损和胶合。为了防止轴承失效，应保证轴颈与轴瓦的接触面之间形成润滑油膜。影响油膜存在的因素很多，目前为止还没有一种完善的计算方法，只能在确定其结构尺寸之后进行简化的条件性校核计算。

### 二、设计步骤

设计的已知条件：轴颈的直径、转速、载荷情况和工作要求。

设计步骤如下：

1) 根据工作条件和工作要求，确定轴承结构类型及轴瓦材料。

2) 根据轴颈尺寸确定轴承宽度。一般情况下取轴承的宽径比 $B/d = 0.5 \sim 1.5$，可根据轴颈尺寸计算出轴承宽度；也可查阅设计手册确定。

3) 校核轴承的工作能力。

4) 选择轴承的配合（表 13-2）。

表 13-2　滑动轴承的常用配合

| 配合符号 | 应用举例 |
| --- | --- |
| H7/g6 | 磨床、车床及分度头主轴承 |
| H7/f7 | 铣床、钻床及车床的轴承；汽车发动机曲轴的主轴承及连杆轴承；齿轮及蜗杆减速器轴承 |
| H9/f9 | 电动机、离心泵、风扇及惰轮轴承；蒸汽机与内燃机曲轴的主轴承及连杆轴承 |
| H11/d11 | 农业机械用轴承 |
| H7/e8 | 汽轮发电机轴、内燃机凸轮轴、高速转轴、机车多支点轴、刀架丝杠等轴承 |
| H11/b11 | 农业机械用轴承 |

### 三、向心滑动轴承的校核计算

#### 1. 校核轴承的平均压强 $p$

$$p = \frac{F_r}{Bd} \leq [p] \tag{13-1}$$

式中，$F_r$ 为轴承承受的径向载荷（N）；$B$ 为轴承宽度（mm）；$d$ 为轴颈直径（mm）；$[p]$ 为轴承材料的许用平均压强（MPa），见表 13-1。

校核轴承平均压强的目的，是保证轴承工作面上的润滑油不因压力过大而被挤出，防止轴承产生过度磨损。

#### 2. 校核轴承 $pv$ 值

$$pv = \frac{F_r n}{19100 B} \leq [pv] \tag{13-2}$$

式中，$F_r$ 为轴承承受的径向载荷（N）；$v$ 为轴颈的圆周速度（m/s）；$n$ 为轴的转速（r/min）；$B$ 为轴承宽度（mm）；$[pv]$ 为许用 $pv$ 值（MPa·(m/s)），见表 13-1。

校核 pv 值的目的，是防止轴承工作时产生过高的热量而导致胶合。

当以上校核结果不能满足时，可以改变轴瓦的材料或适当增大轴承的宽度。对低速或间歇工作的轴承，只需进行压强的校核。

### 四、止推滑动轴承的计算

#### 1. 校核轴承的压强 p

受力情况参见图 13-9c，可得

$$p = \frac{F_a}{z\frac{\pi}{4}(d^2 - d_0^2)K} \leq [p] \qquad (13\text{-}3)$$

式中，$F_a$ 为轴承承受的轴向载荷（N）；$d_0$、$d$ 为轴颈内、外径（mm）；$z$ 为轴环数；$K$ 为支承面积减小系数，有油沟时 $K = 0.8 \sim 0.9$，无油沟时 $K = 1.0$；$[p]$ 为许用压强（MPa），见表 13-3。

#### 2. 验算轴承的 $pv_m$ 值

$$pv_m \leq [pv] \qquad (13\text{-}4)$$

式中，$v_m$ 为轴颈平均直径处的圆周速度（m/s）；$[pv]$ 为许用 pv 值（MPa·(m/s)），见表 13-3。

表 13-3　止推滑动轴承的 $[p]$ 值和 $[pv]$ 值

| 轴承材料 | 未淬火钢 | | | 淬火钢 | | |
|---|---|---|---|---|---|---|
| 轴瓦材料 | 铸铁 | 青铜 | 轴承合金 | 青铜 | 轴承合金 | 淬火钢 |
| $[p]$/MPa | 2～2.5 | 4～5 | 5～6 | 7.5～8 | 8～9 | 12～15 |
| $[pv]$/(MPa·(m/s)) | 1～2.5 | | | | | |

注：多环止推滑动轴承许用压强 $[p]$ 取表值的一半。

## 第四节　液体摩擦滑动轴承简介

液体摩擦是滑动轴承的理想摩擦状态。根据轴承获得液体润滑原理的不同，液体摩擦滑动轴承可分为液体动压滑动轴承和液体静压滑动轴承。

### 一、液体动压滑动轴承

图 13-10 所示为液体动压滑动轴承。图 13-10a 所示轴颈处于静止状态，在外载荷 F 作用下，轴颈与轴孔在 A 点接触，并形成楔形间隙。图 13-10b 所示轴颈开始转动，由于摩擦阻力的作用，使轴颈沿轴承孔壁运动，在 B 点接触。随着转速的升高，由于润滑油的黏性和吸附作用而被带入楔形间隙，使油受挤而产生压力。轴颈的转速越高，带进的油量越多，油的

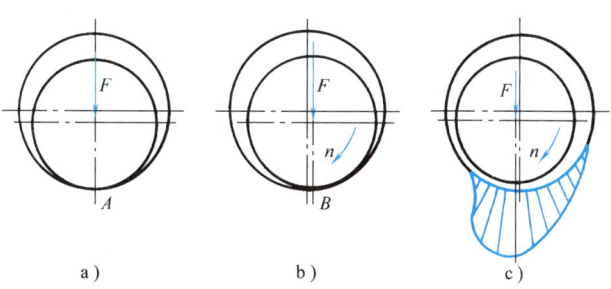

图 13-10　液体动压轴承的工作原理

压力越大。图 13-10c 所示为轴颈达到工作转速时，油压在垂直方向的合力与外载荷 $F$ 平衡，润滑油把轴颈抬起，隔开摩擦表面而形成液体润滑。这种轴承的油压是靠轴颈的运动而产生的，故称为液体动压滑动轴承。必须指出，液体动压滑动轴承的轴颈与轴承孔是不同心的。

## 二、液体静压滑动轴承

液体静压滑动轴承利用液压泵向轴承供给具有一定压力的润滑油，强制轴颈与轴承孔表面隔开而获得液体润滑。图 13-11 所示为液体静压滑动轴承，由进油孔 1、静压轴承 2、油腔 3、轴颈 4、节流器 5 和液压泵 6 组成。压力油经节流器同时进入几个对称油腔，然后经轴承间隙流到轴承两端和油槽并

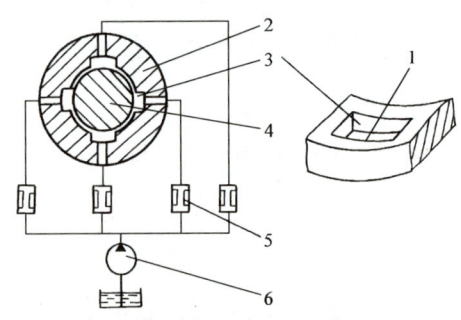

图 13-11 液体静压轴承的工作原理

流回油箱。当轴承载荷为零时，各油腔压力相等，轴颈与轴承孔同心。当轴承受到外载荷作用时，油腔压力发生变化，这时依靠节流器的自动调节使各油腔压力与外载荷保持平衡，轴承仍然处于液体摩擦状态，但轴颈与轴承孔有少许偏心。这种轴承内的油压靠液压泵维持，与轴是否转动无关，故称为液体静压滑动轴承。

## 第五节 滚动轴承的结构、类型和代号

### 一、滚动轴承的构造

如图 13-12 所示，滚动轴承由外圈 1、内圈 2、滚动体 3 和保持架 4 组成。通常内圈固定在轴上随轴转动，外圈装在轴承座孔内不动；但亦有外圈转动、内圈不动的使用情况。滚动体在内、外圈的滚道中滚动，保持架将滚动体均匀隔开，使其沿圆周均匀分布，以减小滚动体的摩擦和磨损。滚动轴承的构造中，有的无外圈或内圈，有的无保持架，但不能没有滚动体。

滚动体的形状有球形、圆柱形、圆锥形、鼓形、滚针形等多种（图 13-13）。

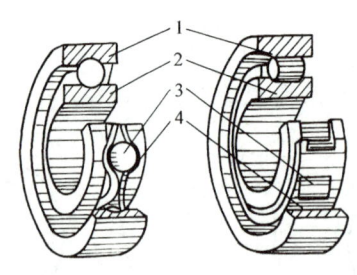

图 13-12 滚动轴承的构造

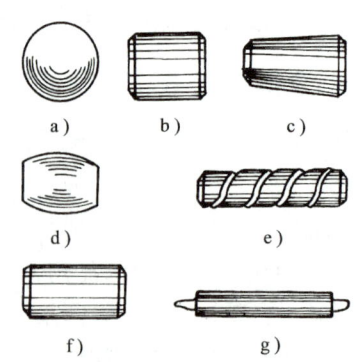

图 13-13 滚动体形状

a) 球形  b) 短圆柱形  c) 圆锥形  d) 鼓形
e) 空心螺旋形  f) 长圆柱形  g) 滚针形

滚动轴承的外圈、内圈、滚动体均采用强度高、耐磨性好的铬锰高碳钢制造。保持架多用低碳钢或铜合金制造，也可采用塑料及其他材料。

## 二、滚动轴承的结构特性

### 1. 接触角

滚动体和外圈接触处的法线 $nn$ 与轴承的径向平面（垂直于轴承轴心线的平面）的夹角 $\alpha$（图 13-14），称为接触角。$\alpha$ 越大，轴承承受轴向载荷的能力越大。

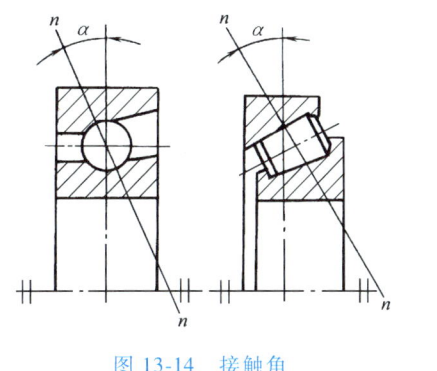

图 13-14　接触角

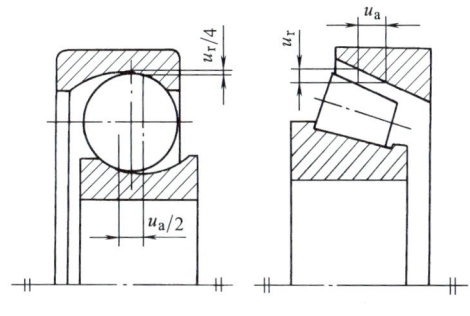

图 13-15　轴承的游隙

### 2. 游隙

滚动体和内、外圈之间存在一定的间隙，因此，内、外圈之间可以产生相对位移，其最大位移量称为游隙。游隙分为轴向游隙和径向游隙（图 13-15）。游隙的大小对轴承寿命、噪声、温升等有很大影响，应按使用要求进行游隙的选择或调整。

### 3. 偏移角

轴承内、外圈轴线相对倾斜时所夹锐角，称为偏移角。能自动适应角偏移的轴承，称为调心轴承。

## 三、常用滚动轴承的类型

### 1. 按滚动体的形状分类

滚动轴承可分为：

（1）球轴承。滚动体的形状为球的轴承称为球轴承。球与滚道之间为点接触，故其承载能力、耐冲击能力较低；但球的制造工艺简单，极限转速较高，价格便宜。

（2）滚子轴承。除了球轴承以外，其他均称为滚子轴承。滚子与滚道之间为线接触，故其承载能力、耐冲击能力均较高；但制造工艺较球复杂，价格较高。

### 2. 按承受载荷的方向分类

滚动轴承可分为：

（1）向心轴承。向心轴承主要承受径向载荷。其分类为：

1）径向接触轴承（$\alpha=0°$）。主要承受径向载荷，也可承受较小的轴向载荷，如深沟球轴承、调心轴承等。

2）向心角接触轴承（$0°<\alpha<45°$）。能同时承受径向载荷和轴向载荷的联合作用，如角接触球轴承、圆锥滚子轴承等。其接触角越大，承受轴向载荷的能力越强。圆锥滚子轴承能

同时承受较大的径向和单向轴向载荷，内、外圈沿轴向可以分离，装拆方便，间隙可调。

也有的向心轴承不能承受轴向载荷，只能承受径向载荷，如圆柱滚子轴承、滚针轴承等。

（2）推力轴承。推力轴承只能或主要承受轴向载荷。其分类为：

1）轴向推力轴承（α=90°）。只能承受轴向载荷，如单、双向推力球轴承、推力滚子轴承等。推力球轴承的两个套圈的内孔直径不同，直径较小的套圈紧配在轴颈上，称为轴圈；直径较大的套圈安放在机座上，称为座圈。由于套圈上滚道深度浅，当转速较高时，滚动体的离心力大，轴承对滚动体的约束力不够，故允许的转速较低。

2）推力角接触轴承（45°<α<90°）。主要承受轴向载荷，也可承受较小的径向载荷，如推力调心球面滚子轴承等。

常用滚动轴承类型及主要性能见表13-4。

表13-4 常用滚动轴承类型及主要性能

| 类型及代号 | 结构简图及标准号 | 载荷方向 | 主要性能及应用 |
|---|---|---|---|
| 调心球轴承（1） | 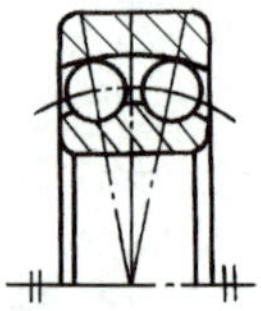 |  | 其外圈的内表面是球面，内、外圈轴线间允许角偏位为2°~3°，极限转速低于深沟球轴承。可承受径向载荷及较小的双向轴向载荷。用于轴变形较大及不能精确对中的支承处 |
| 调心滚子轴承（2） | 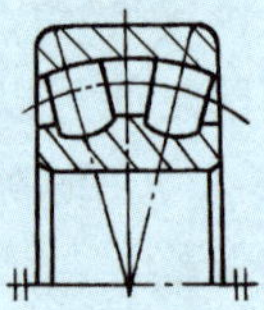 |  | 轴承外圈的内表面是球面，主要承受径向载荷及一定的双向轴向载荷，但不能承受纯轴向载荷，允许角偏位为0.5°~2°。常用在长轴或受载荷作用后轴有较大的弯曲变形及多支点的轴上 |
| 圆锥滚子轴承（3） | 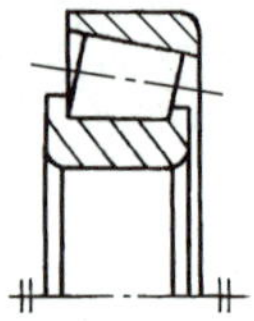 | | 可同时承受较大的径向及轴向载荷，承载能力大于"7"类轴承。外圈可分离，装拆方便，成对使用 |
| 双列深沟球轴承（4） | 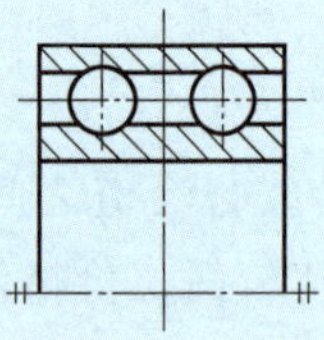 | 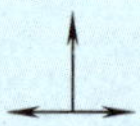 | 能承受较单列深沟球轴承更大的径向载荷 |
| 推力球轴承（5） | 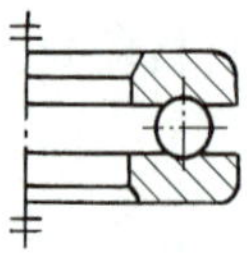 |  | 只能承受轴向载荷，而且载荷作用线必须与轴线相重合，不允许有角偏差，极限转速低 |
| 深沟球轴承（6） | 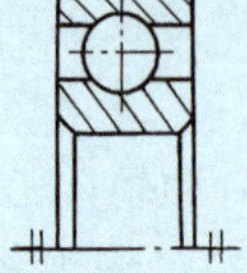 |  | 可承受径向载荷及一定的双向轴向载荷。内、外圈轴线间允许角偏位为8′~16′ |

（续）

| 类型及代号 | 结构简图及标准号 | 载荷方向 | 主要性能及应用 |
|---|---|---|---|
| 角接触球轴承<br>（7） | 7000C 型（$\alpha=15°$）<br>7000AC 型（$\alpha=25°$）<br>7000B 型（$\alpha=40°$） | | 可同时承受径向及轴向载荷，也可用来承受纯轴向载荷。承受轴向载荷的能力由接触角 $\alpha$ 的大小决定，$\alpha$ 大，承受轴向载荷的能力高。由于存在接触角 $\alpha$，承受纯径向载荷时，会产生内部轴向力，使内、外圈有分离的趋势，因此这类轴承都成对使用，可以分装于两个支点或同装于一个支点上。极限转速较高 |
| 推力圆柱滚子轴承<br>（8） | GB/T 4663—2017 | | 能承受较大的单向轴向载荷，极限转速低 |
| 圆柱滚子轴承<br>（N） | | | 能承受较大的径向载荷，不能承受轴向载荷，极限转速也较高，但允许的角偏位很小，约 $2'\sim4'$。设计时，要求轴的刚度大，对中性好 |
| 滚针轴承<br>（NA） | | | 不能承受轴向载荷，不允许有角度偏斜，极限转速较低。结构紧凑，在内径相同的条件下，与其他轴承比较，其外径最小。适用于径向尺寸受限制的部件中 |

### 四、滚动轴承的代号

为了区别不同类型、结构、尺寸和精度的轴承，国家标准 GB/T 272—2017 规定了识别符号，即轴承代号，并把它标印在轴承的端面上。一般滚动轴承的代号由前置代号、基本代号和后置代号构成。

#### 1. 前置、后置代号

前置、后置代号是轴承在结构形状、尺寸、公差、技术要求等有改变时，在基本代号左、右添加的补充代号，其排列见表 13-5。

表 13-5 滚动轴承的代号排列

| 轴 承 代 号 | | | | | | | | | | |
|---|---|---|---|---|---|---|---|---|---|---|
| 前置代号 | 基本代号 | 后置代号（组） | | | | | | | | |
| | | 1 | 2 | 3 | 4 | 5 | 6 | 7 | 8 | 9 |
| 成套轴承分部件 | 类型代号 / 尺寸系列代号 / 内径代号 | 内部结构 | 密封、防尘与外部形状 | 保持架及其材料 | 轴承零件材料 | 公差等级 | 游隙 | 配置 | 振动及噪声 | 其他 |

（1）前置代号。前置代号用字母表示。代号及含义见表13-6。

表13-6 前置代号

| 代 号 | 含 义 | 示 例 |
|---|---|---|
| F | 带凸缘外圈的向心球轴承（仅适用于 $d \leq 10$ mm） | F618/4 |
| FSN | 凸缘外圈分离型微型角接触球轴承（仅适用于 $d \leq 10$ mm） | FSN719/5-Z |
| KIW- | 无座圈的推力轴承组件 | KIW-51108 |
| KOW- | 无轴圈的推力轴承组件 | KOW-51108 |
| L | 可分离轴承的可分离内圈或外圈 | LNU207　LN207 |
| LR | 带可分离内圈或外圈与滚动体的组件 | |
| R | 不带可分离内圈或外圈的轴承（滚针轴承仅适用于 NA 型） | RNU207　RNA6904 |
| K | 滚子和保持架组件 | K81107 |
| WS | 推力圆柱滚子轴承轴圈 | WS81107 |
| GS | 推力圆柱滚子轴承座圈 | GS81107 |

（2）后置代号。后置代号共有9组（表13-5），用字母（或加数字）表示。其中：

1）内部结构代号，常用的见表13-7。

表13-7 常用的内部结构代号

| 代 号 | 含 义 | 示 例 |
|---|---|---|
| A、B<br>C、D<br>E | 1）表示内部结构改变<br>2）表示标准设计，其含义随不同类型、结构而异 | B 角接触球轴承　公称接触角 $\alpha=40°$　7210B<br>　　圆锥滚子轴承　接触角加大　32310B<br>C 角接触球轴承　公称接触角 $\alpha=15°$　7005C<br>　　调心滚子轴承　C 型　23122C<br>E 加强型[①]　NU207E |
| AC | 角接触球轴承　公称接触角 $\alpha=25°$ | 7210AC |
| D | 剖分式轴承 | K 50×55×20 D |
| ZW | 滚针保持架组件　双列 | K 20×25×40 ZW |

[①] 加强型，即内部结构设计改进，增大轴承承载能力。

2）密封、防尘与外部形状变化代号。用字母表示，如 K 表示圆锥孔轴承；N 表示轴承外圈上有止动槽；NR 表示轴承外圈上有止动槽并带止动环等。详见轴承手册。

3）公差等级代号。分为普通、6、6X、5、4、2 六级，分别用/PN、/P6、/P6X、/P5、/P4、/P2、/SP、/UP 表示。其中，普通级的精度为最低；2 级的精度为最高；6X 级的精度仅用于圆锥滚子轴承；普通级在轴承代号中可省略不标，/SP、/UP 分别相当于 5 级、4 级尺寸精度，4 级旋转精度。

4）游隙代号。游隙代号常用的有五组，其中基本组代号为 CN，一般可不予标注。常用的其他组的代号分别为：/C2、/C3、/C4、/C5。当公差等级代号与游隙代号需同时表示时，可进行简化，取公差等级代号加上游隙组号（去掉游隙代号中的"C"且 N 组不表示）组合表示。如/P63 表示轴承公差等级 6 级，径向游隙 3 组。特殊的游隙代号还有/CA、/CM、/CN、/C9。

5）配置代号。配置代号较多，常用的有 3 组，/DB 表示成对背靠背安装，/DF 表示成对面对面安装，/DT 表示成对串联安装。

6）保持架及其材料及轴承零件材料代号、其他代号，按 GB/T 272—2017 规定。

**2. 基本代号**

轴承基本代号（滚针轴承除外）由类型代号、尺寸系列代号及内径代号组成，并按顺序由左向右依次排列：

类型代号　尺寸系列代号　内径代号

（1）类型代号。类型代号用数字或字母表示，见表13-4。

（2）尺寸系列代号。尺寸系列代号是轴承的宽度系列（或高度系列）与直径系列的组合。宽度系列是指径向接触轴承或向心角接触轴承的内径相同，而宽度有一个递增的系列尺寸。高度系列是指轴向接触轴承的内径相同，轴承高度有一个递增的系列尺寸。直径系列是表示同一类型、内径相同的轴承，其外径有一个递增的系列尺寸。组合排列时，宽（高）度系列在前，直径系列在后（表13-8）。当宽度系列为"0"时，可省略（在调心滚子轴承和圆锥滚子轴承中不可省略）。

表13-8 尺寸系列代号

| 直径系列 | | 向心轴承 | | | | | | | 推力轴承 | | | |
|---|---|---|---|---|---|---|---|---|---|---|---|---|
| | | 宽度系列代号 | | | | | | | 高度系列代号 | | | |
| | | 8 | 0 | 1 | 2 | 3 | 4 | 5 | 6 | 7 | 9 | 1 | 2 |
| | | 宽度尺寸依次递增→ | | | | | | | 高度尺寸依次递增→ | | | |
| | | 尺寸系列代号 | | | | | | | | | | |
| 外径尺寸依次递增↓ | 7 | — | — | 17 | — | 37 | — | — | — | — | — | — | — |
| | 8 | — | 08 | 18 | 28 | 38 | 48 | 58 | 68 | — | — | — | — |
| | 9 | — | 09 | 19 | 29 | 39 | 49 | 59 | 69 | — | — | — | — |
| | 0 | — | 00 | 10 | 20 | 30 | 40 | 50 | 60 | 70 | 90 | 10 | — |
| | 1 | — | 01 | 11 | 21 | 31 | 41 | 51 | 61 | 71 | 91 | 11 | — |
| | 2 | 82 | 02 | 12 | 22 | 32 | 42 | 52 | 62 | 72 | 92 | 12 | 22 |
| | 3 | 83 | 03 | 13 | 23 | 33 | — | — | — | 73 | 93 | 13 | 23 |
| | 4 | — | 04 | — | 24 | — | — | — | — | 74 | 94 | 14 | 24 |
| | 5 | — | — | — | — | — | — | — | — | — | 95 | — | — |

注：表中"—"表示不存在此种组合。

（3）内径代号。内径代号表示轴承内径尺寸的大小，轴承常用的内径代号见表13-9。

表13-9 轴承常用的内径代号

| 轴承公称内径/mm | | 内径代号 | 示　　例 | |
|---|---|---|---|---|
| 1～9（整数） | | 用公称内径毫米数直接表示，对深沟及角接触球轴承直径系列7、8、9，内径与尺寸系列代号之间用"/"分开 | 深沟球轴承　625 | $d=5$mm |
| | | | 深沟球轴承　618/5 | $d=5$mm |
| 10～17 | 10 | 00 | 深沟球轴承　6200 | $d=10$mm |
| | 12 | 01 | 深沟球轴承　6201 | $d=12$mm |
| | 15 | 02 | 深沟球轴承　6202 | $d=15$mm |
| | 17 | 03 | 深沟球轴承　6203 | $d=17$mm |
| 20～480（22、28、32除外） | | 公称内径除以5的商数，商数为个位数，需在商数左边加"0"，如08 | 圆锥滚子轴承　30308 | $d=40$mm |
| | | | 深沟球轴承　6215 | $d=75$mm |

注：轴承内径代号用两位阿拉伯数字表示。内径为22mm、28mm、32mm、≥500mm的轴承用内径毫米数直接表示，但与组合代号之间用"/"分开。例如，深沟球轴承62/22，表示内径$d=22$mm。

轴承代号举例：说明轴承代号6215、30208/P6X、7310C/P5的含义。

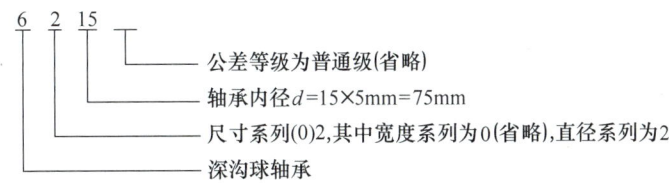

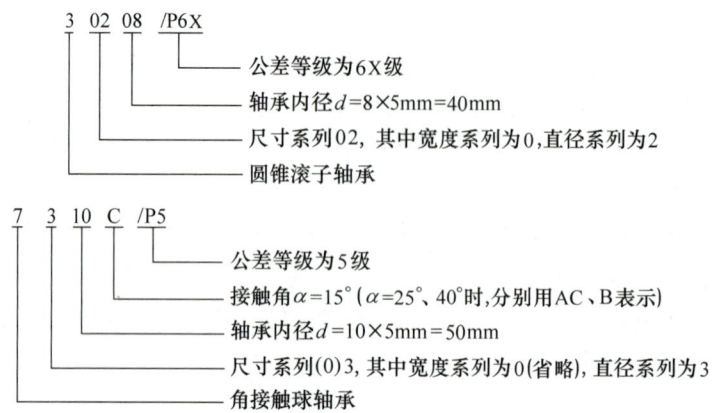

## 第六节　滚动轴承类型的选择

滚动轴承是标准件，类型很多，在选择时应考虑的因素主要有：

**1. 载荷的大小、方向和性质**

滚子轴承的承载能力大于球轴承，故对于载荷较大或有冲击载荷时宜选用滚子轴承。在只有径向载荷作用时，可选用向心轴承；在只有轴向载荷作用时，可选用推力轴承。同时受到径向和轴向载荷作用，当径向载荷大时，可选用向心角接触轴承；当轴向载荷大时，可选用推力角接触轴承。也可以采用向心和推力两种不同类型的轴承组合来承担径向和轴向载荷，其效果和经济性都比较好。

**2. 转速的高低**

球轴承的极限转速高于滚子轴承，因此在高速以及要求有较高的运转精度时宜选用球轴承。推力轴承允许的极限转速较低，故高速、轴向载荷不大时可采用深沟球轴承。在轴向载荷大、转速高时可采用角接触球轴承。

**3. 使用要求**

当两轴承孔同轴度低、轴的弯曲变形较大、刚度较差或轴上支点较多时，可选用允许内、外圈轴线偏斜角较大的调心轴承，但必须两端同时使用，否则将失去调心作用。当轴承同时承受较大的径向和轴向载荷且需要对轴向位置进行调整时，宜采用圆锥滚子轴承。

**4. 价格及经济性**

轴承的选择应考虑到经济性。公差等级越高的轴承，价格越贵。当公差等级相同时，球轴承的价格比滚子轴承便宜。

**5. 其他特殊要求**

其他特殊要求是指如允许空间、装拆位置、润滑、密封、噪声及其他特殊性能要求等。

## 第七节　滚动轴承的组合设计

为了保证轴承的正常工作，除了合理选择轴承的类型和尺寸之外，还必须进行轴承的组合设计，妥善解决滚动轴承的固定、轴系的固定、轴承组合结构的调整、轴承的配合、装拆、润滑和密封等问题。

## 一、滚动轴承内、外圈的轴向固定方法

为了防止轴承在承受轴向载荷时，相对于轴或座孔产生轴向移动，轴承内圈与轴、外圈与座孔必须进行轴向固定，其固定方式分别见表13-10、表13-11。

表13-10　常用滚动轴承内圈的轴向固定方法

| 序号 | 1 | 2 | 3 | 4 |
|---|---|---|---|---|
| 简图 | 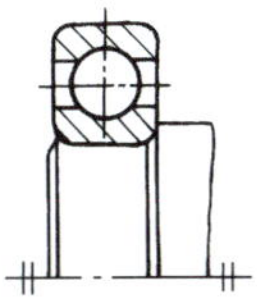 | 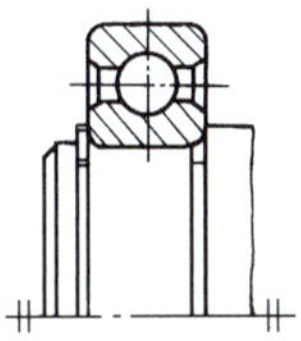 | 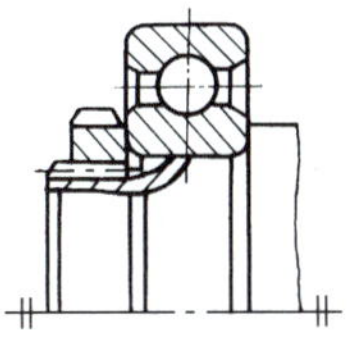 | 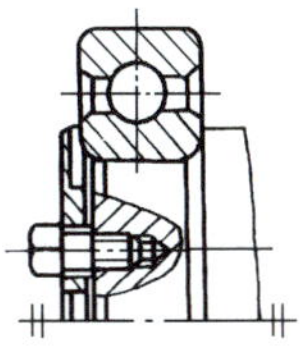 |
| 固定方式 | 内圈靠轴肩定位，结合过盈配合固定 | 用弹性挡圈紧固 | 内圈用螺母与止动垫圈紧固 | 在轴端用压板和螺钉紧固，用弹簧垫片和铁丝防松 |
| 特点 | 结构简单，装拆方便，占用空间小，可用于两端固定的支承中 | 结构简单，装拆方便，占用空间小，多用于深沟球轴承的固定 | 结构简单，装拆方便，紧固可靠 | 不能调整轴承游隙，多用于轴颈 $d>70mm$ 的场合，允许转速较高 |

表13-11　常用滚动轴承外圈的轴向固定方法

| 序号 | 1 | 2 | 3 |
|---|---|---|---|
| 简图 | 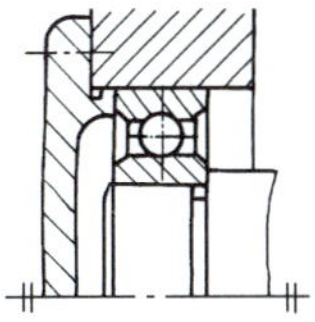 | 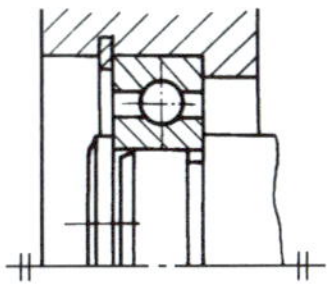 | 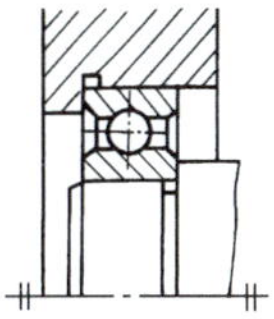 |
| 固定方式 | 外圈用端盖紧固 | 外圈用弹性挡圈紧固 | 外圈由挡肩定位，轴系另一端支承靠螺母或端盖紧固 |
| 特点 | 结构简单，紧固可靠，调整方便 | 结构简单，装拆方便，占用空间小，多用于向心类轴承 | 结构简单，工作可靠 |

| 序号 | 4 | 5 |
|---|---|---|
| 简图 | 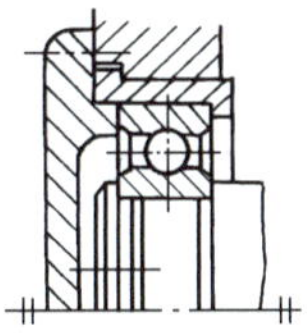 | 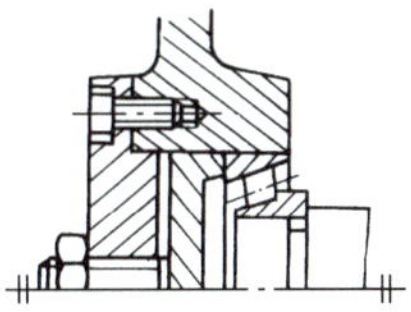 |
| 固定方式 | 外圈由套筒上的挡肩定位再用端盖紧固 | 外圈用螺钉和调节杯紧固 |
| 特点 | 结构简单，外壳孔可为通孔，利用垫片可调整轴系的轴向位置，装配工艺性好 | 便于调整轴承游隙，用于角接触轴承的紧固 |

## 二、轴系的固定

轴系固定的目的是防止轴工作时发生轴向窜动,保证轴上零件有确定的工作位置。常用的固定方式有以下两种:

### 1. 两端单向固定

如图 13-16 所示,两端的轴承都靠轴肩和轴承盖做单向固定,两个轴承的联合作用就能限制轴的双向移动。为了补偿轴的受热伸长,对于深沟球轴承,可在轴承外圈与轴承端盖之间留有补偿间隙 $C$,一般 $C = 0.25 \sim 0.4$mm;对于向心角接触轴承,应在安装时将间隙留在轴承内部。间隙的大小可通过调整垫片组的厚度实现。这种固定方式结构简单,便于安装,调整容易,适用于工作温度变化不大的短轴。

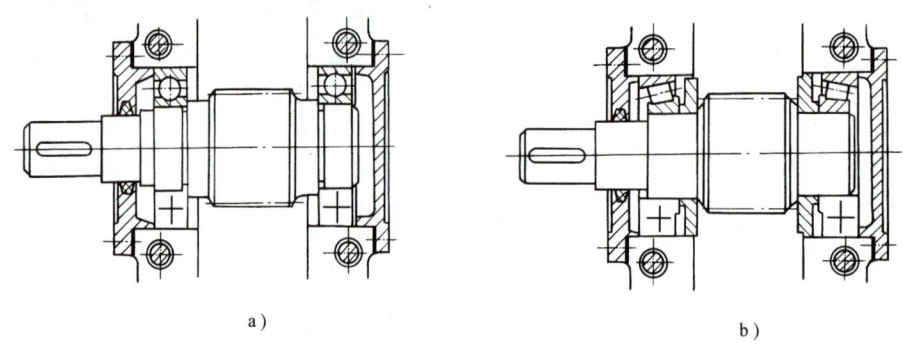

图 13-16 两端单向固定支承

### 2. 一端固定、一端游动支承

如图 13-17a 所示,一端轴承的内、外圈均做双向固定,限制了轴的双向移动。另一端轴承外圈两侧都不固定。当轴伸长或缩短时,外圈可在座孔内做轴向游动。一般将载荷小的一端做成游动,游动支承与轴承盖之间应留有足够大的间隙,$C = 3 \sim 8$mm。对角接触球轴承和圆锥滚子轴承,不可能留有很大的内部间隙,应将两个同类轴承装在一端做双向固定,另一端采用深沟球轴承或圆柱滚子轴承做游动支承(图 13-17b)。这种结构比较复杂,但工作稳定性好,适用于工作温度变化较大的长轴。

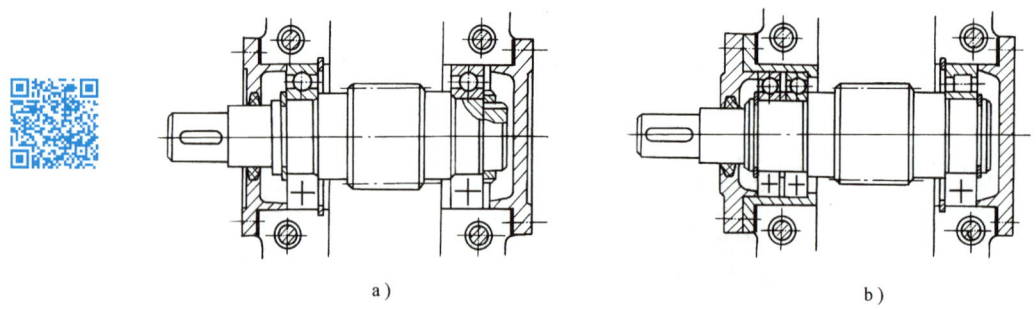

图 13-17 一端固定、一端游动支承

## 三、滚动轴承组合结构的调整

滚动轴承组合结构的调整包括轴承间隙的调整和轴系轴向位置的调整。

## 1. 轴承间隙的调整

轴承间隙的大小将影响轴承的旋转精度、轴承寿命和传动零件工作的平稳性。轴承间隙调整的方法有：

1) 如图 13-18a 所示，靠加减轴承端盖与箱体间垫片的厚度进行调整。
2) 如图 13-18b 所示，利用调整环进行调整，调整环的厚度在装配时确定。
3) 如图 13-18c 所示，利用调整螺钉推动压盖移动滚动轴承外圈进行调整，调整后用螺母锁紧。
4) 如图 13-18d 所示，利用调整端盖与座孔内的螺纹联接进行调整。

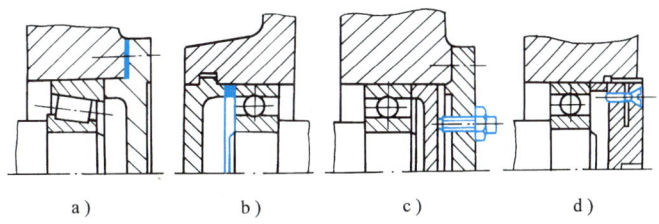

图 13-18　轴承间隙的调整

## 2. 轴系轴向位置的调整

轴系轴向位置调整的目的是使轴上零件有准确的工作位置。如蜗杆传动，要求蜗轮的中平面必须通过蜗杆轴线；直齿锥齿轮传动，要求两锥齿轮的锥顶必须重合。图 13-19 为锥齿轮轴的轴承组合结构，轴承装在套杯内，通过加减第 1 组垫片的厚度来调整轴承套杯的轴向位置，即可调整锥齿轮的轴向位置；通过加减第 2 组垫片的厚度，则可以实现轴承间隙的调整。

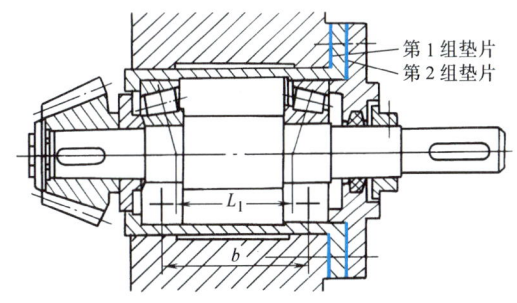

图 13-19　锥齿轮轴的调整结构

## 四、滚动轴承的配合

滚动轴承的配合是指轴承内圈与轴颈、轴承外圈与轴承座孔的配合。由于滚动轴承是标准件，故内圈与轴颈的配合采用基孔制，外圈与轴承座孔的配合采用基轴制。配合的松紧程度根据轴承工作载荷的大小、性质、转速高低等确定。如转速高、载荷大、冲击振动比较严重时应选用较紧的配合，要求旋转精度高的轴承配合也要紧一些；游动支承和需经常拆卸的轴承的配合则应松一些。

对于一般机械，轴与内圈的配合常选用 m6、k6、js6 等，外圈与轴承座孔的配合常选用 J7、H7、G7 等。由于滚动轴承内径的公差带在零线以下，因此，内圈与轴的配合比圆柱公差标准中规定的基孔制同类配合要紧些。如圆柱公差标准中 H7/k6、H7/m6 均为过渡配合，而在轴承内圈与轴的配合中就成了过盈配合。

## 五、滚动轴承的装拆

安装和拆卸轴承的力应直接加在紧配合的套圈端面，不能通过滚动体传递。由于内圈与轴的配合较紧，在安装轴承时：

1) 对中、小型轴承，可在内圈端面加垫后，用手锤轻轻打入（图13-20）。

2) 对尺寸较大的轴承，可在压力机上压入或把轴承放在油里加热至80~100℃，然后取出套装在轴颈上。

3) 同时安装轴承的内、外圈时，须用特制的安装工具（图13-21）。

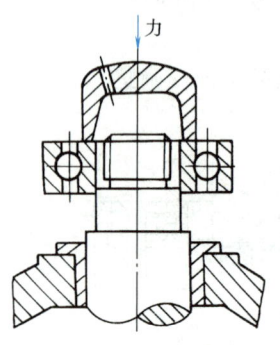

图13-20　安装轴承内圈

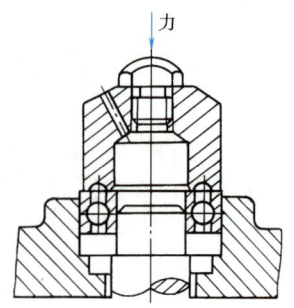

图13-21　同时安装轴承的内、外圈

轴承的拆卸可根据实际情况按图13-22实施。为使拆卸工具的钩头钩住内圈，应限制轴肩高度。轴肩高度可查设计手册。

内、外圈可分离的轴承，其外圈的拆卸可用压力机、套筒或螺钉顶出，也可以用专用设备拉出。为了便于拆卸，座孔的结构一般采用图13-23的形式。

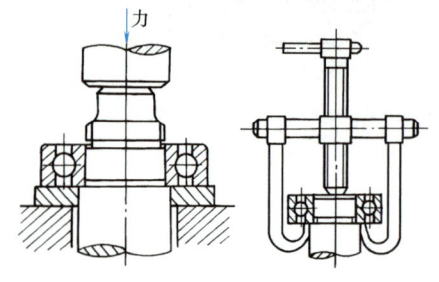

图13-22　轴承的拆卸

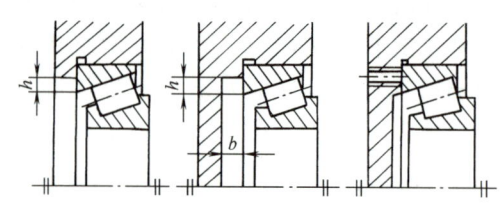

图13-23　便于外圈拆卸的座孔结构

### 六、保证支承部分的刚度和同轴度

为保证支承部分的刚度，轴承座孔壁应有足够的厚度，并设置加强肋以增强刚度。对于向心角接触轴承，可采用反排列（外圈宽边相对），提高支承刚度。

为保证支承部分的同轴度，同一轴上两端的轴承座孔必须保持同心。为此，两端轴承座孔的尺寸应尽量相同，以便加工时一次镗出，减少同轴度误差。若轴上装有不同外径尺寸的轴承时，可采用套杯结构。

### 七、滚动轴承的润滑

轴承润滑的主要目的是减小摩擦与磨损、缓蚀、吸振和散热。一般采用脂润滑或者油润滑。

多数滚动轴承采用脂润滑。润滑脂黏性大，不易流失，便于密封和维护，且不需经常添加；但转速较高时，功率损失较大。润滑脂的填充量不能超过轴承空间的 1/3~1/2。油润滑的摩擦阻力小，润滑可靠，但需要供油设备和较复杂的密封装置。当采用油润滑时，油面高度不能超出轴承中最低滚动体的中心。高速轴承宜采用喷油或油雾润滑。

轴承内径与转速的乘积 $dn$ 值可作为选择润滑方式的依据。具体的润滑剂及润滑方式选择可扫描 255 页的知识延伸——机械装置的润滑与密封对应的二维码进行学习。

### 八、滚动轴承的密封

密封的目的是防止外部的灰尘、水分及其他杂物进入轴承，并阻止轴承内润滑剂的流失。

密封装置可直接设置在轴承上（称为密封轴承），但大多数设置在轴承的支承部位。

密封方法很多，通常可归纳成三类，即接触式密封、非接触式密封和组合式密封。具体内容可以扫描第 255 页的知识延伸——机械装置的润滑与密封对应的二维码进行学习。

## ⊙知识延伸——滚动轴承的失效形式、寿命计算和静强度计算

## ⊙第八节　带座轴承简介

带座轴承又称带座轴承单元。

带座轴承单元是滚动轴承与轴承座组合在一起的一种新结构的轴承部件。其中，大部分带座滚动轴承都是将外圈的外径做成外球面，与带有球形内孔的轴承座安装在一起，其结构形式多种多样，通用性和互换性好。这种轴承单元具有与普通轴承一样的承载能力，有突出的调心性能和密封性能，可以在恶劣的环境下工作。轴承单元安装使用方便，能节省维修费用。近几十年来，世界各国都在迅速发展这种轴承单元，并在纺织、农机、运输和工程机械等各个领域中广泛应用。

带座轴承单元中安装的轴承有向心球轴承或滚子轴承，其中量大面广的是外球面向心球轴承（图 13-24）。

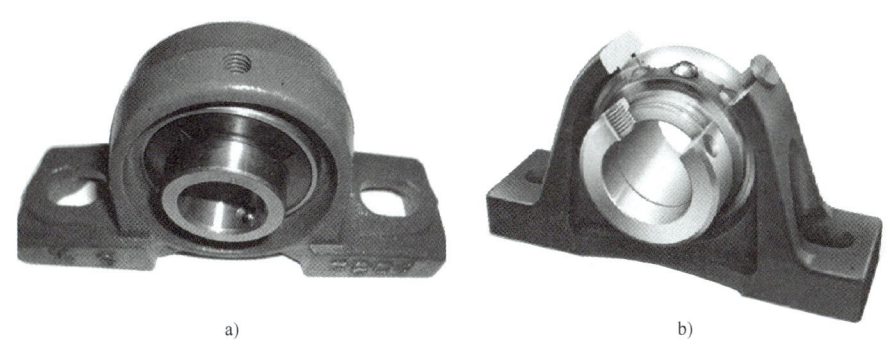

图 13-24　外球面向心球轴承
a）外形图　b）局剖图

## 自 测 题 与 习 题

### （一）自 测 题

13-1 在有较大冲击且需同时承受较大的径向力和轴向力场合，轴承类型应选用（　　）。
A. N 型　　　　　　B. 3000 型　　　　　　C. 7000 型　　　　　　D. 8000 型

13-2 某直齿圆柱齿轮减速器，工作转速较高，载荷性质平稳，轴承类型应选用（　　）。
A. 单列向心球轴承　　　　　　B. 双列调心球轴承
C. 角接触轴承　　　　　　　　D. 单列圆柱滚子轴承。

13-3 某锥齿轮减速器，中等转速，载荷有冲击，宜选用（　　）。
A. 单列圆锥滚子轴承　　　　　B. 角接触球轴承
C. 单列圆柱滚子轴承　　　　　D. 双列调心滚子轴承

13-4 当滚动轴承的润滑和密封良好，且连续运转时，其主要的失效形式是（　　）。
A. 滚动体破碎　　B. 疲劳点蚀　　C. 永久变形　　D. 磨损

13-5 某轴承在基本额定动载荷下工作了 $10^6$ 转时，该轴承失效的可能性是（　　）。
A. 必然失效　　B. 失效概率 90%
C. 失效概率 50%　　D. 失效概率 10%

13-6 当其他工况不变，转速增加 1 倍时，若要求预期寿命（工作小时数）不变，则滚子轴承必须具有的额定动载荷 $C'$ 应为原来的（　　）倍。
A. 1.23　　　　　B. 1.26　　　　　C. 1.44　　　　　D. 2

13-7 某滚子轴承的当量动载荷增加一倍，其额定寿命约为原来的（　　）。
A. 1/2　　　　　B. 1/4　　　　　C. 1/8　　　　　D. 1/10

13-8 若轴受双向轴向载荷较大，转速又高时，轴承内圈固定应采用图 13-25 所示的（　　）。
A. a　　　　　B. b　　　　　C. c　　　　　D. d

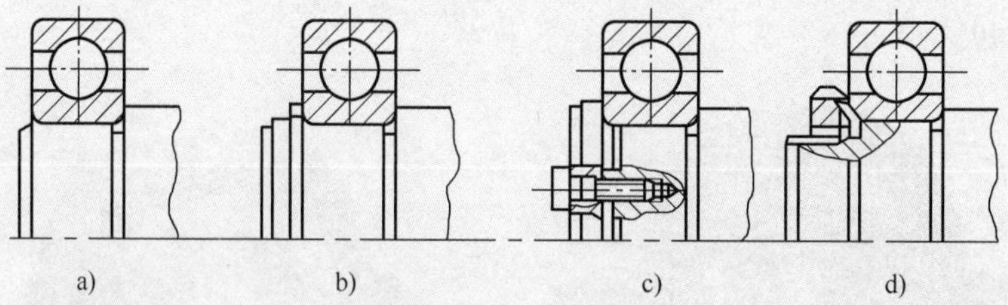

图 13-25 题 13-8、13-9 图

13-9 若轴上承受冲击、振动及较大的单向轴向载荷，轴承内圈的固定应采用图 13-25 中方案的（　　）。
A. a　　　　　B. b　　　　　C. c　　　　　D. d

13-10 图 13-26a 所示为正排列轴承的支承结构；图 13-26b 为反排列轴承的支承结构。这两种结构有下列优点：1）提高支承刚度；2）装拆轴承容易；3）调整方便等。其中为正排列轴承支承结构的优点的是（　　）。

A. 1）、2）　　　B. 2）、3）　　　C. 3）、1）　　　D. 1）、2）、3）

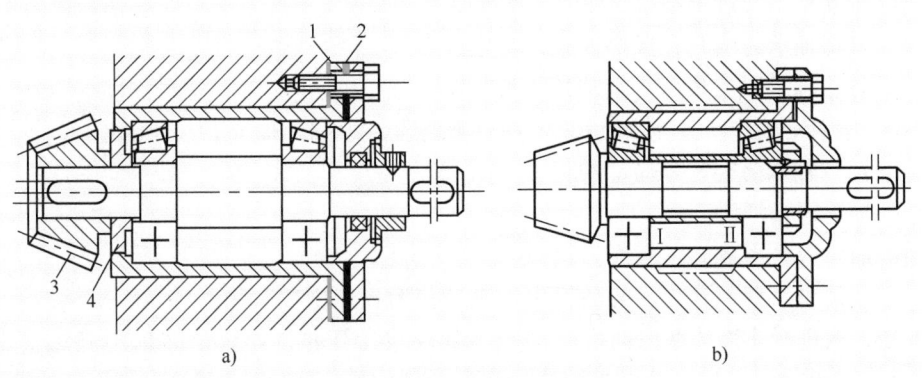

图 13-26　题 13-10、13-11、13-12 图

13-11 图 13-26b 所示为反排列轴承的支承结构。若已拆下轴承盖，应先拆（　　）。

A. 轴承 I　　　B. 轴承 II　　　C. 套筒　　　D. 圆螺母

13-12 图 13-26a 所示为正排列轴承的支承结构。若需调整齿轮轴的轴向位置，应采用的措施为（　　）。

A. 调整齿轮 3　　B. 调整垫片组 1　　C. 调整垫片组 2　　D. 调整挡油板 4

13-13 剖分式滑动轴承的性能特点是（　　）。

A. 能自动调正　　　　　　　　B. 装拆方便，轴瓦磨损后间隙可调整
C. 结构简单，制造方便，价格低廉　　D. 装拆不方便，装拆时必须做轴向移动。

13-14 如果轴和支架的刚性较差，要求轴承能自动适应其变形，应选用轴承为（　　）。

A. 整体式滑动轴承　　　　　　B. 剖分式滑动轴承
C. 调心式滑动轴承　　　　　　D. 止推滑动轴承

13-15 如果润滑油不是从轴中通道打入的，轴瓦结构（见图 13-27）正确的是（　　）。

A. a　　　B. b　　　C. c　　　D. d

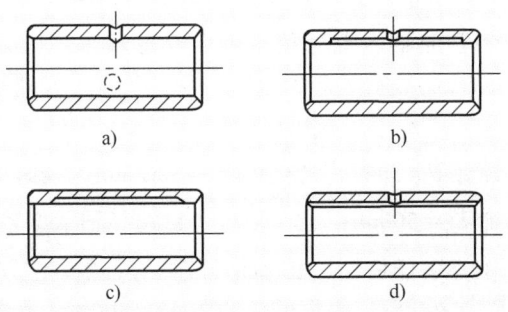

图 13-27　题 13-15 图

13-16 非液体摩擦滑动轴承与轴颈应选用的配合为（    ）。
   A. H8/f7    B. H7/k6    C. H7/n6    D. H7/p6

13-17 在计算非液体摩擦滑动轴承时，要限制 $pv$ 值的原因是为了（    ）。
   A. 保证油膜的形成
   B. 使轴承不会过早磨损
   C. 限制轴承的温升，保持油膜，防止胶合
   D. 防止轴承因发热而产生塑性变形

13-18 设计非液体摩擦滑动轴承时，应合理地选定宽径比 $\varphi$，$\varphi$ 值过小会造成（    ）。
   A. 轴与轴承两端产生局部磨损
   B. 轴承温升增大
   C. 油膜容易形成，承载能力提高
   D. 润滑油从两端流失，导致润滑不良，使磨损加剧

13-19 在进行非液体摩擦向心滑动轴承的校核计算时，如校核结果不满足要求，为确保轴承安全可靠地工作，可以采用的较简便合理的措施为（    ）。
   A. 使用黏度小的润滑油          B. 改变润滑方式
   C. 调节和控制轴承温升          D. 改变轴瓦材料或适当增大轴承宽度

13-20 形成动压油膜的主要条件为（    ）。
   A. 润滑油黏度较小              B. 轴颈和轴瓦之间能形成一楔形间隙
   C. 工作温度较高                D. 轴颈转速较低

## （二）习　　题

13-21 校核一非液体摩擦滑动轴承，其径向载荷 $F_r$ = 16000N，轴颈直径 $d$ = 80mm，转速 $n$ = 100r/min，轴承宽度 $B$ = 80mm。轴瓦材料为 ZCuSn5Pb5Zn5。

13-22 一非液体摩擦滑动轴承，已知轴颈直径 $d$ = 60mm，转速 $n$ = 960r/min，轴承宽度 $B$ = 60mm，轴瓦材料为 ZCuPb30。求其所能承受的最大径向载荷。

⊙13-23 轴上一 6208 轴承，所承受的径向载荷 $F_r$ = 3000N，轴向载荷 $F_a$ = 1270N。试求其当量动载荷 $F_P$。

⊙13-24 一齿轮轴上装有一对型号为 30208 的轴承（反排列），已知 $F_x$ = 5000N（方向向左），$F_{r1}$ = 8000N，$F_{r2}$ = 6000N。试计算两轴承上的轴向载荷。

⊙13-25 一带传动装置的轴上拟选用单列向心球轴承。已知：轴颈直径 $d$ = 40mm，转速 $n$ = 800r/min，轴承的径向载荷 $F_r$ = 3500N，载荷平稳。若轴承预期寿命 $L_h'$ = 10000h。试选择轴承型号。

⊙13-26 某水泵的轮颈 $d$ = 30mm，转速 $n$ = 1450r/min，径向载荷为 $F_r$ = 1320N，轴向载荷 $F_a$ = 600N，要求寿命 $L_h'$ = 5000h，载荷平稳。试选择轴承型号。

⊙13-27 一常温工作的蜗杆传动，已知蜗杆轴的轴颈 $d$ = 45mm，转速 $n$ = 220r/min，径向载荷 $F_{r1}$ = 2100N，$F_{r2}$ = 2600N，蜗杆的轴向力 $F_x$ = 800N（方向向右），要求轴承对称布置，寿命为两班制工作 5 年，载荷有轻微冲击。拟从深沟球轴承、角接触球轴承、圆锥

滚子轴承中选择。试确定轴承型号，并判定哪种方案最佳。

⊙13-28 一常温工作的斜齿圆柱齿轮减速器中的输出轴，已知斜齿轮齿数 $z=100$，模数 $m_n=3$mm，螺旋角 $\beta=15°$，传递功率 $P=7.5$kW，转速 $n=200$r/min，轴颈 $d=55$mm，要求轴承对称布置，使用寿命 $L_h'=40000$h。若采用单列深沟球轴承，试确定轴承型号。

## ⊙知识延伸——机械装置的润滑与密封

# 第十四章

# 联轴器、离合器与制动器

## 第一节 概 述

联轴器、离合器和制动器是机械传动中的重要部件。联轴器和离合器可联接主、从动轴,使其一同回转并传递转矩,有时也可用作安全装置。联轴器联接的分与合只能在停机时进行,而离合器联接的分与合可随时进行,制动器则主要用来降低机械的运转速度或迫使机械停止运转。

如图 14-1、图 14-2 所示为联轴器、离合器和制动器应用实例。

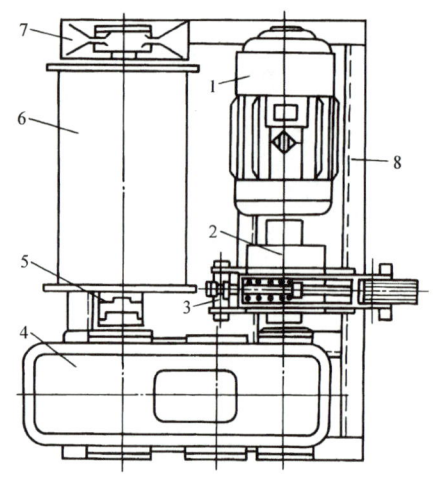

图 14-1 联轴器、制动器应用实例

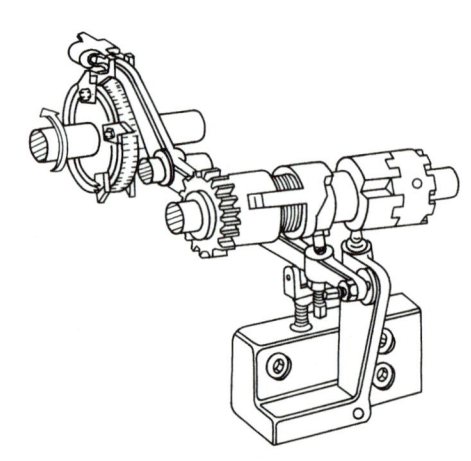

图 14-2 离合器应用实例

图 14-1 所示为电动绞车,由电动机 1,联轴器 2、5,制动器 3,减速器 4,卷筒 6,轴承 7,机架 8 等组成。电动机输出轴与减速器输入轴之间用联轴器联接,并装有制动器,用以减速或制动。减速器输出轴与卷筒之间同样用联轴器联接来传递运动和转矩。图 14-2 所示为自动车床转塔刀架上用于控制转位的离合器。

联轴器、离合器和制动器的类型很多,其中多数已标准化,设计选用时可根据工作要求查阅有关手册、样本,选择合适的类型,必要时对其中的主要零件进行强度校核。

## 第二节 联 轴 器

### 一、联轴器的性能要求

联轴器所联接的两轴，由于制造及安装误差、承载后变形、温度变化和轴承磨损等原因，不能保证严格对中，使两轴线之间出现相对位移，如图 14-3 所示。如果联轴器对各种位移没有补偿能力，工作中将会产生附加动载荷，使工作情况恶化。因此，要求联轴器具有补偿一定范围内两轴线相对位移量的能力。对于经常带负载起动或工作载荷变化的场合，可采用具有起缓冲、减振作用的弹性元件的联轴器，以保护原动机和工作机不受或少受损伤。同时，还要求联轴器安全、可靠，有足够的强度和使用寿命。

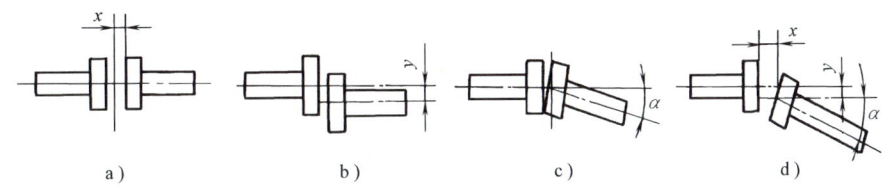

图 14-3 轴线的相对位移

a) 轴向位移 b) 径向位移 c) 角度位移 d) 综合位移

### 二、联轴器的分类

联轴器可分为刚性联轴器和挠性联轴器两大类。

刚性联轴器不具有缓冲性和补偿两轴线相对位移的能力，要求两轴安装严格对中。但由于此类联轴器结构简单，制造成本较低，装拆、维护方便，能保证两轴有较高的对中性，传递转矩较大，所以应用广泛。常用的有凸缘联轴器、套筒联轴器和夹壳联轴器等。

挠性联轴器又可分为无弹性元件挠性联轴器和有弹性元件挠性联轴器，前一类只具有补偿两轴线相对位移的能力，但不能缓冲减振，常见的有滑块联轴器、齿式联轴器、万向联轴器和链条联轴器等；后一类因含有弹性元件，除具有补偿两轴线相对位移的能力外，还具有缓冲和减振作用，但传递的转矩因受到弹性元件强度的限制，一般不及无弹性元件挠性联轴器，常见的有弹性套柱销联轴器、弹性柱销联轴器、梅花形联轴器、轮胎式联轴器、蛇形弹簧联轴器和簧片联轴器等。

### 三、常用联轴器的结构和特点

各类联轴器的性能、特点可查阅有关设计手册。

#### 1. 凸缘联轴器

凸缘联轴器是刚性联轴器中应用最广泛的一种，结构如图 14-4 所示，是由两个带凸缘的半联轴器用螺栓联接而成，半联轴器与两轴之间用键联接。常用的结构形式有两种，其对中方法不同。图 14-4a 所示为两半联轴器的凸肩与凹槽相配合而对中，用普通螺栓联接，依靠接合面间的摩擦力传递转矩，对中精度高，装拆时，轴必须做轴向移动。图 14-4b 所示为两半联轴器用铰制孔螺栓联接，靠螺栓杆与螺栓孔配合对中，依靠螺栓杆的剪切及其与孔的

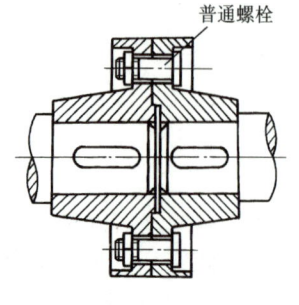
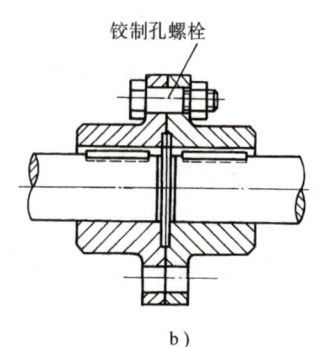

a) b)

图 14-4 凸缘联轴器

挤压传递转矩，装拆时轴不须做轴向移动。

联轴器的材料一般采用铸铁，重载或圆周速度 $v \geqslant 30\text{m/s}$ 时应采用铸钢或锻钢。

凸缘联轴器结构简单，价格低廉，能传递较大的转矩，但不能补偿两轴线的相对位移，也不能缓冲减振，故只适用于联接的两轴能严格对中、载荷平稳的场合。

### 2. 滑块联轴器

如图 14-5 所示滑块联轴器，两个端面开有凹槽的半联轴器 1、3，利用两面带有凸块的中间盘 2 联接，半联轴器 1、3 分别与主、从动轴联接成一体，实现两轴的联

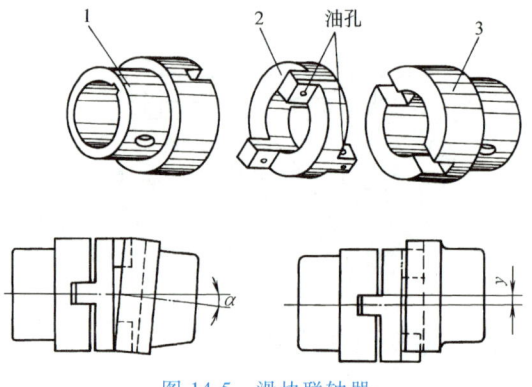

图 14-5 滑块联轴器

接。中间盘沿径向滑动补偿径向位移 $y$，并能补偿角度位移 $\alpha$（图 14-5）。若两轴线不同心或偏斜，则在运转时中间盘上的凸块将在半联轴器的凹槽内滑动；转速较高时，由于中间盘的偏心会产生较大的离心力和磨损，并使轴承承受附加动载荷，故这种联轴器只适用于低速。为减少磨损，可由中间盘油孔注入润滑剂。

半联轴器和中间盘的常用材料为 45 钢或铸钢 ZG310-570，工作表面淬火硬度为 48~58HRC。

### 3. 万向联轴器

万向联轴器如图 14-6 所示，由两个叉形接头 1、3 和十字轴 2 组成。它利用中间联接件十字轴联接的两叉形半联轴器均能绕十字轴的轴线转动，从而使联轴器的两轴线能成任意角度 $\alpha$，一般 $\alpha$ 可达 35°~45°。但 $\alpha$ 角越大，传动效率越低。万向联轴器单个使用时，当主动轴以等角速度转动时，从动轴做变角速度回转，从而在传动中引起附加动载荷。为避免这种现象，可采用两个万向联轴器成对使用，使两次角速度变化的影响相互抵消，达到主动轴和从动轴同步转动，如图 14-7 所示。各轴相互位置在安装时必须满足：①主动轴、从动轴与中间轴 C 的夹角必

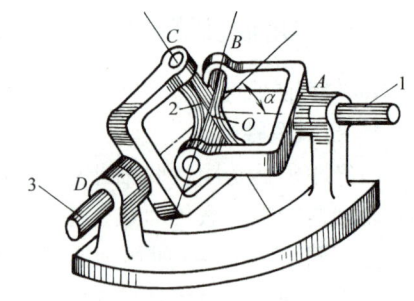

图 14-6 万向联轴器

须相等，即 $\alpha_1 = \alpha_2$。②中间轴两端的叉形接头平面必须位于同一平面内，如图 14-8 所示。

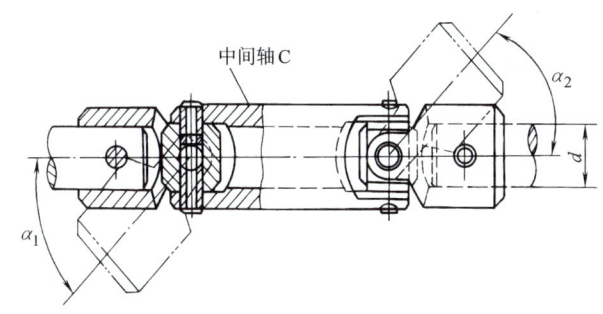

图 14-7　双万向联轴器

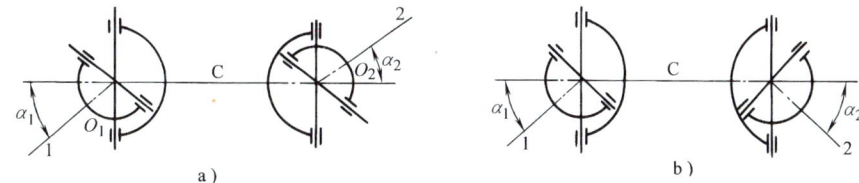

图 14-8　双万向联轴器的安装

万向联轴器常用合金钢制造，以获得较高的耐磨性和较小的尺寸。

万向联轴器能补偿较大的角位移，结构紧凑，使用、维护方便，广泛用于汽车、工程机械等的传动系统中。

### 4. 弹性套柱销联轴器

弹性套柱销联轴器的结构与凸缘联轴器相似，如图 14-9 所示。不同之处是用带有弹性圈的柱销代替了螺栓联接，弹性圈一般用耐油橡胶制成，剖面为梯形以提高弹性。柱销材料多采用 45 钢。为补偿较大的轴向位移，安装时在两轴间留有一定的轴向间隙 $c$；为了便于更换易损件弹性套，设计时应留一定的距离 $B$。

弹性套柱销联轴器制造简单，装拆方便，但寿命较短，适用于联接载荷平稳、需正反转或起动频繁的传动轴中的小转矩轴，多用于电动机的输出与工作机械的联接上。

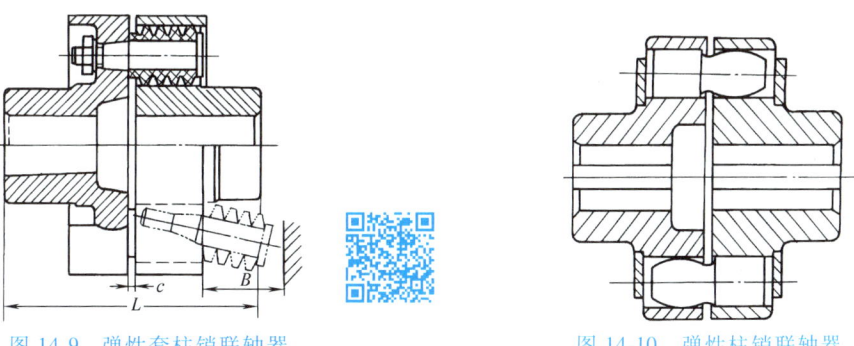

图 14-9　弹性套柱销联轴器　　　　　　图 14-10　弹性柱销联轴器

### 5. 弹性柱销联轴器

弹性柱销联轴器（图 14-10）与弹性套柱销联轴器结构也相似，只是柱销材料为尼龙，柱销形状一端为柱形，另一端制成腰鼓形，以增大角度位移的补偿能力。为防止柱销脱落，柱销两端装有挡板，用螺钉固定。

弹性柱销联轴器结构简单，能补偿两轴间的相对位移，并具有一定的缓冲、吸振能力，应用广泛，可代替弹性套柱销联轴器。但因尼龙对温度敏感，使用时受温度限制，一般在 $-20 \sim 70$℃ 之间使用。

### 四、联轴器的选择

联轴器大多已标准化，其主要性能参数为：额定转矩 $T_n$、许用转速 $[n]$、位移补偿量和被联接轴的直径范围等。选用联轴器时，通常先根据使用要求和工作条件确定合适的类型，再按转矩、轴径和转速选择联轴器的型号，必要时应校核其薄弱件的承载能力。

考虑工作机起动、制动、变速时的惯性力和冲击载荷等因素，应按计算转矩 $T_c$ 选择联轴器。计算转矩 $T_c$ 和工作转矩 $T$ 之间的关系为

$$T_c = KT \tag{14-1}$$

式中，$K$ 为工作情况系数，见表 14-1，一般刚性联轴器选用较大的值，挠性联轴器选用较小的值；被带动的转动惯量小，载荷平稳时取较小值。

所选型号联轴器必须同时满足：$T_c \leqslant T_n$，$n \leqslant [n]$。

联轴器与轴一般采用键联接。在 GB/T 3852—2017 中，联轴器轴常用的孔和键槽的型式、代号的规定为：①圆柱形轴孔（Y 型），有沉孔的短圆柱形轴孔（J 型），有沉孔的圆锥形轴孔（Z 型），圆锥形轴孔（$Z_1$ 型）；②平键单键槽（A 型），120°、180°布置的平键双键槽（B、$B_1$ 型），圆锥形轴孔平键单键槽（C 型），圆柱形轴孔普通切向键键槽（D 型）。详见有关设计手册。各种型号适应各种被联接轴的端部结构和强度要求。

表 14-1 工作情况系数 $K$

| 原动机 | 工作机械 | $K$ |
| --- | --- | --- |
| 电动机 | 带式运输机、鼓风机、连续运转的金属切削机床 | 1.25~1.5 |
| | 链式运输机、刮板运输机、螺旋运输机、离心泵、木工机械 | 1.5~2.0 |
| | 往复运动的金属切削机床 | 1.5~2.0 |
| | 往复式泵、往复式压缩机、球磨机、破碎机、冲剪机 | 2.0~3.0 |
| | 起重机、升降机、轧钢机 | 3.0~4.0 |
| 涡轮机 | 发电机、离心泵、鼓风机 | 1.2~1.5 |
| 往复式发动机 | 发电机 | 1.5~2.0 |
| | 离心泵 | 3~4 |
| | 往复式工作机 | 4~5 |

**例 14-1**　功率 $P = 11$kW，转速 $n = 970$r/min 的电动起重机中，联接直径 $d = 42$mm 的主、从动轴，试选择联轴器的型号。

**解**　1) 选择联轴器类型。为缓和振动和冲击，选择弹性套柱销联轴器。

2) 选择联轴器型号。计算转矩，由表 14-1 查取 $K = 3.5$，按式（14-1）计算

$$T_c = KT = K9550\frac{P}{n} = \left(3.5 \times 9550 \times \frac{11}{970}\right) \text{N} \cdot \text{m} = 379 \text{N} \cdot \text{m}$$

按计算转矩、转速和轴径，由 GB/T 4323—2017 中选用 LT7 型弹性套柱销联轴器，主、从动端均为 Y 型轴孔，A 型键槽，标记为：LT7 联轴器　42×112　GB/T 4323—2017。查得有关数据：额定转矩 $T_n = 560$N·m，许用转速 $[n] = 3600$r/min，轴径 $40 \sim 48$mm。

满足 $T_c \leqslant T_n$，$n \leqslant [n]$，适用。

## 第三节 离合器

### 一、离合器的性能要求

离合器在机器运转过程中能实现两轴方便的接合与分离。其基本要求是：工作可靠，接合、分离迅速而平稳，操纵灵活、省力，调节和修理方便，外形尺寸小，重量轻；对摩擦式离合器，还要求其耐磨性好并具有良好的散热能力。

### 二、离合器的分类

离合器的类型很多，按实现两轴接合和分离的过程可分为操纵离合器、自动离合器，按离合的工作原理可分为嵌合式离合器、摩擦式离合器。

嵌合式离合器通过主、从动元件上牙形之间的嵌合力来传递回转运动和动力，工作比较可靠，传递的转矩较大，但接合时有冲击，运转中接合困难。

摩擦式离合器是通过主、从动元件间的摩擦力来传递回转运动和动力，运动中接合方便，有过载保护性能。但传递转矩较小，适用于高速、低转矩的工作场合。

### 三、常用离合器的结构和特点

#### 1. 牙嵌离合器

牙嵌离合器如图 14-11 所示，是由两端面上带牙的半离合器 1、2 组成。半离合器 1 用平键固定在主动轴上，半离合器 2 用导向键 3 或花键与从动轴联接。在半离合器 1 上固定有对中环 5，从动轴可在对中环中自由转动，通过滑环 4 的轴向移动操纵离合器的接合和分离。滑环的移动可用杠杆、液压、气动或电磁吸力等操纵机构控制。

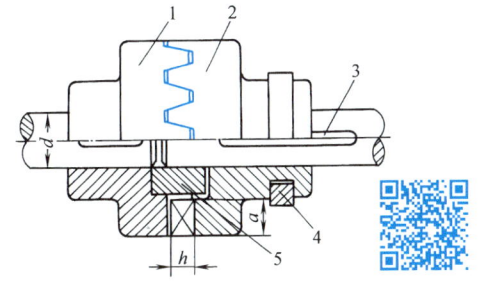

图 14-11 牙嵌离合器

牙嵌离合器常用的牙型有：三角形、矩形、梯形和锯齿形，如图 14-12 所示。

三角形牙用于传递中、小转矩的低速离合器，牙数一般为 12～60；矩形牙无轴向分力，接合困难，磨损后无法补偿，冲击也较大，故使用较少；梯形牙强度高，传递转矩大，能自动补偿牙面磨损后造成的间隙，接合面间有轴向分力，容易分离，因而应用最为广泛；锯齿形牙只能单向工作，反转时由于有较大的轴向分力，会迫使离合器自行分离。

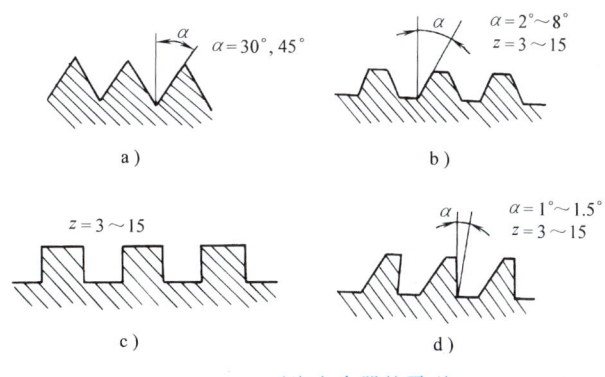

图 14-12 牙嵌离合器的牙型
a) 三角形  b) 梯形  c) 矩形  d) 锯齿形

牙嵌离合器的主要失效形式是牙面的磨损和牙根折断，因此要求牙面有较高的硬度，牙根有良好的韧性，常用材料为低碳钢渗碳淬火到硬度为 54~60HRC，也可用中碳钢表面淬火。

牙嵌离合器结构简单，尺寸小，接合时两半离合器间没有相对滑动，但只能在低速或停机时接合，以避免因冲击折断牙齿。

### 2. 圆盘摩擦离合器

摩擦离合器依靠两接触面间的摩擦力来传递运动和动力。按结构型式不同，可分为圆盘式、圆锥式、块式和带式等类型，最常用的是圆盘摩擦离合器。

圆盘摩擦离合器分为单片式和多片式两种，如图 14-13、图 14-14 所示。

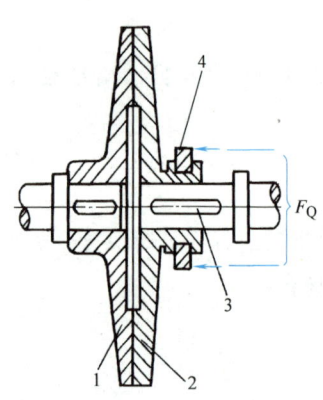

图 14-13　单片式摩擦离合器

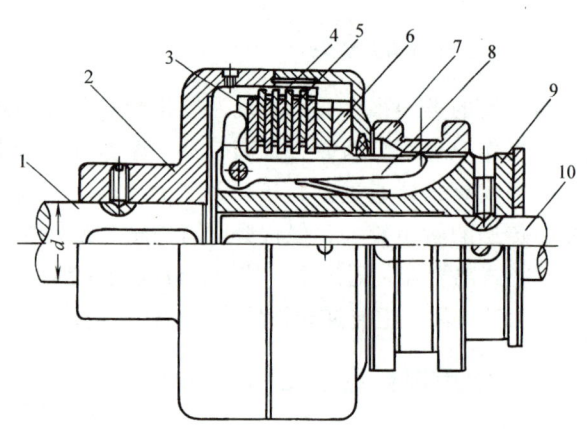

图 14-14　多片式摩擦离合器

如图 14-13 所示，单片式摩擦离合器由摩擦圆盘 1、2 和滑环 4 组成。圆盘 1 与主动轴联接，圆盘 2 通过导向键 3 与从动轴联接并可在轴上移动。操纵滑环 4 可使两圆盘接合或分离。轴向压力 $F_Q$ 使两圆盘接合，并在工作表面产生摩擦力，以传递转矩。单片式摩擦离合器结构简单，但径向尺寸较大，只能传递不大的转矩。

多片式摩擦离合器有两组摩擦片，如图 14-14 所示。主动轴 1 与外壳 2 相联接，外壳内装有一组外摩擦片 4，形状如图 14-15a 所示，其外缘有凸齿插入外壳上的内齿槽内，与外壳一起转动，其内孔不与任何零件接触。从动轴 10 与套筒 9 相联接，套筒上装有一组内摩擦片 5，形状如图 14-15b 所示，其外缘不与任何零件接触，随从动轴一起转动。滑环 7 由操纵机构控制，当滑环向左移动时，使杠杆 8 绕支点顺时针转动，通过压板 3 将两组摩擦片压紧，实现接合；滑环 7 向右移动，则实现离合器分离。若摩擦片为图 14-15c 的形状，则分离时能自动弹开。摩擦片间的压力由螺母 6 调节。

多片式摩擦离合器由于摩擦面增多，传递转矩的能力提高，径向尺寸相对减小，但结构较为复杂。

### 3. 滚柱超越离合器

超越离合器又称为定向离合器，是一种自动离合器。目前广泛应用的是滚柱超越离合器，如图 14-16 所示，由星轮 1、外圈 2、滚柱 3 和弹簧顶杆 4 组成。滚柱的数目一般为 3~8 个，星轮和外圈都可作为主动件。当星轮为主动并做顺时针转动时，滚柱受摩擦力作用被楔紧在星轮与外圈之间，从而带动外圈一起回转，离合器为接合状态；当星轮逆时针转动时，滚柱被推到楔形空间的宽敞部分而不再楔紧外圈，离合器为分离状态。超越离合器只能传递单向转矩。若外圈和星轮做顺时针同向回转,则当外圈转速大于星轮转速时,离合器为分离状态;当外圈转速小于星轮转速时,离合器为接合状态。

超越离合器尺寸小,接合和分离平稳,可用于高速传动。

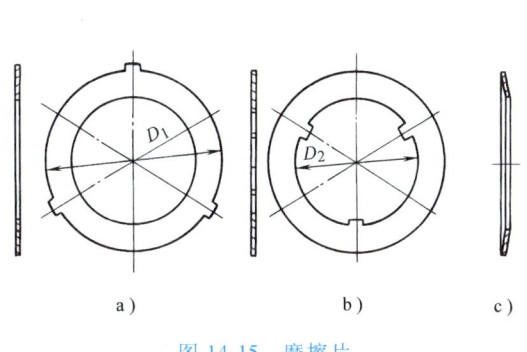

图 14-15 摩擦片

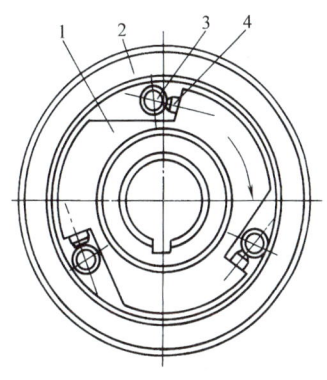

图 14-16 超越离合器

## 第四节 制 动 器

制动器的主要作用是降低机械的运转速度或迫使机械停止转动。制动器多数已标准化,可根据需要选用。常用的有块式制动器、内涨蹄式制动器和带式制动器。

### 一、外抱块式制动器

外抱块式制动器结构如图 14-17 所示,它是靠瓦块和制动轮间的摩擦力来制动的。当接通电源时,电磁线圈 2 产生吸力吸住衔铁 3,衔铁推动推杆 4 向右移动,在弹簧 6 的作用下左右两制动臂向外摆动,使瓦块 1 离开制动轮 7,机械可自由转动。切断电源时,电磁线圈释放衔铁,在弹簧 5 作用下,两制动臂收拢,使瓦块抱紧制动轮,实现制动。

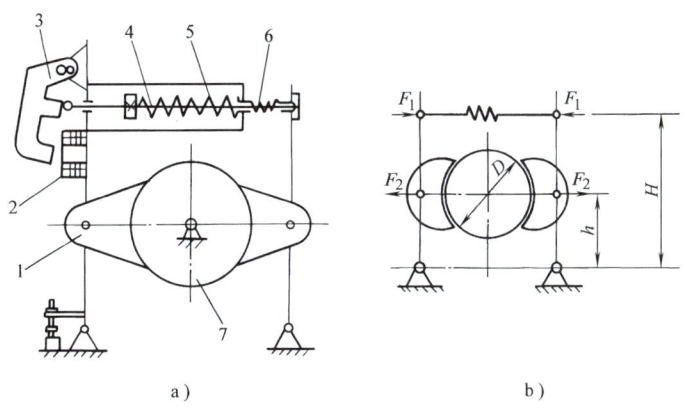

图 14-17 外抱块式制动器

### 二、内涨蹄式制动器

内涨蹄式制动器分为单蹄、双蹄、多蹄和软管多蹄等,图 14-18 所示为双蹄式制动器。

制动蹄 1 上装有摩擦材料，通过销轴 2 与机架固联，制动轮 3 与所要制动的轴固联。制动时，压力油进入液压缸 4，推动两活塞左右移动，在活塞推力作用下两制动蹄绕销轴向外摆动，并压紧在制动轮内侧，实现制动。油路回油后，制动蹄在弹簧 5 作用下与制动轮分离。

内涨式制动器结构紧凑，散热条件、密封性和刚性均好，广泛用于各种车辆及结构尺寸受限制的机械上。

### 三、带式制动器

带式制动器分为简单、双向和差动三种。图 14-19 所示为简单带式制动器的结构。当杠杆受 $F_Q$ 作用时，挠性带收紧而抱住制动轮，靠带与轮之间的摩擦力来制动。

带式制动器一般用于集中驱动的起重设备及绞车上，有时也安装在低速轴或卷筒上作为安全制动器用。

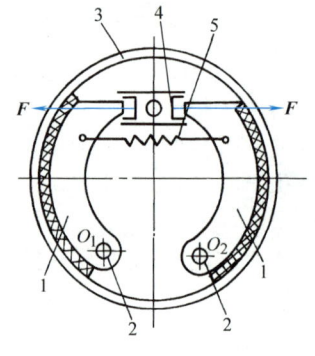

图 14-18　双蹄式制动器

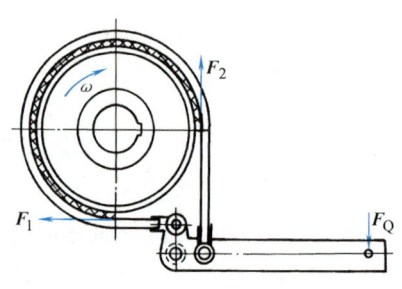

图 14-19　带式制动器

## 自 测 题 与 习 题

### （一）自　测　题

14-1　下列四种工作情况下，适于选用弹性联轴器的是（　　）情况。
　　A. 工作平稳，两轴线严格对中
　　B. 工作中有冲击、振动，两轴线不能严格对中
　　C. 工作平稳，两轴线对中较差
　　D. 单向工作，两轴线严格对中

14-2　安装凸缘联轴器时，对两轴的要求是（　　）。
　　A. 严格对中　　B. 可有径向偏移　　C. 可相对倾斜一角度　　D. 可有综合偏移

14-3　齿式联轴器的特点是（　　）。
　　A. 可补偿两轴的径向偏移及角偏移　　B. 可补偿两轴的径向偏移
　　C. 可补偿两轴的角偏移　　D. 有齿顶间隙，能吸收振动

14-4　若两轴刚性较好，且安装时能精确对中，可选用的联轴器为（　　）。
　　A. 凸缘联轴器　　B. 齿式联轴器　　C. 弹性套柱销联轴器　　D. 轮胎式联轴器

14-5  下列四种联轴器中，可允许两轴线有较大夹角的是（　　）。
　　A. 弹性套柱销联轴器　　　　B. 弹性柱销联轴器
　　C. 齿式联轴器　　　　　　　D. 万向联轴器

14-6  用于联接两相交轴的单万向联轴器，其主要缺点是（　　）。
　　A. 结构庞大，维护困难
　　B. 只能传递小转矩
　　C. 零件易损坏，使用寿命短
　　D. 主动轴做等速转动，但从动轴做周期性的变速转动

14-7  某机器的两轴，要求在任何转速下都能接合，应选择的离合器为（　　）。
　　A. 摩擦离合器　　　　　　　B. 牙嵌离合器
　　C. 安全离合器　　　　　　　D. 离心式离合器

14-8  销钉安全联轴器能起过载保护作用是由于超载时：1) 联轴器打滑；2) 联轴器折断；3) 销钉被剪断；4) 半联轴器与轴的键联接被损坏。正确答案应为（　　）。
　　A. 1)　　　B. 2)　　　C. 3)　　　D. 4)

14-9  牙嵌离合器适用于（　　）情况。
　　A. 单向转动时　　　　　　　B. 高速转动时
　　C. 正反转工作时　　　　　　D. 两轴转速差很小或停机时

14-10  离心式水泵与电动机用凸缘联轴器相联，已知电动机功率 $P=22$kW，转速 $n=1470$r/min，电动机外伸轴直径 $d_1=48$mm，水泵外伸轴直径 $d_2=42$mm，取工作情况因数 $K=1.3$，应选择联轴器型号为（　　）。
　　A. YLD6　　　B. YLD7　　　C. YLD8　　　D. YLD9

## （二）习　　题

14-11  试选择图 14-20 所示辗轮式混砂机联轴器 A 和 B 的类型。已知混砂机由电动机 1、减速器 2、小锥齿轮轴 3、大锥齿轮轴 4、辗轮轴 5 等组成。

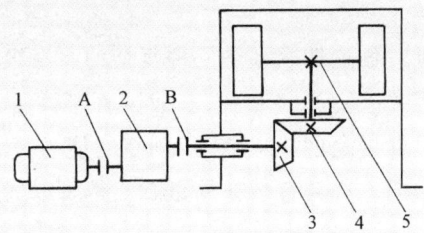

图 14-20　题 14-11 图

14-12  电动机经减速器驱动水泥搅拌机工作。已知电动机的功率 $P=11$kW，转速 $n=970$r/min，电动机轴直径和减速器输入轴的直径均为 42mm。试选择电动机与减速器之间的联轴器。

14-13  由交流电动机通过联轴器直接带动一台直流发电机运转。若已知该直流发电机所需的最大功率 $P=20$kW，转速 $n=3000$r/min，外伸轴轴径为 50mm；交流电动机伸出轴的轴径为 48mm。试选择联轴器的类型和型号。

# 第十五章

# 创新思维与创造技法

## 第一节 概 述

创新是人类文明发展的根本原因。创新并不神秘，并非只有像爱因斯坦创立相对论、斯帕拉捷发现超声波、奥本海默组织"曼哈顿工程"、爱迪生发明电灯这类影响人类生活的重大发明才算是创新。实际上，将有尘的粉笔改革为微尘或无尘粉笔、改进晾衣物用的衣架等这类几乎人人动脑均可能解决的事也是创新。创新活动是普遍的。

什么是创新？创新是指在前人或他人已经发现或发明的成果的基础上，能够提出新的见解，开拓新的领域，解决新的问题，创造新的事物，或者能够对前人、他人的成果进行创造性的运用。

创新按其实质大体可分为两种：一种是发现式创新，另一种是发明式创新。所谓发现式创新，是指经过探索和研究从而认识以前客观存在，但未被前人或他人所认识的趋势、规律、本质或重要事实等，如牛顿发现万有引力、阿基米德发现浮力定理等，均属此类。所谓发明式创新，是指创造出从前并不存在，并经实践验证可以应用的新事物、新技术、新工艺、新理论或新方法等，应用、工程等方面的发明创造都属此类。可以这样概括地说，发现式创新属于认识世界的范畴，发明式创新属于改造世界的范畴。其共同点都是为了创造新的世界。

创新的核心是创造性思维。创造性思维是一种复杂的、高级的心智活动，但绝不是神秘莫测、高不可攀、仅属少数天才人物的"专利"。我国著名教育家陶行知先生曾说"人人是创造之人，天天是创造之时，处处是创造之地"。创新的能力是人类普遍具有的素质，除极少数智力障碍者外，绝大多数的人都具有创新的禀赋，都可以通过学习、训练得到开发、强化和提高。

创新虽然是一个复杂的过程，但这一过程也是有一定的规律可循的。许多研究者认为，创新是个过程，该过程大体经历四个阶段：准备、潜伏、顿悟和验证。也有学者认为，创新首先是一种由创新者素质和创新者思路组成的运行机制，它是一个由创新者的素质转化为创新者的思路，再由创新者的思路转化为创新者的行为的复杂过程。

创新的障碍主要来自创新者本身，既有心理上、认识上的原因，如创新神秘化、害怕失败的胆怯心理等；也有社会性原因，如习惯势力、迷信权威等；有时也有技术性原因，主要是创新的知识、技能等技术性基础不足。

## 第二节　创新者的素质

创新者必须具有七项基本素质：知识、智力、技能、品德、胆魄、毅力、体质。其中，前三项素质属于才智因素，后四项素质属于非才智因素。

### 一、才智因素是创新的基础

没有必要的知识、智力和技能等才智因素，创新只是一句空话。

丰富的知识是发展智力、技能的基础和条件，而智力反映出的则是掌握和运用知识、技能去发现问题和解决问题的能力。它们是相对的，又是相辅相成的。知识通过后天的学习可以获得，智力则是人的天生素质和后天发展利用的综合产物。智力具有无限的弹性和活力的特点。它不但可以按照知识的内在联系和基本构架最大限度地获取知识和储藏知识，而且能够在创新活动中发挥特殊的效应。一个人的智力需要经过开发，他掌握的知识才能不断地转化为有用的价值。

必要的技能是创新的前提条件。人作为社会的一员，生活和工作都需要一定的技能。其中，有些技能几乎是每个人所必需的，如穿衣、吃饭、走路、说话、交际等；有些技能则是从事某一职业所必备的，如护士的注射技能、外科医生的解剖技能、工程师的绘图和识图技能、作家的写作技能、军人的射击技能、驾驶员的驾驶技能、工人操纵机床的技能等。一个人如果缺乏必要的技能，尤其是初级技能，就会在生活中感到不便，难以胜任职业工作，更谈不上能有什么发现式创新或发明式创新了。初级技能是指具有某种初步的技术、经验所能完成的一定的活动方式的能力，即经过一段时间的练习之后，达到基本会做的水平。

### 二、非才智因素是创新的必备条件

现实生活中常有这样一些人，他们知识渊博，智力不凡，但却碌碌无为，鲜有创新。这说明就创新而言，仅有才智因素是不够的，创新还必须具备如品德、胆魄、毅力、体质等非才智因素才行。在创新活动中，聪明不是决定因素。聪明是一个人的知识、智力和技能的综合表现，其中以知识，尤其是以知识信息的广度为主。创新则是一个人的才智因素（包括知识、智力、技能）与非才智因素的综合发挥，其中以知识中的知识结构和智力中的思维能力，特别是思维方法为主。所以衡量一个人才智的高低或者创新能力强弱的真正标准，既不应是智商，也不应是学历，而是他在工作中表现出来的能力与成绩。

美国教育学家占士·克鲁斯和他的助手在对1217名各种各样的高级职业人员进行调查分析后，发现许多事业成功者的智商在小时候并不高，有些人的智商甚至被认为"高度低下"。如巴斯德、爱迪生、达尔文、柴可夫斯基等人，在青少年时代均远非天才。马克思主义的创始人恩格斯、微软的盖茨，也没有羡人的学历，但他们的创新能力却举世公认。

### 三、智力的本质

什么是智力？智力是指人们认识、理解客观事物并运用知识、经验等发现问题和解决问题的能力。它是一个人的观察力、记忆力、想象力和思维力的综合体现。其中，思维力是智力的核心，人的智力最本质的表现是思维力。人类拥有的最大财富就是智力。

1. 观察力——创新思维的主要途径

人认识世界获取概念和感觉形象的主要途径靠观察力。据研究，人的 80%～90% 的知识信息是通过眼睛观察这一重要窗口获得的。观察力的强弱，直接影响着一个人能否获得丰富而深刻、完备而准确的知识信息。何为观察力？观察力是指一个人从一定的目的和任务出发，有目的、有计划、比较持久地观察和知觉某种事物或现象的能力。人们只有通过观察客观事物或现象，才能获得各种直接知识，从而为创新提供可靠的科学事实。

有人觉得观察是人人都能做到的平凡之举，没有什么了不起，其实要做到正确、全面、深刻地观察是非常不容易的。黑格尔说："假如一个人能看出当前即显而易见的差别，譬如，能区别一支笔与一头骆驼，我们不会说这人有了不起的聪明。同样，另一方面，一个人能比较两个近似的东西，如橡树与槐树，或寺院与教堂，而知其相似，我们也不能说他有很高的能力。我们所要求的，是要能看出异中之同和同中之异。"

怎样才能在实际工作中提高自己的观察力呢？首先，观察应在明确的创新目标的指引下有目的、有计划地进行，即想创新就必须有坚定不移的创新目标，在大脑中形成"潜意识"或"创新欲"，只有这样才能形成强烈的创新意识和创新欲望，对事物或现象有特殊的敏感，用创新的眼光和视觉去看人们司空见惯、熟视无睹或新奇陌生、甚至不起眼的东西，想人所不想，见人所不见，发掘其潜在的意义和价值，"以有准备的头脑"时时刻刻注意从客观世界中去捕捉与其创新目标有关的知识信息，从而受到启发，实现综合创新。

培根说："我们不应该像蚂蚁，单是收集；也不可像蜘蛛，只从自己肚中抽丝；而应像蜜蜂，既采集又整理，这样才能酿出香甜的蜂蜜来。"所以，观察不应是消极地注视，而应是一种调动已有知识储备与眼前观察对象比较、判别，并积极猜测、联想、推理和整理的过程。要加强学习和实践，培养以积极探索的态度注视事物的习惯，有意识寻找可能存在的每一个特点和各种异乎寻常的特征，特别要注意寻找和思考事物之间或事物与已有知识之间任何具有启发意义的联系和关系。

2. 记忆力——创新思维的必要基础

有志于创新者必须认识到，忽视必要的记忆，那将是一种极大的失误。因为事事处处都要靠翻书本来获得想象的人，根本就无法进行创新。一个人想要提高自己的智力水平，首先要增大记忆量，提高记忆力。记忆是由记和忆两部分组成的。记是将外界知识信息输入大脑中储存、编码的过程，忆则是再认和重现知识信息的过程。记忆必须是有选择的，将一堆杂乱离散的知识不加选择地记下来，不但作用微弱，而且会加重大脑的负担。

3. 想象力——创新思维自由翱翔的翅膀

什么是想象力？想象力是指一个人以记忆中的表象或经验材料为基础，在大脑中经过新的变换、新的组合的加工作用，创造出未曾感知过甚至从来未存在过的事物形象的能力。科学家魏格纳，面对地球仪上犬牙交错的大陆板块，忽然浮现出这样一副画面：地壳裂解，大陆板块漂移，印度半岛从南半球姗姗漂来，非洲板块被撞击挤压，地壳隆起造就了年轻的喜马拉雅山。魏格纳的想象是一种顿悟后的奇思。大诗人李白仰视庐山瀑布，感慨地写下了"飞流直下三千尺，疑是银河落九天"的诗句，李白的想象则是对天地时空变换的妙想。丰富的想象力来自于饱满的创新热情。

4. 思维力——创新思维的关键能力

思维力是指在已感知的概念、形象的基础上，进行分析、综合、判断、推理等认知活动的能力。思维力在创新活动中起着最关键的作用，思维力低下的人，纵然是记忆超群、学富五车，也难有创新。

著名物理学家卢瑟福任剑桥大学卡文迪许实验室主任时，一天深夜去实验室检查，猛然发现一个学生还在那里做实验。卢瑟福便问他："你上午干什么了？"学生回答："做实验。"又问"下午呢？""做实验。"这时卢瑟福提高了嗓门："那么晚上呢？"学生挺挺胸脯很有些得意地说："也在做实验。"心想主任一定会称赞自己。谁知卢瑟福却正色道："你整天做实验，还有什么时间用于思考呢？"卢瑟福的批评太有道理了，观察、记忆和做并不能代替思维。所以中国古人说"学而不思则罔"。

## 第三节　创造技法简介

发明创造技法的研究始于 20 世纪初。创造技法很多，据说目前已有 300 种，但常用的仅 10 余种。这里简要介绍与机械设计关系比较密切的一些创造技法。

### 一、观察分析法

现象是指事物在发生、发展和变化中的外部形式和表面特征。创新者通过对现象的观察分析，从中发现问题或产生创新意念。有创新价值的现象有三种：新奇的现象，重复的现象和密集的现象。新奇的现象往往预示着未来的趋势，重复的现象则告知人们其中存在着规律，密集的现象往往蕴含着事物的本质。

**例 15-1**　不锈钢的发明。19 世纪后半叶，钢的应用日益广泛，但由于钢耐蚀性差而使当时的科学家伤透脑筋。1913 年的一天，英国冶金学家布里尔利想找一种制造枪管的合金钢，当他在一个废钢品堆里翻腾时，猛然眼睛一亮，一块毫无锈点，闪闪发亮的镍铬合金钢块呈现在面前，他将这块被他废弃多时的合金钢送去化验……就这样，改变机械制造业面貌的不锈钢简单地诞生了。在这里，你只需要有对新奇现象的一点儿敏感性。

**例 15-2**　标准化、互换性的问世。美国南北战争时期，急需大批军火。伊莱·惠特曼与副总统杰弗逊签订了两年内为政府提供 10000 支来复枪的合同。可由于当时制枪方法落后，每支枪的全部零部件均出自一个熟练工匠之手，由于熟练工匠人数有限，生产率极低，第一年仅生产 500 支，受到政府的责备。急得像热锅上的蚂蚁一样的惠特曼数日彻夜难眠，猛然间想出一个好主意：既然一支枪的零部件与其他枪的零部件是一样的，多次重复出现的技术问题也是相似的，为什么非要一个人造一支枪而不是一个人只制造一个零件，然后再进行组装呢？他为此高兴得发疯。不久，惠特曼的兵工厂改为流水作业批量生产，整个造枪工作统一简化为若干工序，每一组成员只负责整个过程中的一道工序，每一个零件都按一支选定的标准枪来仿制，可彼此互换。结果，效率和质量大为提高，成本急剧下降，惠特曼因此如期完成了合同，而且因为首创标准化、互换性原则，促进了美国工业的迅速发展，被称为美国的"标准化之父"。

观察是发现问题最基本的途径之一。在创新活动中，发现问题比解决问题更难、更重要。如果你能通过观察发现有创新价值的问题，那么创造性地解决问题也就指日可待了。因此，观察分析法是最基本的创造技法。

**例 15-3**　提高传统台虎钳工效问题。我国著名发明家范朝来是全国劳动模范。他随劳模团去工厂参观，数次看到车间里的工人正在台虎钳上工作的场景，由于工件厚薄不同，在钳台上旋紧加工和旋松卸下，相当费时，影响了工效。范朝来想能不能对此进行改革使之提高工效呢？经过一个星期的精心设计，一种快速夹紧的新型台虎钳问世了。范朝来的快速装夹台虎钳在世界科技发明博览会上荣获金奖。

观察需要敏感，无敏感的观察非常容易流于司空见惯。而观察的敏感要求你始终保持那份可贵的创造冲动。

例 15-4　市政窨井防盗问题。多少年来，不知有多少次，我们为城市道路上窨井盖被盗后造成的人身伤亡事故扼腕痛惜，但谴责偷盗者的缺德者众，研究发明有防盗功能的窨井装置者寡。实际上，对敏感的观察者来说，这是一个既有社会价值又有经济价值的创造课题。近年来，很多人致力于防盗窨井的发明，出现了一些有实际应用价值的专利设计，一定程度上解决了市政建设中窨井的防盗问题。

## 二、"头脑风暴法"

"头脑风暴法"是一种集体发明创造技法，也叫作集思广益法或智力互激法。它是现代创造学的奠基人美国的创造学家奥斯本于 1930 年首创的，1953 年将其总结归纳著书立说，成为世界上第一个见诸文字的发明技法。"头脑风暴法"的原理是：当几个不同职业经历和知识的人围绕同一个课题进行探讨时，某一个人的设想不但能成为解决问题的措施之一，而且可以激励启发他人产生更深一层的设想，这样一个人接一个人地激励启发下去产生共振和连锁反应，这种多方位、广角度的扫描很容易搜索到目标，从而产生新发明。

"头脑风暴法"的程序大致分三个阶段：

1）准备阶段。主要是根据发明课题确定与会人员、时间、地点，其中与会人员的选择最为关键。人选除了要求头脑敏捷外，还要求各有所长。

2）会议阶段。参加会议的人数一般为 5~6 人，以不超过 10 人为宜，开会时间为 20~60min，这样能使与会者有足够的精力与充分的时间发表意见。

3）评选阶段。会议结束后，针对会议上提出的一系列问题组织大家进行评论选优。这项工作由谁去做各国做法不一，美国的做法是组织专家进行，日本的做法是由原创造班子人员进行第二次头脑风暴会议解决。

## 三、联想法

具有丰富的想象力是许多发明家的特质。想象力可能是一种天赋，但也可以通过后天不断地训练来获得，特别是与职业相关的想象力，更只能通过持续的职业实践才能产生。

例 15-5　联想法解决快速装夹台虎钳的设计问题。图 15-1a 所示为传统台虎钳的工作原理，固定钳板 4 与机架相联，活动钳板 3 与螺杆 2 联接，固定螺母 1 与螺杆 2 组成螺旋副，螺杆 2 转动，带动活动钳板移动，从而完成装夹工件的任务。范朝来设计时，首先查找专利资料，发现百余年前就已有人想改进传统台虎钳，但均未获实质性成果。因为他们的方法都无法解决省略数转甚至十数转的螺杆转动问题，以提高台虎钳工效。冥思苦索的范朝来忽然联想起车床车制螺纹时，利用其传动丝杠与开合螺母旋合的工作原理：开合螺母打开，进行普通切削；开合螺母旋合，可以车制螺纹，两者的转换灵活机动。为何不利用开合螺母来代替台虎钳中的固定螺母呢？于是如图 15-1b 所示工作原理的新型台虎钳诞生了。当工件结束加工任务时，开启开合螺母 5，将活动钳板移开（此活动钳板底部设计为滑移副形式）；当另一工件需夹紧时，只需将活动钳板

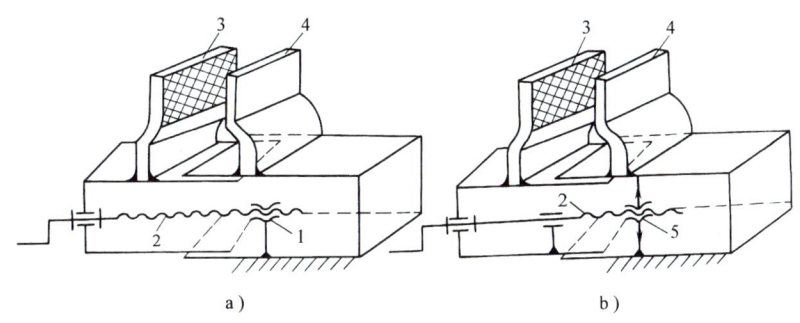

图 15-1 台虎钳的改进
a) 传统台虎钳工作原理  b) 快速装夹台虎钳工作原理

移至夹紧位置,然后闭合螺母,再稍微旋转一下螺杆即可夹紧工件。

### 四、继承借鉴法和"反求工程"

创新虽然是为了产生前所未有的新事物,但创新活动并非从零开始,凭空杜撰,而是以他人积累的劳动成果为起点,继承前人的优秀思维成果和科学方法,借鉴他人的长处或吸取其教训,进行创新。继承借鉴法又可分为继承利用法和借鉴移植法两种情况。"反求工程"是借鉴移植法在现代的发展,是利用先进的检测仪器,在分析的基础上进行改进仿制。

工程中大量地应用继承借鉴法进行创新设计。

**例 15-6** 有轨火车的发明与发展。初始,人们发现滚动摩擦可以减小前进阻力,发明了轮车,以后又发现恰当材料组成的摩擦副可以进一步减小摩擦力,于是有轨车诞生了。最早的轨道是用木头铺的,后来才改用钢轨。原始的有轨车是用畜力为动力的;1803 年,英国工程师特里维西克发明了世界上第一个蒸汽火车头;1829 年,英国人史蒂芬孙改进设计,制成实用的火车头。19 世纪后期,人们发明了电动机车,有轨电车一时风靡世界。1923 年内燃机车问世。1934 年内燃机车用于载客运输,1940 年用于载货。现在,内燃机车和电气机车几乎完全取代了蒸汽机车。

借鉴移植不是简单的模仿和应用,虽然借鉴移植法确实是从模仿做起的。借鉴移植法是应用极为广泛和高效的创新技法。

**例 15-7** 先进的日本科技与"反求工程"。日本今日世界领先的科学技术,得益于长期坚持借鉴移植法的创新实践。日本从明治维新后,在"引进—消化—开发"的战略思想指引下,下大力气搞引进、仿制、开发。第二次世界大战后,仅 20 世纪 50 年代就有重点、有选择地引进了 1029 项外国的机械、电力、钢铁、化工、运输、石油、煤炭、纺织等先进技术。同时在引进技术的消化吸收上投入大量的人力和资金,并在解剖、仿造即"反求工程"的基础上开发创新,形成"一号机引进,二号机国产,三号机出口"的发展战略。这一方法比自己独立搞创造开发大大地降低了成本,节省了时间,用较短的时间达到了世界先进水平,某些方面甚至超过了美、欧发达国家。世界一流的纯氧顶吹转炉炼钢技术,世界名牌日本索尼的晶体管半导体收音机、松下的彩色电视机、东芝的吸尘器、丰田的小轿车、本田的摩托车……从某种意义上说,是借鉴移植技法造就了今日日本的繁荣经济。

**例 15-8** 新型木螺钉。木螺钉一经锤击,常常会弯曲,这是木工们的一大烦恼。你当然可以小心翼翼地使用木螺钉以避免弯曲,但对于讲究工效的木工来说却不大现实。何况当木质比较坚硬时，谁都得先用锤子锤击几下以预定位，低碳钢制成的木螺钉多半会因此"弯腰弓背"，影响工作。怎么才能使木螺钉既容易在锤击下预定位，又不至于弯曲呢？一位美国人用借鉴法解决了这个问题，这种新型木螺钉的"小"专利为发明者带来了上百万美元的"大"利益。他借鉴的是极易联想到的铁钉。他想，铁钉锤击后不易弯曲，因为它的端部是光滑的尖锥，锤击前进的阻力小，木螺钉锤击时容易弯曲，是因为它通常制成全螺纹（图 15-2a），锤击前进的阻力太大。如果把木螺钉制成前端为铁钉状的光锥，余部为螺纹（图 15-2b），就可以两全其美地解决问题了。当然，他的专利成为现实产品，还要解决制造工艺问题。

**例 15-9** 新型防盗窨井。为防止窨井盖被盗，几十年来人们提出了许多设想。最早的想法是用"锁"，但由于锈蚀及路中央不能有凸起物等原因，"此路不通"。后来又有人想把井盖的两工艺孔取消，但这样起盖又成了问题。如图 15-3a 所示，南京和杭州两地有人顺着"无孔"这条路，想出了用异型螺纹作起盖器的办法，即窨井盖无孔，只是在盖上攻制两特殊的起盖螺纹孔，没有这种特制的螺纹起盖器便难以起盖。最近，一种借鉴门枢，采用铰链形式的新型防盗窨井已问世，比较好地解决了窨井防盗问题（图 15-3b）。

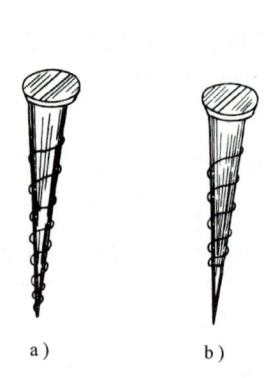

图 15-2 木螺钉的改进
a）普通木螺钉结构图 b）新型木螺钉结构图

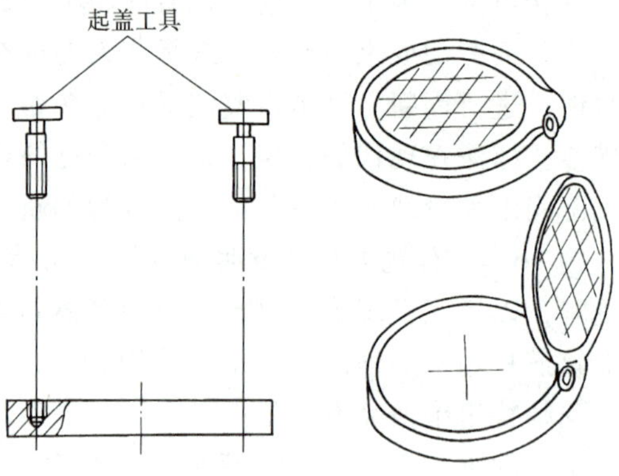

图 15-3 防盗窨井
a）异型螺纹防盗窨井盖 b）铰链式防盗窨井

对一事物的功能、作用、影响、数量、体积、面积、范围、规模、程度和内容，进行缩减或扩增，常常能够做出发明式的创新。

### 五、增扩、减缩法

把原有的事物有意识地加以增扩或减缩，是一种常用的创造技法。

微缩，可以使许多传统产品焕发活力。

**例 15-10** 微缩法实例。

实例 1：微型汽车、笔记本式计算机，现在和未来消费的热点产品。

实例 2：折叠式产品，如折叠伞、折叠包、折叠床、折叠式自行车……法国一学生发明了一种供残疾人使用的折叠形轻型轮车，用不锈钢制成，总质量仅为 3kg，用 1min 就可折叠装入长 60cm，厚 12cm 的提包里，坐在这种轮椅上还可以洗澡。

实例 3：德国发明的微型起重滑车，质量为 19kg，只需 50N 的拉力就能吊起 100kg 的重物，非常适合住楼房的居民搬运物品，遇到险情还能进行自救。

把原有事物中多余的、陈旧的、烦琐的和无足轻重的部分去掉，使之更加重点突出、功能鲜明和结构精巧，是减少法创造技法的特点。

**例 15-11** 减少法创新实例。

实例 1：VCD 是从计算机中做"减法"的创造，它将计算机的众多功能剥离，只剩音像处理的功能。它迎合了当时市民向往计算机的音像功能而又经济水平有限的实际需求，一时风行中国。

实例 2："随身听"（Walkman）和复读机是从收录机中剥离部分功能而发明的，它满足了快节奏现代人休闲与学习的需要，深受年轻人的青睐。

实例 3：圆珠笔最初是由匈牙利记者莱兹·比洛采用油溶性颜料于 1934 年发明的，以后经他人几经改良，但仍无法解决漏油问题，即每当写到 2.5 万字左右时，由于笔头磨损，油墨就随之流出，沾污纸张或使用者的衣物，所以发明十几年来迟迟打不开市场。1950 年，日本人中田藤三郎一改别人围绕提高圆珠耐磨性克服漏油的思路，决定用减少油管容量的方法来解决问题，令笔芯写到 2 万字或稍多一点时笔油正好用完，即油管装油量与圆珠使用寿命相匹配，这样圆珠笔当然不会漏油了。中田非常简单地用"减法"一举攻克了别人久久未能解决的问题，圆珠笔因此很快畅销世界。

增扩法是指以原有事物为主体和基础进行延拓、衍生，而不是多个事物的简单组合。

**例 15-12** 扩大法创新实例。

实例 1：数控机床。它是在普通机床上附加数控装置产生的新型机床。

实例 2：防盗门的变化。最原始的防盗门是一扇铁制的门。保险锁；三保险锁；横向、上、下都上栓的全保险锁；加一只"猫眼"窥视造访者；加一只电子门铃，便于客人通报；为了满足住户节约空间的愿望，再在背面加上了放鞋的鞋格……，不断地做"加法"，不断地创造出一些令人刮目相看的防盗门。

### 六、组合法

这是指将若干事物或若干事物的某些部分、某些要素合在一起形成一种新的功能、新的效应，组成新的整体的创造技法。

**例 15-13** 雷达的发明。1932 年，一个俄国人在美国发明了光电显像管，它可以电传 30 张照片，这就是电视。随后英国建立电视发射台，形成电视网络。与此同时，以罗伯特·瓦特为首的英国研究小组正在进行用电磁波测量电离层高度的试验，凑巧有一架飞机飞过来，电磁波碰到飞机就反射回来，这使罗伯特想到：飞机既然能反射电磁波，当然可以据此发明一种技术装置专门用来测量飞机的高度、方位、距离和数量。这就是雷达原理，那么如何制造雷达呢？他想到了刚刚建立的电视系统，便将电视技术与电离层高度测量技术组合，造出了雷达，为英国抗击德国法西斯敌机的入侵立下汗马功劳。

### 七、逆向思维法

从与原目标相对的逆反面求解进行发明式创新，有时会取得惊人的成就。

**例 15-14** 日本诺贝尔奖获得者江崎玲于奈，在研究他的得奖项目时，让助手官原百合子在旁协助做晶体管材料的纯度提高试验，但因总难以绝对去除杂质而苦无良策，这时，刚到职不久的官原小姐忍不住说："再这样下去，纯度恐怕永远也提高不了，既然杂质不易清除,还不如增加一些杂质试试看!"听了官原的话,江崎茅塞顿开,几经试验,终于发现了"隧道效应",并由此发明了隧道二极管。

**例 15-15** 除尘器出现于 1901 年,是靠吹气来去尘的。当时在伦敦火车站的一节车厢里表演时,新发明的除尘器曾将车厢吹得尘土飞扬,叫人透不过气来。这一现象引起了一位名叫赫伯布斯的在场者的注意,他想,吹尘不行,能不能反过来吸尘呢?回家后,他用手绢捂住嘴巴,趴在地上使劲吸气,结果灰尘被吸滤到手绢上。利用逆向思维的方法,赫伯布斯终于发明了带灰尘过滤装置的真空负压吸尘器。

## 自测题与习题

### (一) 自 测 题

15-1 人的智力是人们认识、理解客观事物并运用知识、经验等发现问题和解决问题的能力,主要由( )构成。

A. 记忆力与想象力　　B. 思维力　　C. 观察力　　D. 知识与技能

15-2 创新者必须具备七项基本素质:①知识;②智力;③技能;④品德;⑤胆魄;⑥毅力;⑦体质。人的"聪明"由( )因素构成。

A. ①②　　B. ①②③　　C. ②④　　D. ①②③④

15-3 目前,设计者设计新型手机的开发思路主要是应用创造技法中的( )技法。

A. 联想法　　B. 增扩法　　C. 减缩法　　D. 观察分析法

15-4 机械设计的前置程序一般为:明确课题;搜集同类产品的资料;选择解决方案。这里主要应用了何种创造技法(①观察分析法;②联想法;③"头脑风暴法";④继承借鉴法;⑤增扩、减缩法;⑥组合法;⑦逆向思维法)? ( )

15-5 U 盘与移动硬盘是根据用户需求设计的外置存储器,两者都应用了创造原理中的( ),但在创新思路上有明显区别:前者为便于携带,主要应用( ),后者着眼于用户大容量存储信息的需求,主要应用( )。

A. 可移动法则,微缩法,增扩法　　B. 提高理想度法则,微缩法,增扩法
C. 可移动法则,微缩法,组合法　　D. 提高理想度法则,增扩法,组合法

### (二) 习　题

15-6 仔细观察周围事物,举一两个可供创新的实例,要求:①提供创新的命题(创新处为何种功能、何种结构或何种用途);②根据你的调查,说明本设想是前所未有的或是与众不同的;③提出一到两种解决的方案(简明表达,如用运动简图或示意图表示,并辅以文字说明)。

15-7 有人设计了一个不用电池的手电筒,既环保,又可靠。如果你没见过这种产品,请你进行概念设计。如果你见过这种产品,请你应用联想法,据此原理拓展其应用,创造新产品(简明表达,如用运动简图或示意图表示,并辅以文字说明)。

15-8 试设计一自动螺钉旋具(俗称螺丝刀),不用旋动,只需用一定的轴力,即可自动拧紧或旋松螺钉。

# 自测题标准答案

## 第一章 概 论

1-1 C  1-2 B  1-3 B  1-4 C  1-5 D  1-6 B  1-7 B  1-8 C  1-9 A、C  1-10 C

## 第二章 平面机构的运动简图及自由度

2-1 D  2-2 C  2-3 D  2-4 D  2-5 C  2-6 C  2-7 D  2-8 D  2-9 B  2-10 A  2-11 A  2-12 C  2-13 A  2-14 B  2-15 A

## 第三章 平面连杆机构

3-1 C  3-2 A  3-3 C  3-4 D  3-5 C  3-6 C  3-7 B  3-8 A  3-9 B [2)、4)、5)]  3-10 B  3-11 C  3-12 D  3-13 B  3-14 D  3-15 C

## 第四章 凸轮机构

4-1 C  4-2 C  4-3 D  4-4 C  4-5 D  4-6 C  4-7 D  4-8 D  4-9 A  4-10 B  4-11 C  4-12 C  4-13 B  4-14 D  4-15 B

## 第五章 其他常用机构

5-1 A、D  5-2 C  5-3 C  5-4 B  5-5 A  5-6 D  5-7 B  5-8 C  5-9 D  5-10 C  5-11 D  5-12 B  5-13 C  5-14 D  5-15 D

## 第六章 平行轴齿轮传动

6-1 A  6-2 D  6-3 C  6-4 A  6-5 C  6-6 D  6-7 B  6-8 C  6-9 D  6-10 D  6-11 B  6-12 A  6-13 C  6-14 A  6-15 C  6-16 C  6-17 B  6-18 B  6-19 D  6-20 B  6-21 D  6-22 D  6-23 D  6-24 B  6-25 D  6-26 D  6-27 A  6-28 A  6-29 B

## 第七章 非平行轴齿轮传动

7-1 D  7-2 A  7-3 A  7-4 C  7-5 A  7-6 B  7-7 C  7-8 A  7-9 D  7-10 C

## 第八章 蜗杆传动

8-1 C  8-2 B  8-3 B  8-4 C  8-5 A  8-6 C  8-7 D  8-8 B  8-9 C  8-10 A  8-11 C  8-12 A  8-13 B  8-14 D  8-15 A

## 第九章 轮　系

9-1　D　9-2　A［2）］　9-3　B［1)、3)］　9-4　C　9-5　B　9-6　A　9-7　B［4、6］　9-8　D　9-9　C　9-10　C

## 第十章　带传动与链传动

10-1　A　10-2　D　10-3　C　10-4　A　10-5　B　10-6　A　10-7　B　10-8　A　10-9　B　10-10　D　10-11　A　10-12　B　10-13　D　10-14　B　10-15　B　10-16　D　10-17　B　10-18　C　10-19　A　10-20　D

## 第十一章　联　接

11-1　D　11-2　B　11-3　C　11-4　D　11-5　B　11-6　C　11-7　B　11-8　B　11-9　A　11-10　C　11-11　C［1)、2)、4)］　11-12　C　11-13　B　11-14　C　11-15　C

## 第十二章　轴

12-1　D　12-2　C　12-3　A　12-4　B　12-5　B　12-6　B　12-7　B　12-8　B　12-9　A［1)、2)、3)、7)］　12-10　D　12-11　D　12-12　D　12-13　D　12-14　B　12-15　B

## 第十三章　轴　承

13-1　B　13-2　A　13-3　A　13-4　B　13-5　D　13-6　A　13-7　D　13-8　D　13-9　C　13-10　B　13-11　D　13-12　B，C　13-13　B　13-14　C　13-15　D　13-16　A　13-17　C　13-18　D　13-19　D　13-20　B

## 第十四章　联轴器、离合器与制动器

14-1　B　14-2　A　14-3　A　14-4　A　14-5　D　14-6　D　14-7　A　14-8　C　14-9　D　14-10　D

## 第十五章　创新思维与创造技法

15-1　A+B+C　15-2　B　15-3　B　15-4　①和④　15-5　A

# 参 考 文 献

[1] 全国机械职业教育教学指导委员会基础课指导委员会. 机械设计基础课程标准（2004 年）[S]. 福州：福建工程学院，2004.
[2] 黄锡恺，郑文纬. 机械原理 [M]. 6 版. 北京：人民教育出版社，1989.
[3] 濮良贵. 机械设计 [M]. 9 版. 北京：高等教育出版社，2019.
[4] 邱宣怀，郭可谦，吴宗泽. 机械设计 [M]. 4 版. 北京：高等教育出版社，1997.
[5] 陈秀宁. 机械设计基础 [M]. 3 版. 杭州：浙江大学出版社，2007.
[6] 邓昭铭，张莹. 机械设计基础 [M]. 3 版. 北京：高等教育出版社，2013.
[7] 机械设计手册编委会. 机械设计手册（新版）[M]. 北京：机械工业出版社，2004.
[8] 胡家秀. 简明机械零件设计实用手册 [M]. 2 版. 北京：机械工业出版社，2012.
[9] 蔡素然，吴瑞琴. 全国滚动轴承产品样本 [M]. 2 版. 北京：机械工业出版社，2012.
[10] 郎加明. 创新的奥秘 [M]. 北京：中国青年出版社，1993.
[11] 张春林. 机械创新设计 [M]. 3 版. 北京：机械工业出版社，2016.